第十七届中国古脊椎动物学
学术年会论文集

Proceedings of the Seventeenth Annual Meeting of the
Chinese Society of Vertebrate Paleontology

董 为 张颖奇 主编

海洋出版社

2021 年 · 北京

内 容 简 介

　　本书选录了 34 篇参加中国古脊椎动物学第十七届学术年会的学术论文。这些论文观点新颖，内容丰富，从不同角度反映了最近几年我国各地的科研人员在古脊椎动物学、生物地层学、古人类学、史前考古学、第四纪地质学和古环境学等方面的现状及进展，同时也呈现了"百花齐放，百家争鸣"的欣欣向荣局面。其中有些论文是对化石材料的最新研究成果，有些是对研究成果、学术观点和方法的总结和评论，有些是对争议较大的课题进行的探讨。本书可作为古脊椎动物学、生物地层学、古人类学、史前考古学、第四纪地质学和古环境学等相关学科的科研人员、博物馆与文化馆工作人员及大专院校的教师与学生从事科研、科普与教学的参考资料。

图书在版编目（ＣＩＰ）数据

　　第十七届中国古脊椎动物学学术年会论文集 ／ 董为，
张颖奇主编. -- 北京 : 海洋出版社，2021.6
　　ISBN 978-7-5210-0788-6

　　Ⅰ. ①第… Ⅱ. ①董… ②张… Ⅲ. ①古动物-脊椎
动物门-动物学-学术会议-文集 Ⅳ. ①Q915.86-53

　　中国版本图书馆 CIP 数据核字(2021)第 121618 号

责任编辑：鹿　源
责任印制：安　淼

海洋出版社 出版发行
http://www.oceanpress.com.cn
北京市海淀区大慧寺路 8 号　邮编：100081
北京朝阳印刷厂有限责任公司印刷　新华书店发行所经销
2021 年 7 月第 1 版　　2021 年 7 月北京第 1 次印刷
开本：787 mm × 1092 mm　1/16　印张：25
字数：660 千字　定价：128.00 元
发行部：62100090　邮购部：62100072　总编室：62100034
海洋版图书印、装错误可随时退换

目　次

燕辽地区晚中生代陆地环境变迁·················李晓波　陈盈雨　陈　军等　(1)

爬行动物牙齿证据表明牙齿演化经历过侧生二尖齿、三尖齿阶段··············
···············李永项　张云翔　李　冀等　(13)

中国早期食肉类·························刘文晖　孙博阳　(21)

云南禄丰石灰坝古猿化石产地第七次发掘报告··········张兴永　郑　良　(35)

云南元谋早更新世云南黑鹿化石新材料···················白炜鹏　(59)

剑齿象-大熊猫动物群研究综述··················潘　越　杨丽云　(69)

嘉陵江流域新发现的东方剑齿象化石·········钟　鸣　张国强　王　龙等　(77)

泥河湾动物群化石新材料·············李凯清　岳　峰　王旭日等　(87)

中国第四纪犀类综述························李宗宇　(97)

山西省临汾市襄汾县上鲁村更新世化石地点试掘简报··············
···············董　为　刘文晖　白炜鹏等　(105)

考古遗址出土大型牛亚科动物牙齿所反映的死亡年龄及相关问题········王晓敏　(113)

中国最早发现的旧石器·············卫　奇　马东东　许渤松　(131)

周口店遗址群第 4 地点石制品再研究·····················卫　奇　(143)

吕梁山中段旧石器考古发现与研究述略············任海云　白曙璋　(157)

天津蓟州区太子陵旧石器遗址 2015 年调查简报···王家琪　窦佳欣　魏天旭等　(163)

天津蓟州区骆驼岭地点发现的石制品研究·········窦佳欣　魏天旭　李万博等　(171)

贵州平坝高峰山地区洞穴遗址初步研究·················张改课　(179)

鄂尔多斯乌兰木伦河流域第 19 调查点发现的石制品··············
···············刘　扬　侯亚梅　包　蕾等　(193)

内蒙古自治区鄂尔多斯沙日塔拉遗址调查发现的石制品··············
···············包　蕾　王志浩　尹春雷等　(201)

黑龙江省三江盆地猴石沟组孢粉地层学研究·······万传彪　赵春来　薛云飞等　(209)

人类枕骨形态研究综述······················张亚盟　(225)

东宁市道河镇西村两处旧石器地点的石器研究·····陈全家　魏天旭　宋吉富等　(235)

本溪茹家店北山旧石器地点发现的石器研究·········张　盟　陈全家　李　霞等　(247)

植硅体分析在古脊椎动物牙结石中的研究进展·······夏秀敏　陈　鹤　吴　妍　(261)

广东四会发现的恐龙化石··················林聪荣　邱立诚　梁灶群　(273)

湖北省郧县大桥 1 号旧石器时代遗址发掘简报·····周天媛　谭　琸　李　泉等　(281)

湖北省郧县崔家坪旧石器时代遗址发掘简报·······周天媛　谭　琸　李　泉等　(295)

长春二道杂木村东两新地点发现的旧石器·········万晨晨　陈全家　王义学　(313)

湖北建始杨家坡洞晚更新世哺乳动物群之中国犀·····陆成秋　董　兵　高黄文　(323)

湖北郧阳乔家梁子旧石器地点石器研究…………高黄文　王玉杰　陆成秋等 (331)

黄骅坳陷北部南堡凹陷东营组孢粉化石组合………袁德艳　陈德辉　孟令建等 (339)

中生代离龙类（爬行纲：离龙目）爬行动物在亚洲东北部的演化概述…………
……………………………………………………………袁　梦　易鸿宇 (351)

新疆维吾尔自治区古代儿童头骨侧面观投影面积的年龄间比较…………………
…………………………………………张海龙　郝双帆　陈慧敏等 (361)

中国科学院古脊椎动物与古人类研究所云南人骨来源考证……………………
………………………………………………李东升　马　宁　娄玉山 (373)

编后记…………………………………………………………………………… (387)

CONTENTS

TERRESTRIAL ENVIRONMENTAL CHANGES IN THE YANLIAO AREA OF
CHINA DURING THE LATE MESOZOIC..
......................................LI Xiao-bo CHEN Ying-yu CHEN Jun, et al. (1)
SAURIANS TEETH ANALYSIS SUGGESTS A NEW BICUSPID STAGE
DURING THE EVOLUTION PROCESS OF REPTILIAN TEETH.............
......................................LI Yong-xiang ZHANG Yun-xiang LI Ji, et al. (13)
CHINESE EARLY CARNIVORA.........................LIU Wen-hui SUN Bo-yang (21)
REPORT ON THE SEVENTH EXCAVATION AT SHIHUIBA HOMINOID SITE
OF LUFENG IN YUNNAN PROVINCE, SOUTHERN CHINA.................
....ZHANG Xing-yong[†] ZHENG Liang (35)
NEW MATERIAL OF *RUSA YUNNANENSIS* (ARTIODACTYLA: CERVIDAE)
FROM YUANMOU IN YUNNAN, SOUTH CHINA...........BAI Wei-peng (59)
A BRIEF REVIEW ON *STEGODON-AILUROPODA* FAUNA..........................
....PAN Yue YANG Li-yun (69)
FOSSIL OF NEWLY DISCOVERED *STEGODON ORIENTALIS* IN JIALING
RIVER BASIN...ZHONG Ming ZHANG Guo-qiang WANG Long, et al. (77)
NEW FOSSIL MATETALS OF NIHEWAN FAUNA FROM YENIUPO LOCALITY
AT QIANJIASHAWA VILLAGE, NIHEWAN BASIN.............................
......................................LI Kai-qing YUE Feng WANG Xu-ri, et al. (87)
A REVIEW ON THE QUATERNARY RHINOCEROS IN CHINA.......LI Zong-yu (97)
PRELIMINARY REPORT ON 2019'S TEST EXCAVATION AT SHANGLU FOSSIL
LOCALITY OF XIANGFEN, SHANXI PROVINCE, NORTH CHINA.........
......................................DONG Wei LIU Wen-hui BAI Wei-peng, et al. (105)
ASSESSING THE AGE AT DEATH OF LARGE BOVINE FROM
ARCHAEOLOGICAL SITES USING ISOLATED TEETH...WANG Xiao-min (113)
OBSERVATION ON THE FIRST DISCOVERED STONE ARTIFACTS IN CHINA
....WEI Qi MA Dong-dong XU Bo-song (131)
RESTUDY OF THE STONE ARTIFACTS FROM LOC. 4 OF ZHOUKOUDIAN
SITES..WEI Qi (143)

A REVIEW ON THE PALEOLITHIC DISCOVERIES AND RESEARCH IN THE
MIDDLE LÜLIANG MOUNTAINS............REN Hai-yun BAI Shu-zhang (157)
PRELIMINARY REPORT ON STONE ASSEMBLAGE COLLECTED FROM TAI-
ZILING PALEOLITHIC SITE AT JIZHOU DISTRICT OF TIANJIN IN 2015
........................WANG Jia-qi DOU Jia-xin WEI Tian-xu, et al. (163)
RESEARCH ON STONE ARTIFACTS OF LUOTUOLING PALEOLITHIC
LOCALITY AT JIZHOU DISTRICT OF TIANJIN..............................
....................................DOU Jia-xin WEI Tian-xu LI Wan-bo, et al. (171)
A PRELIMINARY RESEARCH ON CAVE SITES IN GAOFENG MOUNTAIN,
PINGBA COUNTY, GUIZHOU PROVINCE.................ZHANG Gai-ke (179)
PALEOLITHIC ARTIFACTS FROM LOCALITIY 19 OF THE WULANMULUN
RIVER IN ORDOS, NEI MONGOL AUTONOMOUS REGION..............
....LIU Yang HOU Ya-mei BAO Lei, et al. (193)
THE STONE ARTIFACTS FONUD IN THE INVESTIGATION OF THE
SHARITARA SITE IN ORDOS, NEI MONGOL AUTONOMOUS REGION
...................................BAO Lei WANG Zhi-hao YIN Chun-lei, et al. (201)
RESEARCH ON THE PALYNOLOGICAL STRATA FROM THE HOUSHIGOU
FORMATION IN THE SANJIANG BASIN, HEILONGJIANG PROVINCE,
CHINA..............WAN Chuan-biao ZHAO Chun-lai XUE Yun-fei, et al. (209)
A REVIEW OF HUMAN OCCIPITAL MORPHOLOGY STUDY......................
....ZHANG Ya-meng (225)
ANALYSIS ON THE STONE ARTIFACTS FROM PALEOLITHIC LOCALITIES
AT DONGNING XICUNNANSHAN AND XICUNBEI.........................
.............................CHEN Quan-jia WEI Tian-xu SONG Ji-fu, et al. (235)
RESEARCH ON PALEOLITHIC ARTIFACTS DISCOVERED IN BEISHAN OF
RUJIADIAN, LIAONING PROVINCE...
.................................ZHANG Meng CHEN Quan-jia LI Xia, et al. (247)
ADVANCE IN PHYTOLITH ANALYSIS ON DENTAL CALCULUS IN
VERTEBRATE PALEONTOLOGY...
....XIA Xiu-min CHEN He WU Yan (261)
THE DISCOVERY OF DINOSAUR FOSSILS FROM SIHUI, GUANGDONG
PROVINCE, CHINA......LIN Cong-rong QIU Li-cheng LIANG Zao-qun (273)
A PRELIMINARY REPORT ON THE EXCAVATION OF DAQIAO 1
PALEOLITHIC SITE, YUNXIAN COUNTY, HUBEI PROVINCE..............
.................................ZHOU Tian-yuan TAN Chen LI Quan, et al. (281)
A PRELIMINARY REPORT ON THE EXCAVATION OF CUIJIAPING
PALEOLITHIC SITES, YUNXIAN COUNTY, HUBEI PROVINCE............
.................................ZHOU Tian-yuan TAN Chen LI Quan, et al. (295)

iv

RESEARCH ON THE PALEOLITHIC ARTIFACTS DISCOVERED IN THE
EAST OF ERDAOZAMU VILLAGE, CHANGCHUN...........................
..........................WAN Chen-chen   CHEN Quan-jia   WANG Yi-xue (313)
THE LATE PLEISTOCENE RHINOCEROS FROM YANGJIAPO CAVE AT
JIANSHI, HUBEI PROVINCE...
.............................LU Cheng-qiu   DONG Bing   GAO Huang-wen (323)
RESEARCH ON THE PALEOLITHIC SITES IN QIAOJIALIANGZI, YUNYANG,
HUBEI..............GAO Huang-wen   WANG Yu-jie   LU Cheng-qiu, et al. (331)
SPOROPOLLEN ASSEMBLAGES OF DONGYING FORMATION IN NANPU
SAG, NORTHERN HUANGHUA DEPRESSION...................................
......................YUAN De-yan   CHEN De-hui   MENG Ling-jian, et al. (339)
EVOLUTION AND PHYLOGENY OF CHORISTODERA (REPTILIA: DIAPSIDA)
IN THE MESOZOIC OF NORTHEAST ASIA...YUAN Meng   YI Hong-yu (351)
COMPARISON OF THE PROJECTION AREA OF SKULL LATERAL VIEW FROM
DIFFERENT AGES IN XINJIANG UYGUR AUTONOMOUS REGION......
.................ZHANG Hai-long   HAO Shuang-fan   CHEN Hui-min, et al. (361)
TEXTUAL RESEARCH ON THE ORIGIN OF MODERN HUMAN SKELETONS
IN IVPP FROM YUNNAN PROVINCE, CHINA..................................
....................................LI Dong-sheng   MA Ning   LOU Yu-shan (373)
POSTSCRIPT.. (387)

v

vi

第十七届中国古脊椎动物学学术年会论文集. 董为、张颖奇主编. 北京：海洋出版社, 2021. 1-12
Proceedings of the Seventeenth Annual Meeting of the Chinese Society of Vertebrate Paleontology
DONG Wei, ZHANG Yingqi, eds. Beijing: China Ocean Press, 2021. 1-12

燕辽地区晚中生代陆地环境变迁[*]

李晓波 [1,2,3]　　陈盈雨 [1]　　陈　军 [1]　　Robert R. REISZ[1,3]

(1 吉林大学 地球科学学院，恐龙演化研究中心，吉林　长春 130061；

2 自然资源部 东北亚矿产资源评价重点实验室，吉林　长春 130061；

3 多伦多大学 密西沙加校区，安大略省 L5L 1C6，加拿大)

摘　要　晚中生代亚洲东部发生构造格局和古地理环境的巨大转变，燕辽地区在晚侏罗世至早白垩世中期形成以高山和盆岭为主的地貌环境。晚侏罗世全球气候变冷、北半球干旱化以及环太平洋活动带发生强烈的火山活动和造山作用，可能引起了燕辽地区森林系统的崩溃以及侏罗纪燕辽生物群的衰落和外迁；早白垩世 Hauterivian 期至 Aptian 期干旱气候逐渐缓解，燕辽地区主要是温湿与干冷波动的温带大陆性气候，大陆伸展裂陷导致地表高程差异化明显，同时湖泊和森林生态系统复苏，热河生物群兴起并快速演化辐射；早白垩世晚期，随着地壳减薄和裂陷后沉降引起地表环境变化以及 Albian 期温室气候出现，燕辽地区出现温暖湿润气候，阜新生物群繁盛；晚白垩世 Cenomian 期气候再次干旱，燕辽地区河流相红层发育，孙家湾生物群崛起。燕辽地区晚中生代的环境变迁密切伴随着燕辽生物群和热河生物群的兴起、演化及消亡，可能也深刻影响到现代型陆地生物群的起源。

关键词　燕辽生物群；热河生物群；古气候；侏罗纪；白垩纪

1　前言

晚中生代全球构造古地理环境剧烈变动（图 1），大洋板块加速扩张[1]，海陆格局变化[2-3]，环太平洋和特提斯洋造山作用兴起[4]。古太平洋板块和欧亚大陆汇聚引起了环太平洋陆缘自中侏罗世至白垩纪发生俯冲、走滑等复杂的构造演化过程[5]。侏罗纪亚洲东部板块多向汇聚[6]，早白垩世东北亚地区强烈伸展和裂陷[7]，"燕山运动"相关的地质记录在燕辽地区表现最显著。中国学者们对上述表层地质现象深部机制的探讨引发"华北克拉通破坏"这一科学命题的兴起[8-9]，学者们还关注到区域地质环境对陆地生态系统演化的重要影响[10]。

晚中生代陆地生物群在全球范围快速进化和革新：真兽类哺乳动物、鸟类、被子植物等都在这一时期起源[11]；两栖类和爬行类的大部分类群在侏罗、白垩纪之交前后发生了重要的更替[12-16]；恐龙的兴盛类群发生更替，剑龙类绝灭、大型的蜥脚类恐龙

* 基金项目：国家自然科学基金项目（41688103）；国家岩矿化石标本资源库（2020）项目；自然资源部东北亚矿产资源评价重点实验室自主基金项目（DBY-ZZ-19-18）.
李晓波：男，38 岁，讲师，从事古生物、古环境、古地理研究. lixiaobo@jlu.edu.cn

衰落，甲龙类、角龙类、禽龙类和暴龙类等崛起[17-18]；中生代哺乳类的几个分支快速演化和辐射[19]。燕辽地区（冀北-辽西）分布着中-晚侏罗世燕辽生物群和早白垩世热河生物群这两个具有重要演化生物学意义的陆地生物群化石库（图 1）[10-11, 20-21]，为探讨陆地环境演化和现代生态系统起源提供了重要材料。本文简要叙述和讨论辽西地区晚中生代地质过程和环境变化，及其对陆地生态系统可能产生的影响。

2 古环境变迁历史

2.1 古气候背景

虽然中生代古气候总体比较温暖，但晚侏罗至早白垩世是全球降温期，间夹若干升温间歇（图 1），是否存在极地冰盖还有争议[22-23]，但在早白垩世南半球和晚白垩世北半球分别存在极地恐龙动物群和森林系统。晚侏罗世劳亚大陆上的气候干旱化显著，存在板块漂移驱动或者季风环流控制等不同的成因解释[24-25]。根据含煤地层和植物群的分布规律，中国北方早、中侏罗世为温暖湿润气候向温凉气候的转变期，而晚侏罗世为干冷、干热气候，这与全球古气候的演化趋势基本协调（图 1）。整个亚洲内陆晚侏罗世干旱气候下的红层广泛分布，地层缺失也常见，仅有部分靠海地区可能存在相对湿润的环境。东亚地区早白垩世古气候背景存在到底是温暖还是寒冷的观点冲突[26-30]。传统意见认为热河生物群的生存环境是热带-温带半潮湿-潮湿区气候[31-32]，分布区域和现今的纬度接近[33]，但是越来越多的证据表明中国东北早白垩世早至中期存在一定程度和范围的干、冷气候[27-28]，温湿环境存在于小生境和小间歇，Albian 期才出现大范围和持续较久的温暖湿润气候。需要注意的是，因为侏罗/白垩系界线位置的长期争议以及对于热河生物群时代的不同观点，有些早期文献对研究区晚侏罗世古气候的分析实际是对应于早白垩世热河生物群的时代[31-32, 34]；还有一些论述依据阜新生物群及同期植物群讨论早白垩世早期气候为温带-暖温带[35]，实际对应于早白垩世的中、晚期。

2.2 沉积环境和局部气候

辽西地区下侏罗统北票组为含煤岩系，形成于暖温带气候，存在一定的湿热环境[36-37]；中侏罗世海房沟组向半湿润和半干旱演化，古气候温凉-湿热；中-晚侏罗世髫髻山组温湿向干冷转变，晚侏罗世土城子组时达到干旱化的极致（干冷至干热），早白垩世张家口组和大北沟组时期冀北地区裂陷沉降，湖泊系统出现，气候以干冷为主，早白垩世义县组和九佛堂组时期的干旱化程度缓解（干冷、温湿交替变化），至早白垩世晚期阜新生物群出现时（沙海组和阜新组）转变为温暖湿润气候，晚白垩世早期（孙家湾组）再次干旱。

北票组为山间河流冲积相-河漫沼泽相-滨湖相含煤岩系，可分为上、下两个段，煤层和湖相页岩主要分布在其下段[36]。沉积组合特征显示北票组沉积的晚期已经出现干旱化的初兆。

海房沟组的沉积以砾岩、砂岩为主，夹湖相细碎屑岩沉积以及火山-沉积建造，形成于同一造山期，古高程升高和地形高差增加。北票海房沟组建组剖面沉积序列中砾岩和细碎屑岩交替产出，代表了古气候和沉积动力的波动。内蒙古宁城道虎沟化石层近年来被修订归入海房沟组，对比于典型剖面的上部，其孢粉化石群总体指示了湿润气候[38]。葫芦岛白马石海房沟组植物化石显示为暖温带植物群，季节变化明显、温暖潮湿、降雨量变化，垂向分布岸边湿地、低地、山区坡地和山区高地 4 个群落，还受到环太平洋暖流的影响[39]。

臀髻山组的岩性以中性火山岩为主，喷发形式为裂隙式和中心式，呈 NE 向展布。其火山喷发产物以安山质熔岩、碎屑熔岩及同成分的火山碎屑岩、火山碎屑沉积岩为主，亦有少量玄武质、粗安质及英安质熔岩。火山岩的湖相沉积夹层中产出燕辽生物群化石。

土城子组是一套干旱气候下形成的杂色、红色粗碎屑建造，上部发育典型的沙漠相沉积[40-42]，古气候由干冷向半干旱—半湿润演化[26]。沉积物特征显示该组上部出现强烈的干湿波动，化石类群的多样性也增加，可能代表干旱化最高峰后的转折。

张家口组至大北沟组为中酸性火山-沉积序列，分布在冀北地区，地层中产出热河生物群以 Nestoria 叶肢介为代表的早期化石组合，同时期辽西地区沉积基本缺失。湖相沉积中含大量碳酸盐岩（泥灰岩）夹层，可能存在间歇性的强烈蒸发环境。

义县组沉积时期燕辽地区广泛发育火山构造和湖泊，与现今东非裂谷带地理环境有可比性。冀北地区的大店子组与下伏大北沟组连续沉积，比辽西地区义县组的沉积开始略早。义县组沉积时的古气候以干旱为主，证据来自古植物类型[43]、孢粉组合[44]、以及含蒸发岩的湖相沉积组合[45]，这些也是高原环境的常见特征[46]。义县组中也存在一些体现湿润环境的植物化石[30]，沉积物有机质特征反映了以温湿为主的气候[27]，但这些可能只能代表局部小生境或小间歇，所以总体可能是较为频繁和交替性寒冷气候波动[27]。九佛堂组沉积时湖水变深，火山活动减弱，地层中产出油页岩和劣质煤线[47]，指示气候向温暖转变。

沙海组和阜新组形成于地壳减薄后裂陷盆地充填的晚期，沉积环境以河、湖、沼泽相为主，阜新组中产出巨厚的煤层。生物群组合被称为阜新生物群，植物化石丰富，脊椎动物化石大多比较零散，保存不佳。这一时段的含煤地层在东北亚地区广泛分布，与 Albian 期全球性温室气候的出现可能有关。

孙家湾组最初命名于阜新，这是一套红色粗碎屑砂砾岩，产孙家湾生物群化石，与松辽盆地白垩纪红层泉头组时代相当，为晚白垩世 Cenomanian 期，沉积特征也类似。这套地层广泛分布在辽西地区，北票双庙恐龙动物群的面貌和进化阶段与北美同时代的可以对比[48]。

2.3　古构造与古地理

自中、晚侏罗世之交至早白垩世早期，中国东部发生构造格局和古地理环境的巨大转变。中侏罗世开始增强的板块会聚造成中、晚侏罗世亚洲东部地壳增厚和地势升高，古太平洋伊泽纳崎板块持续俯冲引起深部岩浆上涌、地壳减薄和多期伸展裂陷。上述构造过程导致燕辽地区在晚侏罗世至早白垩世中期形成以高山和盆岭为主的古地貌。

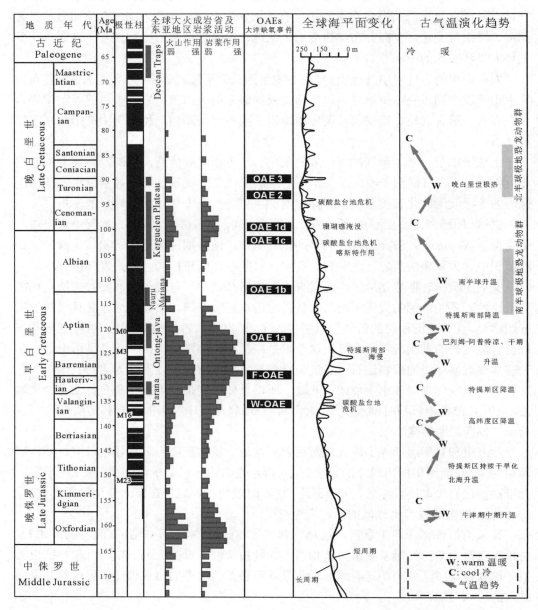

图1 晚中生代全球环境变化与燕辽

Fig. 1 Global environmental change during the Late Mesozoic and

中国东北地区中侏罗世之前为古亚洲洋和蒙古-鄂霍次克洋构造体制主导，早白垩世及以后为环太平洋构造体制演化阶段，中、晚侏罗世可能为两大构造域的叠加转换阶段，整个过程中挤压和伸展动力学背景多次转换[50-52]（图1）。在侏罗、白垩纪之交，东亚地区从晚侏罗世及以前的陆内挤压造山和地壳增厚作用演进到早白垩世以来强烈的陆内伸展裂陷和岩石圈减薄作用。

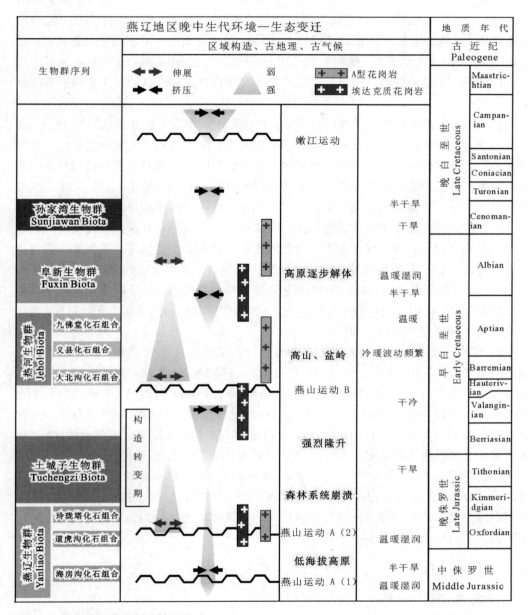

地区古环境演化（据李晓波等[49]修改）

Paleoenvironmental evolution in the Yanliao area

　　燕辽地区构造体制的转折可能跨越中、晚侏罗世之交至早白垩世早期，关键地质界位于早白垩世热河群与下伏土城子组之间，也相当于燕山运动的第 2 幕（B 幕）（图1）。

　　早白垩世 137 Ma～131 Ma，嫩江-八里罕断裂至喀喇沁变质核杂岩延伸线两侧出现东高西低的地貌差异[49]，相对下降的冀北-大兴安岭火山-地堑带地层中赋存热河生物群早期化石组合，*Nestoria* 叶肢介动物群自冀北向大兴安岭额尔古纳至俄罗斯赤塔东部分布，代表了热河生物群的最早期组合的分布[53]；而辽西-松辽地区为相对隆升的构造高地，受剥蚀而缺失沉积。130 Ma～110 Ma 时期裂陷作用扩展到东北亚大部，燕辽地区火山-断陷盆地发育，热河生物群中、晚期组合向周围扩散。东亚早白垩世岩浆作用在 125 Ma 达到顶峰（图 1），这也是热河生物群多样性暴发和大范围扩散的开始[33, 53-54]。

　　20 世纪 70 年代后期有学者提出侏罗、白垩纪中国东部可能存在高原环境[55]，之后众多学者从地壳结构、构造古地理、中生代火山岩成因背景等方面论述了这一时期存在高原古地貌的地质证据[56-59]，但是对其存在的时限、范围以及古高程等有不同的认识，尤其是其能否达到当今青藏高原的高度和规模没有确切结论。地貌学中定义海拔高于 500 m，地势平坦或有一定起伏的广大区域就可以称作高原。燕辽地区及周边在侏罗、白垩纪之交处于大陆边缘碰撞、大陆内部伸展裂陷以及深部地幔物质上涌这样的宏观构造背景，这与现今的东非埃塞俄比亚高原和北美西部环太平洋造山带及高原等有可比性。东北亚晚侏罗世至早白垩世广泛发育变质核杂岩构造和火山-断陷盆地[7, 60-61]，中生代盆地的充填序列横向变化较大[62]，并且燕辽地区存在适应高山环境昆虫动物群[21]，说明区内可能主要是与火山-断陷作用密切相关的高山和盆岭区，古海拔可能达不到现今青藏高原的程度。

　　黄迪颖[21]通过地层建造和生物群的综合分析提出燕辽地区古地貌经历了古海拔逐渐降低的趋势：早侏罗世山地-高原；中侏罗世（170 Ma～168 Ma）隆升并强烈剥蚀；之后发育盆山系统，中、晚侏罗世之交（163 Ma～161 Ma）再次抬升；晚侏罗世至白垩纪初期低海拔高原；136 Ma 之前再次挤压抬升的过程。Sewall 等[63]进行了白垩纪全球古气候的数学模拟，得出早白垩世 Aptian 期自中亚至中国东北整体处于 1 km 以上，最高处中亚地区可能达到 4 km，而全球其他陆地当时普遍在 400 m 以下。现代火山-构造高原区中的埃塞俄比亚熔岩高原平均海拔 2.5 km，哥伦比亚高原海拔 900～4 300 m，东北亚长白山-盖马熔岩高原的平均海拔也达到 1 200 m，所以本文推测早白垩世处于类似背景下的燕辽地区的平均海拔可能在 1～2 km。这样的背景对以干冷为主的气候条件可能有一定作用。

3　分析与讨论

3.1　环境-生态过程分析

　　海房沟组道虎沟化石组合和髫髻山组玲珑塔化石组合中存在大量适应森林树栖环境的脊椎动物类型，比如奇翼龙、森林翼龙和翔兽等[64-66]，昆虫动物群的生态组成可类比现代的高山森林-湖泊环境[21]。海房沟组主体为同造山环境砾岩，其上部的冲-洪积序列中开始出现大量的植物茎干化石，说明地表环境已经在恶化。髫髻山组中保存原地埋藏的化石森林[67]。这种情况的原因可能是气候干旱化、造山作用和火山活动引起了森林系统的崩溃（图 1），这对于燕辽生物群的革新进化和部分类群的向外迁移或绝灭起到了关键作用。

　　土城子组生物群的组成与前后生物群均有一定的联系[41]，高阶生态结构和地层的成因环境与北美 Morrison 组相似[24]，可能受同一纬度季风气候带的影响。燕辽生物群和热河生物群的部分类群具有一定的演化联系，那么在土城子组干旱极致化时期这些生物是在一些特殊环境下孑遗，还是暂时迁移别处，待自然环境改善之后迁回还需要进一步研究。另外，北半球晚侏罗世的干旱化可能引起陆地脊椎动物生存机会和适应机制的复杂化，为一些新类群的崛起创造了条件。燕辽地区晚中生代的气候逐渐干旱化到缓解的过程密切伴随着燕辽生物群和热河生物群的兴起至消亡历史，可能也深刻影响到现代型陆地生物群的起源。

早白垩世 Barremian 期至 Aptian 期干旱气候逐渐缓解，湖泊和森林生态系统复苏，由孑遗土著和外来分子构成的热河生物群兴起并快速演化辐射。热河生物群生存时期总体处于以干冷为主的温带大陆性气候，这与中生代中国东部高原的潜在环境效应可能也有一定关系。义县组沉积时期的古气候以干旱为主，而九佛堂组沉积时气候向温暖转变。之后，伴随着地壳减薄和裂陷后沉降引起的地表环境变化以及 Albian 期温室气候的兴起[1]，温暖湿润气候再次影响中国东北地区，在东北亚断陷盆地群有广泛的含煤地层聚集，燕辽地区阜新生物群繁盛。晚白垩世 Cenomanian 期的气候再次干旱，燕辽地区河流相红层发育，孙家湾生物群出现。

综上所述，全球气候演化和区域构造古地理条件共同导致燕辽地区自晚侏罗世至早白垩世的干旱化和寒冷化，并影响到中、晚侏罗世燕辽生物群和早白垩世热河生物群之间的生态群进化演替。燕辽地区晚中生代地层中记录了古气候、古地理和古生态的强烈变化，对于探讨环境和生态相互作用及影响，并深入了解相关问题的地球系统演化机理有重要意义。

3.2 存在的问题与讨论

晚侏罗世全球气候变冷变干，中侏罗世至早白垩世亚洲东部活动的大陆边缘造山作用强烈，中侏罗世和早白垩世东北亚大陆地壳伸展和裂谷火山构造发育，这些对燕辽地区的环境剧变都有贡献。然而干旱化何时启动、演化过程如何、古温度与湿度的关系、全球气候带的影响、区域构造古地理的影响程度、大环境和小生境的时空关系、不同类群的适应和演化机制以及古环境与生物群序列的协同演化等一系列问题都还需要深入探索。当前存在的主要问题之一是研究区晚中生代地层古气候资料的连续指标数据较少，再加上不同方法和来源的结果混合交错，使得古气候的定性描述缺少标准，也缺乏对不同级别气候旋回和生境多样性的详细解析。

晚侏罗世至早白垩世的古气候干旱化趋势具有全球性，这涉及行星尺度的地球大气圈-水圈演化机制。这引发一个新问题，地表局部的环境-地理条件对干旱化历史的影响到底如何？现代地球表面环境的实例表明地理条件（比如高原隆升、山系形成、水系分布等）对于区域干湿背景有明显影响，对植被条件和陆地动物群生态结构也有重要影响，还有区域火山作用也能对古气候产生影响。而这些古地理和生态环境问题在燕辽地区有集中表现，比如燕山运动引起的古地形变化[6]，强烈的多期火山旋回，土城子组沉积时的荒漠化，森林系统和古气候之间的相互影响机制等。一种可能性是这些影响的可能只是小周期和小范围的气候干湿波动，对于气候的长周期变化没有明显影响；另一种可能性是有些区域变化对于宏观背景和长周期过程有增进或者缓解作用。上述问题均有待进一步研究。

4 结论

　　自中、晚侏罗世之交至早白垩世早期，燕辽东段古地理和古环境的演化过程如下：中侏罗世开始增强的板块会聚造成中、晚侏罗世亚洲东部地壳增厚和地势升高，古太平洋板块持续俯冲引起深部岩浆上涌、地壳减薄和多期伸展裂陷。上述构造演化导致燕辽地区在晚侏罗世至早白垩世中期形成高山和盆岭古地貌。早白垩世137 Ma～131 Ma，嫩江-八里罕断裂至喀喇沁变质核杂岩延伸线两侧出现东高西低的地貌差异，相对下降的冀北-大兴安岭火山-地堑带地层中赋存热河生物群早期化石组合，而辽西-松辽地区为相对隆升的构造高地。130 Ma～110 Ma 时期裂陷作用扩展，热河生物群中、晚期组合向周围扩散。

　　晚侏罗世全球气候变冷变干和亚洲东部古海拔的升高导致了燕辽地区环境剧变，干旱化、火山活动和造山作用引起森林系统的崩溃，这对于燕辽生物群的革新进化和部分类群的向外迁移或绝灭起到了关键作用。早白垩世 Hauterivian 至 Aptian 期干旱气候逐渐缓解，湖泊和森林生态系统复苏，由孑遗土著和外来分子构成的热河生物群兴起并快速演化辐射。热河生物群生存时期总体处于温度和湿度频繁波动、以干冷为主的温带大陆性气候，这与中生代中国东部高原的潜在环境效应也有一定关系。

参 考 文 献

1　Larson R L, Erba E. Onset of the mid-Cretaceous greenhouse in the Barremian-Aptian: Igneous events and the biological, sedimentary, and geochemical responses. Paleoceanography, 1999, 14(6): 663-678.

2　Scotese C R. Jurassic and Cretaceous plate tectonic reconstructions. Palaeogeography, Palaeoclimatology, Palaeoecology, 1991, 87: 493-501.

3　Holz M. Mesozoic paleogeography and paleoclimates - A discussion of the diverse greenhouse and hothouse conditions of an alien world. Journal of South American Earth Sciences, 2015, 61: 91-107.

4　Filatoval N I. Evolution of Cretaceous active continental margins and their correlation with other global events. The Island Arc, 1998, 7: 253-270.

5　Li S, Suo Y, Li X, et al. Mesozoic tectono-magmatic response in the East Asian ocean-continent connection zone to subduction of the Paleo-Pacific Plate. Earth-Science Reviews. 2019, 192: 91-137.

6　董树文, 张岳桥, 龙长兴, 等. 中国侏罗纪构造变革与燕山运动新诠释. 地质学报, 2007, 81(11): 1449-1461.

7　李思田, 杨士恭, 吴冲龙, 等. 中国东北部中生代裂陷作用和东北亚断陷盆地系. 中国科学(B 辑), 1987 (2): 185-195.

8　吴福元, 徐义刚, 高山, 等. 华北岩石圈减薄与克拉通破坏研究的主要学术争论. 岩石学报, 2008, 24: 1145-1174.

9　朱日祥, 徐义刚, 朱光, 等. 华北克拉通破坏. 中国科学: 地球科学, 2012, 42: 1135-1159.

10　Zhou Z, Wang Y. Vertebrate assemblages of the Jurassic Yanliao Biota and the Early Cretaceous Jehol Biota: comparisons and implications. Palaeoworld, 2017, 26: 241-252.

11　Zhou Z, Barrett P M, Hilton J. An exceptionally preserved Lower Cretaceous ecosystem. Nature, 2003, 421: 807-814.

12　Carroll R. Chinese salamanders tell tales. Nature, 2001, 410: 534-536.

13   Upchurch P, Hunn C A, Norman D B. An analysis of dinosaurian biogeography: evidence for the existence of vicariance and dispersal patterns caused by geological events. Proceedings of the Royal Society, London: Biological Sciences, 2002, 269(1491): 613-621.

14   Evans S E. At the feet of the dinosaurs: the early history and radiation of lizards. Biological Review, 2003, 78: 513-551.

15   Lloyd G, Davis K E, Pisani D, et al. Dinosaurs and the Cretaceous terrestrial revolution. Proceedings of the Royal Society, B, 2008, 275: 2483-2490.

16   Barrett P M, Butler R J, Edwards N P, et al. Pterosaur distribution in time and space: an atlas. Zitteliana B, 2008, 28: 61-107.

17   Charig A J. Jurassic and Cretaceous dinosaurs. In: Hallam A ed. Atlas of palaeobiogeography. Amsterdam: Elsevier, 1973. 339-352.

18   Weishampel D B, Dodson P, Osmólska H eds. The dinosauria, second edition. Berkeley: University of California Press, 2004. 1-733.

19   Rich T H. The palaeobiogeography of Mesozoic mammals: a review. Arquivos do Museu Nacional, Rio de Janeiro, 2008, 66(1): 231-249.

20   Chang M M, Chen P J, Wang Y Q, et al. eds. The Jehol Biota, the emergence of feathered dinosaurs, beaked birds and flowering plants. Shanghai: Shanghai Scientific & Technical Publishers, 2003. 1-208.

21   黄迪颖. 燕辽生物群和燕山运动. 古生物学报, 2015, 54(4): 501-546.

22   Hallam A. A review of Mesozoic climates. Journal of the Geological Society, London, 1985, 142: 433-445.

23   Weissert H, Erba E. Volcanism, CO2 and palaeoclimate: a Late Jurassic-Early Cretaceous carbon and oxygen isotope record. Journal of the Geological Society, London, 2004, 161: 695-702.

24   Foster J R. Paleoecological analysis of the vertebrate fauna of the Morrison Formation (Upper Jurassic), Rocky Mountain Region, U.S.A. Bulletin of New Mexico Museum of Natural History & Science, 2003, 23: 1-95.

25   Yi Z, Liu Y, Meert J G. A true polar wander trigger for the Great Jurassic East Asian Aridification. Geology, 2019, 47(12): 1112-1116.

26   李祥辉, 徐宝亮, 陈云华, 等. 华北-东北南部地区中生代中晚期粘土矿物与古气候. 地质学报, 2008, 82(5): 683-691.

27   李洪涛, 宋之光, 邹艳荣, 等. 冀北-辽西早白垩世沉积有机质特征与古气候环境演变. 地质学报, 2008, 82(1): 72-76.

28   Amiot R, Wang X, Zhou Z, et al. Oxygen isotopes of East Asian dinosaurs reveal exceptionally cold Early Cretaceous climates. PNAS, 2011, 108(13): 1-5.

29   向芳, 宋见春, 罗来, 等. 白垩纪早期陆相特殊沉积的分布特征及气候意义. 地学前缘, 2015, 16(5): 48-62.

30   Ding Q H, Tian N, Wang Y D, et al. Fossil coniferous wood from the Early Cretaceous Jehol Biota in western Liaoning, NE China: new material and palaeoclimate implications. Cretaceous Research, 2016, 61: 57-70.

31   王思恩, 张志诚, 姚培毅, 等. 中国侏罗-白垩纪含煤地层与聚煤规律. 北京: 地质出版社, 1994. 1-209.

32   王五力, 郑少林, 张立君, 等. 中国东北环太平洋带构造地层学. 北京: 地质出版社, 1995. 1-267.

33   陈丕基. 热河生物群的分布与迁移——兼论中国陆相侏罗唱白垩系的界线划分. 古生物学报. 1988, 27(6): 659-683.

34   赵锡文. 古气候学概论. 北京: 地质出版社, 1992. 1-176.

35   陈芬. 中国及邻区早白垩世植物地理分区. 见: 王鸿祯, 杨森楠, 刘本培, 等编. 中国及邻区构造古地理和生物古地理. 武汉: 中国地质大学出版社, 1990. 336-347.

36   米家榕, 孙春林, 孙跃武, 等. 冀北辽西早、中侏罗世植物古生态学及聚煤环境. 北京: 地质出版社, 1996. 1-169.

37   许坤, 杨建国, 陶明华, 等. 中国北方侏罗系(VII):东北地层区. 北京: 石油工业出版社, 2003. 1-261.

38   Na Y, Manchedyr SR, Sun C, et al. The Middle Jurassic palynology of the Daohugou area, Inner Mongolia, China, and its implications for palaeobiology and palaeogeography. Palynology, 2015, 39(20): 270-287.

39   赵淼. 辽宁葫芦岛连山区中侏罗世植物群. 吉林大学博士学位论文, 2016. 1-164.

40   张川波, 何元良. 辽宁北票附近中侏罗世晚期的沙漠沉积. 沉积学报, 1983, 1(4): 48-60.

41   王五力, 张宏, 张立君, 等. 土城子阶、义县阶标准地层剖面及其地层古生物、构造-火山作用. 北京: 地质出版社, 2004. 1-514.

42   许欢, 柳永清, 刘燕学, 等. 阴山-燕山地区晚侏罗世-早白垩世土城子组地层、沉积特征及盆地构造属性分析. 地学前缘, 2011, 18(4): 88-106.

43   吴舜卿. 辽西热河植物群初步研究. Palaeoworld, 1999, 11: 7-37.

44   崔莹, 巩恩普, 王铁晖, 等. 辽西义县组砖城子层孢粉组合时代及古气候记录. 中国科学: 地球科学, 2015, 45(8): 1138-1152.

45   Jiang B, Sha J. Preliminary analysis of the depositional environments of the Lower Cretaceous Yixian Formation in the Sihetun area, western Liaoning, China. Cretaceous Research, 2007, 28: 183-193.

46   Sepulchre P, Ramstein G, Fluteau F, et al. Tectonic uplift and Eastern Africa aridification. Science, 2006, 313(5792): 1419-1423.

47   王五力, 郑少林, 张立君, 等. 辽宁西部中生代地层古生物(1). 北京: 地质出版社, 1989. 1-168.

48   董枝明. 辽宁北票地区一新的甲龙化石. 古脊椎动物学报, 2002, 40(4): 276-285.

49   李晓波, 张艳, 仝亚博. 燕辽东段侏罗、白垩纪构造转变期古地理和古环境的初步分析. 地学前缘, 待刊.

50   赵越, 杨振宇, 马醒华. 东亚大地构造发展的重要转折. 地质科学, 1994, 29(2): 105-119.

51   郑亚东, Davis GA, 王琮, 等. 燕山带中生代主要构造事件与板块构造背景问题. 地质学报, 2000, 74(4): 289-302.

52   崔盛芹, 马寅生, 吴珍汉, 等. 燕山陆内造山带造山过程及动力机制. 北京: 地震出版社, 2006. 1-280.

53   陈丕基. 热河生物群的分布与扩展. Palaeoworld, 1999, 11: 1-6.

54   王思恩. 热河动物群的起源、演化与机制. 地质学报, 1990, 64(4): 350-360.

55   陈丕基. 中国侏罗、白垩纪古地理轮廓-兼论长江起源. 北京大学学报(自然科学版), 1979 (3): 90-109.

56   任纪舜, 王作勋, 陈炳蔚, 等. 从全球看中国大地构造——中国及邻区大地构造图简要说明. 北京: 地质出版社, 1999. 1-50.

57   邓晋福, 赵国春, 赵海玲, 等. 中国东部燕山期火成岩构造组合与造山—深部过程. 地质论评, 2000, 46: 41-48.

58   张旗, 钱青, 王二七, 等. 燕山中晚期的中国东部高原埃达克岩的启示. 地质科学, 2001, 36(2): 248-255.

59   张旗, 王元龙, 金惟俊, 等. 晚中生代的中国东部高原: 证据、问题和启示. 地质通报, 2008, 27(9): 1404-1430.

60   朱光, 胡召齐, 陈印, 等. 华北克拉通东部早白垩世伸展盆地的发育过程及其对克拉通破坏的指示. 地质通报, 2008, 10: 18-28.

61   林少泽, 朱光, 赵田, 等. 燕山地区喀喇沁变质核杂岩的构造特征与发育机制. 科学通报, 2014, 59(32): 3174-3189.

62   刘少峰, 李忠, 张金芳. 燕山地区中生代盆地演化及构造体制. 中国科学 D 辑: 地球科学, 2004, 34(增刊Ⅰ): 19-31.

63   Sewall JO, Wal R, Zwan K, et al. Climate model boundary conditions for four Cretaceous time slices. Climate of the Past, 2007, 3: 647-657.

64   Zhou Z. The Jehol Biota, an Early Cretaceous terrestrial Lagerstatte: new discovery and implications. National Science Review, 2014, 1: 543-559.

65   Meng J. Mesozoic mammals of China: implications for phylogeny and early evolution of mammals. National Science Review, 2014, 1: 521-542.

66   Wang M, O'Connor J, Xu X, et al. A new Jurassic scansoriopterygid and the loss of membranous wings in theropod dinosaurs. Nature, 2019, 569: 256-259.

67   蒋子堃, 王永栋, 田宁, 等. 辽西北票中晚侏罗世髫髻山组木化石的古气候、古环境和古生态意义. 地质学报, 2016, 90(8): 1669-1678.

TERRESTRIAL ENVIRONMENTAL CHANGES IN THE YANLIAO AREA OF CHINA DURING THE LATE MESOZOIC

LI Xiao-bo [1, 2, 3]   CHEN Ying-yu [1]   CHEN Jun [1]   Robert R. REISZ [1, 3]

(1 *Dinosaur Evolution Research Center, College of Earth Sciences, Jilin University*,   Changchun 130012, China;

2 *Key Laboratory of Mineral Resources Evaluation in Northeast Asia, Ministry of Natural Resources*,   Changchun 130061,

China; 3 *Department of Biology, University of Toronto Mississauga*,   Ontario L5L 1C6, Canada)

ABSTRACT

During the Late Mesozoic, significant changes of the tectonic framework and paleogeographic environment took place in the eastern part of China. From the Late Jurassic to the middle Early Cretaceous, the landscape of the Yanliao area was characterized by the presence of mountains and basins. During the Late Jurassic, the global climate became cold, the northern hemisphere became arid, and active volcanism and orogeny occurred around the Pacific continental margin, which may have caused the collapse of the forest system in Yanliao area. During the Early Cretaceous, arid condition gradually eased from the Hauterivian to the Aptian, the paleoclimate was mainly temperate continental with fluctuations in temperature and humidity, the extension and rift of the continent induced obvious altitude differences, the lake and forest ecosystem recovered, and the Jehol Biota developed and evolved rapidly. Then, with the change of the environment caused by the thinning of the earth's crust and the subsidence after the rifting, and the onset of the greenhouse climate in the Albian period, warm and humid climate appeared in the Yanliao area and the Fuxin Biota flourished. The plaeoclimate turned to arid again during the Cenomian of the Late Cretaceous, the alluvial red beds developed in Yanliao area and the Sunjiawan Biota appeared. The Late Mesozoic environmental changes in the Yanliao area are closely associated with the rise, evolution, and disappearance of Yanliao biota and Jehol biota, which may also have had a profound influence on the origin of modern terrestrial biota.

Key words　　Yanliao Biota, Jehol Biota, Paleoclimate, Jurassic, Cretaceous

第十七届中国古脊椎动物学学术年会论文集. 董为, 张颖奇主编. 北京：海洋出版社, 2021. 13-20
Proceedings of the Seventeenth Annual Meeting of the Chinese Society of Vertebrate Paleontology
DONG Wei, ZHANG Yingqi, eds. Beijing: China Ocean Press, 2021. 13-20

爬行动物牙齿证据表明牙齿演化经历过侧生

二尖齿、三尖齿阶段*

李永项[1]　张云翔[1]　李　冀[2]　陈　宇[1]　谢　坤[1]　李兆雨[1]

(1 大陆动力学国家重点实验室, 地质学国家级实验教学示范中心 (西北大学), 新生代地质与环境研

究所, 陕西　西安710069；2 西北大学丝绸之路研究院, 陕西　西安710069)

摘　要　　牙齿发育的三阶段理论受到了人们的普遍接受, 现代动物学家、古生物学家甚至
牙科医生都相信这一理论, 认为牙齿演化经历了单尖、三尖到多尖的演化过程。我们新的
齿形学观察表明爬行动物的牙齿并不是简单的单锥状, 而有明显的二尖齿存在, 并且三尖
齿也有不同的类型。臼齿的早期阶段有明显的二尖齿形态, 可能包括了单尖齿（侧生）、二
尖齿（侧生）、三尖瓣齿（亚侧生-端生）、三尖瓣齿（亚槽生）和三尖齿（槽生）等演化阶
段或过程。这一结果补充和丰富了广为接受的、经典的"三尖齿理论", 并有助于寻找在牙
齿进化过程中可能存在的环节。

关键词　　二尖齿阶段；演化过程；爬行类牙齿

* 基金项目：国家自然科学基金项目(批准号: 41472013, 41372020)资助.
李永项：男, 60岁, 教授, 主要从事古脊椎动物学研究. E-mail: mzlyx11@163.com

SAURIANS TEETH ANALYSIS SUGGESTS A NEW BICUSPID STAGE DURING THE EVOLUTION PROCESS OF REPTILIAN TEETH

LI Yong-xiang [1]   ZHANG Yun-xiang [1]   LI Ji [2]   CHEN Yu [1]   XIE Kun [1]
LI Zhao-yu [1]

(1 *State Key Laboratory of Continental Dynamics, National Demonstration Center for Experimental Geology Education (Northwest University)*,   Xi'an 710069, Shaanxi;

2 *Institute of Silk Road Studies, Northwest University,* ,   Xi'an 710069, Shaanxi)

ABSTRACT

The theory of trituberculy of tooth development was universally welcomed widely accepted that everyone from modern zoologists, paleontology researchers, and even a dental surgeon believed it. Our new odontography study shows that reptile teeth are not simply single-cone shaped. Early evolutionary stages of molars include single cusp (pleurodent), bicuspid (pleurodent), tricuspid (pleurodent), tricuspid (subpleurodent-acrodont), tricuspid (subthecodont) and tritubercular (thecodont). This result be used to revise the widely accepted "tritubercular theory" and can help to find a lost ring on the evolution process of teeth.

Key words   bicuspid stage,   evolution process,   reptilian teeth

1   Introduction

Knowledge of the process of tooth development facilitates an understanding of the mechanism of replacement and of the origin of complicated teeth from simple ones[1]. The theory of trituberculy was conceived by Professor E. D. Cope, but was elaborated on by Professor Osborn[2], who was by far the greatest exponent of the idea[3]. of the "Origin of the tritubercular types from the single reptilian cone". "The tritubercular type sprang from a single conical type by the addition of lateral denticles." The theory was universally welcomed as a decided advance on the old odontology and odontography. It was so widely accepted that everyone from modern zoologists, paleontology researchers (Table 1), and even a dental surgeon believed it [1, 4-15]. Here, we report several tooth forms from some modern reptiles, including *Eumeces*, *Eremias*, and *Takydromus*. These new observations of

14

tooth forms suggest that there is a clear bicuspid stage between the Haplodont and Triconodont. Early tricuspid teeth can be divided into three types: pleurodont tricuspid teeth, acrodont tricuspid teeth and subthecodont tricuspid teeth.

Table 1 Some literatures about the reptiles teeth characteristics

Authors	Description on the reptiles teeth characteristics	Literature
Xie and Du, 2014[15]	Most reptiles are consistent conical teeth, belongs to the Homodont	Zoology
Jiang and Ding, 2007[14]	Most species of reptiles tooth for the Homodont	Zoology
Jiang and Feng, 2006[13]	Most reptiles teeth as the cone to capture prey	Zoology
Yang et al., 1999[12]	Most reptiles are consistent conical teeth, belongs to the Homodont	Comparative anatomy of vertebrates
Liu and Zheng, 1997[11]	Most reptiles teeth for the Homodont	General zoology
Zhang, 1986[10]	Reptilian teeth are generally single cone (haplodont)	Comparative anatomy of vertebrates
Ma and Zheng, 1984[9]	Modern reptiles are mainly single cone teeth	Comparative anatomy of vertebrates
Milton, 1982[1]	Many reptiles are homodont	Analysis of vertebrate structure
Zhou et al., 1979[8]	The general reptile tooth has only one tooth tip, called a single-conical cusp teeth, and all the teeth are basically of the same pattern	History of vertebrate evolution
Hao, 1959[7]	Most reptiles... All have a series of conical teeth	Vertebrate zoology (1)
Zhu, 1958[6]	Reptiles have only one type of teeth, so the name isomorphic teeth（homodontes）	Biological evolution
Yang, 1955[4]	Most reptile teeth are composed of a single cone	The evolution of vertebrates
Xia and Hao, 1955[5]	Conical teeth are first divided (from the single reptilian cone) into three tooth peaks arranged in a straight line	Comparative anatomy of vertebrates
Osborn, 1907[2]	The origin of the tritubercular type from the single reptilian cone	Evolution_of_Mammalian_molar teeth

2 Observations

As an order of reptile, saurian teeth have a certain differentiation[16]. Saurian teeth can be divided into three major types: (1) Homodont, pleurodont with single-cusp. (2) Heterodont, subacrodont or pleurodont, with single-conical cusp teeth at the anterior of the tooth row and with flat-conical bicuspid teeth posteriorly. (3) Heterodont, with single-conical cusp teeth in the anterior part of the tooth row and with tricuspid, subacrodont teeth posteriorly. Tooth characteristics can be used to identify modern lizards, and also is important in fossil saurians. So kinds of characteristics are important for study of the origin and evolution of saurians.

Based on our recent studies, we observed some new saurian materials significantly different from the typical characteristics mentioned above. Their teeth morphology is tricuspid, pleurodont. These new kinds of teeth and the bicuspid teeth mentioned above can be together considered as the transitional form between single-conical cusp teeth and tricuspid teeth.

The teeth of *Takydromus septentrionalis* are Heterodont, pleurodont, single-conical cusp teeth at the anterior end of the tooth row and flat-conical bicuspid teeth posteriorly. There are about 25–30 check teeth (Fig. 1). The cusps on the columnar crown from the anterior to posterior in the tooth line obviously changes. On the maxillary, the first three teeth have single-conical cusps, and the following four have obvious successive addition of new denticles, cuspules or smaller cones on the anterior sides of the original single-conical cusp, to form bicuspid teeth; then addition of another one on the posterior sides, to form the tricuspid. The mandible is similar, the anterior three teeth are single-conical cusped, the 4-9 are bicuspid teeth, from 10 on are all tricuspid (Fig. 1).

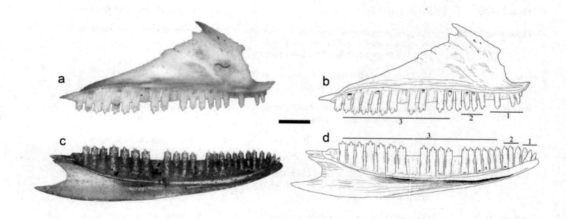

Fig. 1   Teeth of the *Takydromus septentrionalis* (15x003)

a-b, the left maxillary, internal view; c-d, the left mandible internal view.

1 = Single-cusp; 2 = Bicuspid; 3 = Tricuspid; Scale = 1 mm.

3 Discussion

As you can see, *Takydromus septentrionalis* teeth characteristics are different from other saurian reported. It is similar to the third type that is Heterodont, with single-conical cusp teeth in the anterior part of the tooth row and with tricuspid teeth posteriorly[16].

However, all its teeth are pleurodont, columnar or flat-conical, which is completely different from the tricuspid, subacrodont teeth, and similar to the second type. In comparison, except for one more cusp on the corona forming the tricuspid, its morphology is very similar to the species of *Eremias*: *E. argus*, *E. multiocellata* and *E. brenchltyi* (Fig. 1), but differs from the subacrodont teeth of *Tinosaurus* in having the tooth groove[17] and the acrodont teeth of the Agamidae[16].

We have noticed that some observers have reported similar features. For example, Richard[18] compared the dentitional morphology and diets of the genera, *Iguana*, *Ctenosaura*, *Enyaliosaurus* and *Basiliscus*. In addition to the single-pointed conus teeth, *Basiliscus* and *Enyaliosaurus* have tricuspid teeth with 2 accessory cusps, and Richard believed that the tooth morphology of *Basiliscus* reflects the strong insect-eating habit of this lizard.

William P.[19] reported the dental morphology and distribution of tooth types among nine genera of teiid lizards (*Ameiva*, *Cnemidophorus*, *Kentropyx*, *Teius*, *Dicrodon*, *Tupinambis*, *Callopistes*, *Crocodilurus*, and *Dracaena*). *Tupinambis*, *Callopistes*, *Crocodilurus* and *Dracaena* are large active carnivores with primarily conical recurved teeth best adapted for the grasping and holding of active prey. *Ameiva*, *Cnemidophorus* and *Kentropyx* have biconodont or triconodont teeth best suited for the puncture of insects. *Teius* and *Dicrodon* exhibit a modified biconodont tooth, expanded in a transverse direction across the jaw, resembling the teeth in primitive insectivorous mammals. Presch considered that within the Reptilia there are three basic types of dentition[20]: (1) thecodont, in which the tooth is contained in a socket on the dorsal margin of the bone; (2) acrodont, in which the tooth is socket-less and is fixed to the alveolar surfaceof the jaw; (3) pleurodont, in which the tooth does not have a socket, but lies in a groove in the jaw bone, in such a manner that the major attachment is to the inner, lateral wall of the groove. In *Macroteiid* genera the teeth occupy incomplete sockets. A small, thin, ossified wall connects the lateral wall to the medial wall of the groove in the jaw on both sides of the tooth. There is no true socket formed, as in the thecodont condition. This condition has been referred to as subthecodont[20], subacrodont or subpleurodont[21-22] and pleurodont. After examining pleurodont dentition in the *Iguanidae* and acrodont dentition in the *Agamidae*, he agreed with Estes. The term subpleurodont best describes the condition exhibited in the *Macroteiids*. *Macroteiid* teeth are conical, biconodont, triconodont or have a flattened molars.

Estes and Ernest[23] reported ontogenetic variation in the molariform teeth of lizards and mentioned some bicuspid and tricuspid teeth of *Ameiva exsul alboguttata*. There are also unicuspid, bicuspid and tricuspid teeth on the line from anterior to posterior successively, just as in the *Takydromus septentrionalis*.

Combined with the previous research results, the morphology of teeth can now be arranged from simple to complex as follows:

dental pattern: Ho (Homodent) → He (Heterodont);

attachment methods: P (pleurodent) → Sp (subpleurodent-subacrodont) → St (subthecodont) → T (thecodont);

cusp number: Sc (Single cusp) → Bc (Bicuspid) → Tc1 (pleurodent, Tricuspid) → Tc2 (subpleurodent-acrodont-subthecodont, Tricuspid）→ Tc3 (thecodont, Tricuspid);

Number of teeth: more → fewer.

4 Results

Based on the observations and studies noted above, we roughly divide the tooth morphology of some saurians into 5 categories (Fig. 2): (1) Homodont, pleurodont with a single-cusp. The smaller-sized lizards, such as *Gekkos gecko*, *G. Japonicus*, *Eumeces chinensis*, *E. xanthi*, *Leiolopisma tsinlingensis*, *L. reevesii*, *Lygosoma indicum*, *Platyurus platyurus* and *Hemidactylus frenatus*, have these teeth. (2) Heterodont, pleurodont, with single-conical cusp teeth at the anterior of the tooth row and with flat-conical bicuspid teeth posteriorly. The teeth can be seen in the *Eremias*: *E. argus*, *E. multiocellata*, *E. brenchltyi*. (3) Heterodont, pleurodont with single-conical cusp teeth, bicuspid in the anterior part of the tooth row and with tricuspid teeth posteriorly, such as *Takydromus septentrionalis*, *Ameiva exsul alboguttata*. (4) Heterodont, subpleurodent-acrodont with single-conical cusp teeth in the anterior part of the tooth row and with tricuspid teeth posteriorly. The larger-sized lizards, such as *Phrynocephalus przewalski*, *P. frontalis*, *Japalura splendida*, *J. flaviceos*, *Calotes versicolor*, *Leioleps belliana* and *Sauusr* possess this kind of arrangement. (5) Heterodont, subthecodont with single-conical cusp teeth in the anterior part of the tooth row and with tricuspid teeth posteriorly. *Ameiva* has these teeth[23].

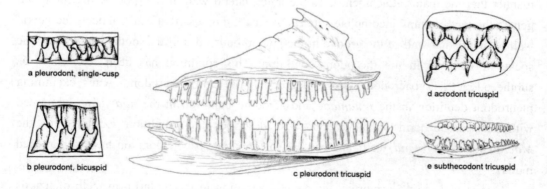

Fig. 2   Molar characteristics of some reptiles

a. pleurodont, single-cusp, *Eumeces, Leiolopisma*[16]; b. pleurodont, bicuspid, *Eremias*[16];

c. pleurodont, tricuspid, *Takydromus* (15x003); d. subpleurodont- acrodont, tricuspid,

Phrynocephalus, Japalura[16]; e. subthecodont, tricuspid, *Ameiiva*[23].

So, we have filled some details between stages 1 and 2 in the evolutionary series (Fig. 3, Upper) of teeth established by Osborn[2] as follows (Fig. 3, Lower): (1) Single cusp (pleurodent) → (2) Bicuspid (pleurodent) → (3) Tricuspid (pleurodent) → (4) Tricuspid (subpleurodent-acrodont) → (5) Tricuspid (subthecodont). Our new observations refine the classical theory of the trituberculy which has been used for over one hundred years, making it more detailed and objective in showing the process of tooth evolution.

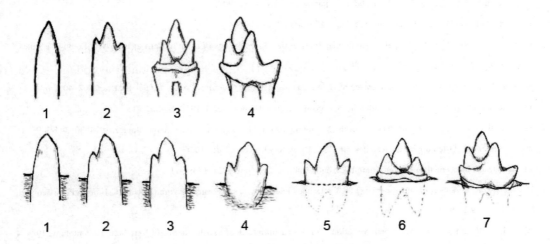

Fig. 3   Classic teeth evolution theory and teeth evolution process after our revision

Upper, suggested by Osborn[2]: 1. Single cusp; 2. Bicuspid; 3. Tritubercular; 4. Mammalian molar teeth.

Lower, this paper: 1. Single cusp (pleurodont); 2. Bicuspid (pleurodont); 3. Tricuspid (pleurodont);

4. Tricuspid (subpleurodont- acrodont); 5. Tricuspid (subthecodont); 6. Tritubercular

(thecodont); 7. Mammalian molar teeth (thecodont).

Acknowledgments   We are grateful to Professor Robert F Diffendal, Jr. for his linguistic help. Funding for this research was supported by the National Natural Science Foundation of China (grants 41472013, 41372020).

References

1   Milton H. Analysis of Vertebrate Structure. New York: John Wiley & Sons, 1982.

2   Osborn H F. Evolution of Mammalian Molar teeth. New York: The Macmillan Company, 1907.

3   Richard S L. Evolution of Mammalian Molar Teeth to and from the Triangular Type. Science, 1908, 27(687): 341-342.

4   Yang C C. Evolution of the Vertebrates. Beijing: Science Press, 1955. 151-228.

5   Xia K N, Hao T H. Comparative Anatomy of the Vertebrates. Commercial Press, 1955. 1-383.

6   Zhu X. Evolution of the Biological. Beijing: Science Press, 1958. 82-108.

7   Hao T H. Vertebrate Zoology (Volume 1). Beijing: Higher Education Press, 1959.

8   Zhou M Z, Liu Y H, Sun A L, et al. Histories of the Vertebrates Evolution. Beijing: Science Press, 1979. 150–223

9   Ma K Q, Zheng G M. Comparative Anatomy of the Vertebrates. Beijing: Higher Education Press, 1984.

10   Zhang M W. Comparative Anatomy of the Vertebrates. Beijing: Higher Education Press, 1986.

11   Liu L Y, Zheng G M. General Zoology. Beijing: Higher Education Press, 1997.

12   Yang A F, Cheng H, Yao J X. Comparative Anatomy of the Vertebrates. Beijing: Peking University Press, 1999.

13   Jiang Y L, Feng J. Zoology. Beijing: Higher Education Press, 2006.

14   Jiang N C, Ding P. Zoology. Hangzhou: Zhejiang university press, 2007.

15   Xie D L, Du D S. Zoology. Shanghai: Fudan University Press, 2014.

16   Li Y X, Xue X X, Li X C, et al. Additional notes of the characteristics of some modern lizards. Acta Zoologica Sinica, 2003, 49: 547-550.

17   Li Y X, Xue X X. The first appearance of *Tinosaurus* fossil in the Quaternary. Vertebrata PalAsiatica, 2002, 40: 34-41.

18   Richard R M. Comparative dentition in four Iguanid lizards. Herpetologica, 1968, 24: 305-315.

19   William P. A survey of the dentition of the Macroteiid lizards (Teiidae: Lacertilia). Herpetologica, 1974, 30: 344-349.

20   Romer A S. Osteology of the Reptiles. Chicago: University Chicago Press, 1956.

21   Estes R. Miocene lizards from Colombia, South America. Breviora, 1961, 143: 1-11.

22   Estes R. Fossil vertebrates from the Late Cretaceous Lance Formation Eastern Wyoming. Univ California Publ Geol Sci, 1964, 49:1-180.

23   Estes R, Ernest E W. Ontogenetic variation in the molariform teeth of lizards. Journal of Vertebrate Paleontology, 1984, 4: 96-107.

第十七届中国古脊椎动物学学术年会论文集. 董为、张颖奇主编. 北京：海洋出版社，2021. 21-34

Proceedings of the Seventeenth Annual Meeting of the Chinese Society of Vertebrate Paleontology

DONG Wei, ZHANG Yingqi, eds. Beijing: China Ocean Press, 2021. 21-34

中国早期食肉类*

刘文晖 [1]　　孙博阳 [2, 3]

(1 中国国家博物馆，北京 100006；

2 中国科学院脊椎动物演化与人类起源重点实验室，中国科学院古脊椎动物与古人类研究所，北京 100044；

3 中国科学院生物演化与环境卓越创新中心，北京 100044)

摘　要　本文简要回顾了自 19 世纪以来的食肉类分类学研究，其中以 Flower 和 Matthew 的分类体系最为经典，为后世的食肉类形态学与分类学建立了框架。生存于古近纪的古灵猫类和细齿兽类一直被视为现生食肉目祖先的最佳候选类群，因此受到学者的热切关注。在两个类群的定义、相互之间亲缘关系以及包含成员的问题上，来自不同国家的学者在过去的逾 100 a 里一直进行着激烈的争论。近年来，人们根据系统发育分析的结果倾向于将古灵猫科视为一个自然分类群，即单系群；细齿兽科则因被判定为并系群，而逐渐被视为非正式的分类群。本文也对中国古灵猫类和细齿兽类的研究历史和现状做了回顾，并整理了中国已报道属种的分类，将命名时未归入高级分类群的粗齿赛里犬归入古灵猫科，至此中国已报道古灵猫科 4 属 6 种，细齿兽科 3 属 5 种。

关键词　食肉类；分类；古近纪

1　前言

食肉类动物自古以来都被人们视为威猛和优雅的象征，在世界各地占据着食物链的顶点[1-2]。无论公众还是生物学与古生物学的专家学者都对食肉类动物有着非常浓厚的兴趣。而食肉类动物的起源问题也是人们争相关注的焦点。在悠久的生物演化研究历史当中，有两类动物被锁定为食肉类动物祖先的最佳候选类型——它们便是古灵猫 viverravids 和细齿兽 miacids。这些动物生活在古新世和始新世时代，它们的化石于 19 世纪下半叶被发现和命名，距今已经有逾 100 a 的研究历史[3-5]。关于这两个类群的分类位置以及它们互相之间、与其他食肉类动物之间的亲缘关系问题，学术界在逾 100 a 间一直进行着激烈的争论。若要解决食肉类动物的起源与演化问题，必先妥善梳理与评价古灵猫和细齿兽的确切性质。

2　古灵猫类与细齿兽类的分类争议

Flower[6-7] 按照耳区结构将现生食肉类分为裂足亚目 Fissipedia 和鳍足亚目

---

* 孙博阳：男，33 岁，博士，助理研究员，主要从事新近纪哺乳动物研究. Email: sunboyang@ivpp.ac.cn

Pinnipedia：裂足亚目包含猫超科 Aeluroidea（含猫科 Felidae、灵猫科 Viverridae、马岛狸科 Cryptoproctidae、鬣狗科 Hyaenidae、土狼科 Protelidae）、犬超科 Cynoidea（仅犬科 Canidae）和熊超科 Arctoidea（含熊科 Ursidae、熊猫科 Ailuridae、浣熊科 Procyonidae 和鼬科 Mustelidae）；鳍足亚目包含海狮科 Otariidae、海象科 Trichecidae 和海豹科 Phocidae（图 1）[6]。这一基本分类方案影响深远，稍有调整后沿用至今。现生食肉类以及和现生类群有相近亲缘关系的化石门类基本都被纳入到这一框架之中。然而古近纪时期，尤其古新世和始新世时期生存着的原始食肉类和现生门类具有很大的差异，逾 100 a 间一直是食肉类学者争论的焦点。

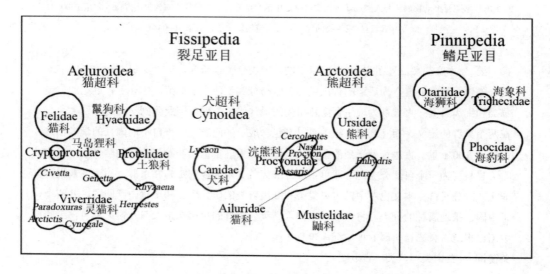

图 1　　Flower 建立的现生食肉目分类方案

Fig. 1　　Scheme of classification of modern Carnivora by Flower

　　20 世纪研究化石食肉类的学者基本认为所有古新世和始新世的食肉类属都归入细齿兽科 Miacidae[8-14]。细齿兽科由 Cope[4]所建立，包括细齿兽 *Miacis* 和双鼬 *Didymictis* 两个属。细齿兽科被 Cope[4, 15]归入肉齿亚目 Creodonta（属于 Cope 建立的 Bunotheria 目），当时这个类群还包括钝齿兽科 Amblyctonidae、牛鬣兽科 Oxyaenidae、熊犬科 Arctocyonidae、中兽科 Mesonychidae 和丽猬科 Leptictidae。

　　Trouessart[16]对肉齿亚目进行了新的划分，有别于 Cope[4, 15]的方案：熊犬科被移到食虫目 Insectivora，增加了 Chrysochloridae、Esthonycidae；将丽猬科名称变更为 Centetidae，表述为 Centetidae（=Leptictidae），保留了牛鬣兽科、钝齿兽科、中兽科和细齿兽科)。此外他还建立了细齿兽新亚科 Miacinae，包含细齿兽属、双鼬属、古灵猫属 *Viverravus* 等 6 个属和 1 个存疑的属。这是首次对细齿兽科进行亚科级别划分，但遗憾的是并没有包含类群特征的建立和讨论，也未提出和细齿兽亚科相当的其他亚科级分类单元。

　　Flower 和 Lydekker[17]将食肉目分为 3 个亚目：食肉猛兽亚目 Carnivora Vera（即裂足类 Fissipedse）、鳍足亚目 Pinnipedia 和肉齿亚目 Creodonta。

Wortman 和 Matthew[18]讨论了现生食肉类的亲缘关系，提出犬科和灵猫科的祖先可追溯至始新世的"肉齿目"。他们认为细齿兽属 Miacis 是小狐兽属 Vulpavus 的晚出异名，将细齿兽属废弃，细齿兽属型种被归入小狐兽属，该属其他大部分种归入犹他犬属 Uintacyon，并将犹他犬和小狐兽两个属归入犬科，视犹他犬为犬科内其他成员的祖先类型。Wortman 和 Matthew[18]还建立了古灵猫科 Viverravidae，将双鼬属的属型种道金斯双鼬 Didymictis dawkinsianus 视为古灵猫属属型种纤细古灵猫 Viverravus gracilis 的晚出异名，将双鼬属废弃。如此一来便将细齿兽科废弃了。古灵猫科是一个明显不同于犬科的支系，古灵猫科的成员之前被 Flower 和 Lydekker[18]认为是现生灵猫科的祖先。

Wortman[19-22]对耶鲁大学皮博迪博物馆马氏藏品（Marsh Collection）中始新世哺乳动物进行了研究，提出了裂齿亚目 Carnassidentia（替代 Flower and Lydekker[17]的食肉猛兽亚目 Carnivora Vera）、肉齿亚目和鳍足亚目。其中裂齿亚目下分古灵猫科 Viverravidae、灵猫科 Viverridae、鬣狗科 Hyaenidae、土狼科 Protelidae、古齿兽科 Palaeonictidae、猫科 Felidae、犬科 Canidae、浣熊科 Procyonidae、熊科 Ursidae 和鼬科 Mustelidae[19]。他修正了自己的认识，承认细齿兽属 Miacis 的有效性，将其和小狐兽属、犹他犬属一起归入犬科；对于双鼬属，则仍坚持 Wortman 和 Matthew[18]的看法。Wortman 强调牙齿特征在食肉类分类中的重要性，并指出腕骨之间不愈合是 1 种原始特征，这一点可能发生在不同的支系当中，因此不一定表明较近的亲缘关系。

Matthew[8]对肉齿类的分类沿用 Schlosser[23]观点，将肉齿类分为 3 个类型：原始肉齿亚目 Creodonta Primitiva，无特化的裂齿，包括尖支齿兽 Oxyclaenidae；适应性肉齿亚目 Creodonta Adaptiva，裂齿为上 P4 和下 m1，包括古齿兽科 Palaeonictidae、古灵猫科 Viverravidae 和熊犬科 Arctocyonidae；非适应性肉齿亚目 Creodonta Inadaptiva，裂齿并非上 P4 和下 m1，包括牛鬣兽科 Oxyaenidae、鬣齿兽科 Hyaenodontidae 和中兽科 Mesonychidae。他坚持将双鼬属 Didymictis 视为古灵猫属 Viverravus 的异名，将细齿兽属视为小狐兽属的异名，废弃细齿兽科，将古灵猫科归入适应性肉齿亚目，将小狐兽属和犹他犬属移出古灵猫科和肉齿目，将其保留在犬科，并且指出如果以后能够证明这两属具有肉齿目特有的跗骨关节，便将它们归入肉齿目。

Matthew[9]发表了始新世布里杰盆地（Bridger Basin）食肉类和食虫类的研究专著，提出古灵猫亚科 Viverravinae 和细齿兽亚科 Miacinae 的概念并论述各自特征，指出古灵猫亚科和细齿兽亚科可能分别为猫超科 Aeluroidea 和熊超科 Arctoidea 的祖先类型，尽管它们因具有相同的原始形态结构而表明有着共同祖先，因此被归为同一个科即细齿兽科 Miacidae 当中（图 2）。Matthew[9]将细齿兽科定义为早第三纪肉食类中 1 个形态原始的科，将其归入肉齿亚目真肉齿次目 Eucreodi（相当于适应性肉齿亚目）。犹他犬属和小狐兽属被移出犬科，归入细齿兽科。在该研究中，Matthew 承认双鼬、古灵猫、细齿兽、小狐兽 4 个属全部有效。

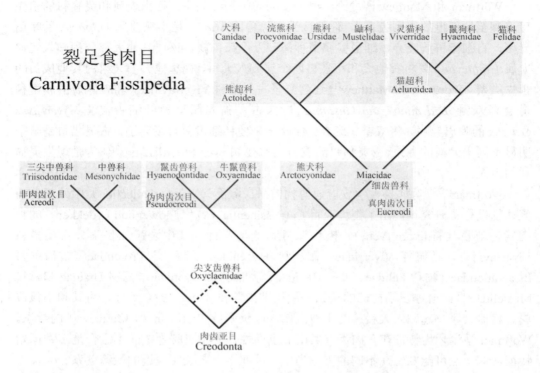

图 2　　Matthew 建立的食肉目分类方案

Fig. 2　　Scheme of classification of Carnivora by Matthew

Matthew[10]对始新世温德里弗（Wind River）和沃萨奇（Wasatch）动物群的修订中重点讨论了肉齿亚目 Creodonta 的各个科、细齿兽科 Miacidae 的各个属和双鼬属 Didymictis 的各个种，并讨论了细齿兽科的亲缘关系和地层分布。

Matthew 关于古新世圣胡安盆地（San Juan Basin）的专著在其去世后发表于 1937 年，为海登双鼬 Didymictis haydenianus 建立了原双鼬新亚属 Protictis[24]。

Simpson[25]描述了产自蒙大拿州尤宁堡（Fort Union）的细齿兽科材料，建立了新属先鼬属 Ictidopappus 以及双鼬属的两个新种——细巧双鼬 Didymictis tenuis 和小双鼬 D. microlestes。Simpson[11]又讨论了这些种之间，以及与古灵猫亚科之间的关系，将先鼬属和双鼬属均归入古灵猫亚科 Viverravinae，并为古灵猫亚科、双鼬属和先鼬属提供了鉴定特征。他对古灵猫亚科的分类沿用了 Matthew[9]，因此他对于先鼬属的讨论表明该属可能是古灵猫属的祖先类型，或者古灵猫属是从双鼬属分化而来。

Gregory 和 Hellman[26]接受并发展了 Matthew 的分类体系，将食肉目分为 3 个亚目 5 个次目：肉齿亚目，含原肉齿次目 Procreodi、非肉齿次目 Acreodi、伪肉齿次目 Pseudocreodi 和新建立的半肉齿次目 Amphicreodi；裂足亚目（相当于 Wortman 的裂齿亚目），包含真肉齿次目 Eucreodi；鳍足亚目，仅有两超科。他们将真肉齿次目的概念做了扩展，并非如 Matthew 仅限于细齿兽科，而将其视为包含裂足亚目和鳍足亚目的大类群，理由是认为当时直接和间接的证据都表明，所有现生食肉类的科级分类单元均由真肉齿类（裂齿为上 P4 和下 m1）的共同祖先发展而来（类似现在将蜥臀目恐龙概念扩展到包含鸟纲）。他们将细齿兽视为亚科，归于灵猫科，并保留之前的各个属；废弃了古灵猫科，古灵猫属和双鼬属被归入灵猫亚科（包括现生灵猫）。古灵猫属、双鼬属和先鼬属被认为与现生灵猫科非常接近，细齿兽亚科被认为是一个演化旁支。

Simpson[27]沿用了 Matthew 的观点，将细齿兽亚科和古灵猫亚科归入细齿兽科，在其上又设立细齿兽超科 Miacoidea（内涵等同 Matthew 的真肉齿类 Eucreodi）。与犬超科 Canoidea、猫超科 Feloidea 共同组成裂足亚目。这一分类体系中细齿兽科被认为与进步的食肉类关系更近，和肉齿目关系较远。Simpson[27]对细齿兽超科的讨论提出两种方案，1 种将细齿兽科归入肉齿类，1 种归入裂足亚目。Simpson 将细齿兽科归入裂足亚目的原因是他相信这个方法是"同行们共同努力的研究结果"，尽管他也认为这仅仅是一种分类观点形式上的改变，并没有改变细齿兽类的系统发育关系。

MacIntyre[28]讨论了细齿兽科的形态和系统关系，为 Simpson 建立的细巧双鼬"*Didymictis tenuis*"建立了辛氏鼬新属 *Simpsonictis*，指出其可能是牙齿具有食虫性特化的古灵猫亚科（归入细齿兽科），但与古灵猫属和双鼬属的一些小型种相似。他指出细齿兽科是现代食肉类的祖先类型。最早的细齿兽可能是古灵猫亚科的成员。古灵猫亚科包括古灵猫属、双鼬属和先鼬属。MacIntyre[28]发表了其博士学位论文，对先鼬和原鼬的系统全面回顾，将 Matthew 的原鼬亚属升级为属，并分为原鼬、辛氏原鼬和布氏原鼬 *Bryanictis* 3 个亚属。布氏原鼬新亚属包含 Simpson 的小双鼬"*Didymictis microlestes*"和新种范氏（布氏）原鼬 *Protictis*（*Bryanictis*）*vanvaleni*。MacIntyre[28]列出了一些原始特征，可能说明细齿兽亚科和古灵猫亚科具有共同祖先。MacIntyre由此讨论细齿兽可能是由某些白垩纪时期的类群演化来的。MacIntyre 讨论了 p4 的形态，接受了简单的 p4 为原始性状的固有观点，由此提出白垩兽最有可能是所有后期食肉类的祖先类型。

德日进[29]将法国的窄齿"灵猫""*Viverra*" *angustidens* 归为古灵猫亚科，将其置入古灵猫属，即修订为窄齿古灵猫 *Viverravus angustidens*。Kretzoi[30]为窄齿古灵猫建立凯尔西鼬属 *Quercygale*，并以此建立了凯尔西鼬科 Quercygalidae，归入犬型亚目。

Van Valen[31]在食虫类分类文章中对凯尔西鼬的系统关系进行了简要的讨论。他认为自己此前报道的麦氏细齿兽 *Miacis macintyri* 可能应属于凯尔西鼬 *Quercygale*，凯尔西鼬应为亚属，或为烛犬属 *Tapocyon* 的成员。细齿兽类（凯尔西鼬）m3 的缺失使得Van Valen 得出结论，古灵猫亚科与细齿兽亚科无法截然区分（他认为两者的唯一区别就是 m3 的有无）。Van Valen 还认为 Kretzoi[30]的凯尔西鼬科是细齿兽亚科的异名。

Van Valen[32]在胎盘食肉类的起源讨论中将几种"细齿兽"与白垩纪的原通古拉兽属 *Protungulatum*、白垩兽属 *Cimolestes* 和原地狱犬兽属 *Procerberus* 比较。他同时建立了先鼬族 Ictidopappini，属于细齿兽科，包括先鼬属，重新启用辛氏鼬属。

Cray[33]所作的英国晚始新世海顿层（Headon Beds）的动物群分析包含关于凯尔西鼬的讨论，将哈氏"灵猫""*Viverra*" *hastingsae* 归入凯尔西鼬。Cray 不同意 Van Valen[31]将凯尔西鼬视为细齿兽科烛犬属的 1 个亚属，而是将其视为古灵猫亚科的 1 个属。

在很长的一段时间里,古灵猫类一直作为细齿兽科之下的亚科单位。直到 Flynn 和 Galiano[34]对细齿兽-古灵猫类的系统关系做了一次全面的回顾和整理。他们提出,为了避免使用非单系群作为正式分类单元,因此将细齿兽类作为垃圾桶类群,废弃了细齿兽科,将原先属于细齿兽类的大部分属种归入了犬形亚目。另一方面,他们将原属于古灵猫亚科之下的成员全部归入猫形亚目。将双鼬属一直提升至双鼬科 Didymictidae 和双鼬次目 Didymictida,双鼬科之下为双鼬属和原双鼬属,后者包括原鼬亚属、似原鼬亚属和布氏原鼬亚属。此外,他们在猫形亚目之下又建立了猫形次目,包含古灵猫超科、猫超科以及科未定的先鼬属。古灵猫超科包含古灵猫科和科未定的古鼬属 Palaeogale,古灵猫科仅包含古灵猫和辛氏鼬两个属。McKenna 和 Bell[35]对哺乳动物进行的整体分类整理中大体上沿用了 Flynn 和 Galiano[34]的体系。他们将食肉类分为猫形亚目、犬形亚目和熊形亚目,其中猫形亚目分为古灵猫科、猎猫科、猫科、灵猫科和鬣狗科,将古鼬属直接置于猫形亚目之下;犬形亚目分为犬形次目和未定次目的细齿兽科。其中,古灵猫科包含亚科未定的祖鼬属以及古灵猫亚科、双鼬亚科和他们新设立的先鼬亚科(只包含先鼬属一个属);细齿兽科作为正式有效的分类单元而得以保留,包括之前被认为属于这一类群的大部分属种。然而也有学者反对这一分类观点。Gingerich 和 Winkler[36]认为古灵猫类在古新世至晚始新世即发生适应辐射,而猫形亚目各个科在晚始新世或早渐新世才开始发生分异,因此并没有充分的证据表明古灵猫类与猫形类有直接的亲缘关系。在该研究中他们将古灵猫科直接置于食肉目之下。另外也有学者承认细齿兽科的有效性并继续使用[37-40]。

Wesley-Hunt 和 Flynn[41]做了一次系统发育分析。他们得出结论,古灵猫科是食肉类当中最早分化的类群,与其他类群共同组合的支系构成姐妹群,整体被定义为食肉型类 Carnivoramorpha。在古灵猫科以外的其他类群中,犬形亚目和猫形亚目构成一个单系群,被定义为食肉目。而所有之前被归入细齿兽类的类群构成了一个并系群,被认为无法作为正式的分类单元,被称作"细齿兽科""Miacidae"。在 Spaulding 和 Flynn[42]的系统发育分析结果中,犬形亚目和猫形亚目构成姐妹群,被定义为食肉目。猎猫科 Nimravidae 成为一个单独的支系,和食肉目构成姐妹群。Spaulding 和 Flynn[42]还选取了更多原先被归入细齿兽类的属种,这些属种在分析结果中仍然构成并系群,且相互关系比之前的分析更加不确定。食肉目、猎猫科和"细齿兽类"构成的支系被定义为食肉形类 Carnivoraformes,与古灵猫科成为姐妹群,并共同构成食肉型类。王健和张兆群[43]沿用前人的基本框架再次进行了系统发育分析,并在分析类群中加入了古鼬属。如上文所述,古鼬一直没有归入科级单位之下,直到 Martin 和 Lim[44]建立了古鼬科 Palaeogalidae。王健和张兆群[43]的分析结果中,猫超科和猎猫科共同构成的支系与古鼬属组成了姐妹群,被定义为猫形亚目。除此之外的各类群系统关系与前人结果大体相同(图3)。

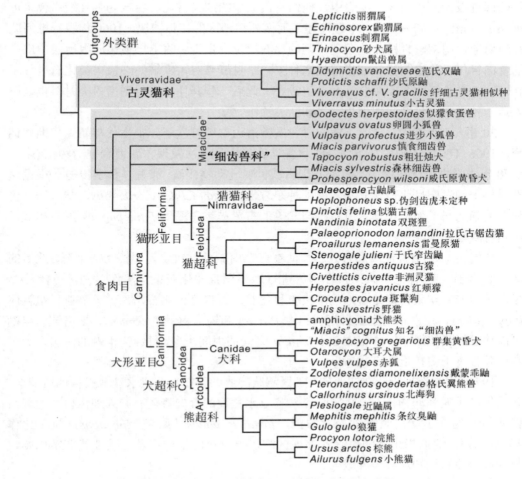

图 3　食肉目最新的基于形态学的系统发育分析

Fig. 3　Recent phylogenetic analysis of Carnivora based on morphology

关于早期食肉类的起源问题，Wesley-Hunt 和 Flynn[41]指出猫形亚目和犬形亚目的最晚分异时间为 43 Ma 左右。Polly[45]指出现生食肉类的最近共同祖先出现的时间为 42 Ma，而并非很多学者认为的 60 Ma ~ 70 Ma。

3　中国古灵猫类和细齿兽类的研究历史

1923 年，美国自然历史博物馆组织了第三次亚洲考察活动。Matthew 和 Granger[46]报道了本次考察中于现今内蒙古境内中蒙边境附近二连盐池地区的伊尔丁曼哈组采集的化石。根据其中的 1 枚食肉动物 M1 化石建立了新种强壮细齿兽 Miacis invictus。这是细齿兽类，也是早期食肉类在中国的首次报道。在其后的几十年里，中国古近纪动物群的研究远比新近纪动物群少，而早期食肉类化石未有报道。

1957 年，中国科学院古脊椎动物与古人类研究所考察队（以下简称古脊椎所队）在河南西部的卢氏盆地进行地质调查和化石采集，在孟家坡地点发现了大量晚始新世哺乳动物化石。这批化石在 20 世纪 60 年代相继鉴定和发表。周明镇等[47]发表了 1957

年的调查报告，在动物群列表中，他们将孟家坡的细齿兽化石鉴定为强壮细齿兽亲近种 *Miacis* aff. *invictus*。报告中还简述了河南淅川地区的工作情况。1960 年古脊椎所队在河南淅川南部李官桥盆地发现不同的化石层位。报告中将上层核桃园组地层中出产的食肉目化石鉴定为强壮细齿兽相似种[47]。周明镇[48]对孟家坡的细齿兽类化石进行了修订，建立了新种卢氏细齿兽 *M. lushensis*。此后一些其他地点的细齿兽类材料也被归入这一种当中，包括河南淅川[49-50]和江苏溧阳[37]。

20 世纪 50 年代，合肥工业大学在安徽潜山盆地首次展开中生代与新生代地质调查。1966 年安徽省地矿局下属 311 区测队在怀宁县首次发现古新世脊椎动物化石[51]。1970 年古脊椎所队在潜山县首次发现古新世哺乳动物化石。邱占祥和李传夔[52]根据这批材料中的食肉目化石建立了新属新种东方祖鼬 *Pappictidops orientalis*，归入细齿兽科古灵猫亚科。他们指出东方祖鼬与北美的古灵猫类先鼬属 *Ictidopappus* 形态相似，应当有较近的亲缘关系。

1961 年，广东省地质局野外工作队在广东南雄县首次发现脊椎动物化石，此后的 60−70 年代，古脊椎所队一直在南雄进行地质调查和化石采集工作[53-59]。王伴月[60]报道了 1973 年采自南雄盆地的细齿兽科化石。她将这批化石归入古灵猫亚科祖鼬属 *Pappictidops*，建立了两个新种锐齿祖鼬 *P. acies* 和钝齿祖鼬 *P. obtusus*，指出钝齿祖鼬可能代表锐齿祖鼬和东方祖鼬 *P. orientalis* 之间的中间类型，且钝齿祖鼬的臼齿在大小和粗壮程度上更接近东方祖鼬。

1972 年，古脊椎所队在江西省 915 区测队的协助下在江西袁水盆地进行地质调查，并采集到了哺乳动物化石。郑家坚等[61]将袁水盆地的食肉目化石归入细齿兽科的细齿兽亚科，建立了新属新种细巧新喻兽 *Xinyuictis tenuis*（属名 *Xinyüictis*，拉丁化作 *Xinyuictis*）。他们指出新喻兽是亚洲地区细齿兽亚科的早期代表，其性状非常原始，与细齿兽亚科已知属种差异较大。

黄学诗等[38]报道了山西垣曲县亳清河右岸火石坡的细齿兽类材料。他们将材料归入细齿兽科，但并不确定是否应归入细齿兽属，于是定了一个带有疑问性质的新种亳清河细齿兽？*Miacis*? *boqinghensis*。黄学诗和郑家坚[62]报道了广西田阳晚始新世公康组的食肉类化石。他们将材料归入古灵猫科，建立了新属新种稀少东方鼬 *Orientictis spanios*。他们根据形态特征推断，东方鼬属很可能是由祖鼬属演化而来，前者是古灵猫科最晚期的代表之一。童永生和王景文[63]报道了采自山东昌乐五图盆地的早始新世哺乳动物化石，将其中的食肉类化石分别归入了古灵猫科和细齿兽科。其中古灵猫科材料建立为新属新种朝气褐灵猫 *Variviverra vegetatus*，细齿兽科材料建立为新属新种隐藏乖犬 *Zodiocyon zetesios*。并且将五图盆地的新属种与北美和欧洲的已知门类进行了详细的对比。

4 中国古灵猫类和细齿兽类的分类整理

上文已对中国已报道的古灵猫科和细齿兽科各个门类进行了整理（图 4）。根据原作者对标本的描述以及我们对标本的形态观察，我们承认中国报道过的现有属种的有效性。Gingerich[64]认为新喻兽属与早期的细齿兽，尤其是 *Miacis winkleri* 和 *M. deutschi*

非常接近，将新喻兽属视为细齿兽属的同物异名。黄学诗等[38]指出新喻兽属相比细齿兽属具有较为明显的区别，如 M1 齿带发达、中部突起成柱尖、无次尖等。我们同意郑家坚等的观点，保留新喻兽属。周明镇[48]根据山西垣曲的食肉类材料建立了新属新种赛里粗齿犬。McKenna 和 Bell[35]将赛里犬归入细齿兽科。赛里犬的正型标本为一带有 p4 和 m1 的下颌骨残段。标本保留了一部分上升支，因此我们得以从齿槽的形态判断出该种是缺失 m3 的。虽然并不能确定缺失 m3 便应当归入古灵猫科[31, 63]，但至少说明其属于古灵猫科的可能性更大。从其余牙齿的形态来看，赛里犬 p4 的附属尖较为发达，m1 的下三角座较高突，下跟座细窄，这些形态都十分符合古灵猫类的特征[34]。再发现更多的材料之前，赛里犬属暂时归入古灵猫科为宜。

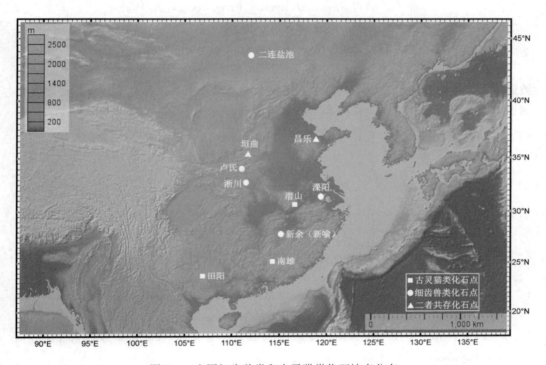

图 4   中国细齿兽类和古灵猫类化石地点分布

Fig. 4   Geographic distribution of viverravids and miacids fossil localities in China

食肉目 Carnivora Bowdich, 1821

　古灵猫科 Viverravidae Wortman et Matthew, 1899

　　赛里犬属 *Chailicyon* Chow, 1975

　　　粗齿赛里犬 *Chailicyon crassidens* Chow, 1975

　　祖鼬属 *Pappictidops* Chiu et Li, 1977

　　　东方祖鼬 *Pappictidops orientalis* Chiu et Li, 1977

　　　锐齿祖鼬 *Pappictidops acies* Wang, 1978

　　　钝齿祖鼬 *Pappictidops obtusus* Wang, 1978

　　东方鼬属 *Orientictis* Huang et Zheng, 2005

稀少东方鼬 *Orientictis spanios* Huang et Zheng, 2005

褐灵猫属 *Variviverra* Tong et Wang, 2006

朝气褐灵猫 *Variviverra vegetatus* Tong et Wang, 2006

细齿兽科 Miacidae Cope, 1880

细齿兽属 *Miacis* Cope, 1872

强壮细齿兽 *Miacis invictus* Mattew et Cranger, 1925

卢氏细齿兽 *Miacis lushensis* Chow, 1975

亳清河细齿兽? *Miacis? boqinghensis* Huang, Tong et Wang, 1999

新喻兽属 *Xinyuictis* Zheng, Tong et Ji, 1975

细巧新喻兽 *Xinyuictis tenuis* Zheng, Tong et Ji, 1975

乖犬属 *Zodiocyon* Tong et Wang, 2006

隐藏乖犬 *Zodiocyon zetesios* Tong et Wang, 2006

致谢 承蒙董为研究员提供投稿机会，陈津女士协助查阅塞里犬标本，史勤勤博士在制图工作中提供宝贵建议，在此表示诚挚的感谢。

参 考 文 献

1　Castelló J R. Canids of the world: wolves, wild dogs, foxes, jackals, coyotes, and their relatives. New Jersey: Princeton University Press, 2018. 1-331.

2　Wilson D E, Mittermeier R A. Handbook of the mammals of the world, vol. 1: Carnivores. Barcelona: Lynx Edicions, 2009. 1-727.

3　Cope E D. Third account of new Vertebrata from the Bridger Eocene of Wyoming Territory. Proceedings of the American Philosophical Society held at Philadelphia for promoting useful knowledge, 1872, 12: 469-472.

4　Cope E D. On the genera of the Creodonta. Proceedings of the American Philosophical Society held at Philadelphia for promoting useful knowledge, 1880, 19: 76-82.

5　Marsh O C. Preliminary description of new Tertiary mammals, part I. The American Journal of Science and Arts, Third Series, 1872, 4(19-24): 122-128.

6　Flower W H. On the value of the characters of the base of the cranium in the classification of the order Carnivora, and on the systematic position of *Bassaris* and other disputed forms. Proceedings of the scientific meetings of the Zoological Society of London, 1869, 37: 4-37.

7　Flower W H. On the arrangement of the orders and families of existing Mammalia. Proceedings of the scientific meetings of the Zoological Society of London, 1883, 51: 178-186.

8　Matthew W D. Additional observations on the Creodonta. Bulletin of the American Museum of Natural History, 1901, 14: 1-38.

9　Matthew W D. The Carnivora and Insectivora of the Bridger Basin, middle Eocene. Memoirs of the American Museum of Natural History, 1909, 9(part VI): 291-567.

10   Matthew W D, Granger W. A revision of the Lower Eocene Wasatch and Wind River faunas. Bulletin of the American Museum of Natural History, 1915, 34: 1-103.

11   Simpson G G. The Fort Union of the Crazy Mountain field, Montana, and its mammalian faunas. Bulletin of the United States National Museum, 1937, 169: 1-287.

12   Hough J R. The auditory region in some members of the Procyonidae, Canidae, and Ursidae: its significance in the phylogeny of the Carnivora. Bulletin of the American Museum of Natural History, 1948, 92(article 2): 69-118.

13   Hough J R. Auditory region in North American fossil Felidae: its significance in phylogeny. Shorter contributions to general geology (Geological survey professional paper 243-G), 1953: 95-115.

14   MacIntyre G T. The Miacidae (Mammalia, Carnivora). Part 1. The systematics of *Ictidopappus* and *Protictis*. Bulletin of the American Museum of Natural History, 1966, 131(article 2): 117-209.

15   Cope E D. The Vertebrata of the Tertiary formations of the West. Book I. Report of the United States Geological survey of the territories, Dept. Interior, F. V. Hayden, 1883, 3: 1-1009.

16   Trouessart E L. Catalogue des mammifères. Fasc. IV. Vivants et fossiles (Carnivores). Bulletin de la Société d'Études Scientifiques d'Angers, 1885, 15: 1-108.

17   Flower W H, Lydekker R. An introduction to the study of mammals living and extinct. London: Adam and Charles Black, 1891. 1-763.

18   Wortman J L, Matthew W D. The ancestry of certain members of the Canidae, the Viverridae, and Procyonidae. Bulletin of the American Museum of Natural History, 1899, 12: 109-139.

19   Wortman J L. Studies of Eocene Mammalia in the Marsh Collection, Peabody Museum. The American Journal of Science, Fourth series, 1901, 11: 333-348, 437-450.

20   Wortman J L. Studies of Eocene Mammalia in the Marsh Collection, Peabody Museum. The American Journal of Science, Fourth series, 1901, 12: 143-154, 193-206, 281-296, 377-382, 421-432.

21   Wortman J L. Studies of Eocene Mammalia in the Marsh Collection, Peabody Museum. The American Journal of Science, Fourth series, 1902, 13: 39-46, 115-128, 197-206, 433-448.

22   Wortman J L. Studies of Eocene Mammalia in the Marsh Collection, Peabody Museum. The American Journal of Science, Fourth Series, 1902, 14: 17-23.

23   Schlosser M. Die affen, lemuren, chiropteren, insectivoren, marsupialier, creodonten und carnivoren des Europäischen Tertiärs, und deren Beziehungen zu ihren lebenden und fossilen aussereuropäischen Verwandten. I. Theil. Beiträge zur Paläontologie Österreich-Ungarns und des Orients, 1888, 6(1): 1-226.

24   Matthew W D. Paleocene faunas of the San Juan basin, New Mexico. Transactions of the American Philosophical Society, New Series, 1937, 30: 1-510.

25   Simpson G G. New Paleocene mammals from the Fort Union of Montana. Proceedings of the United States National Museum, 1935, 83 (2981): 221-244.

26   Gregory W K, Hellman M. On the evolution and major classification of the civets (Viverridae) and allied fossil and recent Carnivora: a phylogenetic study of the skull and dentition. Proceedings of the American Philosophical Society, 1939, 81(3): 309-392.

27   Simpson G G. The principles of classification and a classification of mammals. Bulletin of the American Museum of Natural History, 1945, 85: 1-350.

28　MacIntyre G T. *Simpsonictis*, a new genus of Viverravine miacid (Mammalia, Carnivora). American Museum Novitates, 1962, 2118: 1-7.

29　Teilhard de Chardin P. Les carnassiers des Phosphorites du Quercy. Annales de Paléontologie, 1914-1915, 9: 101-191.

30　Kretzoi M. Bemerkungen über das Raubtiersystem. Annales Historico-Naturales Musei Nationalis Hungarici, 1945, 38(4): 59-83.

31　Van Valen L. New Paleocene insectivores and insectivore classification. Bulletin of the American Museum of Natural History, 1967, 135(article 5): 217-284.

32　Van Valen L. The multiple origins of the placental carnivores. Evolution, 1969, 23(1): 118-130.

33　Cray P E. Marsupialia, Insectivora, Primates, Creodonta and Carnivora from the Headon Beds (Upper Eocene) of Southern England. Bulletin of the British Museum (Natural History), Geology, 1973, 23(1): 1-102.

34　Flynn J J, Galiano H. Phylogeny of Early Tertiary Carnivora, with a description of a new species of *Protictis* from the Middle Eocene of northwestern Wyoming. American Museum Novitates, 1982, 2725: 1-64.

35　McKenna M C, Bell S K. Classification of mammals above the species level. New York: Columbia University Press, 1997. 1-631.

36　Gingerich P D, Winkler D A. Systematics of Paleocene Viverravidae (Mammalia, Carnivora) in the Bighorn Basin and Clark's Fork Basin, Wyoming. Contributions from the Museum of Paleontology, University of Michigan, 1985, 27(4): 87-128.

37　齐陶, 宗冠福, 王元青. 江苏发现卢氏兔和细齿兽的意义. 古脊椎动物学报, 1991, 29(1): 59-63.

38　黄学诗, 童永生, 王景文. 垣曲盆地一新的细齿兽（食肉目, 细齿兽科）化石. 古脊椎动物学报, 1999, 37(4): 291-299.

39　童永生, 王景文. 山东昌乐五图盆地早始新世哺乳动物群. 中国古生物志, 新丙种, 2006, 28: 1-191.

40　Heinrich R E, Strait S G, Houde Peter. Earliest Eocene Miacidae (Mammalia: Carnivora) from northwestern Wyoming. Journal of Paleontology, 2008, 82(1): 154-162.

41　Wesley-Hunt G D, Flynn J J. Phylogeny of the Carnivora: basal relationships among the carnivoramorphans, and assessment of the position of 'Miacoidea' relative to Carnivora. Journal of Systematic Palaeontology, 2005, 3(1): 1-28.

42　Spaulding M, Flynn J J. Phylogeny of the Carnivoramorpha: the impact of postcranial characters. Journal of Systematic Palaeontology, 2012, 10(4): 653-677.

43　王健, 张兆群. 内蒙古三盛公渐新世古鼬（食肉目, 古鼬科）新材料及系统发育关系分析. 古脊椎动物学报, 2015, 53(4): 310-334.

44　Martin L D, Lim J D. A musteliform carnivore from the American early Miocene. Neues Jahrbuch für Geologie und Paläontologie, Monatshefte, 2001, (5): 265-276.

45　Polly P D, Wesley-Hunt G D, Heinrich R E, et al. Earliest known carnivoran auditory bulla and support for a recent origin of crown-group Carnivora (Eutheria, Mammalia). Palaeontology, 2006, 49(part 5): 1019-1027.

46　Matthew W D, Granger W. New mammals from the Irdin Manha Eocene of Mongolia. American Museum Novitates, 1925, 198: 1-10.

47　周明镇, 李传夔, 张玉萍. 河南、山西晚始新世哺乳类化石地点与化石层位. 古脊椎动物与古人类, 1973, 11(2): 165-181.

48　周明镇. 始新世古食肉类新材料. 古脊椎动物与古人类, 1975, 13(3): 165-168.

49　徐余瑄, 阎德发, 周世荃, 等. 李官桥盆地红层时代的划分及所含哺乳动物化石的研究. 见: 华南中、新生代红层,广东南雄"华南白垩纪——早第三纪红层现场会议"论文选集. 北京: 科学出版社, 1979. 416-432.

50 童永生, 雷奕振. 河南淅川始新世核桃园组肉齿类和食肉类化石. 古脊椎动物学报, 1986, 24(3): 210-221.

51 王元青, 李传夔, 李茜, 等. 安徽潜山盆地古新世地层和脊椎动物概述. 古脊椎动物学报, 2016, 54(2): 89-120.

52 邱占祥, 李传夔. 安徽潜山几种古新世哺乳动物化石. 古脊椎动物与古人类, 1977, 15(2): 94-102.

53 杨钟健, 周明镇. 粤北"红层"中的脊椎动物化石. 古脊椎动物与古人类, 1962, 6(2): 130-137.

54 张玉萍, 童永生. 广东南雄盆地"红层"的划分. 古脊椎动物与古人类, 1963, 7(3): 249-262.

55 杨钟健. 中国新发现的鳄类化石. 古脊椎动物与古人类, 1964, 8(2): 189-198.

56 杨钟健. 广东南雄、始兴, 江西赣州的蛋化石. 古脊椎动物与古人类, 1965, 9(2): 141-159.

57 叶祥奎. 广东南雄白垩纪龟类一新种. 古脊椎动物与古人类, 1966, 10(2): 191-200.

58 郑家坚, 张英俊, 邱占祥, 等. 广东南雄晚白垩纪-早第三纪地层剖面的观察. 古脊椎动物与古人类, 1973, 11(1): 18-28.

59 周明镇, 张玉萍, 王伴月, 等. 广东南雄古新世哺乳动物群. 中国古生物志, 新丙种, 1977, 20: 1-100.

60 王伴月. 广东南雄盆地古新世细齿兽科化石. 古脊椎动物与古人类, 1978, 16(2): 91-96.

61 郑家坚, 童永生, 计宏祥. 江西袁水盆地 Miacidae 一新属的发现和对有关地层划分的几点意见. 古脊椎动物与古人类, 1975, 13(2): 96-104.

62 黄学诗, 郑家坚. 广西田阳晚始新世古灵猫科化石. 古脊椎动物学报, 2005, 43(3): 231-236.

63 童永生, 王景文. 山东昌乐五图盆地早始新世哺乳动物群. 中国古生物志, 新丙种, 2006, 28: 1-195.

64 Gingerich P D. Systematics of early Eocene Miacidae (Mammalia, Carnivora) in the Clark's Fork Basin, Wyoming. Contributions from the Museum of Paleontology, University of Michigan, 1983, 26(10): 197-225.

CHINESE EARLY CARNIVORA

LIU Wen-hui [1]   SUN Bo-yang[2, 3]

(1 *National Museum of China*,   Beijing 100006;

2 *Key Laboratory of Vertebrate Evolution and Human Origins of Chinese Academy of Sciences, Institute of Vertebrate Paleontology and Paleoanthropology, Chinese Academy of Sciences,*,   Beijing 100044;

3 *CAS Center for Excellence in Life and Paleoenvironment*,   Beijing 100044)

ABSTRACT

Research of classifications of Carnivora since the 19th Century is reviewed in the present article, among which the schemes of Flower and Matthew are the most classical and have built the framework for the later researchers. The viverravids and miacids have been considered as the best candidates of ancestral type of modern Carnivora, and thus have been concerned by researchers. The authors from different countries have been arguing on the issues of definition, relationship and members containing these two taxa for more than one hundred years. Recently, based on the phylogenetic analysis, researchers have tended to considered Viverravidae as a natural taxon (monophyletic group); while miacids have gradually been considered as an informal taxon for their paraphyletic status. Research of viverravids and miacids in China has also been reviewed, classification has also been reorganized, *Chailicyon crassidens* is attributed into Viverravidae. There are 4 genera, 6 species of Viverravidae and 3 genera, 5 species of Miacidae reported in China.

Key words   Carnivora,   classification,   Paleocene

第十七届中国古脊椎动物学学术年会论文集. 董为, 张颖奇主编. 北京：海洋出版社, 2021. 35-58
Proceedings of the Seventeenth Annual Meeting of the Chinese Society of Vertebrate Paleontology
DONG Wei, ZHANG Ying-qi, eds. Beijing：China Ocean Press, 2021. 35-58

云南禄丰石灰坝古猿化石产地第七次发掘报告*

张兴永   郑 良

（云南省文物考古研究所，云南 昆明 210016）

摘 要 继 1975 年在云南禄丰石灰坝发现古猿化石以来经历过 6 次野外发掘。1980 年春进行了第七次野外发掘，发掘总面积约 190 m²，挖掘堆积逾 600 m³。出土了古猿头骨、上颌骨和肩胛骨等重要的化石。迄今，在石灰坝褐煤化石层中包括灵长类、食肉类、啮齿类、兔形类、长鼻类、奇蹄类和偶蹄类等类的近 40 种哺乳动物。

关键词 云南；禄丰；石灰坝；古猿

1 前言

云南禄丰石灰坝早上新世古猿化石产地自 1975 年夏发现以来，中国科学院古脊椎动物与古人类研究所和云南省博物馆联合发掘过 6 次，曾发现云南西瓦古猿头骨和下颌骨各 1 件，禄丰腊玛古猿下颌骨 1 件，两类古猿牙齿 200 余枚。1980 年 3 月 13 日至 4 月 24 日期间，在此又开展第七次发掘。获得丰富的古猿和其他动物化石。鉴于古猿标本多，且与前 6 次相比，又增加了腊玛古猿头骨、上颌骨和肩胛骨，有必要在此作一报告

2 盆地地理和地质概况

禄丰县位于云南中部，东距昆明约 117 km。禄丰盆地地处滇中高原东部，盆地呈南北伸展的窄长条状，北窄南宽，长约 11 km，宽一般在 1.5~2 km，总面积约 20 km²，是一个小型的断陷盆地，海拔 1 560 m。盆地的形成和发展主要受 NS 向的绿汁江断裂带次一级断裂的控制。

盆地基底及其周围主要由前震旦系、侏罗系和白垩系地层组成，盆地内覆盖着新第三系和第四系湖相、河湖和冲积相堆积，盆地东部、东南部是下上新统石灰坝组构成的丘陵地形，比高在 50~100 m，盆地内是东河、西河和南河的第 1~2 级阶地堆积，一级阶地平坦、肥沃，是当地的重要良田所在。

石灰坝组在盆地内零星出露，主要出露地点有北部的石灰坝、台子村滩山、东南部的杨家花园，西部的禄丰火车站（土官村）等地。1975 年 5 月，第一次在石灰坝村

* 该发掘报告系已故的张兴永先生和已退休的郑良先生撰写于 1980 年 12 月，1991 年 1 月刊登于（内部资料）云南省古人类领导小组编：《云南古人类研究》总字第 3 号第 23-42 页。经郑良先生的同意本文被推荐原文发表于《第十七届中国古脊椎动物学学术年会论文集》（吉学平，杜淼整理）．
  郑良：男，70 岁，研究员，主要研究古猿和古哺乳动物化石.

北庙山坡发现早上新世古猿化石地点后，相继又在台子村滩山和禄丰火车站等地发现同时代的化石点。

3 发掘布局和探方地层

3.1 探方布置及各方出土古猿情况

我们根据 1975−1979 年间 6 次发掘的实际情况。第七次发掘从原发掘西壁开始，按自然形状布方。本次发掘主方有 A、D 和 E 共 3 个方，A 方长×宽×深为（10×5×5.3）m^3，D 方为（7×5×3.9）m^3，E 方为（5×5×4）m^3。1980 年前发掘面未发掘部分，此次作了清理，计有 B 方、C 方、F 方 3 个方。其中 B 方是（12×2.5×0.8）m^3，C 方为（7×4.5×2）m^3 和 F 方为（8×4×2）m^3。各方布置发掘地层及古猿出土情况见表 1。第七次发掘总面积逾 190 m^2，出土逾 600 m^3。出土的哺乳类动物初步鉴定结果见表 2。

表 1 各方布置及发掘状况

Table 1 Excavation squares and progress

探方	发掘状况
A 方	从第 1 层发掘到第 4 层
B 方	清理 1979 年发掘时留下的第 4~5 层
C 方	清理 1979 年发掘留下的第 4~5 层
D 方	从第 1 层发掘到第 3 层上部（褐煤层）
E 方	从第 1 层发掘到第 3 层上部
F 方	清理 1976 年留下部分的第 3 层下部（灰白色黏土质砂层）

古猿化石产地在禄丰县城北 9 km 的金山公社科甲大队石灰坝村庙山坡南和成昆铁路北侧、石灰坝组在这里出露约 50 000 m^3。

3.2 A、E、D 探方西壁地层剖面

这次发掘 A、E、D 探方两壁剖面长逾 20 m，深 5 m。剖面方向为 NS 向。层次清楚，各层化石有明确记录。从上到下分层如下：

第四系冲积层。西河 2 级阶地堆积物（Q_3）。

下上新统石灰坝组（N_2^1）：

1. 灰黄色、黄褐色砂、砂质黏土和黏土，砂常为透镜状产出；含煤屑和磨圆度较好的石英岩、砂岩砾石，化石受过搬运而带磨蚀痕迹；含三趾马、嵌齿象、大唇犀等少量脊椎动物化石。此层颜色、岩性与下伏地层明显区别。其底界为波状起伏状，与下伏地层为假整合。厚 0.7~2 m。

2. 灰黄色、灰色砂黏土、褐煤互层，褐煤层薄，一般在 10~30 cm，煤层 3~4 层，煤层中夹砂透镜体；富含哺乳类、龟类等化石，古猿化石稀少。厚 0.6~2.5 m。

3. 褐煤和灰白色砂层。上部为质地良好的块状褐煤层，厚约 40~80 cm。哺乳类和古猿化石十分丰富。此次所得多数的古猿上、下颌骨和第 1 号腊玛古猿头骨均产于此层。此层灵长类化石尤其多，是石灰坝地层中主要的古猿化石层，但化石一般保存不好，压碎或挤压变形者甚多，下部是厚层灰白色细-中砂层，质纯，粒度均匀。此层顶有一薄层炭屑或其间夹断续的炭屑。

表 2　　各方出土的哺乳动物化石初步鉴定结果

Table 2　　Preliminary list of identified mammalian fossils

中文	学名
禄丰腊玛古猿	*Ramapithecus lufengensis*
云南西瓦古猿	*Sivapithecus yunnanensis*
懒猴类	Lorisiformes
弥猴	*Macaca* sp.
长臂猿	Hylobatinae
松鼠	Sciuridae
豪猪	*Hystrix* sp.
竹鼠	Rhizomyidae　（1·2·3）
河狸	Castoridae
兔	Leporidae
犬科	Canidae
鼬鬣狗	*Ictiheiumgaudryi*
印度熊	*Indarctos* sp. nov.
灵猫	Viverrids spp.　（1·2·3）
假猫	*Pseudaeiluru* sp.
鼬	Mustelinae
水獭	*Sivaonyx bathygnathus*
剑齿虎	*Epimachairodus* sp.
禄丰轭齿象	*Zygolophodon lufengensis* sp. nov.
嵌齿象	*Gomphotherium* sp.
三趾马	*Hipparion* cf. *nagrieneig*
大唇犀	*Chilotherium* sp.
无角犀	*Aceatherium* sp.
巨爪兽	*Macrotherium* sp.
貘	*Tapirus* sp.
河猪	*Potamochoerus* sp.
古猪兽	*Archaeotherium* sp.
猪	Suidae gen. et sp. indet.　（1·2）
羚䴕鹿	*Dorcatherium minus*
丘齿䴕鹿	*Dorcabune* sp.
原始鹿	*Palaeomeryx* sp.
鹿	Cervidae
角鹿	*Muntiacus* sp.
鹿	*Metacervulus* sp.
转角羊	*Antilospira* sp.　（1·2）

鱼类、龟类、软体动物化石丰富，古猿化石不多，但一般化石保存尚佳，此次所获较完整西瓦古猿下颌骨即出自 F 方的此层。厚 2~2.2 m。

4. 褐煤和灰黑、灰白砂质黏土层，质细而纯净。上部褐煤层厚 20~30 cm。下部为灰黑砂质黏土层。此层在 A 方出露，D、E 方未发掘到。含犀牛、象类等大型哺乳类化石，古猿化石稀少，可见厚 0.7 m。

根据化石群及地层情况，第 1 层与第 2~4 层应具有时代不同的意义，第 2~4 层为石灰坝组中段；第 1 层首次发现三趾马化石，可能是石灰坝组上段，相当于盆地南部杨家花园一带大片出露的石灰坝组上段。

与古猿共生的其他动物化石有淡水蚌、螺、鱼类、爬行类、鸟类、哺乳类。这批化石材料较多，一时还未完全整理出来。

迄今，在石灰坝褐煤化石层中包括灵长类、食肉类、啮齿类、兔形类、长鼻类、奇蹄类和偶蹄类等类的近 40 种哺乳动物化石。

4 腊玛古猿

腊玛古猿标本较多，头骨 1 件、上颌骨 4 件、下颌骨 6 件、保留在颌骨上的牙齿 79 枚和单个牙齿 75 枚（表 3）。

表 3　禄丰腊玛古猿头骨、颌骨统计

Table 3　Hominoid skull and jaws from Shihuiba at Lufeng

探方	层位	登记号	标本	标本上的牙齿	同一个体游离牙齿	牙齿数	保存状况
E	第三层上部	714	右上颌	右 I^1-M^3	左 C	9	较完整，基本未变形
E	第三层上部	680	上颌骨	左 I^1、I^2、P^3、P^4、M^1 右 C、P^3、P^4、M^1、M^2		10	挤压在一起，残破
F	第三层	704	左上颌	左 I^1C、P^3-M^1	左 M^2、M^3	7	残破及同一个体的头骨碎块 5 块
D	第三层上部	652	头骨	右 P^3、P^4、M^1、M^2	右 C 左 M^2、M_3	7	较完整，但压扁
D	第二层	593	下颌骨	左 I_1、I_2、C、P_3-M_3、右 I_2-P_4		12	残破
E	第三层上部	675	下颌骨	除左 M^3 外全部牙齿		15	较完整
E	第三层上部	679-1	左下颌骨	左 M_1-M_3	还有 C、P_3、P_4 粘附在 yv679-2 上	6	残破
E	第三层上部	679-2	右下颌骨	右 P_4、M_1、M_2		3	残破
F	第四层	710	左下颌骨	左 P_3	右 I_1	2	较完整
E	第三层上部	678	下颌骨	左 I_1、I_2、C 右 I_1、M_3		5	残破
A	第三层上部	538	左上颌	左 C、P_3、P_4		3	颌骨残片

4.1　腊玛古猿头骨

腊玛古猿头骨 YV652 另文描述。

4.2　右上颌骨

右上颌骨（YV714）保存颌骨部分骨面及全部牙齿，还遗有左中门齿齿槽，在齿槽位置还附着左犬齿槽。据此犬齿的磨耗程度及形态与右犬齿一致，当属同一个体。

4.2.1　牙齿的磨耗情况

中门齿磨耗最深。舌侧珐琅质已不存在，唇侧仅存少许。中央出现圆形凹陷，示牙根腔。侧门齿磨耗不如中门齿。切缘为菱形珐琅质圈。磨去部分约为牙冠高的1/4。犬齿磨耗比侧门齿深。但不如中门齿。牙冠已为椭圆形珐琅质圈。磨耗面接近水平方向。磨去部分约为牙冠高的1/2～1/3。第一前臼齿齿冠大部破缺。仅舌侧保留少许。第二前臼齿磨耗与第二臼齿相近。舌侧齿尖出现小的珐琅质圈。第一臼齿比第二臼齿磨耗深。舌侧两尖齿质全露。可能还有龋齿现象，故舌侧珐琅质全无，且磨至牙根部。第二臼齿舌侧两尖为大的珐琅圈。第三臼齿，齿尖磨钝，轻度磨耗。以上各齿的磨蚀面接近于水平。微向内侧倾斜。

推测各齿萌出顺序如下：中门齿萌出最早，第三臼齿萌出最晚。

第二前臼齿同第二臼齿萌出时间接近或前者稍晚些。第一臼齿萌出时间早于第二前臼齿，第二臼齿同犬齿萌出时间接近或后者稍早。侧门齿萌出与第二臼齿接近或前者稍早。这种牙齿萌出顺序与人类相似。

北京猿人和猿类的第二臼齿在犬齿之前萌出。现代人则是第二臼齿在犬齿之后萌出，禄丰腊玛古猿在这点上与北京猿人、猿类相近。

从第一、二臼齿磨耗中等及第三齿已有一定磨耗判断，代表一中年个体。

4.2.2　齿弓形态

右颌各齿排列紧密，前面和后面牙齿交接为平缓的弧形，犬齿前后无齿隙，整个右侧齿列为一均匀的弧形，第一臼齿向外最突出，此后的第二、三臼齿则逐渐有向内收缩的趋势，故整个齿弓形态为椭圆形。

猿类上颌齿弓形态通常是"U"字形；化石人类和现代人类则通常是抛物线形或椭圆形。禄丰腊玛古猿与猿类不同，与人类相近。

4.2.3　牙齿形态观察

门齿前倾程度很小，接近于垂直。中门齿比侧门齿为大。中门齿齿冠磨耗深。特征不详。牙根单根，圆锥形。末端向内弯曲，横切面为圆形。侧门齿切缘倾向远中侧。底结节发达，牙根单根但比中门齿牙根为小的圆锥形、末端向内弯曲。

犬齿粗短，圆锥形。牙根单根粗壮呈圆锥形。磨耗面在齿冠顶面而不在前后侧。表明其上、下犬齿不互相交错。这与猿类上、下犬齿互相交错显然不同。与人类相似，禄丰标本犬齿的这种情况。说明禄丰腊玛古猿上、下颌在咀嚼时，可以旋转运动。

第一前臼齿齿冠大部残缺，仅存舌侧少许。

第二前臼齿有两个尖，即舌尖和唇尖。唇尖高大，舌尖低矮。

4.3　上颌骨（YV680）

上颌骨残破，左右挤压交错在一起，颌骨形态难以辨别。但为同一个体，其上存有右边的犬齿、第一前臼齿、第二前臼齿、第一臼齿、第二臼齿；左边的中门齿、外侧门齿、第一前臼齿、第二前臼齿、第一臼齿共10枚牙齿。测量数据见表4。

上列牙齿中，左中门齿磨耗深。磨蚀面略倾斜。犬齿轻度磨耗，初见齿质。第一前臼齿两尖齿质初露。第二臼齿磨蚀最浅。第一臼齿内侧两齿尖齿质连通，其磨蚀深度与中门齿类似。

表 4　禄丰腊玛古猿标本 YV680 测量

Table 4　Measurements of YV680 from Shihuiba at Lufeng　　　　mm

牙系		右 C	右 P³	右 P⁴	右 M¹	右 M²	左 I¹	左 I²	左 P³	左 P⁴	左 M¹
高		（10.4）	（7.3）	5.7		（6.7）	8.7		（7.3）	（5.4）	（5.6）
长		10.4	7.0	8.3	隐藏不清	12.1	9.1		6.4	8.1	10.0
宽	前	9.3	12.8	12.2		13.5	8.1		10.0	12.1	11.6
	后					12.7					10.8
长宽指数		89.4	182.9	147.0		111.6	89.0		156.3	149.4	116.0
前宽指数						111.6					116.0
后宽指数						105.0					108.0

4.4　左上颌骨（YV583）

仅存少许在上颌骨残片，其上保存有犬齿、第一、二前臼齿（表5）。

表 5　标本 YV538 测量

Table 5　Measurements of YV538 from Shihuiba at Lufeng　　　　mm

牙系	高	长	宽	长宽指数
C	（10.8）	10.0	9.1	91.0
P³	（7.8）	6.8	11.4	167.6
P⁴	（6.8）	6.6	10.5	159.1

4.5　左上颌骨（YV704）

这件左上颌骨保存了第一前臼齿至第一臼齿及相应的颌骨及同一个体游离的左中门齿、左犬齿、第二臼齿和第三臼齿，5片头骨残片（表6）。

表 6　标本 YV704-706 测量

Table 6　Measurements of YV704-706 from Shihuiba at Lufeng　　　　mm

编号		704	704	704	705	706
牙系		左 P³	左 P⁴	左 M¹	左 M²	左 M³
高		9.0	7.0	5.2	6.5	5.9
长		8.2	6.7	10.7	11.7	10.2
宽	前	10.3	11.3	11.4	12.8	12.3
	后			11.0	11.8	10.7
长度指数		125.6	168.7	106.5	109.4	120.6
前度指数				106.5	109.4	120.6
后度指数				102.8	100.9	104.9

4.5.1 左上中门齿（YV707）

这件左上中门齿的尺寸为长 9.1 mm、宽 8 mm、高 12.1 mm。标本保存较好，轻度磨耗。舌面基部有明显的舌结节，向下延伸到齿冠高的约 1/2 处，从舌结节再分为几支指状突，但不延至割缘。舌面两则明显增厚，并向舌面卷曲，故在舌面上，明显看到在两侧卷曲与指状突间有显著的三角形凹陷区。所以，舌面呈明显的铲形。

左上中门齿的近中缘与切割缘相交为近直角。远中缘与切割缘相交为向远中方向凸起的弧形。

牙根完整，为圆角三角锥状，横切圆角三角形，舌侧窄唇侧宽。颈部较大向尾部逐渐变小，尾部向远中方弯曲。长 17.5 mm、颊舌径 7.8 mm、远中近中径 7.6 mm。

4.5.2 左上犬齿（YV708）

左上犬齿仅牙尖磨平，磨蚀面向内倾斜。齿冠粗矮，锥形，唇侧光滑，有前后行的纹褶；舌侧有许多上下行脊。其中从牙尖向上延伸至齿带处有一粗脊与近中缘脊构成一个近中三角凹。舌侧有 2~3 条脊。近中-远中径小，舌-唇径大，末端向远中弯曲，近中侧有一上下行凹沟，将其分为唇侧和舌侧两部分，前者较宽。牙冠长 8.6 mm、宽 10.1 mm、高 12.0 mm。

4.5.3 左上第一前臼齿

左 P^3 牙冠轮廓呈圆角三角形，明显分为颊尖和舌尖，前者较高较大。两尖之间由一条纵行沟隔开，其沟与前后凹相通。由颊尖向舌侧方向分为两个"V"字形脊。至两尖分隔处略收缩。故牙冠面上明显分为前凹、中凹和后凹。齿冠近中面基部有明显直线式的齿带。其颊端转褶为颊面齿带。舌端向舌尖顶上延而消失。近中面有接触面。从舌尖尖顶向颊尖方向伸出 3 条细脊。

牙根 3 支。即颊侧两支（小）。舌侧 1 支（大）。这点与猿类一样。北京猿人是两支。现代人 1 支。

4.5.4 左上第二前臼齿

左 P^4 牙冠轮廓为椭圆形，颊舌两尖大小近似。颊尖略高于舌尖。从颊近中、远中侧伸出平行的两条横脊直达舌尖，故牙冠面上显示为前、中、后 3 个凹，3 个凹均为长条形。牙根 3 支，颊侧两支，舌侧 1 支，这与猿类一致。

4.5.5 左上第一臼齿

左 M^1 的齿冠形态近于正方形，牙尖排列为 Y-4 型。即颊侧的前尖和后尖。舌侧的原尖和次尖。颊侧尖高于舌侧尖。4 个尖发达中等，倾斜相似。前尖和后尖大小相近。原尖最大，次尖最小。近中面向前倾。远中面在垂直位置。前凹位于前尖近中位置，后凹比前凹大，位于后尖远中部。在舌面和颊面都有上下行的沟，在颊面分隔前尖和后尖；在舌面分隔原尖和次尖。近中、远中面平整而无此种上下行沟纹。有舌侧齿带，但不发育。颊侧无齿带。颊侧齿尖约为齿冠高度的 1/2；舌则齿尖则约为齿冠高度的 1/5。齿冠的近中舌侧角和远中舌侧角圆钝，近中、远中颊侧角则近于 90°，散颊侧齿冠轮廓为方形而舌侧为半圆形。齿冠颊侧中部稍隆起。故齿尖向舌侧斜；舌侧齿尖则接近边缘。

齿冠咬合面皱纹简单，舌侧两尖和颊侧两尖之间由一条前后行的纵沟相隔。纵沟近中端通过前凹，并切刻牙冠近中缘嵴，纵沟远中端消失于后凹。舌侧的原尖和次尖间以及颊侧的前尖和后尖间都有一条横沟相隔。并且与颊舌侧上下行的沟相续，两横沟不相连，而是经过原尖与后尖之间的纵沟相通。前尖与后尖之间的横沟靠前，但位于牙冠长约 1/2 处；原尖与次尖之间的横沟靠后并位于牙冠长约 1/2 处。所以，齿尖中是原尖最大而次尖最小；前尖和后尖约相等但介于前两尖大小之间。

从前尖和原尖近中位置横向伸出一条相向的横嵴，原尖和后尖相对的对角线方向也伸出一条脊。这两脊均被纵沟分割。原尖向次尖方面伸出的斜脊消失于两尖横沟中。故在原尖后内斜坡靠横沟间有一凹坑。

前凹在前尖部。后凹比前凹大，为三角形。

各齿尖呈丘形，颊侧尖较锐。舌侧尖圆钝。各齿尖斜画上除上述描述的斜脊及尖的前后侧有明显的缘脊外，一般比较尖滑。

4.5.6　左上第二臼齿

左 M^2 已游离，但为同一个体，而且明显大于第一臼齿。齿冠近于正方形。其宽度大于长度。牙尖排列 Y-4 型，4 个齿尖都较发达。原尖最大，其余 3 齿尖小接近。近中侧两尖略高于远中侧两尖，而次尖较低。近、远中面平直在垂直位置。远中面与牙齿中线斜交，近中面则直交。颊面向舌微倾斜；舌面明显向颊侧倾斜，且舌侧两尖更靠近牙齿冠中线。所以舌面向舌侧隆起明显。舌面中有一上下行的深纵沟。分隔原尖和次尖其沟向上行至牙冠约 1/2 处隐伏。颊面也有此沟。分隔前尖和后尖。但不如舌侧同类沟深。近、远中面则无此纵沟。齿冠的近中舌侧角较圆钝。远中颊侧角次之。近中颊侧角近于直角。远中舌侧角较锐，这个牙齿轻度磨耗、但咬合面纹褶仍清楚可辨。咬合面上沟纹和各齿尖形态与第一臼齿类同。第二臼齿前小凹明显小于后小凹。这点与第一臼齿前后小凹约相等不同。

牙根分舌、颊各两支。

4.5.7　左上第三臼齿

左 M^3 已游离，但与上述标本为同一个体。带少许颌骨片。牙冠仅原尖轻度磨耗。牙冠近似圆形，只是近中缘较平直。

上第三臼齿比第一、二臼齿都小，形状又不同，易于区别。原尖最发达，后尖大为缩小，几乎到消失的程度。前尖比后尖大。前凹和后凹大小接近。有一个较平坦的后跟座。所以，这个牙齿尖型式可为 Y-3 型。原尖近中舌侧强烈向后侧凸隆，尖的前后缘脊向中轴收缩。所以原尖尖顶靠近中轴。在原尖近中舌侧角斜坡上有上下行沟 4~5 条，部分沟切刻原尖前后缘脊，而导致近中舌侧角缘脊有两个缺刻；在原尖的舌面上也存在上下行沟，同样在原尖舌侧缘脊上留下缺刻痕迹。这就显示了原尖前后缘脊似锯齿状。原尖近中缘脊约中部位置向前尖近中方向伸出凹向近中的弧形脊。牙根分 3 支，颊侧两支，舌侧 1 支。

属于上述标本的同一个体的头骨碎块有 5 片，其中两片可辨为左眶骨，其余的有待研究。

4.6　左下颌骨（YV679-1）

这件颌骨保存了左第二前臼齿至第三臼齿及相应的部分颌骨，还有犬齿和第一前臼齿贴附于左下颌上（表7）。由于压挤而略微变形，但前后顺序正常。

犬齿齿尖磨去。齿质已露。第一前臼齿颊尖刚磨，暴露齿质点。第二前臼齿，牙冠前部呈齿质片。

第一臼齿磨蚀中深，颊侧两齿尖珐琅质全无，质连为一片，第二臼齿颊侧齿尖仅为小的齿质圈。第三臼齿轻度磨耗，下原尖齿质刚露。

表 7　　标本 YV679-1 测量
Table 7　　Measurements of YV679-1 from Shihuiba at Lufeng　　　　　　　　mm

编号	679-2	679-2	679-1	679-1	679-1	679-1
牙系	左 C	左 P_3	左 P_4	左 M_1	左 M_2	左 M_3
高	（10.1）	（8.4）	（5.3）	（5.5）	（5.6）	（0.2）
长	6.8	8.5	6.8	10.4	11.8	12.4
宽 前				10.3	11.6	10.7
宽 后	9.4	8.7	9.7	10.6	11.3	10.1
长宽指数	138.2	102.4	142.6	101.9	98.3	86.3
长高指数						
前宽指数				99.0	98.3	86.3
后宽指数				101.9	95.8	81.5

4.7　右下颌骨（YV679-2）

下颌骨 YV679-2 与 YV679-1 为同一个体，此颌骨上保留有右第二前臼齿至第二臼齿（表8），牙齿形态、结构、磨耗程度均与 YV679-1 相同。

表 8　　标本 YV679-2 测量
Table 8　　Measurements of YV679-2 from Shihuiba at Lufeng　　　　　　　　mm

牙系	右 P_4	右 M_1	右 M_2
高	5.5		
长	6.7	10.0	12.2
宽 前	8.6		11.1
宽 后			
长度指数	128.4		
前宽指数			91.0
后宽指数			91.0

4.8　左下颌骨（YV710）

下颌骨保存从左下颌联合各部至相当于第三臼齿位置的一段，下颌支破缺，其上幸存第二臼齿。颌体基本未变形、完好。在第一臼齿与第一臼齿接触处下有一椭圆形颏孔，长轴与水平支近于平行。颌体相对于西瓦古猿而显得薄浅，但与标本 YV715

比较，此标本又显得深厚，似代表一雄性个体，还属于同一个标本体游离的右中门齿1枚。

下颌体下缘较平。从下面观之，从相当于 M_3 处较薄，向前逐渐增厚，至 M_1 处以后厚度保持一致，直到下颌前部。

下颌左侧面光滑，没有外侧隆起。在相当于 P_4 与 M_1 间颌高 1/2 以上位置有一颏孔。颏孔为长椭圆形，长轴与齿槽（水平或颌体）平面平行，孔的开口朝向外上方。下颌颏孔只有 1 个，这点与现代人的下颌骨相似。

下第一前臼齿，颊尖中等磨耗，成为齿质圈；舌尖明显，轻度磨耗，牙冠长 9.6 mm、宽 7.8 mm、高 8.1 mm、长宽指数 81.3。

4.9 下颌骨（YV678）

下颌骨保存下颌骨前部及右下颌到第三臼齿位置。颌体前部压挤粘合在一起，右下颌从外侧门齿至第二臼齿位的齿槽全部破缺。颌骨前部保存左犬齿、外侧门齿、中门齿及右中门齿，右颌骨上留有第三臼齿，共 5 枚牙齿（表 9）。

左颌骨前外侧面在相当于第一、二前臼齿位置间颌体高约 1/2 处有一圆形颏孔，孔口朝前外方。

表 9   标本 YV678 测量

Table 9   Measurements of YV678 from Shihuiba at Lufeng   mm

牙系	左 I_1	左 I_2	左 C	右 I_1	右 M_3
高	(8.7)		(9.9)	(7.7)	(5.0)
长	4.8	5.6	9.6	4.9	13.0
前 宽					10.6
宽	7.0		7.5	7.0	
后					9.8
长宽指数				142.9	81.5
前宽指数					81.5
后宽指数					76.2

4.10 下颌骨（YV593）

右下颌骨从外侧门齿到第二前臼齿由颌骨相连。基本未变位。

左下颌骨被挤压为无规则的形态。保留中门齿、外侧门齿、犬齿、第一、二前臼齿，第一至第三臼齿。

整个下颌骨共保存 12 枚牙齿（表 10）。牙冠磨耗轻度，齿质均未露。第一前臼齿明显分为双尖型。

4.11 下颌骨（YV715）

保存了除左第三臼齿外的全部牙齿，颌体较完整（表 11），左第三臼齿以后的颌骨及下颌支残缺。从左第一前臼齿至第二臼齿部向中轴压扁，其余部分未基本变形，右颌支残存前下缘。

颌体薄浅，左颌在第一、二臼齿位颌体 1/2 处有小的圆形孔颏，孔口朝前外方。牙齿磨耗轻度，第三臼齿已出齿槽，说明是一青年个体。

44

这件下颌骨与徐庆华和陆庆伍描述的下颌骨 PA580 标本[1]类同。PA580 标本没有保留中门齿，故在此描述中门齿。

中门齿分左右，两者大小一样。中门齿比侧门齿稍小，主要表现在近中-远中径和唇-舌（宽）径都小于侧门齿，特别是唇-舌径显著较侧门齿数值小。中等磨耗的中门齿为近似圆形的齿质圈。侧门齿则为椭圆形齿质圈。中门齿的磨耗面较平，侧门齿的磨耗面向远中侧倾斜。

表 10　　标本 YV593 测量

Table 10　　Measurements of YV593 from Shihuiba at Lufeng　　　　　　　mm

牙系	右 I₂	右 C	右 P₃	右 P₄	左 I₁	左 I₂	左 C	左 P₃	左 P₄	左 M₁	左 M₂	左 M₃
高	12.8	12.4	9.7	8.8		13.0	12.4	(8.2)	8.6	6	6.7	6.7
长	5.5	7.8	9.3	8.0	4.9	5.6	6.5	9.6	7.5	10.7	12.2	12.8
宽 前	8.9	9.1	9.4	9.9		8.4	10.0	9.6	10.0	10.1	11.9	11.5
宽 后										9.9	10.8	10.3
长度指数	161.8	116.7	101.1	123.8		150.0	153.8	100.0	133.3	94.4	97.5	89.8
前宽指数										94.4	97.5	89.8
后宽指数										92.5	88.5	80.5

犬齿的磨耗是很有意义的。犬齿齿尖已磨去少许，左犬齿齿尖呈齿质圈。远中舌侧坡面已遭磨耗，磨耗面上部开始与齿尖磨耗面相通。右犬齿齿尖齿质部与远中舌侧齿质部连成一片。比左犬齿磨耗深，从下犬齿磨耗面观察。上下颌咀嚼时，上犬齿嵌在下犬齿与第一前臼齿间，但不是齿隙。从犬齿磨耗面的形态判断，同猿类不同，与人类也不完全一样。腊玛古猿在咀嚼时，仍然以上、下移动为主，同时兼以还不十分自由的左右旋转。从上颌犬齿磨耗面形态观察，同样如此。只是上犬齿较下犬齿低矮，故磨耗面倾斜程度较小。犬齿的这种情况，表明腊玛古猿的咀嚼方式介于猿和人之间。

表 11　　标本 YV715 测量

Table 11　　Measurements of YV715 from Shihuiba at Lufeng　　　　　　　mm

牙系	左 I₁	右 I₁	左 I₂	右 I₂	左 C	右 C	左 P₃	右 P₃	左 P₄	右 P₄	左 M₁	右 M₁	左 M₂	右 M₂	右 M₃
高	(5.2)	(5.3)	(5.2)	(5.4)	(9.8)	(9.1)	(8.4)	(8.6)	5.1	5.0	(4.1)	(4.3)	(5.0)	(4.7)	4.6
长	4.5	4.3	4.8	4.8	6.5	6.2	8.5	8.2	8.0	8.0	9.2	9.6	10.8	10.7	11.4
宽 前	6.5	6.6	7.4	7.6	9.1	9.0	9.1	9.3	8.6	8.5	9.1	9.2	10.3	10.1	10.4
宽 后											8.9			9.5	10.0
长宽指数			140.0	145.2	107.1	113.4	107.5	106.3			97.8	95.8	95.4	94.4	91.2
前宽指数											97.8	95.8	95.4	94.4	91.2
后宽指数											96.7			88.8	87.7

从犬齿与第一臼齿磨耗面观察，第一臼齿颊侧齿尖全部磨耗，牙冠约 1/2 的齿质连成一片，而犬齿的相对磨耗不如它。说明，犬齿萌出可能在第一臼齿之后。这种萌

出顺序与猿类和猿人类同，而与人类有所区别。

综观这件标本与同一地点其他下颌骨标本，此标本似代表一青年雌性个体。

齿列长度：

右 P_3-M_3 长 48.3 mm

右 C-M_3 长 54.2 mm

左 P_3-M_2 长 37.5 mm

4.12 单个牙齿

腊玛古猿单个牙齿 81 枚，各类牙齿数目见表 12 和表 13。

表 12　腊玛古猿单个上牙统计
Table 12　Statistics of isolated upper teeth of *Ramapithecus* from Shihuiba at Lufeng

I^1		I^2		C		P^3		P^4		M^1		M^2		M^3		小 计	
左	右	左	右	左	右	左	右	左	右	左	右	左	右	左	右	左	右
1	1	2	1	1	3	1	0	1	1	5	3	6	7	2	2	19	18

表 13　腊玛古猿单个下牙统计
Table 13　Statistics of isolated lower teeth of *Ramapithecus* from Shihuiba at Lufeng

I_1		I_2		C		P_3		P_4		M_1		M_2		M_3		小 计	
左	右	左	右	左	右	左	右	左	右	左	右	左	右	左	右	左	右
2	1	0	2	2	7	2	3	1	2	2	7	2	3	5	3	16	28

牙齿已在前面描述过，此处从略。

各次发掘出土的腊玛古猿单个牙齿的统计见表 14 和表 15。

表 14　各次发掘的腊玛古猿单个上牙统计
Table 14　Statistics of all isolated upper teeth of *Ramapithecus* from Shihuiba at Lufeng

I^1		I^2		C		P^3		P^4		M^1		M^2		M^3		小 计	
左	右	左	右	左	右	左	右	左	右	左	右	左	右	左	右	左	右
4	2	3	2	5	5	4	3	4	4	7	5	6	10	4	3	37	34

表 15　各次发掘的腊玛古猿单个下牙统计
Table 15　Statistics of all isolated lower teeth of *Ramapithecus* from Shihuiba at Lufeng

I_1		I_2		C		P_3		P_4		M_1		M_2		M_3		小 计	
左	右	左	右	左	右	左	右	左	右	左	右	左	右	左	右	左	右
5	3	3	4	5	3	6	5	4	6	6	9	4	4	6	5	39	44

腊玛古猿牙齿共计 154 枚，其中上牙 71 枚，下牙 83 枚；附着在头骨、上颌骨和下颌骨上的牙齿 79 枚，单个牙齿 75 枚。

5 云南西瓦古猿

本次发掘出土了数量较多的西瓦古猿化石，其中有一具很完整的下颌骨，这是迄今该类古猿化石中保存最完整的下颌骨。这次发掘出的西瓦古猿化石计有上颌骨一具，面骨一块，下颌骨 3 具以及单个牙齿逾 100 枚（表 16）。

表 16　云南西瓦古猿头骨和颌骨统计

Table 16　Statistics of skull and jaws of *Sivapithecus* from Shihuiba at Lufeng

探方	层位	登记号	标本	标本上的牙齿	保存状况
E	第三层上部	686	面骨	右 P^3、P^4	较残
E	同上	688	上颌骨	全部牙齿	左右颌压叠在一起
E	同上	674	右下颌骨	P_3-M_2	属于同一个体游离的左 I_1-I_2 保存部分颌骨
E	第二层	698	下颌骨	左 I_1, C-M_2, 右 I_1, P_3-$M2$	残
F	第三层下部	711	下颌骨	全部牙齿	下颌支缺损

西瓦古猿最早被认为是森林古猿，以后人们根据其特殊性把它和森林古猿分开，近年来又有学者根据西瓦古猿所表现的和南方方古猿以及早期人类相近似的特征，认为西瓦古猿有和腊玛古猿一起向人类进化的可能性，可见西瓦古猿是很复杂的一支，其发展和分化是现在人们深入探讨的一个课题。

禄丰发现数量很多的西瓦古猿化石，无疑将对认识西瓦古猿提供有价值的材料。

5.1　上颌骨（YV688）

整个上颌骨在石化过程中由于受埋藏地层挤压变形。从上中门齿间断开、使左、右齿列排列成上下错开的两条直线。但牙齿基本保存完整。且保持了原来的齿序排列，各个牙齿齿根部有骨质相连，使我们能看出一些上颌骨的形态特征。牙齿磨耗较深，似为一中年个体（表 17）。

表 17　标本 YV688 测量

Table 17　Measurements of YV688 from Shihuiba at Lufeng　　　　mm

齿序	长（右）	宽	长（左）	宽
中门齿	9.5	9.2	9.3	8.8
侧门齿	5.5	7.2		
犬齿	14	7.2		
P^3	7.9	12.8		
P^4	8.3	12.3		
		前宽	后宽	
M^1	11.5	12.8	13.0	
M^2	14	14.8	14.1	
M^3	12.7	14.2	13.3	
M^{1-3} 长	38.1			

中门齿较粗壮，磨蚀很深。咬合面齿质全部暴露。磨蚀面呈近卵圆形，近中唇面角突出。整个磨蚀面凹陷。中间形成一深坑，并向舌侧倾斜。近中-远中径略大于唇-舌径。

齿冠唇面由颈部向下渐扩张，有数条横行纹，颈部线在近中。远中面向齿冠面凸出，齿根楔入齿冠较深。由唇面观察，齿冠近中面高于远中面，使近中角小于远中角。右中门齿齿冠约高出左中门齿齿冠 1/3，可见左、右边磨蚀的不均衡。

两中门齿近中、远中面都有一接触面。说明它们和侧门齿原都是紧靠在一起的。

齿根粗大，呈角锥形，断面呈圆角三角形，唇侧宽大于舌侧宽，齿根尖端变细，并向远中偏转。

外侧门齿，齿冠很小，和上中门齿大小很悬殊，磨蚀面呈一由前向后，由上到下的一个倾斜度很大的斜面。左 I_2 几乎呈一垂直面直至齿根部。和很小的齿冠相比，齿根显得粗壮，中段膨大，齿冠长宽大于齿根长宽。端部变细。犬齿硕大，磨蚀很深，齿冠珐琅质大部磨去，仅左唇，舌面剩下孤立的两块。齿冠磨蚀面从顶部分前后两面。前面从齿冠顶端下斜，直至齿根部。珐琅质层全部磨去，中间一条深的纵沟仍清晰可见，呈一孤岛状，后面垂直向下。从顶端呈一垂直面直达齿根，并在齿根上磨出一水平台面，使这个磨蚀面呈 L 形，可看出齿冠顶部亦磨耗很多。所以保留的齿冠高度不大。

齿冠唇面有若干条横纹，在舌面珐琅质保留部分可见齿带痕迹。从唇面看齿冠似一三角形，舌面珐琅质仅存一个很小的三角形。右、左齿磨蚀度不一，左犬齿保留长度大于右犬齿。齿根粗大、很长，整个形状为角锥形，断面为卵圆形尖部向远中弯曲。

第一前齿为双尖形，颊尖大并高于舌尖。内尖被一较大的龋洞所损坏。两尖相向发出两条斜脊。在中间相接两尖之间有一纵沟相隔。此沟和前后凹相连。形成一横向中部凹。并有一小的前凹和较大的后凹。齿冠颊面较平，近中颊侧角突出。舌面弯曲为一弧形。使冠面形状不规整，宽大于长，唇面长大于舌面长，前宽大于后宽。

从唇面看齿冠为一三角形。前面长大于后面长。整个唇面近齿根部突出为一曲面。基部有几条细横纹，舌面基部有 3 条较粗的生长线。齿根为 3 支，颊侧的两支，舌侧的 1 支。

P^4 齿冠轮廓为近卵圆形，和 P^3 不同的是后内角突出，因而舌侧长大于颊侧长，舌尖较颊尖大但低得多。舌尖上有一不大的龋洞。由于磨蚀较深，前后凹已几乎不存在，仅在二尖之间有一小凹。在小凹坑前面的前沿，隐约可见，齿冠磨蚀面向前后倾斜，形成近中，远中两个面，远中面明显较近中面低下，而且面积大得多。颊面和舌面基部都有数条水平生长线。但舌面的要较颊面的显粗糙。

齿根为 3 支，舌侧一支，颊侧两支。

上第一、第二臼齿。上第一臼齿较第二臼齿为小。上第一的齿齿冠轮廓近乎正方形。前宽略小于后宽，上第二臼齿的齿侧为菱形。前宽大于后宽，后部较突出。因而两个牙齿易区别。

上第一臼齿的 4 个尖大小差别不大。但仍可看出原尖为最大前尖次之，后尖又次之，以次尖为最小。4 个尖呈方形排列，由原尖和后尖各发出一条下行的嵴，在中部相连，中间有一细沟相隔。后尖高于前尖，原尖高于次尖。后尖和原尖相接，使前尖和次尖隔开。齿冠面上稍稍突出。形成1个后凹，原尖和次尖上各有一龋洞。左侧两洞相连通。上第一前臼齿上有一重要特征，即在齿冠近中舌侧，原尖边缘可见一凹坑形的卡压尖。

上第二臼齿的前尖突，次尖向后突出。使整个齿冠轮廓成菱形。4个齿尖排列为平行四边形。以原尖为最大；次尖最小，仅有原尖的一半。各齿尖大小依次为原尖、前尖、后尖、次尖。原尖、次尖磨成一较平均的平面。咀面颊侧面尖削，舌侧面平坦。

上第三臼齿后部收缩，使近中宽大于远中宽，整个牙齿显得较短。后部圆钝。舌侧近中远中径大于唇侧近中远中径。原尖很大，向前尖、后尖发出一条斜脊，使这3个尖相连成三角形排列。内尖退缩到后凹的位置。可看出有一个很窄的前凹和一个较宽的后凹，后凹后有若干缺刻。

3个臼齿的大小比例为 $M^1<M^2>M^3$，以 M^2 为最大，M^3 比 M^1 大。

上颌特征

整个上颌较大，犬齿大大高于齿列平面。强大的犬齿在齿列中显得较突出。但不如现代猩猩显著。

上中门齿呈宽大的铲形，厚度很大，且切缘较厚。上外侧门齿和上中门齿大小悬殊。门齿唇面布有若干横脊。

上犬齿和门齿间有一小的齿隙。从相对倾斜的磨蚀面可看出为下犬齿深深插入所形成。上犬齿和前臼齿间有小的间隙，从上犬齿后沿的深的L形磨蚀面可知为下第一前臼齿所形成，可见下犬齿和第一前臼齿之间必有一齿隙。

从上下犬齿的深深交错和上犬齿的磨痕可知上下颌相对咬合运动时仅为上下运动和稍有左右的运动，这在臼齿磨蚀面上也可看到。

臼齿以 M^2 为最大，M^3 次之，M^1 为最小。整个颌齿的磨蚀，从前往后差别较大，尤以门齿、犬齿更甚。门齿齿腔全部暴露，齿冠磨去一半，而臼齿磨蚀较浅。整个齿列龋齿较多。臼齿齿尖偏向边缘，嚼面颊侧尖削，舌侧平坦。上颌骨犬齿硕大，大大高出齿列平面，有齿隙显示出猿类特征。

臼齿各齿的大小比例也表现出猿类的特征，人类以上 M^1 为最大，M^3 为最小。

牙齿龋齿较多，可视为与食性的关系较大，此点和前臼齿磨蚀较深相一致。和以取食植物类食物和取食时多不用前肢，而以嘴直接咀嚼食物有关。

虽然牙齿磨蚀较甚，仍可在上第一臼齿近中舌侧紧贴原尖处一个凹坑形的卡氏尖。这在单个牙中出现率较高。这表现出似人的特征，为其他森林古猿类和现代类人猿中所不能见到的。

5.2　面骨（YV686）

标本为一块残破的面骨。保存有上颌骨右边的一部分，左上 P^3、P^4，但这两枚左上前臼齿被挤到右边。并且 P^4 在 P^3 前面，鼻腔右边和上颌相连的一部分，右边眼眶的一部分，在眶间位置，可见被挤压叠过来的枕骨大孔边沿。以及左边可辨认的颧骨一部分。

两枚前齿磨蚀很浅，似属一青年个体。从保存的上颌骨梨状孔残部可看出梨状孔下沿很光滑平坦。鼻甲脊基部很厚，口沿圆钝，使整个鼻孔朝向前方，而不是下方。

从保存的右眼眶上沿部分，可看到眼眶眶上脊较突出，但不粗壮。

5.3 下颌骨（YV698）

698 号下颌骨的下颌体大部残缺，下颌支已不存在。但在下颌骨上保留了两个中门齿、左下犬齿至第二臼齿、右下第一前臼齿至第二臼齿共 11 枚牙齿。

牙冠咀面稍有磨蚀，中门齿切缘几乎未磨损，第三臼齿未萌出，似为一青年个体。

未经磨损的中门齿齿冠特高，齿冠切缘和近中、远中成直角相交。切缘上有 3 个乳突，远中 1 个较大。在齿冠唇面沿切缘乳突间有两条浅沟，向下延伸至齿冠 1/3 处消失。

左下犬齿为单尖，主脊中部有一凸起。右下犬齿的这一凸起（舌尖）和原尖之间有一纵沟相隔。

5.4 下颌骨（YV711）

标本为较完整的下颌骨，除下颌支破缺外。整个下颌体完整。其上的门齿、犬齿、前臼齿、臼齿共 16 枚牙齿全部保存。

由于受地层的挤压，下颌骨左侧沿左内侧门齿远中面外断裂，并发生小的错位。整个左下颌体骨松质被压实，并有形变，至使左下侧门齿到左 M_3 几乎呈直线排列；左齿列低于右齿列，向后延伸出下第三臼齿的长度。右下颌体完好保留了原来的形状。能清楚地观察下颌骨的形态特征。

此下颌体和同一地点发现的 PA548 号下颌骨特征基本相似，但也有不同之处，鉴于 PA548 已描述过，在此仅把不同之处作一比较。

YV711 下颌骨较 PA548 厚实，粗壮得多。下颌体厚，几乎为 PA548 的 1 又 1/3 倍。下颌联合部也深得多，且联合部外侧较直，不如 PA548 前凸。在下缘联合部前沿有二腹肌棘突，此棘突向两边沿下缘外侧呈弧形各延伸出 1 条粗糙的脊状突起。其后为很宽而平坦的二腹肌窝，PA548 标本上二腹肌棘突两旁即为二腹肌窝。下颌联合部猿板相对较 PA548 厚实很多，向后延伸宽度大约为后者的近两倍。下颌联合部后缘为一弧形，使下横圆枕显得很粗壮圆浑。

下颌体由前向后变浅，下颌体联合部下缘圆浑硕厚。下颌体下缘厚度从下横圆枕以后，约自 M_1 以后，往后厚度基本一致。

从右下颌支保留部分观察，下颌支前沿和下颌体的交角成直角。下颌支从 M_1 远中中开始转折，至 M_2 远中基本完成转折成直角，此转折在 M_2 这个位置成一圆弧形。

下颌体在 M_3 处最厚，向后很快变薄，使下颌支两面向外偏转。

下颌骨在犬齿处转折明显，几乎呈直角，使 P_3 至 M_4 呈直线排列。整个齿弓呈"U"形，但后部张开。下颌骨两侧有一颏额孔，位于 P_3 和 P_4 间的下 1/3 处。

门齿齿冠高。舌面缘脊在侧门齿突出程度大于中门齿。

犬齿齿冠高而尖锐，呈角锥形，但尖顶偏向后面。齿冠基部断而舌侧长小于唇侧长。犬齿粗壮程度比 PA548 更甚。

P_3 左、右两侧略有差别。在原尖，脊舌侧有一很大凸起，可看成内尖的使基。和原尖有一浅沟相隔，右 P_3 此尖较左 P_3 小，但和原尖的沟似乎更明显，并且此尖舌侧还有一垂直小沟在基部形成一小凹。

下臼齿以 M_2 为最大，M_3 较 M_2 小，M_1 最小。M_2 在下内尖和下次小尖之间有小的第六尖。此尖在 M_3 上更为明显，使 M_3 后部变窄稍凸，成圆弧形，而 M_2 则为方形。

YV711 和 PA548 比较，牙齿大小差别甚微，但犬齿前者较后者粗壮。下颌骨前者较后者粗硕得多，无论从高度，厚度都较后者粗壮。从两者比较来看，PA548 应为雌性个体，YV711 为雄性个体。

5.5 西瓦古猿下颌骨（YV674）

标本为一右下颌骨，颌骨外侧骨面一段，基本保存，两面已不存在。颌骨上带有右 P_3 至 M_2 之间的 4 颗牙齿以及游离的属同一个体的左中门齿及左侧门齿。

门齿舌面基部缘都有一缘脊，唇侧和舌侧基部都有细小的横纹，在侧门齿舌面中间有一纵脊，从下到上扩张变宽。

P_3 为明显单尖型，仅在主脊中部有一膨胀点，侧面有明显的齿带，近中唇面有一垂直磨痕，在后凹中部有一小凸起，在主脊下舌面齿带上也有一凸起。

臼齿都有 5 个主尖，在 M_1 和 M_2 原尖和次小尖之间的后凹位置可见一很小的第六尖，从保留的下颌骨可见下颌体高度较大。

5.6 西瓦古猿头后骨骼

5.6.1 西瓦古猿肩胛骨（YV716）

肩胛骨保存了关节盂、肩胛骨颈、肩胛切迹和部分肩胛下窝、部分肩峰、部分冈上窝和冈下窝肩胛同根部，缘突残碎。其他内侧角、外侧角、脊柱缘、下角、腋缘下部、肩胛冈顶部等残缺。

肩胛骨骨质较松软，呈棕红色。

关节盂：关节盂被压成 3 段。上段与喙突相连，与中段分离。断口间和上段面略有缺损。保存的上段与中段相距约 15 mm；中段与下段只断裂、裂缝约有 2 mm，后面略有缺损。关节盂虽被压断裂，关节盂缘略微缺损，但大部保存，从其保存面观察，关节盂似梨形。关节盂小。关节盂长虽不能测，但关节盂宽仍可测出。宽约 26 mm。

肩胛骨颈：前面肩胛骨颈从关节盂缘斜下成坡状，中间微凹。后面肩胛骨颈平直，前后肩胛骨颈长约 17 mm。

外侧角：外侧角呈弧形。

盂上粗隆：盂上粗隆发达。

盂下粗隆：盂下粗隆不明显，但此处骨面粗糙，坑凹较多。

腋缘：仅保存了与肩胛骨颈相接的一部分。由关节盂至腋缘残断处长约 36 mm。断口处厚 5.5 mm，后面，腋缘边呈一条脊，缘脊骨面尖滑。前面，腋缘平坦。从保存的腋缘伸展趋势看，腋缘可能呈凸形，明显出露。

肩胛下窝：已被地层挤压变形，靠内侧缘大部缺损，仅保存了外侧部。在肩胛下窝近腋缘处有一与之平行的纵脊，脊下部缺损，脊距腋缘边约 19 mm。其前后径约 11 mm，上部凹窝较深。

肩胛切迹：切迹深。切迹处骨面光滑而且厚。约有 8.0 mm。

上缘：仅保存了与肩胛切迹相接部分。从保存部分伸展趋势推测，上缘倾斜。

喙突：已残碎压在锁骨上。但仍可看出缘突粗壮。

肩峰：只保存了与肩胛冈相接部分。残存肩峰伸出关节盂 23 mm，可见肩峰比较发达。

肩胛冈：顶残损。根部被压偏向上窝，长约 93 mm。冈的方向斜度小。

冈上窝：内侧部缺损。上窝骨质厚，窝平面宽。从肩胛切迹至肩胛冈根部宽 29 mm。

冈下窝：仅保存了与肩胛颈和近腋缘处部分。此处凹窝最深。

肩胛骨测量数据见表 18。

表 18　标本 YV716 肩胛骨测量

Table 18　Measurements of scapula YV716 from Shihuiba at Lufeng　　　　　　　mm

测量项目	测量数
关节盂宽	27
形态长	114.5
肩胛冈根部长	92.5
肩胛切迹至肩胛冈根部宽	29
肩胛骨径前后长	17
腋缘厚	5.5
肩胛切迹厚	8
锁骨内侧端断口周长	52
锁骨内侧端断口高	17.4
锁骨内侧端断口最小宽	13

5.6.2　西瓦古猿锁骨

保存于喙突、肩峰、关节盂位置之间。喙突断裂压在锁骨上。这可能是死后自然搬运过程中，锁骨脱落在喙突下。锁骨仅存 55 mm。外侧端扁平，断口厚 11 mm。宽 17 mm。内侧端断口呈圆角三角形，周长 52 mm，高 17.4 mm，宽 13.8 mm。锁骨位置属前弓中部至后弓部。

综上所述，YV716 肩胛骨、锁骨有以下特点：

（1）肩胛冈长，肩胛冈方向斜度小。

（2）上缘倾斜，切迹深。

（3）冈上窝平、宽，骨质厚。

（4）腋缘突出，后面呈脊形，前面平坦。

（5）肩胛下窝近腋缘处有一条约之平行的纵脊。

（6）关节盂小，似梨形。

（7）肩峰、锁骨发达。

灵长类肩胛骨突出的特征是：肩峰、锁骨发达。而其他哺乳动物的肩胛骨肩峰不发达，锁骨退化，有的动物甚至完全退化而没有锁骨。YV716 肩胛骨、锁骨与灵长类相近，与其他哺乳动物相差较大。由此推断。YV716 标本是灵长类的肩胛骨、锁骨。

灵长类中，类人猿肩胛骨突出的特征是肩胛骨大。肩胛冈方向处于斜-横之间。

而长臂猿和低等灵长类的肩胛骨小，低等灵长类肩胛骨的肩胛冈方向和四足行走的哺乳动物一样，一般是矢状的。YV716肩胛骨大，仅存的肩胛冈根部长114.5 mm，可与人的相比，肩胛冈的方向斜度小，和类人猿相近。而与长臂猿和其他低等灵长类相比，差距太大，因此判断。YV716肩胛骨是类人猿的锁骨肩胛骨。与YV716肩胛骨伴出的古猿化石研究表明。禄丰石灰坝就存在古猿化石。那么，YV716肩胛骨，锁骨就是禄丰石灰坝古猿的肩胛骨、锁骨化石。

人的肩胛骨关节盂小，呈梨形。肩胛冈方向是横的，锁骨发达，YV716肩胛骨关节盂宽26.0 mm，略小于人的。关节盂形状和人的相似，肩胛冈方向和人的相近，锁骨大小可与人的相比。

猿的肩胛骨冈上窝发达，关节盂呈椭圆形，肩胛下窝近腋缘处有一条与之平行的纵。YV716肩胛骨与之相同。

YV716肩胛骨与人、猿相比，既有进步的人、又有原始的猿的特征。可见它是介于人和猿之间的类型。作为禄丰腊玛古猿的肩胛骨、锁骨化石来说，应是这种特征。YV716肩胛骨、锁骨具有人和猿之间的类型特征，表明YV716标本可能是禄丰腊玛古猿的肩胛骨、锁骨。

禄丰腊玛古猿的化石骨质呈棕红色，云南西瓦古猿化石骨质呈棕黑色。YV716肩胛骨颜色和禄丰腊玛古猿的一样，YV716肩胛骨与第一具腊玛古猿头骨的出土层位相同、水平相距甚小（在D、E方交接处）。由上所述，我们推断。标本YV716可能是禄丰腊玛古猿的肩胛骨、锁骨化石。由于发现的材料不多。有待于新的材料发现，再进行修正。

5.7　云南西瓦古猿单独牙齿

此次发掘，除发现西瓦古猿上、下颌骨外。还发现大量牙齿化石，单个牙齿众多。其中上中门齿有10枚，上侧门齿有若干枚，上犬齿有7枚、上P^3有5枚，上P^4有9枚，上M^1有1枚。上M^2有9枚。上M^3有5枚。下中门齿有4枚，下侧门齿有6枚，下犬齿有5枚、下P_3有9枚、下P_4有3枚、下M_1有2枚、下M_2有11枚、下M_3有5枚。由于单个牙齿数量较多，有的牙齿包括齿根都很完整，通过这些牙齿形态的观察，可对西瓦古猿有进一步的认识，对今后研究工作提供实物资料，由于在我们发现的西瓦古猿上、下颌骨上都有成套的牙齿保存，因此可作为确立各类牙齿的依据。现把各类牙齿的特点分述如下。

5.7.1　云南西瓦古猿的门齿

5.7.1.1　云南西瓦古猿的上内侧门齿

在10枚上内侧门齿中，有5枚包括齿根都完整，5枚齿冠完整。

云南西瓦古猿上侧门齿呈宽大铲形，切缘较厚，舌面指状突发达，齿根粗壮。

齿冠的切缘部分一般较为扩张，扩张指数达　　　。但也有扩张较小的，在我们的标本中有3枚（　、　、　）扩张指数仅为（　）。在未经磨蚀的标本可见切缘上有4~5个乳突。切缘与近中面呈直角相交，与远中呈钝角相交。主要是由于切缘在远中侧斜向齿根部而形成。在刚开始磨蚀的标本中，切缘较平，随着磨蚀度的增加，切缘变厚，呈凹形或曲线形等不同形状。

唇面一般呈凸形，在颈部有若干条横纹，在近切缘部，质上有条浅纵沟，使齿冠唇面显得不平整。

舌面基部有发达的底结节，一般为一大的三角形状的隆起，也有的底结节为两个突起合成，并向下延伸出数条指状突。舌面边缘向内卷折，形成明显的缘脊。通常远中侧较近中侧强。

近中面较为平直。在近切缘处有一大而平整的接触面。远中面向下扩张较甚。在近基部有一小接触切迹。颈部线在近中，远中面下凹。呈三角形。近中颈浅，弯曲度较远中面为大。

齿根呈角锥体。根尖向内弯曲，颈部略有收缩。中段彭大横断面呈凸三角形，在唇——舌之向上的宽度较小，且唇面宽大于舌面宽。

5.7.1.2　云南西瓦古猿的上外侧门齿

在YV688上我们看到外侧门齿和中门齿比较显得很小。齿冠紧贴于中门齿齿冠基部。有明显的底结节和指状突。唇面布有若干条横纹。由于下犬齿的插入使之发生磨蚀，使外侧门齿齿冠的磨蚀为一由前向后，由内向外的一个较直的斜面。

齿根呈角锥状，断面呈椭圆形，而齿冠显得较粗壮，颈部收缩，中部膨大，唇舌径大于近中远中径。

5.7.2　云南西瓦古猿的上犬齿

云南西瓦古猿的上犬齿齿冠角锥状，尖顶向后弯曲，齿冠较高，近中侧有一很深的纵沟。有发达的舌侧齿带，齿根粗壮。犬齿反映出同种二型。

舌面布满纵行的条纹，从齿根部直到齿冠顶部。近中侧有一深沟，把近中脊分为唇面脊和舌面脊两支。舌面脊从齿根顶沿齿冠弯曲度呈一弧形下行到齿冠尖顶。唇面脊较锐利并靠前。在二纵脊的基部有一明显突出，为舌面齿带在此的肿胀而形成。远中侧有一锐利，以使远中缘似一弯刀的刃口。基部有一高出齿带的膨胀突起。其前有一条浅沟，此沟很宽阔，使此沟和近中舌侧脊之间的整个舌面较平坦和低于此二脊。

舌侧基部有一条明显的齿带，在近中、远中侧则渐变为乳突状突起。

唇面较为光滑，布有数条横纹，齿冠尖顶偏向后方，近中缘较远中缘长，使整个齿冠唇面如一弯刀形，唇面中部略近，远中面有一浅浅的纵沟从齿冠基部直达齿冠尖顶，把整个唇面垂直地分成两个部分，近中侧较为凸出，远中侧较近中侧低也平坦得多。在其中两件标本上的近中缘处见有一条很浅的纵沟。

唇面齿冠颈部线弯曲，表现为近中侧向下凹入，呈一钝角。

齿根粗壮，呈一弯曲的角锥形。弯曲方向与齿冠一致。齿根横断面如一水滴的形状。其远中缘较锐利。

在保存较完整的五枚犬齿中，有一枚和其他几枚差别较大。表现出比其他犬齿粗厚，也就是有较大的唇舌径，在齿冠舌面基部齿带向远中增厚。形成一个很大的跟座凹，使齿冠明显变厚，整个齿冠基部形状改变，不呈水滴形而近椭圆。

齿根明显粗壮得多，近中缘圆钝，并且横断面上可见齿根很小，仅有其他犬齿根的1/2，形状也较扁平，因而使得齿根骨壁加厚。

从YV697号犬齿和其他犬齿特征的差别，可认为是云南西瓦古猿犬齿的"同种二型"YV697号为雄性犬齿，其他几枚为雌性犬齿，和YV697号相同的有YV号上颌骨上的犬齿。

5.7.3 云南西瓦古猿的上前臼齿

第一前臼齿为双尖型。两尖向中靠拢，使颊、舌面均向中倾斜，颊尖比舌尖大并高出于舌尖，舌尖较颊尖略微偏向前面，咬合面上、中两尖之间有两条横脊相连，形成一很深的中凹，并和近中和远中侧的缘脊形成在二尖的近中和远中的前凹和后凹。齿冠近中侧和远中侧都有一较锐的缘脊并与唇尖和舌尖的前后缘形成一圈封闭的齿缘，在两尖之间有一条纵沟把两尖间的两斜脊切开，并在远中，远中缘上形成一个切刻，冠面上有较深的皱褶。

由于齿冠近中颊侧角明显前突，因而齿冠颊侧的长度远远大于其舌侧。其前角高度远小于其后角，而使颊尖前缘较后尖长。

齿冠的颊面约呈一五边的盾形，其高度大于长度，颊面明显向颊尖倾斜，基部有水平生长线，基线凸形。其近中侧高于远中侧，在近中缘有一垂直条状突起臼齿结节，这应为齿带结构。

舌面为弧形无明显的远中，近中角，舌尖近中缘较远中缘短。舌面明显偏向舌尖，基部线较平直，远中侧向下凹入。

近中面较平，有的还微凹，近颊侧处上有一较小的接触面。远中面凸出，其面中有一较大的接触面。

齿根分为3支，颊侧两支，舌侧一支。

上第二前臼齿的结构和第一前臼齿相似，和第一臼齿不同的是其后内角微凸出。使齿冠咬合面颊侧长小于舌侧长。舌尖增大，较唇尖稍偏向近中侧靠前。咬合面上舌侧半和颊侧半几乎相等，远中半大于近中半，连接两个齿尖的脊较低，两尖的前缘均较后缘为短。在多数牙齿舌尖后缘等部有一切口。分割两齿尖的纵沟较深，其颊侧面和舌侧面均较圆浑。无颊侧齿带，颊面基部突起。齿冠基部有水平生长线。

齿根分为3支，颊侧两支，舌侧1支。

其纵沟在大多数牙齿上未切断两尖连脊的前脊，在后脊上形成较复杂的褶皱。

5.7.4 云南西瓦古猿的臼齿

上第一臼齿和第二臼齿咬合面都呈斜方形。但第一臼齿较为方正。4个齿尖呈方形排列，4个齿大小差别不显著，其宽略大于长。

第二臼齿的齿冠呈菱形，4尖排列前尖靠前，造成次尖缩后，4个齿尖大小差别较大，齿冠宽度略大于长度，第一臼齿和第二臼齿可区别开来。

4个齿尖以原尖为最大、前尖次之、后尖又次之、以次尖为最小，原尖和后尖各有一斜脊，在中部相连，两脊间有一道斜线为界，使原尖和后尖相连，次尖和前尖分隔。前尖和后尖有横沟相隔，和颊面的垂直沟相连，原尖和次尖也有一横沟相隔，两沟不连续，前一条沟在前，后一条沟在后。

原尖和前尖前有一较窄的脊相连，其前为前凹，前凹较窄，但很明显，前凹不和前尖、原尖之间的沟相连，后凹较宽，和分隔后尖和次尖的沟相连。

齿尖原尖和次尖较为圆钝，前尖和后尖较尖削，经一定磨蚀后舌侧为一平面，颊侧尖削。

齿冠近中面和远中面近于垂直。颊面和舌面向嚼面倾斜，也就是齿尖向中偏移。舌面倾斜度较颊面大。

在齿冠基部有水平生长线，无齿带。有的标本上舌面齿冠顶部有数条纵行的褶纹。在半数的标本上可见原尖舌侧有一弧形坑凹紧贴于原尖顶部。这是所谓卡氏尖，可见卡氏尖在西瓦古猿臼齿中出现较高，可达50%。

上第三臼齿后部收缩，整个牙齿显得较短，近中宽大于远中宽，舌侧近中、远中径大于颊侧近中、远中径。咬合面上以原尖为最大、次尖大大缩小，在有的标本上几乎消失。YV676号标本原尖几乎占了舌侧全部，次尖反以附尖的形式贴于原尖之上。前尖较后尖大，咬合面近中侧有一很窄的前凹，远中侧有一较宽的后凹，后凹上有若干切刻。原尖和前尖，后尖各有一斜脊相连，使这3个尖呈三角形排列。

齿冠咬合面收缩，以颊侧明显。致使颊面倾斜较大。第三臼齿齿尖很低，咬合面上珐琅质褶皱，纹路较复杂。

齿根明显分为3支，在颊侧两支的内面有一很深的垂直沟，而颊侧远中侧根两面均有使这一根似有两支之感。

下颌骨已作过描述，现仅补充几点。

下犬齿亦可分出两种类型。一种如徐庆华和陆庆伍描述[1]，另一种较粗壮，表现在齿冠基部厚度加大，齿根也粗壮得多，前者断面较扁平，后者较圆突，前者齿根腔较大，后者齿根腔较小，因而后者的骨壁大大厚于前者。

齿冠前缘脊基部有一突起，顺颈线向颊面绕行；过垂直沟后消失。

致谢 禄丰古猿石灰坝化石产地（附图1和附图2）自1975年发现以来进行了多次发掘。该发掘报告系禄丰石灰坝古猿化石产地10次发掘中较为全面、详细的报告，系已故的张兴永先生和已退休的郑良先生撰写于1980年12月，1991年1月刊登于内部资料云南省古人类领导小组编：《云南古人类研究》总字第3号第23-42页。本文征求了郑良先生的意见，同意被推荐原文公开发表于《第十七届中国古脊椎动物学学术年会论文集》，以便将来后人在研究这批材料时引用这份发掘报告。原文中的少数错字已修改，不完善的内容原样保留。（吉学平 杜淼 整理）

参 考 文 献

1   徐庆华，陆庆五. 云南禄丰发现的腊玛古猿和西瓦古猿的下颌骨. 古脊椎动物与古人类，1979，17(1): 1-13.

附图 1   禄丰古猿化石产地早期发掘现场

Supplementary Figure 1   Excavation location of Lufeng hominoid site

附图 2   禄丰古猿遗址保护区

Supplementary Figure 2   Protection area of Lufeng hominoid site

REPORT ON THE SEVENTH EXCAVATION AT SHIHUIBA HOMINOID SITE OF LUFENG IN YUNNAN PROVINCE, SOUTHERN CHINA

ZHANG Xing-yong[†]   ZHENG Liang

(*Department of Paleoanthropology, Yunnan Institute of Cultural Relics and Archaeology*, Kunming 650118, Yunnan)

ABSTRACT

Six excavations had been conducted since the discovery of Shihuiba hominoid site at Lufeng in 1975. The seventh excavation was carried out in the spring of 1980. The excavation area was more than 190 m², and more than 600 m³ deposits were moved out. The unearthed fossil specimens include hominoid skull fragments and jaws, as well as scapula and many isolated teeth. The collected mammalian fossils include primates, carnivores, rodents, lagomorphs, proboscideans, perissodactyls and artiodactyls of about 40 taxa.

Key words   hominoid, Shihuiba, Lufeng, Yunnan

第十七届中国古脊椎动物学学术年会论文集. 董为, 张颖奇主编. 北京：海洋出版社, 2021. 59-68
Proceedings of the Seventeenth Annual Meeting of the Chinese Society of Vertebrate Paleontology
DONG Wei, ZHANG Ying-qi, eds. Beijing: China Ocean Press, 2021. 59-68

云南元谋早更新世云南黑鹿化石新材料*

白炜鹏 [1, 2, 3]

(1 中国科学院古脊椎动物与古人类研究所，中国科学院脊椎动物演化与人类起源重点实验室，北京 100044；

2 中国科学院生物演化与环境卓越创新中心，北京 100044；

3 中国科学院大学，北京 100049)

摘 要 记述了两件产自云南元谋早更新世地层但尚未研究过的鹿角。虽然标本没有完整保存下来，但从其保存状况来看应该是一种具有三枝型角的鹿，故鉴定为云南黑鹿。通过与黑鹿属、轴鹿属和梅花鹿的上下颊齿比较，将 Koken 所记述的弱齿黑鹿和东方黑鹿的材料重新进行了分类。云南黑鹿和水鹿的化石产地在中国主要集中在南部。云南黑鹿从早更新世延续到中更新世，而水鹿最确定的记录从中更新世开始一直延续至今。

关键词 黑鹿；元谋；早更新世；分类

1 前言

云南元谋自 1965 年地质科学院发现直立人化石以来，其后的几十年间，许多古生物学者对这个盆地进行了详细的研究，出土了大量的哺乳动物化石，并命名了一些新的种类，这其中就包括云南黑鹿（*Rusa yunnanensis*）[1-9]。云南黑鹿是 1978 年林一璞、潘悦容和陆庆伍根据云南元谋出土的一件近乎完整的鹿角所定，其特征是体型相对较大；鹿角较为粗壮；眉枝与主枝夹角为锐角，且眉枝分叉较低；主枝稍弯曲但不呈琴弓状；角表面的沟和棱发育，在角基部内侧，由主枝和眉枝的沟和棱汇聚成疙瘩状突起；第三枝比第二枝长[9]。此后云南黑鹿还发现于湖北龙骨洞早更新世的建始人遗址[10]、早更新世的云南中甸[11]、早更新世的广西崇左三合大洞[12]、早更新世的广西田东么会洞[13]、早更新世的广西柳城巨猿洞[14] 以及中更新世的滇西北丽江盆地[15]中。潘悦容、陆庆伍等曾在云南元谋采集到很多哺乳动物化石，其中大部分标本已经研究发表[9]。但其中还余下一些标本尚未研究，通过这次比较鉴定标本，将其中的两件鹿角标本归入云南黑鹿。此外，笔者综合前人文献并与现生标本进行比较，对 Koken 在 1885 年建立的东方黑鹿（*R. orientalis*）和弱齿黑鹿（*R. leptodus*）的分类进行了讨论。最后对黑鹿属的地理分布与生物地层加以总结。由于黑鹿属的属型种 *R. unicolor* 通常有两种译名，即水鹿和黑鹿，但是为了避免与 "water deer（獐，*Hydroptes*）" 搞混，所以使用黑鹿更为恰当[16]。本文将现生种类称为水鹿，将化石种类称为黑鹿。鹿角和反

---

* 基金项目：中国科学院战略性先导科技专项（XDB 26030304）.

　白炜鹏：26 岁，博士研究生，从事第四纪哺乳动物研究.

乌类颊齿术语根据董为[17-18]的建议。

2 系统记述

哺乳动物纲 Mammalia, Linnaeus., 1758
 偶蹄目 Artiodactyla, Owen., 1848
  鹿科 Cervidae, Gray., 1821
   鹿亚科 Cervinae, Goldfuss., 1820
    黑鹿属 *Rusa*, Hamilton-Smith., 1827
     云南黑鹿 *Rusa yunnanensis*, Lin, Pan et Lu., 1978

(图 1 和表 1)

材料 角柄至角的远端 1 件（V 24117），角基至角末端 1 件（V 24118）。

地点及层位 云南元谋牛肩包第 28 层（元谋组顶部，距元谋人点上方 90 m 处）。

描述 标本 V 24117 为 1 件左侧鹿角，从保存状况来看，应该是一个成年个体所遗留下来的。角的第二分枝与第三分枝未保留下来，保留下来的部分为不完整的角柄、完整的角环、眉枝的基部以及主枝的一部分。从保存的部分来看，角柄较短，横截面为圆形，且轻微向后方伸展，角柄最长部分的直线长度为 26.9 mm，角柄横径 29.5 mm，角柄纵径 32.5 mm。角环受到过磨蚀，表面有一层石膏包裹，显得不太发育，与主枝和角柄不完全垂直，角环最大直径 41.8 mm，最小直径 36.8 mm。角的主枝稍向后方弯曲但弯曲程度不大，横截面为近圆形且向远端逐渐变为椭圆形，从主枝前侧看，主枝的近端内缘自眉枝处起稍稍向内凸出，外缘凹入，而远端则相反，内缘向外凹入，外缘凸出，主枝直线长度约为 297.5 mm，主枝远端最小直径 22.3 mm，最大直径 31.9 mm，主枝近端最小直径 27.9 mm，最大直径 33.2 mm。眉枝分叉较低，横截面为椭圆形，分叉处距离角环 61.5 mm。由于眉枝保存不完整，与主枝的夹角并不能完全测出。角的表面具有沟和棱，在角的近端与远端非常发育，中间一部分并不明显。整个角的保存部分长 361.5 mm。

表 1 云南黑鹿鹿角测量和对比
Table 1 Measurements and Comparison of antlers of *R. yunnanensis* mm

标本号	V5329	V5828	V24117	V24118
地点	元谋[9]	巨猿洞[14]	元谋	元谋
角环最大直径	54	45.0-56.5	41.8	
角环最小直径			36.8	
角柄横径			29.5	
角柄纵径			32.5	
角环至第一分支长度	59	45.5-64.5	61.5	
角柄长		17.6-26.4	26.9	
主枝中段横径			29.4	24.6
主枝中段纵径	31.5	26.3-28.0	30.2	24.3
角全长	340		361.5	508.5

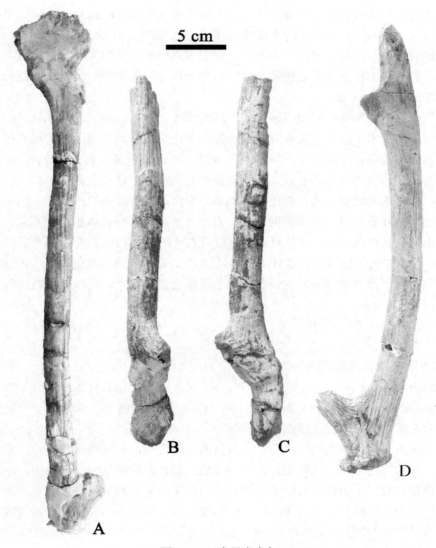

图 1　　云南黑鹿鹿角

Fig. 1　　Antlers of *R. yunnanensis*

A. V24118, 内侧视 Medial view; B. V24117, 前侧视 Anterior view; C. V24117, 外侧视 Lateral

view; D. V5329（正型标本），外侧视 Lateral view

标本 V 24118 为 1 件左侧鹿角。角基，部分眉枝，与主枝保存下来。角的主枝较直且纤细，横截面为圆形，主枝远端最大直径 24.5 mm，最小直径 23.6 mm，主枝近端最大直径 27.6 mm，最小直径 26.7 mm。角的远端呈掌状，保存不完整。眉枝横截面为椭圆形，与主枝夹角约为 65°，长约 33.2 mm。角的表面具有沟和棱，且只存在于基部与远端，中间部分不明显。角基横截面为椭圆形，最大直径 39.3 mm，最小直径 27.6 mm。整个角的保存部分长约 508.5 mm。

比较与讨论　上述标本含有两个较为完整的鹿角（V 24117，V 24118），虽然没有完整保存下来，但从其保存状况来看应该是一种具有三枝型角的鹿。云南元谋早更新世地层中出土的鹿科动物中具有三枝型角的种类有黑鹿属（*Rusa*）、轴鹿属（*Axis*）和最后祖鹿（*Cervavitus ultimus*）。轴鹿的主枝呈琴弓形状，而最后祖鹿的角较为短小、纤细，这明显都与这些鹿角的形态不符。而黑鹿属的鹿角较为粗壮，角柄短，眉枝分叉较低，眉枝与主枝夹角为锐角，与这些鹿角的形态较为吻合，所以这些鹿角无疑可归入黑鹿属。

此次研究的标本与产自山西临猗的"秀丽黑鹿（*R. elegans*）"[①][19]相比，临猗标本明显比元谋的标本小，主枝较直且横截面偏向于正圆形，而云南元谋的标本较大，主枝横截面偏椭圆形。与水鹿（*R. unicolor*）相比，水鹿的鹿角较大，眉枝较长，并且鹿角上常常带有瘤状的突起，而云南黑鹿鹿角表面光滑，眉枝较短。

与产自云南元谋的云南黑鹿的正型标本[9]相比，云南黑鹿的鹿角标本的眉枝距离角环较低，主枝横截面呈偏圆的椭圆形，表面光滑，这都与标本相符。不同之处在于正型标本的主枝微微弯曲，而新材料的主枝较直（图1），这有可能是保存状况不好所导致的。标本中的一段鹿角(V 24118)远端呈掌状，这与云南黑鹿的特征有所区别，但是考虑到鹿角在激素分泌异常的情况下鹿角可能会扁状化[20]，所以暂时将这件标本归到了云南黑鹿中。

3 讨论

3.1 东方黑鹿和弱齿黑鹿的分类问题

1885 年 Koken 研究了从中国云南和山西[②]采集的一些化石标本中建立了东方黑鹿（*R. orientalis*）和弱齿黑鹿（*R. leptodus*）两个新种，这些材料全部都是单个的牙齿[21]。后来这两个新种又被进行了多次的重新分类。

Koken 关于弱齿黑鹿的描述是"上臼齿的内附尖和前后齿带微微发育，后者呈垂直形态，并未向内延伸。内附尖非常窄，在底部微微向两侧延伸。前附尖、中附尖和后附尖都较发育。牙齿外壁的肋部较发育，所以牙齿前尖和后尖在冠面形态上呈圆柱状。下臼齿无下外附尖，而臼齿内壁的底部发育有小尖。下前外附尖非常发育。一个较发育的脊在 m3 的下次跟凹的后侧向内部突起"[21]。1903 年，Schlosser 研究来自天津的一件鹿科 m3 标本后认为 Koken 建立的弱齿黑鹿应该属于轴鹿属（*Axis*），同时他也提到了 Koken 的标本中的一件 m3（Koken, 1885: Taf II [VII], Fig.11; 本文图 2, I）应该与其他标本的年代不同[22]。后来 Matsumoto 在研究山东的一些鹿类牙齿标本时将 Koken 和 Schlosser 的材料都归入到了梅花鹿（*Cervus (Sika) nippon*）中，作为其下的一个亚种，但是，他在文后也提出山东的标本与 Zdansky 在 1925 年建立的葛氏斑鹿（*Cervus (Sika) grayi*）比较相似[23]。所以目前对于弱齿黑鹿的分类位置有 3 种不同的意见。笔者重新对这些材料进行了归纳总结并且与现生的标本进行了比较，提出一些自己的看法。

这几位学者描述的材料在大小上非常的接近（表 2），并且这些材料没有确切的年

---

① 由于 Teilhard de Chardin 建立的秀丽黑鹿已经被归入日本鹿（*Nipponicervus*）中，所以其后发现的秀丽黑鹿是否需要重新指定正型得再进行讨论。
② 山西的地点并不确定。

62

代，这也就造成了分类上的一些难度，只能从形态上去进行区分。首先是 Koken 描述的标本中存在有两种不同特征的现象，他本人也在论文中进行了叙述[21]。将这几件材料与现生的梅花鹿、水鹿与花鹿（*Axis axis*）比较后，笔者认为其中的部分材料（Koken，1885: TafⅡ [Ⅶ], Fig.9-10；本文图 2: H, J）应该属于轴鹿属，其与现生的花鹿下颌臼齿相比较都具有非常发育的下前外附尖，下前附尖、下后附尖和下内附尖都较发育，m3下次跟凹后侧有一个向内侧突出的脊，这些形态与梅花鹿的牙齿有着明显的差异，所以笔者同意 Schlosser 的建议将这几件标本归入轴鹿属中。剩下的 1 件标本（Koken，1885: TafⅡ [Ⅶ], Fig.11；本文图 2: I）与梅花鹿更相似，两者都不具有下前外附尖，下前附尖与下内附尖不发育，下内尖与下内小尖在牙齿偏向冠部的部分未相连。虽然Matsumoto 提出这些标本与 Zdansky 在 1925 年建立的葛氏斑鹿（*Cervus (S.) grayi*）非常相似[23]，但是从测量数据来看，两者还是有差异的（表 2）。所以笔者同意 Matsumoto的建议，将这件标本归入梅花鹿中，但是其亚种名是否有效还需要重新研究之后才能确定。

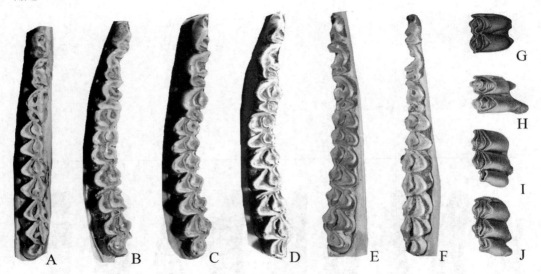

图 2　　黑鹿、轴鹿、梅花鹿与弱齿黑鹿的下颊齿比较

Fig. 2　　Comparison of the lower cheek teeth of *Rusa*, *Axis*, *C. (S.) nippon* and *R. leptodus*

A: *C. (S.) nippon*; B: *A. axis*; C: *R. unicolor*; D: *R. timoriensis*; E: *R. marianna*; F: *R. alfredi*; G: *Axis axis*

（资料来源：Lydekker R. The fauna of the Karnul caves. Memoirs of the Geological survey of India. Series X,

Vol.2 Plate XI, Fig.4）；I-J: *R. leptodus*. 未按比例 (not to scale).

　　Koken 关于东方黑鹿的描述是"上臼齿的肋和附尖非常发育，内附尖磨蚀面的形状非常像三叶草，并且与前齿带和后齿带相连，原尖和后小尖的后棱（新棱和马刺）有时分为两叉。下臼齿具有较发育的下前外附尖，下外附尖在下原尖和下次尖的中间非常发育，下前附尖和下后附尖非常的发育，下内附尖不发育"（Koken，1885：TafⅡ[Ⅶ], Fig. 4-8；本文见图 3: I-L）[21]。Koken 在描述这些材料时，将上臼齿的形态划分为两类，它们的区别是有无较发育的马刺、内附尖和牙齿外壁肋部，他认为这应该属于性别差异，因为在 *Cervus aristotelis*[1] 上可以观察到[21]。其后，Schlosser 又将其归入了水鹿相似种中[2][22]。而 Matsumoto 在研究山东的材料时将东方黑鹿中的部分材料（Koken, 1885：Taf II [VII], Fig.6, 8; 本文见图 3：I, L）归入到了北京斑鹿（*C (S.) hortulorum*）中[23]。对于这些材料，笔者进行了总结比较，提出一些自己的看法。

表 2　弱齿黑鹿颊齿长度比较

Table 2　Length comparison of cheek teeth of *R. leptodus*　　　　mm

	C (R.) leptodus	*C (A.) leptodus*	*C (S.) nippon leptodus*	*C (S.) grayi*
	云南（具体地点不明）[21]	天津（具体地点不明）[22]	山东（Chinchou）[23]	山西垣曲[27]
P2			14	12.5
P3			15	13.2
P4			13	11.5
M1	16.5; 18 (Alveolar:16)		16.5	15.5
M2			19	17.5
M3			19	18
p2			11.5	9.7
p3			15	12.7
p4			16	14.6
m1	14.5-17.0 (Chewing surface)		18	15.6
m2			20.5	19.7
m3	22	25	25	29

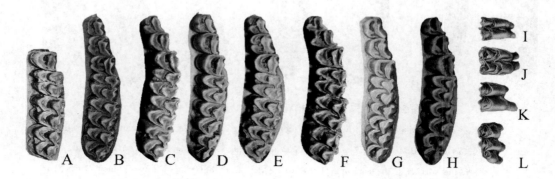

图 3　黑鹿、梅花鹿与东方黑鹿的上颌比较

Fig. 3　Comparison of the upper cheek teeth of *Rusa*, *C(S.) nippon* and *R. orientalis*

A: *R. unicolor*(famale); B: *R. unicolor*(male); C: *R. unicolor*(male); D: *R. alfredi*; E: *R. marianna*; F: *R. timoriensis*; G: *C(S.) nippon*(female); H: *C(S.). nippon*(male); I-L: *R. orientalis*. 未按比例 (not to scale).

首先是 Matsumoto 描述的"北京斑鹿"与周口店[24]和仙人洞[25]的材料在大小上差

---

[1]　现生水鹿的同物异名，具体详见第 36 条参考文献。

[2]　文献中为 *Cervus* cf. *C. aristotelis*.

距非常大（表3）。其次，Matsumoto 的归入标本中有一件角心标本是他在 1915 年发表的[26]，这件标本先是被 Zdansky 归入到了他建立的一个新种厚颌黑鹿（*R. pachygnathus*）中[27]。Matsumoto 在文章后记中也提到了他描述的标本与厚颌黑鹿非常相似[23]。综合以上两方面原因，山东的材料明显不是北京斑鹿。与厚颌黑鹿比较，东方黑鹿上白齿的前齿带、后齿带与内附尖都非常发育，m3 具有非常发育的下外附尖，牙齿肋部较突出，这些特征与厚颌黑鹿有着明显的区别。而且从厚颌黑鹿的鹿角形态来看，其与黑鹿属还是有明显的区别，主要表现在眉枝与主枝的夹角非常大，第二分支较低并且向前强烈弯曲，所以这些标本还需要进行重新观察研究。与大斑鹿（*C (S.) magnus*）相比，东方黑鹿与其也有着很大的区别，主要表现在上白齿是否具有较发育的齿带和内附尖，下白齿是否具有下前外附尖以及较发育的牙齿肋部和下外附尖等。从其大小和形态上看，东方黑鹿的颊齿标本明显与水鹿更加接近（图 2 和图 3，表 3）。所以笔者同意 Schlosser 观点，东方黑鹿部分材料（Koken, 1885: Taf II [VII], Fig.4-6；本文图 3：J-L）属于水鹿的同物异名。关于 Koken 提到的水鹿的上白齿具有性双型的现象笔者并没有在现生的标本上看到（图 3），所以对于东方黑鹿的部分材料（Koken, 1885: Taf II [VII], Fig.8；本文图 3：I）还无法准确地进行归类。

表 3 东方黑鹿颊齿长度比较

Table 3 Length comparison of cheek teeth of *R. orientalis*   mm

齿序	*C (R.) orientalis*		*C (S.) hortulorum*		*R. unicolor*	*R. pachygnathus*	*C (S.) magnus*
	云南[21]	山东[23]	周口店[24]	集安[25]	IOZ[41]①	垣曲[27]	益都[27]
P2					15.8–17.3	16.0	15.5
P3	15-16.5		12.0		13.8–16.6	14.5	15.5
P4	12-13		11.5	10.59	12.3–14.3	14.5	15.0
M1	24.2		13.4	13.98	14.5–21.4	20.7	18.5
M2	22.5-23	24.5	16.6	17.28	18.9–23.6	22.0	21.5
M3	22-24	23.5	18.5	17.69	22.3–26.0	21.5	23.5
p2		13-14	10.8	10.88	13.8–15.3	12.2	12.5
p3		17-18	13.0	13.66	15.7–18.6	15.8	16.0
p4	18	17.5-20	14.8	14.11	15.0–17.9	18.0	18.0
m1	25	20-22.5	15.8	16.92	17.2–19.6	21.0	21.0
m2	25	22.5-24	18.8	19.30	20.5–22.7	24.0	23.5
m3	31-34	29-34	24.8	24.94	30.2–31.8	31.5	32.5

3.2 黑鹿属的地理分布与年代地层

黑鹿属目前存在 4 个现生种类，除了水鹿之外，其余的 3 个种类都主要分布在东南亚地区。从目前可以查到的资料看，在中国发现的黑鹿属的化石有以下几种：东方黑鹿（*R. orientalis*）[20]；弱齿黑鹿（*R. leptodus*）[20]；爪洼黑鹿（*R. timoriensis*）[28]；水

---

① 这些数据由第 41 条参考文献第一作者在中科院动物所测得。

鹿（*R. unicolor*）[29]；云南黑鹿（*R. yunnanensis*）[9]；秀丽黑鹿（*R. elegans*）[30]；斯氏鹿（*R. stehlini*）[9]；汤氏黑鹿（*R. trassaerti*）[31]；厚颌黑鹿（*R. pachygnathus*）[27]。其中东方黑鹿和弱齿黑鹿在前文已经进行了重新的讨论与分类。而厚颌黑鹿因为其鹿角与黑鹿属差距太大，所以还需要进行重新研究。汤氏黑鹿和秀丽黑鹿都分别由前人修订到了日本鹿属[32-35]。所以目前中国存在的黑鹿属只剩下水鹿、云南黑鹿、斯氏鹿和爪洼黑鹿。

爪洼黑鹿化石主要分布于台湾，大陆还未发现有此种黑鹿的材料[28]。斯氏鹿只在云南元谋的早更新世地层中发现，其后再没有记录[9]。在大陆比较普遍的是水鹿和云南黑鹿。水鹿主要生存在我国的南部、南亚以及东南亚地区，其底下又分为很多亚种[36]。而水鹿的化石在中国的分布也主要集中在南部，其最南可分布到海南[37]，最北的分布有两个记录，分别为辽宁本溪的庙后山[38]以及辽宁辽阳安平[39]地区，但是庙后山经后人考证，由于其记录过于模糊，所以庙后山出土的水鹿标本并不能完全确定[40]。而安平的鹿角明显比水鹿的鹿角小，所以安平的材料还有待继续研究。早更新世的水鹿标本在湖北建始龙骨洞和贵州毕节扒耳岩洞穴中发现过，但都是以相似种的形式存在[10, 16]，目前比较确定的是重庆盐井沟和湖北白龙洞发现的水鹿，年代为中更新世[26, 41]。云南黑鹿自从1978年林一璞根据云南元谋出土的一件鹿角建立以来，还在至少6个地点发现过，主要分布在云南和广西，最北可以到湖北[10-15]。其出现的最早地点是广西柳城巨猿洞，年代约为 2.14 Ma～2.58Ma[42]，最晚出现在滇西北丽江盆地中，其时代为中更新世[26]，在之后的晚更新世彻底消失。从年代地层和地理分布以及牙齿与鹿角的形态上看，云南黑鹿很有可能是水鹿的直系祖先[41]。

4 结论

（1）对 Koken 在 1885 年建立的弱齿黑鹿和东方黑鹿进行了重新的修订。分别采用 Schlosser 和 Matsumoto 的建议，将弱齿黑鹿的材料修订到轴鹿属（Koken, 1885: Taf II [VII], Fig.9-10）和梅花鹿（Koken, 1885: Taf II [VII], Fig.11）中。采用 Schlosser 的建议，将东方黑鹿中的部分材料修订到水鹿（Koken, 1885: Taf II [VII], Fig.4-6）中。

（2）云南黑鹿和水鹿都是典型的适应温暖的南方动物，其化石产地在中国主要集中在南部。云南黑鹿从早更新世延续到中更新世，而水鹿最确定的记录从中更新世开始一直延续至今。

致谢 笔者衷心感谢潘悦容老师提供标本。

参 考 文 献

1　胡承志. 云南元谋发现的猿人牙齿化石. 地质学报, 1973, 47(1): 67-73.

2　尤玉柱, 祁国琴. 云南元谋更新世哺乳动物化石新材料. 古脊椎动物学报, 1973, 11(1): 68-87.

3　潘悦容, 李庆辰. 云南元谋发现的晚更新世哺乳动物群. 人类学学报, 1991, 10(2): 167-175.

4　刘建辉, 潘悦容. 云南元谋含古猿地层猪科一新属. 云南地质, 2003, 22(2): 176-191.

5   张兴永, 林一璞, 姜础, 等. 云南元谋发现人属一新种. 思想战线, 1987, 13(3): 61-64

6   潘悦容. 云南元谋小河地区古猿地点的小型猿类化石. 人类学学报, 1996, 15(2): 93-104.

7   姜础, 肖林, 李建明, 等. 云南元谋雷老发现的古猿牙齿化石. 人类学学报, 1993, 12(2): 97-102.

8   董为, 刘建辉, 潘悦容, 等. 云南元谋晚中新世真角鹿化石一新种及其古环境探讨. 科学通报, 2003, 48(3): 271-276.

9   林一璞, 潘悦容, 陆庆伍, 等. 云南元谋早更新世哺乳动物群. 见: 中国科学院古脊椎动物与古人类研究所编. 古
     人类论文集——纪念恩格斯《劳动在从猿到人转变过程中的作用》写作一百周年报告会论文汇编. 北京: 科学出
     版社, 1978. 101-125.

10   郑绍华主编. 建始人遗址. 北京: 科学出版社, 2004. 1-142.

11   马学平, 李刚, 高峰, 等. 云南中甸新发现的早更新世哺乳动物. 古脊椎动物学报, 2004, 42(3): 246-258.

12   董为, 潘文石, 孙承凯, 等. 广西崇左三合大洞的早更新世反刍类. 人类学学报, 2011, 30(2): 192-205.

13   王頠. 广西田东么会洞早更新世遗址. 北京: 科学出版社, 2016. 1-192

14   韩德芬. 广西柳城巨猿洞偶蹄目化石. 见: 中国科学院古脊椎动物与古人类研究所集刊18号. 北京: 科学出版社,
     1987. 135-208.

15   程捷, 汪新文. 滇西北丽江盆地中更新世哺乳动物化石新材料. 古脊椎动物学报, 1996, 34(2): 145-155.

16   董为, 赵凌霞, 王新金, 等. 贵州毕节扒耳岩巨猿地点的偶蹄类. 人类学学报, 2010, 29(2): 214-226.

17   董为. 鹿角形态演化综述. 见: 董为主编. 第十一届古脊椎动物学学术年会论文集. 北京: 海洋出版社, 2008. 127-
     144.

18   董为. 鹿科化石牙齿的形态特征和演化. 人类学学报, 2004, 23 (增刊): 286-295.

19   周明镇, 周本雄. 山西临猗更新世初期哺乳类化石. 古生物学报, 1959, 7(2): 89-97.

20   董为, 叶捷. 新罗斯祖鹿种内差异的形态学分析. 古生物学报, 1997, 36(2): 253-269.

21   Koken E. Ueber fossile säugethiere aus China. Geologische und palæontologische Abhandlungen, 1885, 3(2): 1-85.

22   Schlosser M. Die fossilen Säugethiere Chinas nebst einer Odontographie der recenten Antilopen. Abhandlungen der
     Koniglichen Bayerischen Akademie der Wissenschaften, 1903, 22: 1-221.

23   Matsumoto H. On some fossil cervids from Shantung, China. Science Report of the Tohoku Imperial University, 1926,
     2(10): 27-37.

24   Pei W C. On the mammalian remains from Loc. 3 at Choukoutien. Palaeontologia Sinica. New Series C, 1936, 10: 1-86.

25   董为, 姜鹏. 记吉林集安仙人洞的鹿类化石, 兼述我国斑鹿化石的分类. 古脊椎动物学报, 1993, 31(2): 117-131.

26   Matsumoto H. On some fossil mammals from Ho-nan, China. Science Report of the Tohoku Imperial University, 1915,
     3(1): 29-36.

27   Zdansky O. Fossile Hirsche Chinas. Palaeontologia Sinica, Series C, 1925, 2(3): 1-94.

28   Shikama T. Fossil cervifauna of Syatin near Tainan, southwestern Taiwan (Formosa). Science Report of the Tohoku Imperial
     University, 1937, 19(1): 75-85.

29   Colbert E H, Hooijer E A. Pleistocene mammals from the limestone fissures of Szechwan, China. Bulletin of the American
     Museum of Natural History, 1953, 102: 1-134.

30   Teilhard de Chardin P, Piveteau J. Les mammifères fossiles de Nihowan (Chine). Annales de Paléontologie, 1930, 19: 1-
     134.

31   董为, 叶捷. 记山西榆社晚新生代鹿科化石两新种. 古脊椎动物学报, 1996, 34(2): 135-144.

32   Shikama T. Fossil deer in Japan. Jubilee Publication in the Commemoration of Professor H. Yabe's 60th Birthday, 1941, 2:

1125-1170.

33 Kretzoi M. Präokkupierte Namen im Säugetiersystem. Földtani közlöny, 1941, 71: 349-350.

34 邱占祥, 邓涛, 王伴月, 等. 甘肃东乡龙担早更新世哺乳动物群. 北京: 科学出版社, 2004, 1-198.

35 Dong W, Bai W P, Pan Y, et al. New material of Cervidae (Artiodactyla, Mammalia) from Xinyaozi Ravine in Shanxi, North China. Vertebrata PalAsiatica, In Press.

36 Leslie D M Jr. *Rusa unicolor* (Artiodactyla: Cervidae). Mammalian Species, 2010, 43: 1-30.

37 郝思德, 黄万波. 三亚落笔洞遗址. 海南: 南方出版社, 1998. 1-129.

38 辽宁省博物馆, 本溪市博物馆. 庙后山——辽宁省本溪市旧石器文化遗址. 北京: 文物出版社, 1986, 1-102.

39 张镇洪, 邹宝库, 张利凯, 等. 辽阳安平化石哺乳动物群的发现. 古脊椎动物学报, 18(2): 154-161.

40 薛祥煦, 李传令. 陕西蓝田锡水洞哺乳动物群的意义. 西北大学学报(自然科学版), 1994, 24(5): 435-440.

41 Zhang B, Tong H W. New fossils of sambar (*Rusa unicolor*) from Bailong Cave, a Middle Pleistocene human site in Hubei, China. Quaternary International. In Press.

42 金昌柱, 郑家坚, 王元, 等. 中国南方早更新世主要哺乳动物群层序对比和动物地理. 人类学学报, 2008, 27(4): 304-317.

NEW MATERIAL OF *RUSA YUNNANENSIS* (ARTIODACTYLA: CERVIDAE) FROM YUANMOU IN YUNNAN, SOUTH CHINA

BAI Wei-peng [1, 2, 3]

(1 *Key Laboratory of Vertebrate Evolution and Human Origins of Chinese Academy of Sciences*, *Institute of Vertebrate Paleontology and Paleoanthropology, Chinese Academy of Sciences*,   Beijing 100044;

2 *CAS Center for Excellence in Life and Paleoenvironment*,   Beijing 100044;

3 *University of Chinese Academy of Sciences*,   Beijing 100049)

ABSTRACT

Two antler fragments from the Early Pleistocene deposits in Yuanmou Formation at Yuanmou, Yunnan Province are identified as *Rusa yunnanensis* and described. The material of *Rusa leptodus* and *Rusa orientalis* described by Koken are reclassified based on the comparison of the upper and lower cheek teeth of *Rusa* with those of *Axis* and *Sika*. Finally, the geographical and chronological distribution of the *Rusa* are summarized.

Key words   *Rusa*,   Yuanmou,   Early Pleistocene,   classification

第十七届中国古脊椎动物学学术年会论文集. 董为, 张颖奇主编. 北京: 海洋出版社, 2021. 69-76
Proceedings of the Seventeenth Annual Meeting of the Chinese Society of Vertebrate Paleontology
DONG Wei and ZHANG Yingqi, eds. Beijing: China Ocean Press, 2021. 69-76

剑齿象-大熊猫动物群研究综述*

潘 越 [1,2,3] 杨丽云 [4]

(1 中国科学院古脊椎动物与古人类研究所, 中国科学院脊椎动物演化与人类起源重点实验室, 北京 100044;

2 中国科学院生物演化与环境卓越创新中心, 北京 100044; 3 中国科学院大学, 北京 100049;

4 崇左市壮族博物馆, 广西 崇左 532200)

摘 要 更新世时期广义的剑齿象-大熊猫动物群的化石在我国长江以南地区灰岩洞穴和裂隙中分布广泛, 其成员呈现出的动物群面貌有明显的东洋界特点。本文就其研究历史、演化分期及研究意义作简要综述。该动物群具有悠久的研究历史, 也曾有过不同的名称。依据不同的动物组合, 广义剑齿象-大熊猫动物群的演化大致可分为 3 个阶段。其演化规律对从伴生动物群角度探讨我国人类起源与演化的背景问题具有重要意义。

关键词 剑齿象-大熊猫动物群; 更新世; 综述

1 前言

在我国南方各地洞穴及裂隙中所发现的更新世时期的哺乳动物化石, 都被认为属于同一个动物群, 即广义的"剑齿象-大熊猫动物群"(*Stegodon-Ailuropoda* fauna), 它的时代覆盖整个更新世。动物群的整体面貌呈现出明显的东洋界特点, 以热带、亚热带森林动物为主, 其主要成员有猩猩、猕猴、长臂猿、中国犀、貘、剑齿象、大熊猫、水鹿、豪猪等。其演化规律对于生物地层、古人类演化环境背景等研究具有重要意义。

2 剑齿象-大熊猫动物群的研究历史及名称沿革

我国南方第四纪哺乳动物化石有着悠久的研究历史。自汉代起, 就有关于将"龙骨"和"龙齿"作为中药的相关记载。近代以来, 国内外学者陆续开展了大量的研究工作。最早的化石来源仍是中药铺, 直到 20 世纪初才真正开始了系统发掘和研究, 并在南方洞穴及裂隙堆积物中发现大量更新世哺乳动物化石, 主要属种有猩猩、猕猴、大熊猫、猪獾、鬣狗、豪猪、竹鼠、水鹿、水牛、貘、犀、剑齿象、亚洲象等。这一动物组合的面貌趋近我国现代东洋动物区系的面貌。由于大熊猫和剑齿象化石富有代表性, 目前普遍把华南发现的、属于更新世的哺乳动物化石称做剑齿象-大熊猫动物群。但在历史上曾有过不同的名称。

* 基金项目: 中国科学院战略性先导科技专项 (B 类) XDB26000000 资助.

潘越: 25 岁, 硕士研究生, 学习研究第四纪哺乳动物.

Teilhard de Chardin 等[1]研究了采集自广西兴安 E 洞的哺乳动物牙齿材料后认为，广西洞穴中黄色堆积物所包含的动物化石属于剑齿象－大熊猫动物群（Stegodon-Ailuropus fauna），并提出中国早更新世秦岭以南地区广泛存在的剑齿象动物群（Stegodon fauna）可与同时期中国北方北京猿人动物群（Sinanthropus fauna）明显区分。Pei[2]认为我国南方广布的这一动物群是印度－马来西亚动物群在早更新世期间向我国扩散的结果，又与中南半岛及爪哇的剑齿象动物群（Stegodon fauna）相融合。或许是基于早期关于中国南方洞穴堆积和相关动物群的研究[1-6]，von Koenigswald[7]认为从香港中药铺中购得的长鼻类、食肉类、啮齿类、灵长类等的牙齿化石源于中国南方更新世堆积物，并依据 3 颗牙齿材料命名了一种大型灵长类步氏巨猿（Gigantopithecus blacki）。Weidenreich[8]对这 3 颗巨猿牙齿进行系统研究后指出，这些从中药铺中购得的化石都源于中国华南的黄色堆积物，由此得出步氏巨猿 G. blacki 也是剑齿象－大熊猫动物群的成员的结论。Bien 和 Chia[9]在分析云南富民河上洞哺乳动物化石时将其归为早更新世大熊猫－剑齿象动物群（Ailuropus-Stegodon fauna），这一动物群与北京猿人动物群（Sinanthropus fauna）相比有较多的南方成员。Colbert[10]将中更新世时期缅甸莫谷，中国云南、广西、四川等地发现的洞穴堆积中所含哺乳动物化石称为“洞穴化石组合”（cave complex）或南方洞穴动物群（southern cave fauna）。Colbert 和 Hooijer[11]对 1920－1921 年美国纽约自然历史博物馆的中亚考察队从四川盐井沟采集到的哺乳动物化石进行了详细研究，并将其称为剑齿象动物群（Stegodon fauna）；这一地点的材料曾被 Matthew 和 Granger[12]初步研究过，由于其整体面貌较为现代且有一定比例的古老种类，推断它们的时代为晚上新世或更新世。裴文中[13]将四川万县盐井沟作为中国南方洞穴猩猩－大熊猫动物群（Pongo-Ailuropoda fauna）的经典产地，时代定为中更新世；并说明该动物群从成员组成上和缅甸莫谷[14]、越南谅山的化石动物群极为相似，和印度尼西亚、印度、马来亚的动物群也很像，只是缺少河马这种半水生的哺乳动物。随着对柳城巨猿洞研究的深入，周明镇[15]认为巨猿及其伴生动物群中古老种类较多，并不属于剑齿象－大熊猫动物群（Stegodon-Ailuropoda fauna），建议将巨猿动物群（Gigantopithecus fauna）从剑齿象－大熊猫动物群中分离出来，单独作为一个更新世初期动物群。随后裴文中也赞同这一意见，并提出可以根据人类化石的性质将“大熊猫－剑齿象动物群”再划分为不同的发展阶段[16-17]。卡尔克[18]对该动物群提出广义和狭义的解释，认为更新世期间南方广布的动物群为中国－马来亚动物群（Sino-Malaya fauna）或广义的剑齿象－大熊猫动物群（Stegodon-Ailuropoda fauna），并建议将广义的剑齿象－大熊猫动物群分为 3 个演化阶段。这一划分方案得到广泛认可[16-17, 19]。

在以上关于剑齿象－大熊猫动物群的性质及划分方案研究的基础上，又陆续有对南方各洞穴动物群及年代的详细研究，多数的现代研究将该动物群称为“剑齿象－大熊猫动物群”“大熊猫－剑齿象动物群”或“Stegodon-Ailuropoda fauna”。

3 广义剑齿象－大熊猫动物群的演化分期

关于剑齿象－大熊猫动物群的时代，Matthew 和 Granger[12]对四川万县盐井沟的标本初步研究后，发现该动物群中含有上新世类型的剑齿象 Stegodon 和爪兽 Nestoritherium，由此认为该动物群时代为晚上新世，后来 Colbert 和 Hooijer[11]系统研究后将其更正为早-中更新世。Teilhard de Chardin 等[1]认为南方洞穴中的黄色堆积物及其中所含化石与盐井沟堆积时代相同，为早更新世，可与华北的北京猿人动物群（Sinanthropus fauna）相对应。Bien 和 Chia[9]也有同样的时代认识。

起初对剑齿象-大熊猫动物群的时代没有做仔细划分。裴文中[13]在研究动物地理区系时指出，中国长江以南洞穴或裂隙堆积物中发现的化石动物群构成一个动物地理区系，这一同源的哺乳动物群按照时间先后以 3 个动物群的形态存在：时代最早，有古老种类如乳齿象、爪兽等的以盐井沟、歌乐山地点的动物群为代表的动物群；广泛分布于长江以南地区的时代稍早的动物群；以及时代稍晚，以资阳动物群为代表的动物群。周明镇[15]指出由于柳城巨猿洞中大量巨猿材料的发现及其伴生动物群中如丘齿鼷鹿、双齿尖河猪、湖麂、枝角鹿、似锯齿嵌齿象等古老种类占比较多的特征，建议将巨猿动物群从剑齿象-大熊猫动物群中分离出来，认为巨猿动物群的时代至少为更新世初期。随后裴文中[16-17]也赞同这一意见，并认为这个所谓的大熊猫-剑齿象动物群生存时期涵盖了整个更新世。根据一些特殊或稀有的种类，还可再分为更新世初、中、晚期 3 个阶段。更新世初期巨猿动物群，其面貌相对更古老，容易区分；而更新世中期和晚期的动物群仅用哺乳动物化石不能分别，故而提出以"人"的化石可将晚期的动物群与中期的相区别，更新世晚期为智人-大熊猫-剑齿象动物群；中期即为狭义的大熊猫-剑齿象动物群。

剑齿象-大熊猫动物群的狭义和广义之说由卡尔克[18]提出，广义的剑齿象-大熊猫动物群包括整个南方更新世的动物群，他建议将广义的剑齿象-大熊猫动物群划分为 3 个发展时期：更新世中早期的柳城巨猿动物群；中更新世以盐井沟 I 为代表的狭义剑齿象-大熊猫动物群；中更新世晚期和晚更新世剑齿象-大熊猫动物群。对于广义和狭义的理解不仅基于时代的差异，也有观点认为广义的剑齿象-大熊猫动物群是华南地区整个更新世内包含大熊猫和剑齿象等化石材料的动物群；狭义的大熊猫-剑齿象动物群则指的是中至晚更新世时包含大熊猫化石种、巨貘、东方剑齿象、中国犀、水鹿等典型属种组合的动物群。

不同时期的剑齿象-大熊猫动物群的组合面貌不同，具有相应的代表属种。华南早更新世巨猿动物群面貌相对古老，代表属种有步氏巨猿 Gigantopithecus blacki，桑氏硕鬣狗 Pachycrocuta licenti，大熊猫小种 Ailuropoda microta，扬子中华乳齿象 Sinomastodon yangziensis，先东方剑齿象 Stegodon preorientalis 等；中更新世狭义剑齿象-大熊猫动物群有少数古老的属种和早更新世代表属种，并且具有更新世中期的过渡成分，此外还有较多的现生种类，代表属种如中国鬣狗 Crocuta sinensis，东方剑齿象 Stegodon orientalis，大熊猫巴氏种 Ailuropoda baconi，巨貘 Megatapirus augustus，中国犀 Rhinoceros sinensis，水鹿 Cervus unicolor 等；晚更新世含人类化石的剑齿象-大熊猫动物群没有上新世的成分，并且拥有大量现生属种，最典型特征是有智人 Homo sapiens 化石出现。

随着越来越多巨猿材料及伴生动物群的发现，巨猿生存的时代也不仅仅局限于早更新世，而是更新世早期至中期这一阶段[20-23]。据此，黄万波[24]提出将"巨猿动物群"改为"柳城巨猿洞动物群"更为合适。由于乳齿象在南方早更新世动物群较为典型，Wang 等[25]建议将"巨猿动物群"改为"巨猿-乳齿象动物群"（*Gigantopithecus - Sinomastodon* fauna）。

也有学者再将晚更新世含人化石的剑齿象-大熊猫动物群按早期智人和晚期智人再次二分[26]，或将早更新世巨猿动物群详细三分[27-28]的方案。对剑齿象-大熊猫动物群时代的划分方案形色不一，但整体来看，将广义剑齿象-大熊猫动物群三分的方案得到了学界普遍认可，即早更新世巨猿-乳齿象动物群，中更新世狭义剑齿象-大熊猫动物群和晚更新世智人-剑齿象-大熊猫动物群。

表 1　广义剑齿象-大熊猫动物群演化分期的划分方案（改自 Han and Xu[29]）

Table 1　Alternative subdivisions of the evolutionary stages of *Stegodon-Ailuropoda* fauna (*sensu lato*) (Modified from Han and Xu[29])

		周明镇[15]	卡尔克[18]	裴文中[16-17]		现用
更新世	晚更新世		剑齿象-大熊猫动物群（广义）	智人-大熊猫-剑齿象动物群	剑齿象-大熊猫动物群（广义）	智人-剑齿象-大熊猫动物群
	中更新世	剑齿象-大熊猫动物群	剑齿象-大熊猫动物群（狭义）	大熊猫-剑齿象动物群（狭义）		剑齿象-大熊猫动物群（狭义）
			柳城巨猿动物群			
	早更新世	巨猿动物群		巨猿动物群		巨猿-乳齿象动物群[25]

4　剑齿象-大熊猫动物群的研究意义

南方更新世各时期人类和巨猿等灵长类的分布和演化始终是古人类学和古生物学的研究热点。南方喀斯特地区大量的第四纪洞穴堆积哺乳动物化石材料为从伴生动物群角度探讨我国人类起源与演化的问题提供了有利条件。Ciochon[30-31]认为与早中更新世剑齿象-大熊猫动物群（*Stegodon-Ailuropoda* fauna）中的与黑猩猩体型大小相近的大猿并非直立人 *Homo erectus*，而是一种系统发育位置未知的神秘古猿，直立人是否在中国南方的更新世存在尚没有定论，故而剑齿象-大熊猫动物群可能见证了直立人的演化。学界对早期现代人在东亚的出现时间以及东亚现代人起源于非洲还是起源于当地古老人种的争论仍在继续[32-35]，我国南方曾发现多个早期现代人遗址，如木榄山智人洞[36-37]、湖北十堰黄龙洞[38-40]、广西柳州咁前洞[41-42]等，这些地点和材料的发现为早期现代人的演化不断提供证据和支持。巨猿的演化和绝灭与早期人类起源有着一定的相关性。步氏巨猿 *Gigantopithecus blacki* 是我国华南地区发现的一种超大型古猿，是灵长目（包括现生和化石种类）中形体最大的动物，是人猿超科的一个重要属种，曾被认为是人类的直接祖先[8]或者人科的一个早期成员[43]。至今尚未找到步氏巨猿的任何颅后骨骼，因此我们对它的认识十分局限。巨猿在早更新世种群数量丰富，至中更新世晚期完全绝灭，这可能是由于气候变化影响了它们的食物来源[44]。

不同生态类型的哺乳动物有各自不同的栖息环境，通过对剑齿象-大熊猫动物群的研究，有助于重建华南更新世的古气候，了解人类演化的环境背景。孢粉显示早更新世晚期气候变干变冷，热带-亚热带森林大量消失，这造成了取食效率较低的食嫩叶的中华乳齿象 *Sinomastodon* 绝灭，并逐渐被取食效率更高的东方剑齿象 *Stegodon orientalis* 所取代[25, 45]。与此同时大熊猫武陵山种 *Ailuropoda wulingshanensis* 被大熊猫巴氏种 *Ailuropoda baconi* 取代[46]。巨猿、大熊猫、貘、果子狸、小灵猫等动物在更新世从早期到中期有体型增大的趋势。据贝格曼法则，Colbert[47]认为该时期气候比现在凉爽。中晚更新世时，步氏巨猿 *Gigantopithecus blacki* 绝灭，魏氏猩猩 *Pongo weidenreichi* 分布范围南移[44]，长鼻类中混食性、生态适应性强的亚洲象 *Elephas maximus* 逐渐占据主导地位[45]。这些动物群成员的变化可在一定程度上反映当时的气候变化，相对干冷的气候与森林环境的退化可能为人类演化创造有利条件。

5 小结

剑齿象-大熊猫动物群是更新世时期在我国南方地区广泛存在的哺乳动物群，其名称在不同的研究阶段不一而同，目前学术界在习惯上普遍采用的名称是"*Stegondon-Ailuropoda* fauna""剑齿象-大熊猫动物群"或者是"大熊猫-剑齿象动物群"。

在演化分期方面，目前的观点普遍认可将更新世广义的剑齿象-大熊猫动物群划分为 3 个发展阶段，即：以步氏巨猿 *Gigantopithecus blacki*，大熊猫小种 *Ailuropoda microta*，扬子中华乳齿象 *Sinomastodon yangziensis*，先东方剑齿象 *Stegodon preorientalis* 等为典型代表的早更新世巨猿-乳齿象动物群；以东方剑齿象 *Stegodon orientalis*，大熊猫巴氏种 *Ailuropoda baconi* 等为典型属种的中更新世狭义剑齿象-大熊猫动物群和以智人 *Homo sapiens* 的出现为典型特征的晚更新世智人-剑齿象-大熊猫动物群。

剑齿象-大熊猫动物群与人类的起源演化密切相关，为从伴生动物群角度探讨相关问题提供了有利条件。通过对剑齿象-大熊猫动物群的研究，有助于重建华南更新世古气候，了解人类演化的环境背景。

致谢 中国科学院古脊椎动物与古人类研究所董为研究员和张颖奇研究员对本文提出修改建议，在此笔者表示衷心感谢。

参 考 文 献

1　Teilhard de Chardin P, Young C C, Pei W C. On the Cenozoic formations of Kwangsi and Kwangtung. Bulletin of the Geological Society of China, 1935, 14(2): 179-205.

2　Pei W Z. Fossil mammals from the Kwangsi caves. Bulletin of the Geological Society of China, 1935, 14(3): 413-425.

3　Owen F R S. On fossil remains of Mammals found in China. The Quarterly Journal of the Geological Society of London, 1870, 26: 417-436.

4　Matsumoto H. On some fossil mammals from Sze-chuan, China. Science Reports of the Tohoku Imperial University. 2nd series, Geology, 1915, 3: 1-28.

5   Young C C. Notes on the Mammalia remains from Kwangsi. Bulletin of the Geological Society of China, 1929, 8(2): 125-128.

6   Young C C. On some fossil mammals from Yünnan. Bulletin of the Geological Society of China, 1932, 11(4): 383-393.

7   von Koenigswald G H R. Eine fossile Säugetierfauna mit *Simia* aus Südchina [A fossil mammalian fauna including Simia form South China]. Proceedings of the Koninklijke Nederlandse Akademie van Wetenschappen, 1935, 38(2): 872-879.

8   Weidenreich F. Giant early man from Java and South China. Anthropological papers of the American Museum of Natural History, 1945, 40: 1-134.

9   Bien M N, Chia L P. Cave and Rock-Shelter Deposits in Yunnan. Bulletin of the Geological Society of China, 1938, 18: 325-348.

10   Colbert E H. The Pleistocene faunas of Asia and their relationships to early man. Transactions of the New York Academy of Sciences, 1942, 5: 1-10.

11   Colbert E H, Hooijer D A. Pleistocene mammals from the limestone fissures of Szechwan, China. Bulletin of the American Museum of Natural History, 1953, 102: 1-134.

12   Matthew W D, Granger W. New fossil mammals from the Pliocene of SzeChuan, China. Bulletin of the American Museum of Natural History, 1923, 48: 563-598.

13   裴文中. 中国第四纪哺乳动物群的地理分布. 古脊椎动物学报, 1957, 1 (1): 9-24.

14   Woodward, Smith A. On the skull of an extinct mammal related to *Ailuropus* from a cave in the ruby mines at Mogok, Burma. Proceedings of the zoological Society of London, 1915, 85(3): 425-428.

15   周明镇. 华南第三纪和第四纪初期哺乳动物群的性质和对比. 科学通报, 1957, 8(13): 394-399.

16   裴文中. 广西柳城巨猿洞及其他山洞的第四纪哺乳动物. 古脊椎动物与古人类, 1962, 6(3): 211-218.

17   裴文中. 柳城巨猿洞的发掘和广西其他山洞的探察. 中国科学院古脊椎动物与古人类甲种专刊第 7 号. 北京: 科学出版社, 1965: 1-35.

18   卡尔克 H D. 关于中国南方剑齿象-熊猫动物群和巨猿的时代. 胡长康译. 古脊椎动物与古人类, 1961, 5(2): 83-108.

19   计宏祥. 华南第四纪哺乳动物群的划分问题. 古脊椎动物与古人类, 1977, 15(4): 271-277.

20   张银运. 广西武鸣新发现的巨猿牙齿化石. 科学通报, 1973, 18(3): 130-133.

21   张银运, 王令红, 董兴仁, 等. 广西巴马发现的巨猿牙齿化石. 古脊椎动物与古人类, 1975, 13(3):148-153.

22   许春华, 韩康信, 王令红. 鄂西巨猿化石及共生的动物群. 古脊椎动物与古人类, 1974, 12(4): 294-309.

23   杨启成, 祁国琴, 文本亨. 福建永安第四纪哺乳类化石. 古脊椎动物与古人类, 1975, 13(3): 192-194.

24   黄万波. 华南洞穴动物群的性质和时代. 古脊椎动物与古人类, 1979, 17(4): 327-243.

25   Wang Y, Jin C Z, Mead J I. New remains of *Sinomastodon yangziensis* (Proboscidea, Gomphotheriidae) from Sanhe karst Cave, with discussion on the evolution of Pleistocene Sinomastodon in South China. Quaternary International, 2014, 339-340: 90-96.

26   李炎贤. 我国南方第四纪哺乳动物群的划分和演变. 古脊椎动物学报, 1981, 19(1): 67-76.

27   金昌柱, 董为, 高星, 等. 中国南方早更新世主要哺乳动物群层序对比和动物地理. 人类学学报, 2008, 27(4): 304-317.

28   韩德芬. 广西柳城笔架山第四纪哺乳动物化石. 古脊椎动物与古人类, 1975, 13(4): 250-256.

29 Han D F, Xu C H. Pleistocene Mammalian faunas of China. In: Wu R K, Olsen J W, Eds. Paleoanthropology and Paleolithic Archaeology in the People's Republic of China. New York: Academic Press, 1985. 267-286.

30 Ciochon R L. The mystery ape of Pleistocene Asia. Nature, 2009, 459: 910-911.

31 Ciochon R L. Divorcing hominins from the *Stegodon-Ailuropoda* fauna. New views on the antiquity of hominins in Asia. In: Fleagle J G, Shea J J, Grine F E, et al. Eds. Out of Africa I-The First Hominin Colonization of Eurasia. New York: Springer, 2010. 111-126.

32 吴新智. 从中国晚期智人颅牙特征看中国现代人起源. 人类学学报, 1998, 17(4): 276-282.

33 Jin L, Su B. Natives or immigrants: modern human origin in east Asia. Nature Reviews Genetics, 2000, 1(2): 126.

34 Ke Y H, Su B, Song X F. African Origin of Modern Humans in East Asia: A Tale of 12,000 Y Chromosomes. Science, 2001, 292(5519):1151-1153.

35 Frayerchair D W, Wolpoff M H, Thorne A G, et al. Theories of Modern Human Origins: The Paleontological Test. American Anthropologist, 2010, 95(1): 14-50.

36 金昌柱, 潘文石, 张颖奇, 等. 广西崇左江州木榄山智人洞古人类遗址及其地质时代. 科学通报, 2009, 54(19): 2848-2856.

37 刘武, 金昌柱, 吴新智. 广西崇左木榄山智人洞 10 万年前早期现代人化石的发现与研究. 中国基础科学, 2011, 13(1): 11-14.

38 刘武, 武仙竹, 吴秀杰. 湖北郧西黄龙洞更新世晚期人类牙齿. 人类学学报, 2009, 28(2): 113-129.

39 武仙竹, 刘武, 高星, 等. 湖北郧西黄龙洞更新世晚期古人类遗址. 科学通报, 2006, 51(16): 1929-1935.

40 武仙竹, 吴秀杰, 陈明惠, 等. 湖北郧西黄龙洞古人类遗址 2006 年发掘报告. 人类学学报, 2007, 26(3): 193-205.

41 李有恒, 吴茂霖, 彭书琳, 等. 广西柳江土博出土的人牙化石及共生的哺乳动物群. 人类学学报, 1984(4): 29-36, 122-123.

42 王頠, 黄启善, 周石保. 广西柳江土博新发现的人类化石. 龙骨坡史前文化志, 1999 (1): 104-108.

43 吴汝康. 巨猿下颌骨和牙齿研究. 中国古生物志(新丁种), 1962, 11: 1-94.

44 Harrison T, Jin C Z, Zhang Y Q, et al. Fossil Pongo from the Early Pleistocene *Gigantopithecus* fauna of Chongzuo, Guangxi, southern China. Quaternary International, 2014, 354: 59-67.

45 王元, 秦大公, 金昌柱. 广西崇左木榄山智人洞遗址的亚洲象化石: 兼论华南第四纪长鼻类演化. 第四纪研究, 2017, 37(4): 853-859.

46 Jin C Z, Ciochon R L, Dong W, et al. The first skull of the earliest giant panda. Proceedings of the National Academy of Sciences of USA, 2007, 104(26): 10932-10937.

47 Colbert E A. Some Paleontological Principles significant in Human Evolution. In: Howells W W, Eds. Studies in Physical Anthropology: Early Man in the Far East. Washington D.C.: American Association of Physical Anthropologists, 1949. 103-149.

A BRIEF REVIEW ON

STEGODON-AILUROPODA FAUNA

PAN Yue [1, 2, 3]   YANG Li-yun[4]

(1 *Key Laboratory of Vertebrate Evolution and Human Origins of Chinese Academy of Sciences, Institute of Vertebrate Paleontology and Paleoanthropology, Chinese Academy of Sciences,* Beijing 100044;

2 *CAS Center for Excellence in Life and Paleoenvironment*, Beijing 100044;

3 *University of Chinese Academy of Sciences,* Beijing 100049;

4 *Chongzuo Museum of the Zhuang Ethnic Group*,   Chongzuo 532200, Guangxi)

ABSTRACT

Fossils of the Pleistocene *Stegondon-Ailuropoda* faunas are abundant in the karstic cave and fissure deposits in the region south of the Yangtze River in China. It is characterized by Oriental members in the faunas. This paper is a brief review on its research history, evolutionary stages and research significance. The fauna has been given different names in its long history of research. Based on different taxonomic compositions, the evolution of the *Stegondon-Ailuropoda* fauna (*sensu lato*) can be roughly divided into three stages. It is of great significance for the discussion of the origin and evolution of humans in China from the perspective of associated faunas.

Key words   *Stegodon-Ailuropoda* fauna,   Pleistocene,   review

第十七届中国古脊椎动物学学术年会论文集. 董为, 张颖奇主编. 北京: 海洋出版社, 2021. 77-86
Proceedings of the Seventeenth Annual Meeting of the Chinese Society of Vertebrate Paleontology
DONG Wei, ZHANG Yingqi, eds. Beijing: China Ocean Press, 2021. 77-86

嘉陵江流域新发现的东方剑齿象化石*

钟　鸣[1]　张国强[1]　王　龙[1]　刘斐菲[2]

(1 重庆自然博物馆, 重庆 400700;

2 重庆市自然资源和规划局北碚不动产登记中心, 重庆 400700)

摘　要　本文记录描述的古象化石发现于长江支流嘉陵江左岸二级河流阶地, 该地点沉积物分为溶洞溶蚀填充沙泥层和河流砾石沙泥层, 这是受两种地质作用影响形成的, 反应不同的古地理环境。该河流阶地形成于 50 ka 左右, 基岩为三叠系中统雷口坡组 (T2l) 和三叠系下统嘉陵江组 (T3j), 经过了一个先下沉后抬升的地质构造作用。两个沉积层有较长沉积间断, 下沉作用期间形成了上部沉积并掩埋保存化石材料; 上升期形成了下部沉积, 破坏了部分上部沉积层, 形成了下部沉积层。此次的发现对长江中上游区域洞穴埋藏化石标本和古人类活动提供一个思路和研究方向, 充实该区域剑齿象在更新世时期的分布情况与特征。

关键词　东方剑齿象; 嘉陵江流域; 更新世

1　前言

在地理的横向上, 黄河流域发现与古人类相关的动物化石以及或人类活动遗迹比较丰富, 比如 1953 年发现的半坡遗址、1921 年发现的仰韶文化遗址、1964 年发现的蓝田人遗址、分别在 1954 年和 1976 年发现的丁村人遗址、20 世纪 50 年代开始陆续发现的铲齿象动物群、三趾马动物群等。但在长江流域, 古人类活动及其相关动物化石遗迹的发现是很零散的, 作为华夏文明摇篮之一的长江流域, 在古人类及相关动物群的发展上是否具有相同的意义, 需要通过考古学来科学论证和解释这样的缺失, 探索长江流域的第四纪古人类和相关哺乳动物的发展与演化是重要的工作方向之一。根据记载, 19 世纪 70 年代, 英国人欧文 (R. Owen) 就研究过在中药铺购买的三峡地区的哺乳动物化石, 并对此产生兴趣, 推断三峡流域有一个被忽略的哺乳动物群。到了 1913 年, 美国传教士埃德加 (J. Huton Edgar) 在长江湖北宜昌至重庆段的沿岸采集过旧石器[1][1], 并对发现的石器进行了研究。至 20 世纪 20 年代, 美国自然博物馆第三中亚考察团的纳尔逊 (N. C. Nelson) 在长江三峡宜昌和万县段的沿岸和石灰岩洞穴中采集了大量的石器制品[1]、格兰阶 (W. Granger) 在万州盐井沟一带采集大量的哺乳动物化石, 其中东方剑齿象的化石尤为丰富[2]。20 世纪 30 年代, 中国地质调查所新生

---

* 钟　鸣: 男, 37 岁, 藏品研究员, 最近研究第四纪哺乳动物.
①重庆市地质矿产勘查开发总公司. 重庆市地质图说明书. 2002.

代研究室杨钟健和德日进（P. Teilhard de Chardin）等又在盐井沟进行了少量发掘，出土了一批哺乳动物化石[2]，其中有剑齿象、熊猫等大型哺乳动物。1985 年，由中国科学院古脊椎动物与古人类所研究员黄万波在今重庆市巫山县界宇镇龙坪村附近发现了龙骨坡遗址[3-4]，遗址中发现了少量的古人化石和石器制品以及丰富的动物骨骼化石。在整个长江中上游流域中，大量的东方剑齿象化石被发现，且发现的位置都是海拔较高、地形陡峭的丘陵低山和支流的河流阶地，对于东方剑齿象这样的巨型四足哺乳动物是如何适应当时的丘陵地质地貌环境，它们生态迁徙活动、觅食情况、交配繁殖等生存行为既是生物生态学和生命演化课题的内容，也是岩相古地理研究的方向。

2000 年后，四川、重庆、贵州等西部地区相继开展了三峡库区和长江支流流域的文物考古调查与古生物化石遗迹的发掘工作，相继发现了大量的旧石器遗址和脊椎动物化石地点。本文针对更新世哺乳动物群代表物种东方剑齿象的分布特点，寻找东方剑齿象生存的古地理地质环境，综合前人的研究成果，对在长江支流嘉陵江草街至盐井段二级河流阶地发现的东方剑齿象上颊齿化石标本进行研究分析，试图找出其分布的规律。

2 地貌与地质地层

本文中采集到的东方剑齿象化石材料发现位于嘉陵江草街电站至合川段，盐井街道城门洞冀东水泥厂附近，距离 208 省道 300 m 左右，海拔 240 m 左右（图 1）。

图 1　化石地点地理位置

Fig. 1　Location of the fossil localities

化石点处在嘉陵江及支流的一级河流阶地到二级河流阶地之间,高于一级河流阶地 10 m 左右。有一条不知名的地表径流垂直于嘉陵江发育并注入嘉陵江。化石点所在地层为三叠系中统雷口坡组(T₂l),发现了标志层绿豆岩[5],夹在白云岩中。化石点处地貌有一近乎直立且有部分陡崖临空的正断层,断层的碎裂带不明显,有人工开挖的影响。一级阶地的底层是三叠系下统嘉陵江组,其岩性为灰岩和泥质灰岩,适作水泥的原料。阶地为古河道,鹅卵石层(1.2~2.0 m),化石点凹洞为黄色砂质黏土,未成岩,地质时间较短。

化石点处绿豆岩下 4~5 m 有岩溶角砾岩被泥质铁质冲积物充填,层间有大量溶蚀状构造,且推测有暗河水位下降后的沉积物,鹅卵石、淤泥、砂石混合等。综合地质剖面见图2。

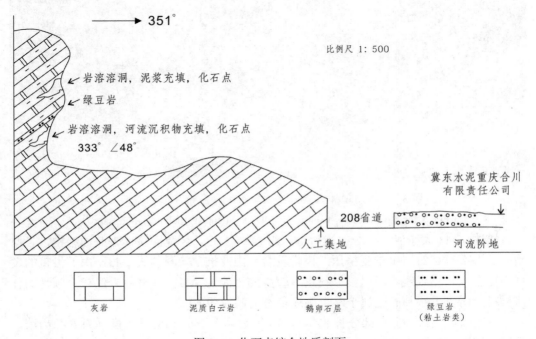

图 2　　化石点综合地质剖面

Fig. 2　　General stratigraphic section of the site

地形上看化石点在嘉陵江后期出现了地形下降,且化石点处有上、下两处溶洞,是否连通不祥,上洞只有干燥的淤泥,下洞不止有淤泥还有鹅卵石(图3),可推测以前有洪水式河床发育达到了下洞的位置而未达到上洞。

3　化石记述

长鼻目 Proboscidea Illiger, 1811

　　真象科 Elephantidae Gray, 1821

　　　剑齿象属 *Stegodon* Falconer, 1857

　　　　东方剑齿象 *Stegodon orientalis* Owen, 1870

材料　1 件上第三臼齿 M3,实验室编号 NC.200326,材料仅保存臼齿冠面部分,

79

无法判定左右，同时也疑似为 M2。

产地和时代 重庆市合川区盐井街道城门洞嘉陵江左岸支流一级阶地，晚更新世。

图 3　　下洞塞填物（河流阶地堆积物，鹅卵石、泥、砂）

Fig. 3　　Lower cavity fillings (river terrace deposits, pebbles, mud, sand)

描述 M3 大概保存整个臼齿后端，约 M3 的 1/3，牙冠面整体为凸面结构，且原始的后端部有相对原生未受挤压的齿带发育，由此推定该材料为 M3，由于齿带的发育不完全，未见跟座，所以该材料也有较少的可能为 M2；该材料未保存上颌骨的任何材料，所以无法判断是属于左上颌还是右上颌（图 4）。

M3 后小前大，保存部分长 87.88 mm，齿嵴频率不小于 5，从后向前有 5 个齿嵴，且倒数第五齿嵴不完整。

倒数第五齿嵴（图 5）

中-重度磨蚀，齿嵴保存部分约为原始齿嵴的 50% 左右，从齿嵴线上整体断裂，断裂处可见月牙形釉质和白垩质，白垩质表面有暗色磨蚀痕。齿嵴宽 61.46 mm；一侧厚 9.64 mm；另一侧厚 11.07 mm；高 23.05 mm；残余釉质厚 2.23 mm；共保存有 18 颗乳突。

倒数第四齿嵴（图 6）

中度磨蚀，齿嵴保存完整，牙冠面延齿嵴线形成有完整连续的磨蚀槽。构成齿嵴的乳突有 8 颗，右侧的 7 颗乳突有暗色磨蚀痕；左侧的牙冠没有。齿嵴线呈波浪型。齿嵴宽 72.21 mm；一侧厚 20.68 mm，另一侧厚 20.24 mm，平均厚度 20.46 mm；高 24.68 mm；牙冠约 14 颗，釉质厚度：后中 4.41 mm，后右 5.18 mm，后左 3.68 mm，前中 4.87 mm，前右 3.91 mm，前左 3.64 mm，牙冠面有磨蚀洞且连成片。

80

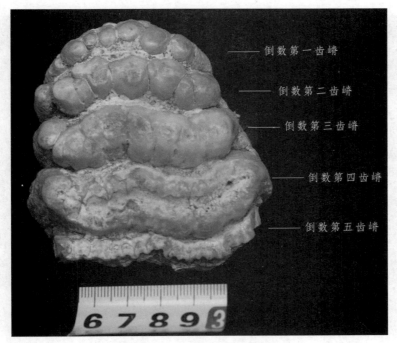

图 4　　颊齿齿冠嚼面视

Fig. 4　　Occlusal view of cheek tooth crown

图 5　　倒数第五齿嵴和倒数第四齿嵴

Fig. 5　　The fifth and fourth reciprocal ridges

倒数第三齿嵴（图 7）

　　轻度磨蚀，齿嵴保存完整，牙冠面有一稳定的磨蚀面，略成凸面，延齿嵴线形成有完整不连续的磨蚀孔，未见白垩质。齿嵴线呈波浪型。齿嵴宽 65.54 mm；一侧厚 15.51 mm，另一侧厚 12.30 mm，平均厚度 13.91 mm；高 33.81 mm；构成齿嵴的乳突有 8 颗，釉质厚度：右侧 2.52 mm，左侧 2.16 mm；中间乳突有磨蚀洞。

图 6　　倒数第三齿嵴和倒数第二齿嵴

Fig. 6　　The third and second reciprocal ridges

图 7　　倒数第一齿嵴

Fig. 7　　Penultimate ridge

倒数第二齿嵴

　　轻微磨蚀，齿嵴保存完整，左侧乳突均有一稳定的磨蚀面，左侧乳突未见磨蚀痕迹，齿嵴线弧形显著，左侧第三牙冠向左后方形成一个乳突。齿嵴宽 59.25 mm；一侧厚 15.92 mm，另一侧厚 14.05 mm，平均厚度 14.99 mm；高 34.80 mm；釉质厚度 2.23 mm；构成齿嵴的乳突有 8 颗。

倒数第一齿嵴

未磨蚀，齿嵴保存完整，牙冠面呈圆弧形、凸面型，乳突较大，且相互位置独立，齿嵴线为月牙形。齿嵴宽 54.01 mm；一侧厚 17.44 mm，另一侧厚 16.64 mm，平均厚度 17.04 mm；高 29.33 mm；釉质厚度 1.90 mm；构成齿嵴的乳突有 7 颗。

倒数第五齿嵴和第四齿嵴之间的齿谷

齿谷不明显，仅左侧齿谷有 V 字形横切面，白垩质填充致密，倒数第五齿嵴的第九颗乳突（从左至右）与倒数第四齿嵴的第九乳突有紧密的接触。齿谷最宽 4.73 mm，最深 6.43 mm。

倒数第四齿嵴和第三齿嵴之间的齿谷

右侧边缘有明显齿柱，齿谷宽 7.25 mm，厚 5.87 mm，深 17.13 mm，未磨蚀，齿股明显呈 V 字形，充填较深，倒数第四齿嵴的第六颗乳突与倒数第三齿嵴的第七颗乳突有根部接触，齿嵴间有釉质接触。

倒数第三和第二齿嵴之间的齿谷

齿谷白垩质不在同一水平，有起伏，呈 V 字形，白垩质充填较浅，右侧有一齿柱；齿谷宽 4.03 mm，厚 5.48 mm，深 13.82 mm，釉质厚度 1.67 mm，齿柱未形成明显冠面。

倒数第二和第一齿嵴之间的齿谷

齿谷 V 字形不明显，白垩质充填浅，充填量大，未在同一水平面上，表面有黑斑，有一发育中沟，齿谷宽 27.27 mm，厚 7.51 mm，深 12.84 mm，釉质厚度 4.09 mm；可见 3 颗乳突在发育形成中。

4 形态比较

重庆自然博物馆古生物化石保护研究中心就新发现的化石材料与博物馆馆藏相似化石材料进行了比对。新发现的东方剑齿象化石为后上槽齿，实验室编号 NC.200326，馆藏东方剑齿象化石编号分别为 C.1355、C.1332、C.1334，

化石 C.1355（图 8）：东方剑齿象，时代 Q_{2-3}，采集地四川。

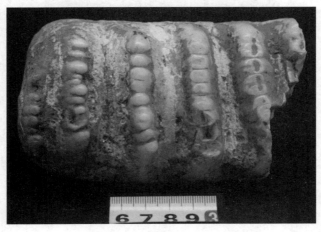

图 8　　馆藏标本 C.1355

Fig. 8　　Collection specimen C.1355

化石 C.1332（图 9）：东方剑齿象，时代 Q_{2-3}，采集地重庆市垫江县东印农场八纵队（长江支流高滩河、大沙河、龙溪河交汇水系流域）。

图 9　　馆藏标本 C.1332

Fig. 9　　Collection specimen C.1332

化石 C.1334（图 10）：东方剑齿象，时代 Q_{2-3}，采集地四川省资阳市安岳县濯西乡（嘉陵江支流涪江水系流域）。

图 10　　馆藏标本 C.1334

Fig. 10　　Collection specimen C.1334

经比对，NC.200326 端部的齿带与 C.1334 的齿带一致，都是属于成年个体。从

NC.200326 的牙冠面反面取出一片白垩质进行化验，白垩质未石变，原生结构清晰。可以判断材料 NC.200326 的时代与标本 C.1334 的基本一致，都是晚更新世时期的东方剑齿象成年个体。材料 NC.200326 的成年个体出现在丘陵矮山地貌的原因应与东方剑齿象本身的适应性有关。

5　讨论与结语

东方剑齿象是中国南方地区更新世最主要古象物种，也是更新世大熊猫-剑齿象动物群的重要成员，是影响古人类和古哺乳动物发展的重要物种。东方剑齿象在南方地区分布广泛，已发现的化石数量巨大，尤其是四川万县盐井沟发现的东方剑齿象典型化石标本[6]和广西部分地区发现的化石材料，说明东方剑齿象在相当长的时期内对于环境的适应，特别是对华南地区丘陵低山地貌的适应。

材料 NC.200326 与标本 C.1334 的发现地相隔逾 200 km，保留部分的牙齿大小相近，齿冠的磨蚀程度也相似，可以推定它们都是同一物种的成年个体，而且体型年龄也相近。材料 NC.200326 的石化程度较浅，牙釉质、白垩质仍然很清晰，端口尖锐，无流水冲刷磨蚀的痕迹，由此断定该材料不是由流水远距离搬运而来，是就地埋藏，与嘉陵江二级阶地是同一地质时期形成。

从重庆市合川地区的搜集的地质资料和现场的勘察，化石点的地形地貌自侏罗纪末期至晚更新世经过了一个缓慢的地形先下沉后上升地质构造期[7]，裸露的地层是三叠系中统雷口坡的泥质白云岩和绿豆岩与下统嘉陵江组的微晶灰岩和角砾状灰岩。在这些碳酸盐岩沉积地层上，多是丘陵低山的古地理地貌，同时会随着地下水水位的升降形成大量的溶蚀洞穴、地下暗河、落水洞等。在三峡库区及长江上游水系各个支流流域范围内，这些地下岩溶结构往往有更新世及之前时期的哺乳动物化石遗迹，比如2001−2002 年，由中科院古脊椎动物与古人类研究所、龙骨坡巫山古人类研究所和重庆市奉节县文物管理所在重庆市奉节县共同发现发掘的兴隆洞遗址就是典型岩溶溶洞遗址[①][8-9]。说明东方剑齿象这类大型哺乳动物是能够对丘陵矮山地貌适应的。考古学的发现和三峡库区及长江上流流域范围大型植食性哺乳动物的综合研究，有助于进一步了解该区域的古人类迁徙与发展、古动物群的演化与灭绝、长江流域的人类文明详情。

致谢　化石材料和化石点位置信息由重庆市北碚区东阳街道嘉陵厂杨强先生提供，特此感谢。

参 考 文 献

1　Graham D C. Implements of prehistorical man in the West China. Journal of the West China Border Research Society, 1935, (7): 47-56.

2　卫奇. 奉节鱼腹浦旧石器时代考古遗址发掘报告. 见:《中国三峡建设年鉴》编纂委员会编. 重庆库区考古报告集

①重庆市地质矿产勘查开发总公司. 重庆市地质图说明书. 2002.

（1997 卷）. 北京: 科学出版社, 2001. 144-159.

3 李炎贤. 石制品. 见: 黄万波, 方其仁等编. 巫山猿人遗址. 北京: 海洋出版社, 1991. 20-23.

4 侯亚梅, 徐自强, 黄万波.龙骨坡遗址 1997 年新发现的石制品. 龙骨坡史前文化志, 1999, 1:69-80.

5 张涛, 罗啸泉. 川西龙门山前中三叠统雷口坡组储层特征. 天然气技术与经济, 2012, 6(5): 15-18, 24, 77-78.

6 冯兴无, 高星, 金昌柱, 等. 三峡库区二级阶地发现的东方剑齿象化石及其环境与考古学意义. 人类学学报, 2005, 24(4): 283-290.

7 武仙竹, 王运辅, 王超. 重庆穿洞遗址大马蹄蝠化石发现及其意义. 热带地理, 2014, 34(1): 1-8.

8 黄万波. 重庆奉节兴隆洞及其象牙刻划的发现. 化石, 2010 (1): 35-40.

9 高星, 黄万波, 徐自强, 等. 三峡兴隆洞出土 12~15 万年前的古人类化石和象牙刻划. 科学通报, 2003 (23): 2 466-2 472.

FOSSIL OF NEWLY DISCOVERED *STEGODON ORIENTALIS* IN JIALING RIVER BASIN

ZHONG Ming[1]   ZHANG Guo-qiang[1]   WANG Long[1]   LIU Fei-fei[2]

(1 *Chongqing Natural Museum*,   Chongqing 400700;

2 *Chongqing Natural Resources and Planning Bureau Beibei Real Estate Registration Center*,   Chongqing, 400700)

ABSTRACT

The elephant fossils described in this paper are found in the secondary river terraces on the left bank of the Jialing River, a tributary of the Yangtze River, where sediments are divided into sands filled in karst cavern and river gravel sands. They were formed by the influence of two geological processes, reflecting different paleogeographic environments. The river terrace was formed about 50 ka, on the bed rock of the Middle Triassic Leikoupo Formation (T2l) and the Lower Triassic Jialingjiang Formation (T3j). The two sedimentary layers have long sedimentary discontinuity, and the upper deposits were formed and the fossil materials were buried during the subsidence. The lower deposition was formed during the ascending period, which destroyed part of the upper deposition layer and formed the lower deposition layer. The findings provide a way of thinking and research on the fossil specimens and paleoanthropological activities in the upper and middle reaches of the Yangtze River, and enrich our knowledge on the distribution and characteristics of the *Stegodon orientalis* in the Pleistocene.

Key words   *Stegodon orientalis*,   Jialing River Basin,   Pleistocene

第十七届中国古脊椎动物学学术年会论文集. 董为, 张颖奇主编. 北京: 海洋出版社, 2021. 87-96
Proceedings of the Seventeenth Annual Meeting of the Chinese Society of Vertebrate Paleontology
DONG Wei, ZHANG Ying-qi, eds. Beijing: China Ocean Press, 2021. 87-96

泥河湾动物群化石新材料*

李凯清[1]　岳　峰[1]　王旭日[2]　王　永[2]　迟振卿[2]　卫　奇[3]

(1 河北泥河湾国家级自然保护区管理中心, 张家口 075000;

2 中国地质科学院地质研究所, 北京 100037; 3 中国科学院古脊椎动物与古人类研究所, 北京 100044)

摘　要　1 件披毛犀 (*Coelodonta antiquitatis*) 头骨化石和 1 件古中华野牛 (*Bison palaeosinensis*) 头骨化石, 发现在泥河湾盆地钱家沙洼小水沟野牛坡化石地点。化石保存相当完整, 为研究泥河湾动物群提供了新的重要实据。化石出自阳原群下更新统泥河湾组, 根据磁性地层学的对比判断, 其年龄大约 1.70 Ma。

关键词　头骨化石; 披毛犀; 古中华野牛; 泥河湾动物群; 泥河湾盆地

1　化石地点概况

野牛坡哺乳动物化石地点位于河北省阳原县化稍营镇钱家沙洼村东侧小水沟 (图 1), 因发现大量野牛化石而得名。野牛坡化石地点地理坐标为 40°12′06″N, 114°39′06″E。化石出露有 3 个层位, 分布在海拔 894~897 m。这个地点是河北省阳原县东谷它村贾真岩在中国科学院古脊椎动物与古人类研究研究所卫奇的鼓动下于 2002 年春节期间发现的。

2016 年, 河北泥河湾国家级自然保护区管理中心在省国土厅的支持下在泥河湾盆地保护区外围的野牛坡化石地点进行了地质勘探, 发现古中华野牛、鹅喉羚羊、貉、鬣狗、马和犀牛等十多个种类 (图 2), 其科学研究正在由中国科学院古脊椎动物与古人类研究所董为团队进行之中。在董为的协助下, 野牛坡化石地点已经建设成一个地质古生物科普场所, 为泥河湾旅游经济开发提供了一个科学看点。

泥河湾动物群的化石地点是河北泥河湾国家级自然保护区的重点保护对象, 但是, 由于过去的原因, 20 世纪 20 年代桑志华 (Émile Licent) 发现发掘的化石地点, 其确切的分布位置和地层层位大多数确认是有难度的。在 1930 年的研究报告中, 泥河湾动物群的哺乳动物化石 7 目 39 个种类, 粗略作为一个特定地质体考量[1], 已经越来越难适应当今科学发展的需要, 因为现在古人类遗迹的大量发现, 有关地层古生物深化研究的必要性是显而易见的。

目前, 泥河湾动物群的哺乳动物化石已经增加到 9 目、至少 125 个种类, 其中有许多小哺乳动物[2]。另外, 在泥河湾盆地非泥河湾动物群的上新世、中更新世和晚更

* 基金项目: 中国科学院战略性先导科技专项 (B类) 项目 (批准号: XDB26000000).

李凯清: 男, 55 岁, 高级工程师, 从事泥河湾自然遗迹保护与研究. E-mail: nhwlkq@126.com.

新世以及全新世的动物化石也发现不少。令人欣慰的是,后来发现的化石地点其分布位置和地层层位基本上是明确的。

图1　野牛坡哺乳动物化石地点

Fig. 1　Yeniupo mammal fossil locality

图2　2016年野牛坡地点化石出露情景

Fig. 2　Excavation at Yeniupo fossil locality in 2016

河北泥河湾国家级自然保护区管理中心负责泥河湾一带自然遗迹的保护，因为科学研究是保护的立足之本，也是配合文化旅游开发的科学普及之当务需求，同时，开展有关化石哺乳动物的时空分布的调查和发掘是必须的，而且其任务是长久性的。鉴于管理中心的职能性质，有关地质古生物方面的研究工作需要继续不断和中国科学院古脊椎动物与古人类研究所、中国科学院地质与地球物理研究所、中国地质科学院地质研究所和河北地质大学等科研单位的研究人员协作。过去的有关合作效果是显著的。

2　披毛犀（*Coelodonta antiquitatis*）头骨化石

　　野牛坡化石地点出土一具披毛犀头骨化石，相当完整，只缺失右第二前臼齿（P^2）和其他少许局部部位（图 3 至图 5）。非常值得注意的特征是头骨较大（表 1），而且具有完整的鼻中隔板。

　　犀牛头骨特征符合披毛犀的性状：鼻骨呈曲面状，表面粗糙；上臼齿的外侧面具有明显的两个褶曲；前脊（原脊）和后脊的内外壁与齿底面接近垂直；M^2 最大（表 1）；M^3 的前脊发育强势向后包卷，后脊表现弱势，牙齿面观大致呈三角形。

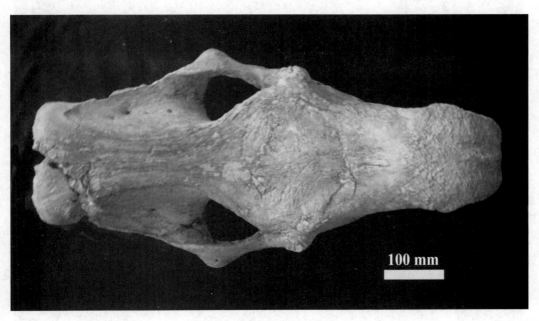

图 3　披毛犀头骨背侧视

Fig. 3　Dorsal view of the *C. antiquitatis* skull

　　在泥河湾盆地，犀亚科的化石较为常见，不仅空间上分布普遍，而且时间上从早更新世一直延续到晚更新世，甚至有可能到了全新世[3]。

　　在早更新世泥河湾动物群里，早先的报道有犀亚科的两个种类，即泥河湾披毛犀和基什贝尔格犀（*Dicerorhinus kirchbergensis*），个体较小，可能属于未成年个体。泥河湾披毛犀的化石材料仅仅是 1 块带着 4 枚乳齿的左上颌骨和 3 枚下恒齿以及几件肢骨，而基什贝尔格犀的化石材料是 2 件齿列不完整的左上颌骨，其中 1 件属幼年个体。

前者，曾经看作为 *Rhinoceros* cf. *tichorhinus*，1969 年德国卡尔克（H. D. Kahlke）以此标本为正型，结合发现于山西临猗和青海共和的材料创建了泥河湾披毛犀（*C. nihewanensis*)[5]。后者曾作为 *Rhinoceros* sp.[1]或 *R. sinensis* (?)[4]看待，而且德日进（Pierre Teilhard de Chardin）于 1941 年重新订名为梅氏犀（*R. mercki*)[6]。徐晓风 1986 年将梅氏犀更名为基什贝尔格犀（*D. kirchbergensis* Jager, 1839）[7] 是符合《国际动物命名规则》的。周本雄 1963 年将其划归云簇犀（*D. yunchuchenensis*）建立新种[8]。按照命名优先法，云簇犀恰恰应该归属于基什贝尔格犀。因此，卫奇于 1997 年将在泥河湾报道的梅氏犀改为基什贝尔格犀[9]。2012 年同号文将它只定到真犀科（Rhinocerotidae gen. et sp. indet.）[3]，其物种一级的鉴定在泥河湾盆地看起来可能不是那么简单。

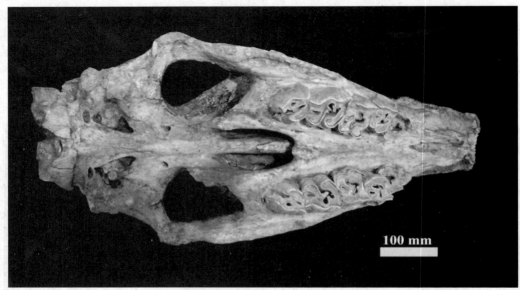

图 4　披毛犀头骨腹侧视

Fig. 4　Ventral view of the *C. antiquitatis* skull

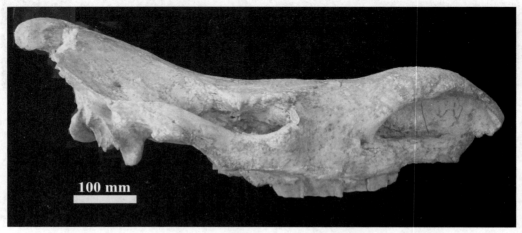

图 5　披毛犀头骨右外侧视

Fig. 5　Right lateral view of the *C. antiquitatis* skull

1965 年中国科学院古脊椎动物与古人类研究所太原工作站王择义和王向前等在泥河湾盆地虎头梁发现一具披毛犀（C. antiquitatis）头骨化石（陈列在泥河湾博物馆），还有部分掌骨化石[10]，可惜颅骨已经缺失，只保存左右两侧上牙部分齿列，但下颌较为完整，且带有左 P$_2$-M$_3$ 和右 P$_4$-M$_3$[11]。1980 年，汤英俊报道泥河湾盆地大南沟化石地点（中国科学院古脊椎动物与古人类研究所 7801 地点）的披毛犀，其化石材料仅仅是 1 枚乳前臼齿[12]。2010 年，中国科学院古脊椎动物与古人类研究所卢小康在红崖扬水站化石地点（坐标 40°07′57.0″N，114°40′17.5″E，海拔 947.5~947.9 m）曾经采掘过 1 具不十分完整的犀牛头骨化石。同号文等报道的披毛犀泥河湾亚种（C. antiquitatis nihewanensis）[13] 和泥河湾披毛犀（C. nihewanensis）[14]，化石材料来自泥河湾盆地山神庙咀旧石器遗址，发现不少有关的材料，虽然有头骨和带完整齿列的上颌，但只是幼年个体。同号文等揭示："这些材料的形态特征和测量数据基本都在晚期的典型披毛犀的变化范围，最多只能在亚种 1 级有所区分。"[13]

表 1　　披毛犀头骨测量与比较

Table 1　　Measurement and comparison of the *C. antiquitatis* skull　　　　mm

测量项目	野牛坡的披毛犀	1930 年报道的泥河湾动物群[1]	
		泥河湾披毛犀	基什贝尔格犀
头骨最大长度（鼻骨前缘至枕骨后缘）	785		
头骨最大宽度（左右眼眶外缘距）	341		
左齿列长度（P² 前缘至 M³ 后缘）	222.8		
左 P² 长度×宽度	18.6×31.1		33×38
左 P³ 长度×宽度	25.5×46.3		45×53
左 P⁴ 长度×宽度	37.8×49.1		47×54
左 M¹ 长度×宽度	49.4×58.0		56×59
左 M² 长度×宽度	56.2×61.3		59×60
左 M³ 长度×宽度	57.5×51.9		
右齿列长度（P³ 前缘至 M³ 后缘）	198.8		
右 P³ 长度×宽度	26.5×48.4		
右 P⁴ 长度×宽度	34.6×49.4		
右 M¹ 长度×宽度	42.6×57.9		
右 M² 长度×宽度	56.2×59.7		
右 M³ 长度×宽度	49.9×54.6		

注：1930 年德日进等报道的泥河湾披毛犀没有发现可对比性的化石材料。

3　古中华野牛（*Bison palaeosinensis*）头骨化石

　　野牛坡化石地点出土 1 具古中华野牛头骨化石，相当完整，美中不足的是所有的牙齿齿冠均遭到严重破坏，鼻骨前端上部也略有缺失（图 6 至图 8）。该化石标本与德日进等报道的古中华野牛相比，个体较大（表 2），最为明显的是角的后部分头骨严重退缩，而且角心的曲率较大。

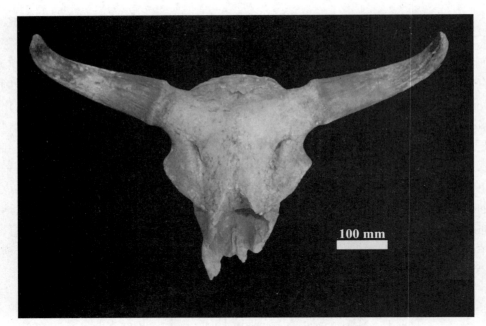

图 6 　　古中华野牛头骨额面视

Fig. 6　　Frontal view of the *B. palaeosinensis* skull

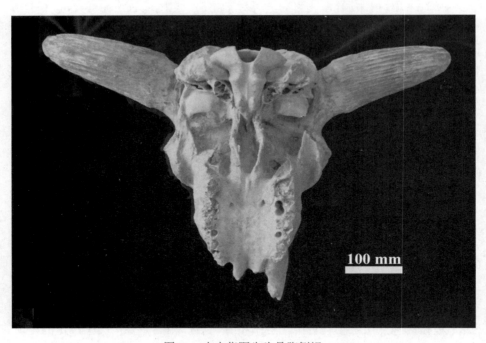

图 7 　　古中华野牛头骨腹侧视

Fig. 7　　Ventral view of the *B. palaeosinensis* skull

古中华野牛是德日进等 1930 年报道泥河湾动物群订名的一个新种[1]，最初巴尔博
（George B. Barbour）等将它视作为丽牛（*Leptobos* sp.）[4]。

92

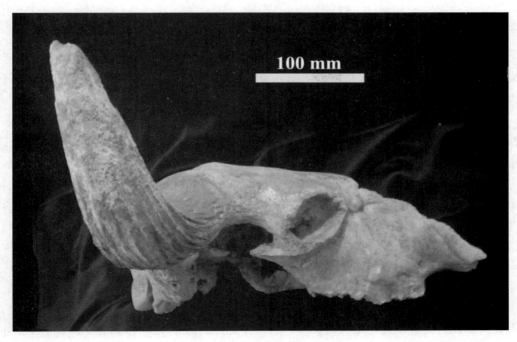

图 8　古中华野牛头骨右外侧视

Fig. 8　Right lateral view of the *B. palaeosinensis* skull

　　在泥河湾盆地，牛类化石经常发现，较为早期发现的只有古中华野牛，晚期有牛属的种类。桑志华在泥河湾盆地发现的古中华野牛，化石材料较多，其中包括 3 具头颅化石以及许多不同年龄的颌骨化石，但其头颅化石的眼眶以下部分均已缺失[1]。野牛坡是泥河湾盆地目前出产古中华野牛化石最丰富的一个化石地点，其数量多，出现的部位也比较多。将来随着材料的积累，配置一个比较完整的化石骨架也不是完全不可能的。

表 2　　古中华野牛头骨测量与比较

Table 2　　Measurement and comparison of the *B. palaeosinensis* skull　　　　mm

测量项目	野牛坡古中华野牛	1930 年报道的泥河湾动物群[1]	
		古中华野牛 A	古中华野牛 B
头骨最大长度（鼻骨前缘至枕骨后缘）	＞438		
头骨最大宽度（左右眼眶外上缘距）	293.1		
上颌骨宽度（M^1 上方）	173.4		
左右眉凹最大距（眉脊内上方）	170.1		
头颅高度（M^3 位置，带残破 M^3）	181.8		
枕骨最大宽度	235.9	230	210
枕骨最大高度（枕骨孔位置）	144.0		
枕髁左右外缘距	119.2	102	100
颞骨凹之间枕骨宽度（耳孔后上方）	122.1	90	94
枕骨脊与颅骨顶端距	107.8	107	102
齿列长度（P^2- M^3）	140		
M^1- M^3 长度	90		

4 小议

野牛坡化石地点，根据地层对比，层位略高于钱家沙洼象头山化石地点，推测形成在松山（Matsuyama）反极向期的奥杜威（Olduvai）正极性亚时之后，其年龄推测为 1.7 Ma 上下。

野牛坡化石地点埋藏在湖滨相粉砂层和砂砾层中，骨骼基本得到了迅速埋藏，尽管埋藏前经过微弱的水流冲动搬运，其风化和磨蚀程度微乎其微，在砂砾层中的化石集中呈条带状堆积在古地貌的小水渠里。骨骼支离破碎，系食肉动物解体，化石标本上可见明显的牙齿咬痕。显然，野牛坡化石地点应该属于大型食肉动物（鬣狗、剑齿虎和猎豹等）的猎食"屠宰"场所，因为这里是食草动物（野牛、马和羚羊等）习惯性固定的饮水站。食肉动物捕猎较大型动物，应该是就地啃食，因为挪动是不容易的。

新发现的披毛犀和古中华野牛头骨化石，其保存完好程度在泥河湾盆地是过去从未有过的。其化石为研究其物种的性状及其演化信息采集提供了新的重要资料，尤其是披毛犀，从表 2 显示，以前头骨信息一无所有，几乎是填补泥河湾动物群的研究空白。泥河湾披毛犀化石最早的记录发现在甘肃临夏盆地，古地磁年龄测定约为 2.5 Ma，而且其化石材料可以说是相当完美[15]，但个体比泥河湾盆地野牛坡的略小，它们之间存在什么关系，尚需深入研究。在泥河湾盆地，野牛坡的披毛犀与山神庙咀的泥河湾披毛犀能不能以两个种成立？很值得进一步探讨。

新发现的古中华野牛化石，与桑志华发现德日进等研究的泥河湾动物群中的古中华野牛化石存在明显差异，虽然判断可能属于品种个体的变化，但其演化的位置进一步确认是很必要的。

泥河湾盆地，人们常常比作为东亚的奥杜威峡谷，但有位日本学者对此却说泥河湾就是泥河湾。诚然，世界上可以与非洲奥杜威峡谷媲美的当前只有泥河湾盆地，但是，目前泥河湾盆地的地层研究仍然需要深化和细化，因为地层古生物学是泥河湾研究的基础。

致谢 简报编写过程中得到了裴树文、董为、邓涛、同号文、刘文晖和贾真秀的有益帮助，化石由贾真岩和白瑞花做技术保护处理，在此致以衷心感谢。

参 考 文 献

1 Teilhard de Chardin P, Piveteau J. Les mammifères de Nihowan (Chine). Annales de Paléontologie, 1930, 19: 1-134.

2 迟振卿，卫奇. 泥河湾动物群考究. 见：董为主编. 第十四届中国古脊椎动物学学术年会论文集. 北京：海洋出版社，2014. 71-88.

3 袁宝印，夏正楷，牛平山. 泥河湾裂谷与古人类. 北京：地质出版社，2012. 1-257.

4 Barbour G B, Licent É, Teilhard de Chardin P. Geological study of the deposits of the Sangkanho basin. Bull Geol Soc China, 1926, 5: 263-278.

5 邓涛. 猛犸雪原. 化石，2016 (3): 31-38.

6   Teilhard de Chardin P, Leroy P. Chinese Fossil Mammals. Peking: The French Bookstore, 1942. 1-82.

7   徐晓风. 辽宁安平中更新世动物群中的 *Dicerorhinus kirchbergensis* (Jager, 1839). 古脊椎动物学报, 1986, 24(3): 239-241.

8   周本雄. 山西榆社云簇盆地双角犀以新种. 古脊椎动物与古人类, 1963, 7(4): 325-328.

9   卫奇. 泥河湾盆地考古地质学框架. 见: 童永生, 张银运, 吴文裕, 等编. 演化的证实——纪念杨钟健教授百年诞辰论文集. 北京: 海洋出版社, 1997. 193-208.

10   卫奇. 泥河湾和古脊椎动物与古人类研究所. 见: 高星, 陈平富, 张翼, 等主编. 探幽考古的岁月——中科院古脊椎所 80 周年所庆纪念文集. 北京: 海洋出版社, 2009. 234-257.

11   裴树文. 泥河湾盆地虎头梁发现披毛犀化石. 古脊椎动物学报, 2001, 39(1): 72-75.

12   汤英俊. 河北蔚县早更新世哺乳动物化石及其在地层划分上的意义. 古脊椎动物与古人类, 1980, 18(4): 314-323.

13   同号文, 胡楠, 韩非. 河北阳原泥河湾盆地山神庙咀早更新世哺乳动物群的发现. 第四纪研究, 2011, 31(4): 643-653.

14   Tong Hao-Wen, Xiao-Min Wang. Juvenile skulls and other postcranial bones of *Coelodonta nihowanensis* from Shanshenmiaozui, Nihewan Basin, China. Journal of Vertebrate Paleontology, 2014, 34(3): 710-724.

15   邓涛. 甘肃临夏盆地发现已知最早的披毛犀化石. 地质通报, 2002, 21(10): 604-608.

NEW FOSSIL MATETALS OF NIHEWAN FAUNA FROM YENIUPO LOCALITY AT QIANJIASHAWA VILLAGE, NIHEWAN BASIN

LI Kai-qing[1]   YUE Feng[1]   WANG Xu-ri[2]   WANG Yong[2]
CHI Zhen-qing[2]   WEI Qi[3]

(1 *Nihewan National Nature Reserve Management center of Hebei Province*, Zhangjiakou 075000, Hebei;

2 *Institute of Geology, Chinese Academy of Geological Sciences*, Beijing 100037;

3 *Institute of Vertebrate Paleontology and Paleoanthropology, Chinese Academy of Sciences*, Beijing 100044)

ABSTRACT

A skull fossil of *Coelodonta antiquitatis* and a skull fossil of *Bison palaeosinensis* were found from Yeniupo fossil locality at Xiaoshuigou Gully, Qianjiashawa village in the Nihewan Basin, which provide new important information for studying the Nihewan Fauna.

95

The fossils were from the Lower Pleistocene, Nihewan Formation of the Yangyuan Group. According to the stratigraphic determination, the fossil site is located near Olduvai subchron at Matsuyama chron, which is about 1.7 Ma.

Key words   Skull fossils,   *Coelodonta antiquitatis*,   *Bison palaeosinensis*, Nihewan Fauna,   Nihewan Basin

第十七届中国古脊椎动物学学术年会论文集. 董为、张颖奇主编. 北京：海洋出版社，2021. 97-104
Proceedings of the Seventeenth Annual Meeting of the Chinese Society of Vertebrate Paleontology
DONG Wei, ZHANG Yingqi, eds. Beijing: China Ocean Press, 2021. 97-104

中国第四纪犀类综述[*]

李宗宇

(山西大学历史文化学院考古系研究生，山西　太原 100044)

摘　要　犀科动物在第四纪分布广、种属多，是第四纪动物群的重要组成部分。我国的第四纪犀科动物有额鼻角犀属（*Dicerorhinus*）、独角犀属（*Rhinoceros*）、腔齿犀属（*Coelodonta*）、板齿犀属（*Elamotherium*）和斯蒂芬犀属（*Stephanorhinus*）5 个属，分属板齿犀亚科（Elasmotheriinae）、额鼻角犀亚科（Dicerorhiniae）和独角犀亚科（Rhinocerotinae）3 个亚科。其中额鼻角犀属、腔齿犀属和斯蒂芬犀属在我国南北方都有分布，独角犀属主要分布在我国南方，板齿犀属分布在华北。除额鼻角犀属和独角犀属有延续到现在的种之外，其余属种在全新世到来之前皆灭绝，板齿犀属则灭绝于早更新世。尚存问题如南方"中国犀"类化石的深入鉴定、额鼻角犀属和斯蒂芬犀属的属间差异、中国第四纪犀类的来源等问题，还有待更系统更深入的研究和更多新材料的发现。

关键词　犀；更新世；中国

1　前言

犀科（Rhinocerotidae）是奇蹄目的一个重要组成部分，现存 4 属 5 种，仅分布在南亚、东南亚以及撒哈拉以南的非洲地区，均为濒危物种。但在更新世，犀科动物繁盛一时，在亚欧大陆上广泛分布，且属种结构与现生种有较大差异。第四纪犀科动物的共同特征是体大笨拙，四肢粗壮，头大而长，颈粗短，头部有起源真皮的实心的独角或前后双角，齿式也因属种的不同而有差异。

中国第四纪的犀类有部分延续到历史时期，但关于更新世存在的中国犀科种属最初是由 Owen R.在 19 世纪 70 年代记述的。他主要根据在四川发现的 4 个不完整的犀科上臼齿，订立了 *Rhinoceros sinensis* 这个种名，即"中国犀"。Owen 认为中国犀是一种双角犀牛，与现存的苏门答腊犀相似[1]，但后来的 Matthew W. D.和 Granger W.则意见不同，他们认为中国犀应该是独角犀的一种，而不是双角犀[2]。1871 年，Gaudry A.记载了采自河北宣化的一些骨片化石，确定了 *Coelodonta antiquitatis*，即披毛犀，后续在我国北方又发现了很多相似材料。1885 年，Koken E.认为中国的第四纪犀类除中国犀（*Rhinoceros sinensis* Owen）之外还有 *Rhinoceros sivalensis*、*Rhinoceros simplicidens* Koken 和 *Rhinoceros plicidens* 这 3 个种[3]。进入到 20 世纪，随着犀类化石

---

[*] 基金项目：山西省"三晋学者支持计划"专项经费.
李宗宇：男，23 岁，研究生，研究史前考古.

发现的增多，记录也更为详细。

经过数十年的总结与归纳，我国更新世存在的犀科动物大致分为板齿犀亚科 Elasmotheriinae、额鼻角犀亚科 Dicerorhiniae 和独角犀亚科 Rhinocerotinae 等 3 个亚科[4]，3 个亚科下面分出额鼻角犀属 Dicerorhinus、独角犀属 Rhinoceros、腔齿犀属 Coelodonta、板齿犀属 Elamotherium 4 个属[4]；但在 20 世纪 40 年代，Kreztoi M.认为可以分出来一个新属 Stephanorhinus，用以区别 Dicerorhinus[5]，根据属之间的特征差异，我国第四纪之前被归入 Dicerorhinus 的很多第四纪犀类都应该属于 Stephanorhinus[6]。

本文主要按照上述 5 个属的分类标准来叙述中国的第四纪犀科动物。

2　中国第四纪犀类简述

中国境内已发现的更新世 5 个属的犀科动物归于 3 个亚种，其系统分类位置如下。

哺乳纲 Mammalia Linnaeus，1758

　　　奇蹄目 Perissodactyla Owen, 1848

　　犀科 Rhinocerotidae Simpson, 1945

　　　　板齿犀亚科 Elasmotheriinae Dollo, 1885

　　　　板齿犀属 Elasmotherium Fischer, 1808

　　　　　古板齿犀 Elasmotherium inexpectatum Chow, 1958

　　　　　裴氏板齿犀 Elasmotherium peii Chow, 1958

　　　　独角犀亚科 Rhinocerotinae Gray, 1821

　　　　独角犀属 Rhinoceros Linnaeus, 1758

　　　　　中国犀 Rhinoceros sinensis Owen, 1870

　　　　　爪哇犀 Rhinoceros sondaicus Desmarest, 1822

　　　　额鼻角犀亚科 Dicerorhininae Simpson, 1945

　　　　腔齿犀属 Coelodonta Bronn, 1831

　　　　　泥河湾腔齿犀 Coelodonta nihowanensis Kahlke, 1969

　　　　　燕山犀 Coelodonta antiquitatis yenshanensis Chow, 1979.

　　　　　披毛犀 Coelodonta antiquitatis Blumenbach, 1807

　　　　额鼻角犀属 Dicerorhinus Gloger, 1841

　　　　　周口店双角犀 Dicerorhinus choukoutienensis Wang

　　　　　苏门答腊犀 Dicerorhinus sumatrensis Fischer, 1814

　　　　斯蒂芬犀属 Stephanorhinus Kreztoi, 1942

　　　　　云簇犀 Stephanorhinus yunchuchenensis Chow, 1963

　　　　　和县双角犀 Stephanorhinus hexianensis Zheng, 2001

　　　　　梅氏犀 Stephanorhinus kirchbergensis Jäger, 1839

　　　　　蓝田犀 Stephanorhinus lantianensis Hu, 1978

2.1　板齿犀属（*Elamotherium*）

板齿犀属是早在上新世就已经出现并活跃在早更新世的古老犀牛，形态上也与其他种属差距较大，除了犀科动物特有的体型庞大、四肢粗壮、头骨狭长之外，板齿犀的鼻中隔完全骨化，额角角座高凸，有一只巨大的额角。板齿犀的牙齿是所有犀科动物里最为特化的，门齿、犬齿及上下 P2 全部退化，剩余所有牙齿皆为高冠齿，类似马科动物，齿式为 0·0·2·3 / 0·0·2·3[7]。

作为一种喜寒物种，板齿犀广泛分布在中亚、东欧及西伯利亚地区，但在中国的发现却比较少，且大半是牙齿和破碎骨片化石。板齿犀在中国最早发现于泥河湾的早更新世地层中[8]。而后周明镇又根据山西平陆出土的化石材料确定了我国板齿犀的两个种：裴氏板齿犀（*Elamotherium peii* Chow）和古板齿犀（*Elamotherium inexpectatum* Chow），古板齿犀主要生活在早更新世，裴氏板齿犀主要生活在中更新世[9]，后来修正为早更新世[7]，周明镇还认为发现于西伯利亚和里海周边的（*Elamotherium caucasicum*）和（*Elamotherium sibiricum*）都源自于中国，但后来 Noskova N. G.认为这种说法是有疑问的，他则认为中国和西伯利亚的板齿犀是分别独立进化的两支[10]。到目前为止，我国更新世时期的板齿犀化石经过正式报到的只有 5 个地点，分别是泥河湾[8]、山西平陆及未知地点[9]、西侯度[11]和 2014 年在泥河湾盆地新发现的两个化石点[7]。

2.2　独角犀属（*Rhinoceros*）

独角犀的体型相对较小，是一类主要生活在温暖湿润的热带、亚热带沼泽草原的犀牛，单角，齿式为 1·0·4·3 / 1·0·4·3，颊齿有短刺，但上颊齿结构简单，门齿发育[12]。该属一直广泛分布于我国南方地区，从更新世一直延续到全新世，直至现在。目前世界上仍有两种现生独角犀：印度犀（*Rhinoceros unicornis*）和爪哇犀（*Rhinoceros sondaicus*），但在我国境内都已绝种，仅见于南亚及东南亚，种类稀少，皆为濒危动物。

我国目前发现的第四纪独角犀属仅有中国犀（*Rhinoceros sinensis* Owen）一种，最早由 Owen R.在 1870 年发现于四川[1]。这并不是说明我国的更新世独角犀属只有一种，而是因为犀科动物的化石多以碎骨和牙齿为主，鉴定意义较强的头骨化石很少，再加之南方地区土壤不适合动物骨骼的保存，导致我国南方犀科动物的材料匮乏且不典型，所以过去便将我国南方发现的绝大多数犀类化石，尤其是那些鉴定特点不明显的，全都归入中国犀属，分类比较混乱。在这种情况下，同号文认为更新世时期我国南方的很多犀类化石可归于目前亚洲现生种犀类苏门答腊犀（*Dicerorhinus sumatrensis*）或爪哇犀（*Rhinoceros sondaicus*）[13]，比如在广西崇左三合大洞中发现的犀类化石被归于爪哇犀，这是我国首次发现该种的更新世化石[14]。

2.3　腔齿犀属（*Coelodonta*）

腔齿犀属是第三纪晚期从额鼻角犀亚科（Dicerorhininae）中分化出来的。我国发现年代最早的该属物种是出土于西藏札达盆地的西藏披毛犀（*Coelodonta thibetana*），年代为上新世中期[15]。但腔齿犀属真正繁盛的时期是更新世，它们在更新世一直广泛活跃在亚欧大陆之上，组成众所周知的猛犸象-披毛犀动物群的代表物种披毛犀（*Coelodonta antiquitatis*）就是该属发展到晚更新世的一种进步种。因为这一属持续时间较长，且广泛分布在我国北方地区。更新世初期的腔齿犀属化石以 1930 年德日进在泥河湾[8]、1958 年周明镇在山西临猗[16-17]发现的泥河湾腔齿犀（*Coelodonta nihowanensis*）为典型代表，2002 年邓涛在甘肃临夏盆地发现的披毛犀化石也属于此种[18]。这种原始的腔齿犀体型较小，M3 呈三角形，齿冠略高，牙釉质较薄，表面有细微的鳞状突起，可能有下门齿，主要生活在偏冷的草原环境中[19]。在周口店第一地点的 1~2 层和 8~10 层中还发现了一种被命名为燕山犀（*Coelodonta antiquitatis yenshanensis*）的犀牛化石，但化石较少[4]。燕山犀是一种体型较大的双角犀，但骨骼不算粗壮，其鼻中隔板分割不完全，牙齿虽然与披毛犀的比较类似，但更小，齿冠较低，M3 也和泥河湾腔齿犀一样呈三角形，咀嚼面上有细致的皱纹与附着突起物，臼齿外壁也有明显的釉质柱状物。这些特征具有过渡型的特点，说明燕山犀是腔齿犀属中由早期的泥河湾腔齿犀发展而来并过渡到晚更新世的典型披毛犀的过渡种类。这一时期，燕山犀是整个动物群中最具有标志寒冷气候的物种，齿冠的变高说明这一物种已经开始尝试适应寒冷气候。而到了晚更新世，燕山犀发展成为完全适应寒冷气候的典型披毛犀（*Coelodonta antiquitatis* Blumenbach），这一种大型犀牛的臼齿齿冠要更高，齿脊磨损后有明显的前刺和小刺，M3 呈不规则四边形[19]，且只有幼年个体鼻中隔分隔不完全，到了成年鼻中隔完全骨化[4]。披毛犀达到了腔齿犀属进化的巅峰，它分布广泛，是我国东北、西北、华北地区晚更新世遗址的常客。

2.4 额鼻角犀属（*Dicerorhinus*）

额鼻角犀属即双角犀属，是一种双角犀牛，体型较大，鼻角更为发达。过去很多人认为额鼻角犀属的犀牛是没有门齿的，齿式为 0·1·4·3/0·1·4·3（也有人认为是 0·0·3·3/0·0·3·3），这也正是其与独角犀属相区别的一个特点；但是在外国文献中，Guérin C.认为额鼻角犀属的犀牛具有发达的门齿，德国出版的《动物学手册》（第八卷）中也提到，双角犀属的齿式为 2-1·0·3·3/1·0·3·3[12]，且该属的现生种苏门答腊犀也生有门齿。是否生有门齿可能只与其的食物选择及生活环境相关，不能作为额鼻角犀属的特有特征。

同号文认为犀类动物的门齿发育情况与其犀角的发育程度有一定关联。在一般情况下，草原型的犀牛往往门齿不发育或退化，而具有发达的双角；森林型的犀牛有发育的门齿，但角不发育[12]。这种现象的产生或许是因为生活在草原环境的犀牛，它们的食物选择相对较少，主要是地面植物，门齿的切割作用要小于臼齿的研磨作用，日积月累门齿逐步退化；草原视野开阔，犀牛大多体型肥硕，目标巨大，行动迟缓，为了抵御强敌，它们进化出了更为发达尖锐的双角，如现在生活在非洲的白犀（*Ceratotherium simum*）、黑犀（*Diceros bicornis*）。而那些生活在森林地带的犀牛，它们食物选择比较多，需要门齿将枝叶从植物上切割下来再通过臼齿咀嚼，而因为身处密林，发达的角反而成了行动的阻碍，稍有不慎会被藤蔓或树枝挂住，因此角不断退化，如现在生活在沼泽地带的印度犀以及生活在东南亚密林里的爪哇犀（*Rhinoceros sondaicus*）和苏门答腊犀（*Dicerorhinus sumatrensis*）。

额鼻角犀属在我国南北都有分布，但化石出土数量却不算多。在周口店第一地点 13 层堆积物的 1~4 层和 6~12 层发现的周口店双角犀（*Dicerorhinus choukoutienensis*

Wang)，年代约为中更新世，该种具有发育完全闭合的环状外耳道听孔，是一种进步的第四纪犀类[4]。在云南的丽江盆地中也有未定种的额鼻角犀化石，年代也为中更新世 [20]。目前该属仍有一现生种，即早在早更新世就已经出现的苏门答腊犀（*Dicerorhinus sumatrensis*），现为极度濒危物种，同号文和 Guérn C.在广西柳城巨猿洞发现了苏门答腊犀的化石[21]，说明在第四纪该种曾分布于我国西南地区。

2.5　斯蒂芬犀属（*Stephanorhinus*）

斯蒂芬犀属（*Stephanorhinus*）是 Kreztoi 于 20 世纪 40 年代建立的新属，以区别于额鼻角犀属[5]。与额鼻角犀属相比，该属犀牛有着更大的体型和更长的头骨，还有更向前定位的眶下孔和强健的关节盂，但没有门齿，鼻中隔部分骨化，外耳道闭合[22]。

过去曾经将很多生有双角且不属于腔齿犀属的犀牛归属于额鼻角犀属，近些年才被纠正过来[6]。目前我国的斯蒂芬犀属有 4 个种，年代最早的是发现在山西榆社云簇盆地的云簇犀（*Stephanorhinus yunchuchenensis* sp. nov.）[23]，地质年代属于早更新世；然后是中更新世地层中、在安徽和县发现的和县双角犀（*Stephanorhinus hexianensis*）[24]和在我国东北[25]、华中[6]、华东[12]、西南[26]都有发现的梅氏犀（*Stephanorhinus kirchbergensis* Jäger，1839），但目前仍有专家不同意将梅氏犀其划入斯蒂芬犀属，而继续选用原有的 *Dicerorhinus mercki* 这一原始种名[6]；发现年代最晚的是陕西蓝田公王岭的蓝田犀（*Stephanorhinus lantianensis*），属于早更新世[27]。以上这几个种都曾被分入额鼻角犀属，后来才重新归类。在南方地区也发现了早更新世未定种的斯蒂芬犀属化石。

3　总结

犀类动物是存在问题较多的哺乳动物之一，其演化的过程还不清晰，不同种属之间的牙齿分化也不明显[12]，这给后期鉴定、种属分类增加了困难。通过对前人文献的总结和归纳，目前发现有 3 个问题有待解决。首先，虽然犀牛化石在中国的发现相对丰富，但是主要是牙齿和部分头骨，除腔齿犀属外，完整的骨骼较少[28]，尤其是在南方地区，我们不能继续将一切未知的犀类动物归入"中国犀"这一个篮子中去。其次，关于额鼻角犀属和斯蒂芬犀属这两个属的具体区别上还仍有争议。Welker F.等尝试用古老蛋白质序列来阐明两者的关系，及其与现存属种之间的亲缘关系。目前虽然仍无法解决它们之间的具体演化系统，但这些属可以根据独特的氨基酸取代物进行区分，这或许有助于了解两个属的灭绝过程[29]。最后，从系统发育的角度来看，所有的中国第四纪犀类的来源问题仍未解决，它们与当地第三纪犀牛的关系以及与中国以外地区的第四纪犀牛的关系尚不明确[28]。中国第四纪犀类的研究还有待更系统更深入的研究和更多新材料的发现。

参 考 文 献

1   Owen R. On fossil remains of mammals found in China. Quarterly Journal of the Geological Society of London, 1870, 26: 417-436.

2   Matthew W D, Granger W. New fossil mammals from the Pleistocene of Sze-chuan, China. Bulletin American Museum of Natural History, 1923, 43(48): 563-598.

3   Koken E. Ueber fossile Säugethiere aus China. Paläontogische Abhandlungen, 1885, 3(2): 31-114.

4   周本雄. 周口店第一地点的犀类化石. 古脊椎动物与古人类, 1979, 17(3): 236-258.

5   Kretzoi M. Remarks on the systematics of the post-Miocene rhinoceros genera (in German). Foldt Közl, 1942, 72: 309-323.

6   同号文, 武仙竹. 湖北神农架犀牛洞梅氏犀（真犀科, 哺乳动物纲）化石. 科学通报, 2010, 55(11): 1015-1025.

7   同号文, 王法岗, 郑敏, 等. 泥河湾盆地新发现的梅氏犀及裴氏板齿犀化石. 人类学学报, 2014, 33(3): 369-388.

8   Teilhard C P, Piveteau J. Les mammifères de Nihowan (Chine). Annales de Paléontologie, 1930, 19: 1-134.

9   Chow M C. New Elasmotherine rhinoceroses from Shansi. Vertebrata PalAsiatica, 1958, 2(2-3): 131-142.

10 Noskova N G. Elasmotherians-evolution, Distribution and Ecology. Rome: The World of Elephants-International Congress, 2001. 126-128.

11 贾兰坡, 王建. 西侯度－山西更新世早期古文化遗址. 北京：文物出版社, 1978. 35-37.

12 同号文. 梅氏犀. 见：吴汝康, 李星学, 吴星智, 等主编. 南京直立人. 南京：江苏科学技术出版社, 2002. 111-120.

13 同号文, 刘金毅. 更新世末期哺乳动物群中绝灭种的有关问题. 见：第九届中国古脊椎动物学学术年会论文集. 董为主编. 北京：海洋出版社, 2004. 111-119.

14 严亚玲, 张阳, 金昌柱, 等. 爪哇犀（*Rhinoceros sondaicus*, Rhinocerotidae）化石在中国更新统的首次发现. 地质论评, 2020, 66(1): 198-206.

15 邓涛. 青藏高原隆升与哺乳动物演化. 自然杂志, 2013, 35(3): 193-199.

16 周明镇, 周本雄. 山西临猗更新世初期哺乳类化石. 古生物学报, 1959, 7(2): 89-97.

17 周明镇, 周本雄. 山西临猗维拉方期哺乳类化石补计. 古脊椎动物与古人类, 1965, 9(2): 223-234.

18 邓涛. 甘肃临夏盆地发现已知最早的披毛犀化石. 地质通报, 2002, 21(10): 604-608.

19 周本雄. 披毛犀和猛犸象的地理分布、古生态与有关的古气候问题. 古脊椎动物与古人类, 1978, 16(3): 47-59.

20 程捷, 汪新文. 滇西北丽江盆地中更新世哺乳动物化石新材料. 古脊椎动物学报, 1996, 34(2): 145-155.

21 Tong H, Guérn C. Early Pleistocene *Dicerorhinus sumatrensis* remains from the Liucheng *Gigantopithecus* Cave, Guangxi, China. Geobios, 2009, 42: 525-539.

22   Tong H. Evolution of the non-Coelodonta Dicerorhine lineage in China. Comptes Rendus Palevol, 2012, 11: 555-562.

23   周本雄. 山西榆社云簇盆地双角犀一新种. 古脊椎动物与古人类, 1963, 7(4): 325-329.

24   郑龙亭, 黄万波. 和县人遗址. 北京: 中华书局, 2001. 1-126.

25   徐晓风. 辽宁安平中更新世动物群中的 *Dicerorhinus kirchbergensis* (Jäger, 1839). 古脊椎动物学报, 1986, 24(3): 229-241.

26   陈少坤, 黄万波, 裴健. 三峡地区最晚更新世的梅氏犀兼述中国南方更新世的犀牛化石. 人类学学报, 2012, 31(4): 381-394.

27   胡长康, 齐陶. 陕西蓝田公王岭更新世哺乳动物群. 北京: 科学出版社, 1978. 1-64.

28   Tong H, Moigne A. Quaternary rhinoceros of China. Acta Anthropologica Sinica, 2000, 19(supp): 257-263.

29   Welker F, Smith G M, Huston J M, et al. Middle Pleistocene protein sequences from the rhinoceros genus *Stephanorhinus* and the phylogeny of extant and extinct Middle/Late Pleistocene Rhinocerotidae. PeerJ, 2017, 5: e3033.

A REVIEW ON THE QUATERNARY RHINOCEROS IN CHINA

LI Zong-yu

(*College of History and Culture, Shanxi University*,   Taiyuan 210016, Shanxi)

ABSTRACT

Rhinoceros is widely distributed in the Quaternary with many genera and species. They are an important part of Quaternary fauna. The Quaternary rhinoceros family in China includes five genera: *Dicerorhinus*, *Rhinoceros*, *Coelodonta*, *Elamotherium* and *Stephanorhinus*, which belong to Elasmotheriinae, Dicerorhiniae and Rhinocerotinae. Among them, *Dicerorhinus*, *Coelodonta* and *Stephanorhinus* distributed in the south and north of China. *Rhinoceros* distributed mainly in the south of China, while *Elamotherium* concentrated in north China. Except for the *Dicerorhinus* and *Rhinoceros*, all other genera were extinct before the Holocene, the *Elamotherium* was extinct even in the Early Pleistocene. There are still some problems, such as the further identification of *Rhinoceros sinensis* fossils in south of China, the differences between *Dicerorhinus* and *Stephanorhinus,* and the origin of the Quaternary rhinoceros in China. These problems need further systematic study and the discovery of more new materials.

Key words   Rhinoceros, Pleistocene, China

第十七届中国古脊椎动物学学术年会论文集. 董为，张颖奇主编. 北京：海洋出版社，2021. 105-112
Proceedings of the Seventeenth Annual Meeting of the Chinese Society of Vertebrate Paleontology
DONG Wei, ZHANG Ying-qi, eds. Beijing: China Ocean Press, 2021. 105-112

山西省临汾市襄汾县上鲁村更新世
化石地点试掘简报*

董 为[1,2]　刘文晖[3]　白炜鹏[1,2,4]　潘 越[1,2,4]　夏秀敏[3]

(1 中国科学院古脊椎动物与古人类研究所，中国科学院脊椎动物演化与人类起源重点实验室，北京 100044；

2 中国科学院生物演化与环境卓越创新中心　北京 100044；3 中国国家博物馆　北京 100006；

4 中国科学院大学，北京 100049)

摘 要　山西省襄汾县的丁村一带自从发现了早期智人"丁村人"及旧石器文化遗存和伴生的大量动物化石以来引起了学界的广泛关注。20 世纪 70 年代有关学者在考察"丁村组"的层位和沉积相时发现"柴庄车站对岸剖面"有脊椎动物化石。2019 年夏，又有学者在考察黄河时在柴庄车站对岸剖面一带的上鲁村扬水站旁发现了长鼻类颌骨化石。笔者随即前往这个地点进行了试掘，出土了近百件化石标本。经初步鉴定的哺乳动物化石有食肉类、长鼻类、奇蹄类、偶蹄类等约 7~8 个种类，其生存年代初步估计为早-中更新世。
关键词　更新世；哺乳动物化石；河流相堆积；山西；襄汾

1　前言

襄汾县隶属于山西省临汾市，位于临汾市南部中段，汾河中下游。1954 年在山西省襄汾县的丁村一带发现了早期智人"丁村人"及旧石器文化遗存和伴生的大量动物化石[1-2]，引起了学界的广泛关注。自 1954 年以来，丁村遗址群发现的旧石器时代遗址或地点基本上为河流相的埋藏环境[3]。20 世纪 70 年代杨景春和刘光勋在考察"丁村组"的层位和沉积相时，对丁村一带的几个地层剖面进行了调研和分析[4]。在其中的"柴庄车站对岸剖面"中部的第 8 层砂砾层中，含有三门马（*Equus sameniensis*），青鱼喉牙（*Mylopharyngodon*），鹿科（Cervidae gen. et sp. indet.）等化石；中下部的第 6 层砂层、砂砾层夹薄层泥灰岩中，含厚壳蚌（*Lamprotula*）化石；而在下部的第 3 层砂岩、砂砾岩层中，采集到三趾马和汾河羚羊（*Fenhorgr*）等化石[4]。2019 年夏，中国地震局的熊建国博士在考察黄河时，再次来到柴庄车站对岸剖面一带踏勘，在上鲁村的一个扬水站旁边的采砂场发现了 1 件带有颊齿的长鼻类颌骨化石，并和笔者进行了交流。笔者根据这一化石线索，于 7 月下旬前往这个剖面进行试掘。

* 基金项目：中国科学院战略性先导科技专项(B 类) (编号：XDB26030304)和中国科学院古生物化石发掘与修理专项资助.
董为：男，62 岁，研究员，从事晚新生代哺乳动物化石研究.

2 地理地质概况

临汾盆地是山西省南部的一个明显的地堑盆地。盆地的东西两侧为山地，盆地北端是灵石隆起形成的丘陵地形，南端有紫金山-峨嵋台隆起将本区与运城盆地分开。盆地内地形以第四纪冲积平原为主。晚新生代以来，本区新构造活动强烈。盆地中新构造活动的总趋势是大规模断陷，断陷中心的新生界厚度在 800 m 以上[5]。化石地点（GPS：35°47'45.50"N, 111°24'26.29"E, 461 m）位于襄汾县南贾镇上鲁村东北部的汾河西南岸边的一个二级扬水站西侧，处于上鲁村与柴庄村之间连线的中点附近，高出相邻的汾河河面（海拔 404 m）约 57 m。化石地点（图 1）距离襄汾县城火车站的直线距离为 9.68 km，在火车站的正南偏西（195.3°）；距离上鲁村的上鲁小学 1.24 km，在上鲁小学的东北方向（59.06°）。扬水站一带有丰富的第四纪河流相堆积，含沙量很大，所以被一些建材商作为采砂场开采。

图 1　上鲁村扬水站化石地点地理位置

Fig. 1　Geographic location of fossil locality at Yangshuizhan of Shanglucun

X 化石地点. 比例尺: 1:21 000

虽然这个化石地点位于"柴庄车站对岸剖面"的地层里，但其实际位置在上鲁村汾河西南岸的二级扬水站西侧（百度地图网址：https://j.map.baidu.com/c3/cN3），所以笔者将之称为"上鲁村扬水站化石地点"。化石地点的第四纪堆积地层基本水平，各个堆积层基本上平行堆积，局部稍有起伏。根据笔者的观察和测量，出露的地层剖面（图2）从下至上可初步分为6层，记述如下。

6. 深棕黄色受扰动土层。与下伏地层界线明显，可见植物根系。厚约 0.7 m。

5. 浅灰褐色中细粒砂夹薄层状褐红色黏土层。底部的褐红色黏土层富集蚌壳。厚约 12.9 m。

4. 灰黄色含结核粗砂层。具斜层理，胶结程度较好，部分化石产于该层。厚约 1.4 m。

3. 土黄色中粗粒砂层，土质稍软。厚约 1.2 m。

2. 灰黄色含结核中粗粒砂层。含有大量泥质结核，结核形状不规则，最大直径 0.2~5 cm 不等。具斜层理，胶结程度好，硬度大，多数化石产于该层。厚约 1.3 m。

1. 灰白色粉砂层。该层极为松散。厚约 0.7 m。

图2　上鲁村扬水站化石点地层剖面

Fig. 2　Stratigraphic section of the fossil locality at west side of Yangshuizhan of Shanglucun

其中第 2 层又可细分为 5 个亚层。

⑤灰黄色含结核中粗粒砂层。结核为泥质，形状不规则，含化石。厚约 0.02 m。

④灰白色中细粒砂层。厚约 0.18 m。

③灰黄色粗砂含砾结核层。砾石含量约 10%，粒径约 2~5 mm 不等，分选磨圆程度一般，无定

向性。含化石。厚约 0.15 m。

②灰白色细砂层。厚约 0.9 m。

①灰黄色含结核中粗粒砂层。泥质结核含量较低，形状不规则。象的下颌出于此层位。厚约 0.03 m。

这次发掘采集的化石大多数产于第 2 层（图 2 和图 3 中正在发掘的部位）。

3　发掘经过

2019 年 7 月 20 日从北京出发，当天抵达襄汾县。次日根据化石线索赴化石点考察。化石点位于采砂场剖面处（图 3），紧邻化石点东北侧为一处扬水站，为二级扬水站。剖面附近可见白色块状物出露，风化程度较为严重，呈松散状，可见明显釉质，釉质层约 2 mm，初步判断为象牙。从化石点沿小路向坡下走约 300 m 即可到汾河边，可见一个一级扬水站，与采砂场东侧的二级扬水站是同一个扬水系统。化石点北侧的山坡顶部沿路观察，发现位于沟边小路的路面土中有很多厚度 0.8~1.5 cm，平面直径约 5~10 cm 的贝壳残块，可能是杨景春和刘光勋记述的"柴庄车站对岸剖面"[4]中第 6 层中的厚壳蚌（*Lamprotula*）化石。但无法判断是异地还是原地产出。踏勘之后在襄汾县城购买了相关的发掘用具。

图 3　上鲁村扬水站化石地点的化石发掘（左）及地层测量（右）

Fig. 3　Excavation and stratigraphic measurements at Shanglucun fossil locality

在向襄汾县有关领导汇报了发掘计划后，得到了相关部门的允许，于 7 月 23 日开始正式发掘。根据当地的堆积主要是河流相地层的状况及化石埋藏零星分散的特点，采用人工和机械结合的方式发掘化石。到达沙场化石点后，首先对暴露在地表的化石用 502 胶水进行加固。在仔细观察土层后发现其中有一层胶结程度较好且颗粒稍粗的砂层含化石较多，但所含化石风化严重，较为破碎。然后用小型挖掘机在距路边 3 m 处开始向剖面内以掏窑的形式水平发掘，遇到化石层后停下来人工发掘。

发掘工作一直持续到 8 月 11 日。使用挖掘机一共开挖了 3 个窑洞状洞穴，每天基本上能采集到一些化石碎块。其中采集到的比较理想的化石是 7 月 27 日在右侧窑洞的左侧壁上发现一个疑似瞪羚的带角头骨，截至收工尚未取出，只做初步围岩清修和喷胶加固处理。第二天对瞪羚头骨继续用丙酮加胶粒进行灌胶加固处理，并对象的下颌制作石膏包进行保护，然后将已凝固的象牙石膏包和破碎的瞪羚头骨取回。8 月 4 日在窑洞所在剖面上发现一个包裹在结核中的羊头，保存有齿列及枕髁，打包带回。发掘快结束的时候，使用深达威户外测距仪 SW-600A 对化石地点的地层剖面进行了实测（图 3）。

4　发掘成果

上鲁村扬水站地点化石的化石分布比较分散，并不富集，而且化石保存大多比较破碎。发掘出土的化石标本主要是大型哺乳动物化石，也有一些其他脊椎动物化石。从化石保存状况判断，动物死亡后可能经历了一些搬运，所以动物遗体被肢解，基本上是身体中的某个部位，如肢骨碎块和单独的牙齿（图 4）。动物骨骼在经历了一定距离的搬运后，在扬水站一带相对低洼的地方富集堆积起来。发掘收集到的化石数量不多，共计 99 件（表 1），经初步鉴定的哺乳动物种类有食肉类、长鼻类、奇蹄类、偶蹄类等约 7~8 个种类。更准确的鉴定、研究有待修理完成后进行。

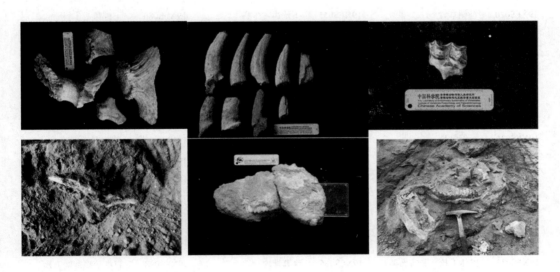

图 4　上鲁村扬水站地点出土的部分化石

Fig. 4　Fossils from Yangshuizhan locality at Shanglucun

表 1　　2019 年上鲁村化石地点野外试掘出土的化石标本清单

Table 1　　List of fossil specimens unearthed in 2019's test excavation at Shanglucun

野外号	标本	野外号	标本	野外号	标本
19XFS001	象下颌	19XFS034	鹿？m1	19XFS067	股骨头
19XFS002	马掌骨	19XFS035	跟骨，马？	19XFS068	距骨和腕骨
19XFS003	跗骨，犀？	19XFS036	跟骨和距骨近端，马？	19XFS069	残破骨片
19XFS004	肱骨头，马？	19XFS037	粪化石？？	19XFS070	鱼咽喉齿
19XFS005	桡骨远端，马？	19XFS038	指/趾骨中段？	19XFS071	上颊齿，羊
19XFS006	胫骨近端，马？	19XFS039	指/趾骨，马	19XFS072	臼齿，象
19XFS007	咽喉齿，鱼	19XFS040	残破肩胛骨	19XFS073	指/趾骨，偶蹄类？
19XFS008	咽喉齿，鱼	19XFS041	肱骨远端，马？	19XFS074	掌骨，鹿
19XFS009	指骨	19XFS042	腕/跗骨	19XFS075	下颌，爬行类？
19XFS010	桡骨远端，鹿？	19XFS043	腕/跗骨	19XFS076	指/趾骨，马？
19XFS011	残破骨片	19XFS044	象臼齿	19XFS077	上颊齿列，羊？
19XFS012	肱骨远端	19XFS045	腕/跗骨，偶蹄类？	19XFS078	掌骨近端，马
19XFS013	马掌骨	19XFS046	破碎下颌，食肉类	19XFS079	颊齿，马
19XFS014	残破骨片	19XFS047	残破犬齿，食肉类？	19XFS080	颊齿，马
19XFS015	残破骨片	19XFS048	残破骨片	19XFS081	指/趾骨，偶蹄类？
19XFS016	肋骨	19XFS049	下颊齿 2 颗，马	19XFS082	牙齿碎块，犀
19XFS017	肱骨远端，食肉类？	19XFS050	指/趾骨，马？	19XFS083	残破骨片
19XFS018	指/趾骨，鹿？	19XFS051	距骨	19XFS084	上颌，猪
19XFS019	小哺乳门齿	19XFS052	掌/跖骨，马？	19XFS085	犬齿，食肉类
19XFS020	马侧掌骨	19XFS053	下颊齿，牛科	19XFS086	下颊齿，牛科
19XFS021	残破肩胛骨	19XFS054	肱骨？股骨？	19XFS087	上颊齿，鹿科
19XFS022	肱骨远端，猫科？	19XFS055	指/趾骨，偶蹄类？	19XFS088	残破骨片
19XFS023	残破骨片	19XFS056	鱼咽喉齿、龟板	19XFS089	颊齿，牛科
19XFS024	肋骨残段	19XFS057	距骨，马？	19XFS090	门齿，马
19XFS025	鹿角残段	19XFS058	残破骨片	19XFS091	鹿角，马鹿？
19XFS026	残破骨片	19XFS059	下颌，爬行类？	19XFS092	指/趾骨，偶蹄类？
19XFS027	距骨	19XFS060	瞪羚头骨（破碎）	19XFS093	指/趾骨，马？
19XFS028	鹿 p3、p4、m1	19XFS061	肱骨远端，食肉类？	19XFS094	鹿角残段
19XFS029	椎体 1 枚（非哺乳类）	19XFS062	颊齿，马（1 上 1 下）	19XFS095	门齿残段，象
19XFS030	马股骨	19XFS063	胫骨远端	19XFS096	距骨，马？
19XFS031	残破距骨	19XFS064	臼齿 2 颗，马	19XFS097	掌骨/跖骨远端
19XFS032	椎体 1 枚（非哺乳类）	19XFS065	残破骨片	19XFS098	脊椎动物椎体 1 枚
19XFS033	粪化石？？	19XFS066	鹿角残段	19XFS099	瞪羚头骨碎块

其中马的颊齿与三门马（*Equus sanmeniensis*）相似。保存有角环和眉枝的鹿角碎块上眉枝与主枝之间的夹角非常大，眉枝几乎直接在角环上方萌出，与马鹿（*Cervus elaphus*）和大角鹿（*Sinomegaceros*）的特征相符；但主枝保存得非常短，无法判断是否存在"冰枝"。牛科材料中可能有瞪羚和"汾河羚"。"柴庄车站对岸剖面"中的第 8 层含有青鱼喉牙（*Mylopharyngodon*），三门马（*Equus sameniensis*），鹿科（Cervidae gen. et sp. indet.）等化石[4]，与上鲁村扬水站化石地点相似。"柴庄车站对岸剖面"中的第 3 层采集到三趾马和"汾河羚羊（*Fenhorgr*）"等化石[4]，而上鲁村扬水站化石地点有瞪羚。根据对采集的化石的初步鉴定及地层的岩性，上鲁村扬水站化石地点的产化石层位可以与"柴庄车站对岸剖面"的第 3~8 层对比，地质年代介于中更新世至早更新世之间。

在上鲁村扬水站地点东南侧约 1.3 km 左右的石沟采砂场曾出土过 1 件早期智人的枕骨化石[6]。化石层位位于汾河西岸 III 级阶地的砂砾层中。根据古土壤和沉积相的地层估计产人类化石的层位地质年龄为中更新世晚期[6]。但是石沟地点由于没有相关的哺乳动物化石，无法进行生物地层的对比。

上鲁村扬水站化石地点是一个新发现的化石地点。说明襄汾的汾河两岸堆积中存在不少的史前动物化石和古人类遗存，是个值得考察研究的地区。

致谢 笔者衷心感谢熊建国博士提供化石地点信息。山西省考古研究所王益人研究员、襄汾县博物馆夏宏茹馆长、襄汾县文化局领导及上鲁村村干部在野外工作中给予各种帮助，在此表示衷心感谢。

参 考 文 献

1　裴文中(主编). 山西襄汾县丁村旧石器时代遗址发掘报告. 北京：科学出版社, 1958. 1-111.

2　王建, 陶富海, 王益人. 丁村旧石器时代遗址群调查发掘简报. 文物季刊, 1994(3):1-75.

3　王益人, 周倜. 丁村遗址群发现的新材料. 见：董为主编. 北京：海洋出版社, 2004. 193-201.

4　杨景春, 刘光勋. 关于"丁村组"的几个问题. 地层学杂志, 1979, 3(3): 194-199.

5　莫多闻. 山西临汾盆地晚新生代环境演变研究. 北京大学学报（自然科学版）, 1991, 27(6): 738-746.

6　杜抱朴, 周易, 孙金慧, 等. 山西襄汾石沟砂场发现人类枕骨化石. 人类学学报, 2014, 33(4): 437-447.

PRELIMINARY REPORT ON 2019'S TEST EXCAVATION AT SHANGLU FOSSIL LOCALITY OF XIANGFEN, SHANXI PROVINCE, NORTH CHINA

DONG Wei[1,2]   LIU Wen-hui[3]   BAI Wei-peng[1,2,4]   PAN Yue[1,2,4]   XIA Xiu-min[3]

(1 *Key Laboratory of Vertebrate Evolution and Human Origins of Chinese Academy of Sciences, IVPP*,   Beijing 100044;

2 *CAS Center for Excellence in Life and Paleoenvironment*   Beijing 100044;

3 *National Museum of China*   Beijing 100006;

4 *University of Chinese Academy of Sciences*,   Beijing 100049)

ABSTRACT

The areas around Dingcun were widely noted by related scientists since the discovery of Dingcun Man fossil and associated Paleolithic artifacts and vertebrate fossils at Dingcun, a village administratively belong to Xiangfen County, Linfen Municipality in southern Shanxi Province in North China. Some vertebrate fossils were uncovered from a Late Cenozoic profile on the southwest bank of Fen River next to a couch station at Chaizhuang Village by some geologists in the 1970s. During a geological expedition on the Yellow River along its tributary Fen River, a proboscidean mandible with cheek teeth was uncovered at a sand quarry west of a secondary pumping station of Shanglucun Village, in the area of the Late Cenozoic profile investigated in the 1970s. The follow-up test excavation at the quarry resulted the discovery of nearly a hundred specimens of vertebrate fossils. The preliminary identification shows that the specimens can be classified into seven to eight taxa of carnivores, proboscidean, perissodactyls and artiodactyls. Their geologic age is estimated as the Early-Middle Pleistocene.

Key words   Pleistocene,   mammalian fauna,   fluvial deposits,   Xiangfen, Linfen,   Shanxi

第十七届中国古脊椎动物学学术年会论文集. 董为，张颖奇主编. 北京：海洋出版社, 2021. 113-130
Proceedings of the Seventeenth Annual Meeting of the Chinese Society of Vertebrate Paleontology
DONG Wei, ZHANG Ying-qi, eds. Beijing: China Ocean Press, 2021. 113-130

考古遗址出土大型牛亚科动物牙齿所反映的
死亡年龄及相关问题*

王晓敏

(中国社会科学院考古研究所，北京 100710)

摘 要 大型牛亚科动物的牙齿是考古遗址中最为常见的食草类动物遗存之一，而牙齿也是鉴定食草类动物种属及判断其死亡年龄的关键材料。本文以现生大型牛亚科动物年龄与牙齿萌出及磨耗状况的对应关系为基础，对湖北郧西白龙洞遗址出土大额牛牙齿化石的磨耗特征进行了详细描述，并依此将各齿序的单个牙齿划入不同的年龄阶段。对于辨识度极高的 dp4 及 m3，除了总结它们在各年龄阶段的磨耗特征之外，还讨论了其齿冠高度与磨耗状况的关系。本文的研究结果为今后在考古遗址开展出土动物死亡年龄分析提供了参考。

关键词 考古遗址；大型牛亚科动物；牙齿萌出顺序；牙齿磨耗特征；死亡年龄

1 前言

判断考古遗址出土动物死亡年龄的方法主要集中在 3 个方面，包括骨骺愈合状况、牙齿垩质年轮切片计数以及牙齿萌出顺序和磨耗特征（含齿冠高度）[1-4]。根据骨骼愈合状况划分的年龄较为宽泛，一般情况下仅能识别出动物是否成年；而骨骺密度较低，相对于骨干来说，在埋藏过程中更容易流失，更难被有效地从数量庞大的考古遗址出土物中识别出来。牙齿垩质年轮切片的方法精度较高，但获取切片一般会对标本造成破坏性的影响；另外，不同动物的牙齿垩质沉积速率及垩质年轮的保存状况不同，相关学者对垩质年轮的成因争论较多。在研究考古遗址出土食草类动物的死亡年龄时，最为广泛运用的方法仍是通过对化石最近现生种的牙齿萌出顺序及磨耗特征的观察，依据研究需求划分相对的年龄阶段（或年龄组）。对于一些大量出土动物牙齿的古人类遗址，划分某类动物的死亡年龄，并与自然状况下该类动物居群的年龄构成情况对比，可以提供遗址埋藏过程以及古人类获取动物资源方式的相关信息[5]。

目前，限于考古遗址出土大型牛亚科动物标本的数量以及国内对现生大型牛亚科动物认识的积累，少有研究能直接通过观察遗址出土牙齿化石的特征来判定该类动物的死亡年龄。本文依据欧美学者报道的家牛（*Bos taurus*, cattle）牙齿萌出及磨耗特征与年龄的对应关系，对湖北郧西白龙洞遗址出土的 1 520 件谷氏大额牛（*Bos (Bibos)*

---

* 王晓敏：女，33 岁，助理研究员，研究方向为旧石器时代考古遗址的埋藏学.

gaurus）单个牙齿化石的磨耗状况进行了统计及系统描述，提出了一套通过大型牛亚科动物各单个牙齿的磨耗特征判断其个体所处年龄阶段的方法，期望能为国内相关遗址动物考古学（埋藏学）的研究提供参考。

2 材料、背景与方法

2.1 材料

湖北郧西白龙洞遗址是中国南方一处重要的中更新世考古遗址，该遗址出土了 8 枚古人类牙齿化石、大量石制品与哺乳动物化石[6-7]。该遗址出土的哺乳动物共 32 种，优势属种有谷氏大额牛、岩羊、野猪及各种鹿类[8-10]。白龙洞遗址出土的大额牛化石非常破碎，但牙齿化石保存较好且数量可观，其中，恒齿 1 333 件，乳齿 187 件，总计 1 520 件（为了明确齿序及磨耗特征，已除去了因破损而无法辨认左右以及无法测量的标本）。这些牙齿标本不仅包括单个牙齿（1 427 件），也包含齿列上的牙齿（依齿序单个计数）。其中，单个的 M1、M2 及 m1、m2 因无法准确区分而合并统计。除这些齿序的标本以外，数量最多的单个牙齿是 P4，占牙齿化石总量的 8.5%；其次是 P2，占总量的 8.36%；再次是 P3，占总量的 8.03%。

对可以分辨左右及齿序的单个牙齿进行的统计结果显示（图 1），P4、M1/M2、m3 及 p2 的左右侧牙齿的数量差值较大，而其他的牙齿的左右侧标本数量几乎相等。由此可以推测，这批牙齿化石从整体上来看基本保存了动物群的原貌，但可能由于埋藏情况或发掘、保存及整理的过程中的损失而在一些齿序的牙齿上表现出数量的失衡。依据可鉴定牙齿的数量，可以得出白龙洞大额牛的最小个体数（依张乐等[11]；M1/M2 及 m1/m2 因无法明确齿序而不能代表最小个体数）。在恒齿中，右 P4 数量最多，有 71 件；乳齿中，右 dp4 数量最多，有 28 件。因此，该遗址大额牛幼年个体至少有 28 头，成年个体至少有 71 头。

2.2 背景与方法

Klein 和 Cruz-Uribe[12]认为，判定有蹄类动物化石年龄最有效的部位是牙齿。这是由于，在一般情况下，牙齿化石是最易保存、最易鉴定、最易区分和最易对比的化石材料；此外，在史前考古遗址出土物中，牙齿往往占较高比例。而对于化石哺乳类（特别是有蹄类）而言，最实用的方法就是通过齿冠高度和牙齿的萌出顺序及磨耗程度来确定年龄。依牙齿的萌出顺序及磨耗程度确定年龄的方法是建立在对大量现生和化石牙齿的观察和比较之上的；由于不同动物的牙齿萌出和磨损状况不同，而同种动物由于性别和生存环境的差异也可能造成牙齿磨损状况产生差别，所以根据牙齿提供的信息我们的确很难确定一个具体的死亡年龄。因此，大多数学者都认为这种方法主观性很大[13]。为了中和这些误差，考虑到分析死亡年龄的具体需要，在大多数情况下的做法是通过齿冠高度范围或冠面的磨耗程度来判断大致的死亡年龄，然后再放宽时间尺度，划分不同的年龄组[1, 4, 14-16]。Klein 和 Cruz-Uribe[4]选取了与遗址出土的动物最接近的现生动物的最长寿命，将这个寿命均分为 9 段，再将判断出的相对年龄对应到这 9 个年龄段的直方图中。也有学者划分了更多的年龄段，如 Morrison 和 Whitridge[1]就划分了 13 个段。要做如此细致的划分，需要对每一个年龄段的牙齿特征（无论是萌出年龄、磨耗程度还是冠高）都有深入的了解，这对完整的齿列来说已经很难做到，而对单个牙齿进行这样的划分就更难了。目前在大量遗址的动物考古学研究中运用最多的还是 Stiner[17]提出的 3 分法，即分为幼年（Juvenile）、青壮年（Prime adult）和老年（Old adult）。她认为，某一属种的动物由幼年转向青壮年的标志是动物个体的乳齿系牙齿全部被恒齿系牙齿所代替；老年阶段大致开始于该种动物潜在最大生命周期的 61%～65%时。

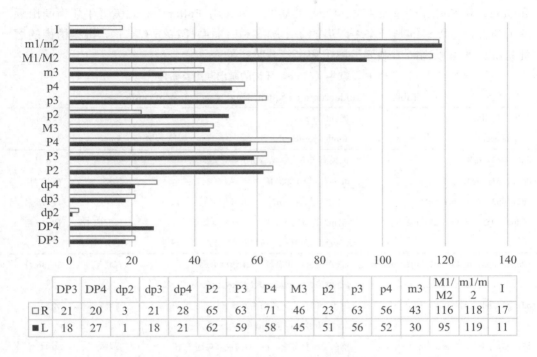

	DP3	DP4	dp2	dp3	dp4	P2	P3	P4	M3	p2	p3	p4	m3	M1/M2	m1/m2	I
□R	21	20	3	21	28	65	63	71	46	23	63	56	43	116	118	17
■L	18	27	1	18	21	62	59	58	45	51	56	52	30	95	119	11

图 1　　白龙洞大额牛牙齿化石统计（包括单个牙齿和齿列上的牙齿）

Fig. 1　　Number of fossil teeth of *Bos* (*Bibos*) *gaurus* from Bailong Cave

就牛亚科动物而言，过去有很多依据现生家牛（cattle）下颌骨所做的工作。最早的 TWS（Tooth Wear Stages）和由它发展而来的 MWS（Mandible Wear Stages）将牛亚科动物下颌的 4 枚牙齿，即 dp4、p4、m1/m2 和 m3，按照磨耗状况进行了分级，并赋予每级以分数，以积分来评价整个下颌齿列的年龄阶段[18-19]。这一方法直到如今还有很强的指导意义，但在这套方法中，磨耗状况并没有和具体的年龄对比，而估算积分则十分依赖完整的齿列。后来，又有一些研究试图对牛亚科动物的下颌牙齿进行分类并提出一些分类指标，如牙龈线的位置（gum line）和白垩质与釉质交接点的位置（the cement/enamel junction, CEJ）等①②③[20-21]。所有这些工作几乎都是为了一个目的，

---

①Sadler P, Jones G G. The mammal and bird bone database and additional information and photographs. In: Sadler P, Jones G G, Hamilton-Dyer S, et al. eds. Faunal Remains from Stafford Castle Excavations 1978-1998. Archaeology Data Services, 2011. doi: 10.5284/1000401.

②Jones G G, Sadler P. Cattle mandibles-separating the adults from the old. Poster presented at the Association for Environmental Archaeology Meeting on 24th April 2004 at Bradford, 2004.

③Jones G G, Sadler P. The eruption of the cement-enamel-junction of the lower third molar as a way of defining old cattle, 2006. http://homepage. ntlworld. com/ knowles. shadwell / CattleMandiblesCEJ / default.htm.

那就是依据牙齿在不同使用阶段的特征来划分年龄。但因为材料或者时间精力的限制，仅提出了大致的年龄或年龄范围[3, 17, 22-23]。Jones 和 Sadler[24]将之前所有的研究方法融合起来，以来自欧洲的 94 件已知死亡年龄和性别的牛为研究对象，仔细比照了各种磨耗阶段，并将年龄与磨耗阶段、下颌磨耗指数等指标结合起来，提供了一个连续并且可信度较高的比照标准。

根据 Brown 等[25]，Grigson[26]，Halstead[20]，O'Connor[23]，Farshid 和 Herbert[27]和 Jones 和 Sadler[24]对家牛（cattle）的研究，并参考 Fuller[28]对北美野牛牙齿萌出顺序的研究，可以详细归纳家牛牙齿的萌出顺序和冠面磨耗特征（表 1），根据恒齿的磨耗状况大致可以判断单颗牙齿属于哪个年龄阶段的个体。

表 1 家牛（cattle）牙齿的萌出和磨耗阶段

Table 1 Tooth eruption sequence and wear stages of cattle

萌出并使用的牙齿 Erupted teeth	磨耗情况 Tooth wear feature	发育阶段 Age stages	年龄 Age
dp2，dp3，dp4	恒齿尚未萌出，乳齿萌出并开始磨耗	幼年	5~6 月
dp2，dp3，dp4，m1	m1 萌出并开始磨耗	幼年	6~12 月
dp2，dp3，dp4，m1，m2	m1 磨耗加重，m2 萌出并开始磨耗	幼年	12~18 月
（dp2，dp3，dp4），m1，m2	m1m2 的齿质逐渐开始大面积地暴露，但齿柱均未磨耗，齿窝缩小；乳齿开始脱落	（亚成年）	18~30 月
（dp2，dp3，dp4），m1，m2，m3	m3 萌出并开始磨耗，m1 齿柱磨耗，m2 的齿柱未磨耗，乳齿基本脱落	青壮年	30~36 月
p2，p3，p4，m1，m2，m3	恒齿全部萌出，前臼齿开始磨耗，m1 的齿柱磨耗面逐渐和齿冠相连	青壮年	42 月
p2，p3，p4，m1，m2，m3	前臼齿磨耗加重，m2 的齿柱磨耗面逐渐和齿冠相连	青壮年	60 月
p2，p3，p4，m1，m2，m3	m1 的磨耗程度最重，咬合面近平坦，齿质全部暴露，其他牙齿的磨耗程度加深，m3 的齿柱磨耗面逐渐和齿冠相连	青壮年	近 96 月
p2，p3，p4，m1，m2，m3	齿冠变得很低，冠面充满齿质，釉质仅在齿冠外围分布	老年	>180 月

注：依 Fuller[28]; Brown 等[25]; Grigson[26]; Halstead[20]; O'Connor[23]; Farshid 和 Herbert[27]; Jones 和 Sadler[24].

3 大额牛化石单个牙齿的特征与其所处的年龄阶段

3.1 大额牛牙齿的磨耗阶段及其所反映的年龄信息

现生家牛标本牙齿磨耗特征与年龄阶段的对应关系显示，牙齿的釉质与齿质的暴露情况、齿窝的大小和臼齿齿柱的磨耗情况，是判断单个牙齿所属个体年龄的重要指标。通过全面观察记录白龙洞出土大额牛单个牙齿的齿序及冠面磨耗情况，将大额牛牙齿磨耗分成了 4 个阶段（图 2 至图 5），分别是：①L1，未磨耗的恒齿：恒齿已经萌出，冠面几乎没有磨耗的痕迹；②L2，轻度磨耗的恒齿：冠面的釉质层已经开始磨耗，

116

但是齿质暴露的面积还很少，前臼齿和臼齿的齿窝面积很大，前臼齿齿窝尚未封闭，臼齿的齿柱未磨耗；③L3，中度磨耗的恒齿：齿质暴露面积逐渐变大，前臼齿齿窝闭合，臼齿齿窝的面积逐渐变小，臼齿的齿柱开始磨耗并逐渐与冠面相连，牙齿20%~80%的高度被磨损；④L4，深度磨耗的恒齿：齿质暴露面积很大，齿窝缩小直至完全消失，整个咀嚼面近于平坦，臼齿的齿柱愈发与整个冠面连在一起并逐渐变小，牙齿的80%以上被磨损。

依据上面记述的标准，对每个化石牙齿都进行了分级，统计结果见图6。从图6可以看出，在恒齿中，处于未磨耗阶段的P4、M1/M2、p2、p3、p4和m1/m2居多，这是由于前臼齿萌出时间较晚，这些前臼齿代表成年个体；而未磨耗的M1/M2和m1/m2则应该属于幼年个体。重度磨耗的M1/M2和m1/m2很多，它们的萌出时间早，使用时间长，所以并不一定全部代表老年个体。轻度磨耗的M3和m3较少，这表明处于幼年向青壮年过渡阶段的个体并不很多。而大量的中度磨耗的牙齿表明，可能存在很多的青壮年个体。对全部牙齿的磨耗观察只能给出一个初步的印象，由于单个的M1与M2以及m1与m2尚无法准确地区分，所以不能根据单个牙齿磨耗阶段的分布去推算整个年龄分布。

完整的下颌齿列很容易做准确的年龄划分，Grimsdell[29]就是采用了整个齿列对非洲水牛的死亡年龄进行了判断。但是，在大多数遗址中，单个牙齿往往是最常见的，在标本量较少的情况下，为了增加统计的样本规模，会将所有牙齿的观察和测量结果进行年龄阶段的划分，如李青和同号文[30]以及张双权[31]。在标本数量较大的情况下，比较常见的是选择dp4和m3[3]或者是dp4和p4[17]来进行最小个体数的统计，因为这两组牙齿比较容易被鉴定出来，而且在遗址中的发现数量也比较多。当然，也有使用m1/m2进行研究的[1]，这主要是由于有未脱离下颌的标本以便很好地区分m1和m2。上文已经通过单个牙齿统计了白龙洞牛亚科动物的最小个体数，乳齿已由右dp4代表。而在恒齿方面，上颌右P4的数量最多，而P4多处于中磨耗状态，依此可以认为很多牙齿属于已经成年一段时间的个体。下颌p3和p4最多，但要将这两颗牙齿绝对地、准确地分开还存在着一些问题（随着磨耗程度很轻或很重时两者形态接近，图4和图5）。由于dp4的脱落和m3开始磨耗几乎是同时的，所以进一步观察dp4和m3的特征，可以更好地说明大额牛的年龄分布状况。

3.2 大额牛dp4与m3的萌出与磨耗特征与年龄的关系

判定齿冠磨耗程度的最常用的方法是观察釉质和齿质的暴露情况[32]。参考Jones和Sadler[24]的研究结果，利用dp4和m3的萌出和磨耗情况与具体死亡年龄的对应关系，并比照Grant[19]的牛牙磨耗图，划分了3个年龄阶段（表2）。

对49件dp4进行了观察和比较，划入b（dp4）阶段的有11件，其中左侧3件，右侧8件；划入g（dp4）阶段的8件，其中左侧5件，右侧3件；划入h（dp4）阶段的1件，为左侧；划入j（dp4）阶段的8件，其中左侧6件，右侧2件；划入k（dp4）阶段的17件，其中左侧7件，右侧10件；划入l（dp4）阶段的2件，全为右侧；划入m（dp4）阶段的2件，全为右侧。

表 2　家牛（cattle）dp4 和 m3 的磨耗阶段与年龄的对应关系

Table 2　Tooth wear feature of dp4 and m3 of cattle in different ages

年龄阶段	年龄	dp4	m3	图例	描述
幼年（Juvenile）1d-2y7m	0y0m1d/0y0m4d	U	/	/	萌出但未磨耗
	0y 0m 4d-0y 1m 0d	b	/		釉质层已经开始磨耗，但齿周釉质还不连续，暴露了少许齿质，齿窝的面积还很大
	0y 2m 14d-0y 4m 28d	g	/		齿质大量暴露，釉质连续，齿窝面积减小
	0y 5m	h	/		齿质的暴露程度更大，在咬合面上可以观察到前后齿柱的釉质层
	0y 9m-1y 6m	j	/		各叶之间的稜的齿质暴露面积更大，前后齿柱开始磨损，但还未与整个咬合面相连
	1y 7m-2y 4m	k	E		齿质进一步暴露，第一叶齿窝缩小并逐渐消失，前后齿柱磨损至其齿质与咬合面相连
	2y 5m	l	U		第一叶的齿窝消失，齿质完全暴露，整个咀嚼面近乎平坦
	2y 6m	m	U		第二叶齿窝逐渐消失，前齿柱消失，后齿柱缩小，牙齿开始脱落
	2y7m		b		第一叶已经开始磨损，但齿质暴露得很少，牙齿的外围釉质还不连续
青壮年（Adult）2y7m-13y3m	3y1m-4y 0m		d		第二叶开始磨损，暴露的齿质也不很多，第一叶和第二叶的齿周釉质开始相连
	4y 2m		e		第一、二叶暴露较多的齿质，第三叶开始磨耗。第一叶和第二叶逐渐相连
	4y 5m-5y 10m		g		齿质大量暴露，齿窝完全封闭并开始缩小。第三叶的磨耗程度加深，齿叶都连在一起
	5y 11m		h		齿窝进一步缩小，齿质暴露更多，从咀嚼面上，可以观察到下齿柱
	6y 10m-7y 9m		j		齿窝进一步缩小，叶间稜的齿质暴露面积增大，齿柱开始磨损
	8y 3m-13y 3m		k		齿柱进一步磨损并开始和咬合面相连
老年（Elderly）15y->18y	15y 10m		m		齿窝缩小至逐渐消失，齿柱也开始消失，齿质近乎完全暴露，咀嚼面近于平坦
	>18y 10m		n	/	牙齿磨耗严重，开始脱落

注：年龄阶段依 O'Connor[23]；年龄与 dp4、m3 磨耗阶段的对应关系依 Jones 和 Sadler[24]，其中，E 代表近萌出，U 代表萌出但未磨耗，b-n 对应于 Grant[19] 的磨耗阶段；图例依 Grant[19]；描述则依据图例与现生及化石标本的对比归纳.

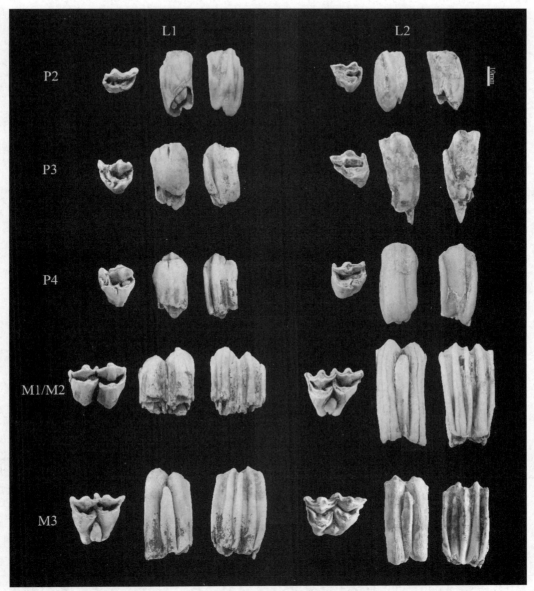

图 2　　白龙洞大额牛上颊齿磨耗阶段（L1 与 L2）

Fig. 2　Tooth wear stages (L1 and L2) of upper check teeth of *Bos* (*Bibos*) *gaurus* from Bailong Cave

L1：P2（BLD-YX-P2-101,左），P3（BLD-YX-P3-78，右），P4（BLD-YX-P4-05，右），M1/M2

（BLD-YX-M1/M2-91,右），M3（BLD-YX-M3-58，左）；L2：P2（BLD-YX-P2-19,右）,P3（BLD-YX-P3-90,

右），P4（BLD-YX-P4-73，左），M1/M2（BLD-YX-M1/M2-20，左），M3（BLD-YX-M3-34，左）

　　单个 dp4 的存在可能是由于非正常死亡，也可能是由于自然脱落。图 7 显示了 dp4
磨耗的各个阶段，一般自然脱落的 dp4 磨耗程度很深，至少处于 l 或 m 阶段。由于白
龙洞的大额牛 dp4 处于后两阶段的皆为右侧牙齿，所以可以怀疑它们有可能是自然脱

落的。右侧 dp4 代表了乳齿的最小个体数，如果存在自然脱落的情况，那么幼年个体的数量就应该相应地减少。

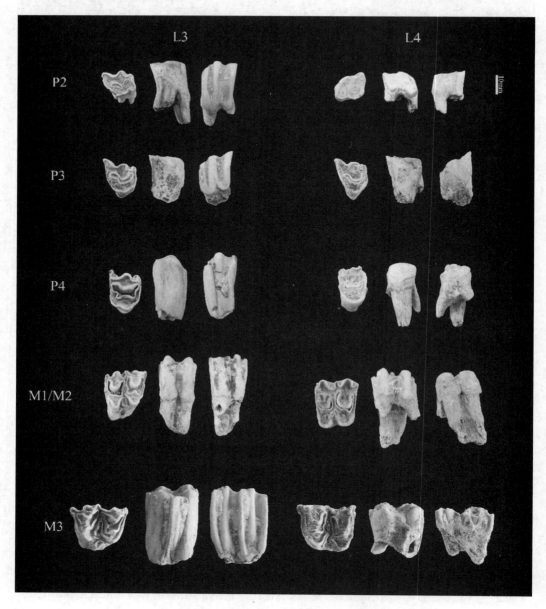

图 3　　白龙洞大额牛上颊齿磨耗阶段（L3 与 L4）

Fig. 3　　Tooth wear stages (L3 and L4) of upper check teeth of *Bos* (*Bibos*) *gaurus* from Bailong Cave

L3：P2（BLD-YX-P2-35,右），P3（BLD-YX-P3-87，右），P4（BLD-YX-P4-30，右），M1/M2（BLD-YX-M1/M2-11，左），M3（BLD-YX-M3-02，右）；L4：P2（BLD-YX-P2-80,左），P3（BLD-YX-P3-86，右），P4（BLD-YX-P4-67，左），M1/M2（BLD-YX-M1/M2-58，左），M3（BLD-YX-M3-11，右）

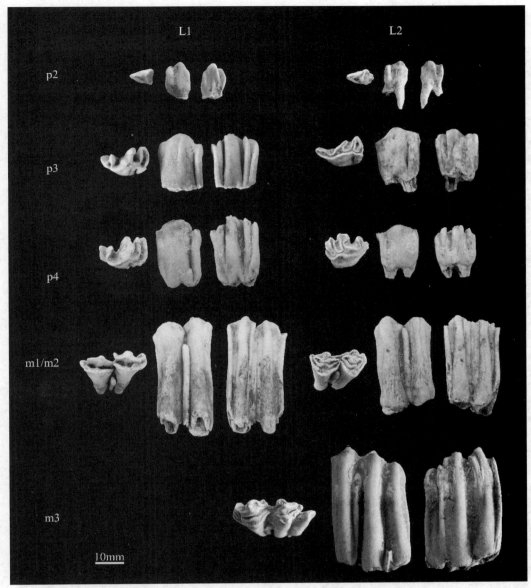

图 4　　白龙洞大额牛下颊齿磨耗阶段（L1 与 L2）

Fig. 4　　Tooth wear stages (L1 and L2) of lower check teeth of *Bos* (*Bibos*) *gaurus* from Bailong Cave

L1：p2（BLD-YX-p2-37,右），p3（BLD-YX-p3-25，左），p4（BLD-YX-p4-23，左），m1/m2

（BLD-YX-m1/m2-50,左）；L2：p2（BLD-YX-p2-46,右），p3（BLD-YX-p3-42，左），p4（BLD-YX-p4-67，

右），m1/m2（BLD-YX-m1/m2-54，左），m3（BLD-YX-m3-33，左）

　　对 73 件 m3 的标本也进行了观察和比较，划入 b（m3）阶段的有 4 件，其中左侧 2 件，右侧 2 件；划入 d（m3）阶段的 1 件，为右侧；划入 e（m3）阶段的 3 件，其中左侧 2 件，右侧 1 件；划入 g（dp4）阶段的 4 件，皆为右侧；划入 h（m3）阶段的

1 件，为右侧；划入 j（m3）阶段的 39 件，其中左侧 18 件，右侧 21 件；划入 k（m3）阶段的 21 件，其中左侧 8 件，右侧 13 件；没有发现 m（m3）阶段的单个牙齿。

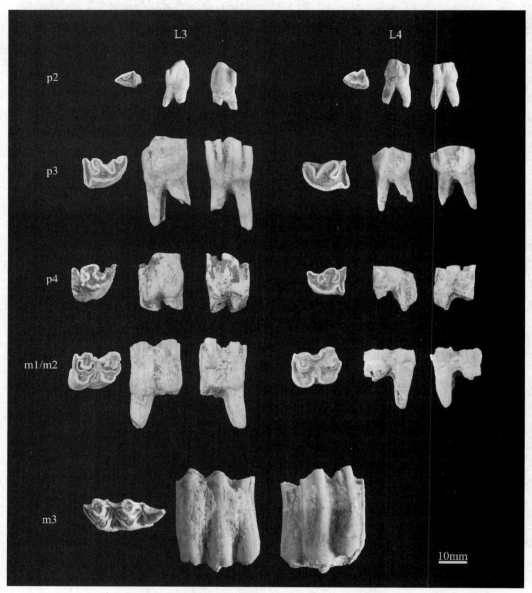

图 5　白龙洞大额牛下颊齿磨耗阶段（L3 与 L4）

Fig. 5　Tooth wear stages (L3 and L4) of lower check teeth of *Bos* (*Bibos*) *gaurus* from Bailong Cave

L3：p2（BLD-YX-p2-13,左），p3（BLD-YX-p3-97，右），p4（BLD-YX-p4-23，左），m1/m2（BLD-YX-m1/m2-53，左），m3（BLD-YX-m3-31,左）；L4：p2（BLD-YX-p2-31,左），p3（BLD-YX-p3-14，左），p4（BLD-YX-p4-37，左），m1/m2（BLD-YX-m1/m2-20，左）.

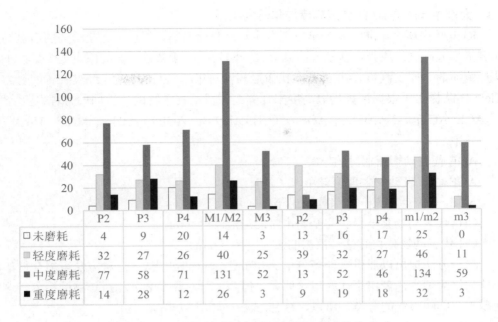

	P2	P3	P4	M1/M2	M3	p2	p3	p4	m1/m2	m3
□ 未磨耗	4	9	20	14	3	13	16	17	25	0
■ 轻度磨耗	32	27	26	40	25	39	32	27	46	11
■ 中度磨耗	77	58	71	131	52	13	52	46	134	59
■ 重度磨耗	14	28	12	26	3	9	19	18	32	3

图 6　　白龙洞大额牛牙齿磨耗情况分类统计

Fig. 6　　Statistics of tooth wear stages of *Bos* (*Bibos*) *gaurus* from Bailong Cave

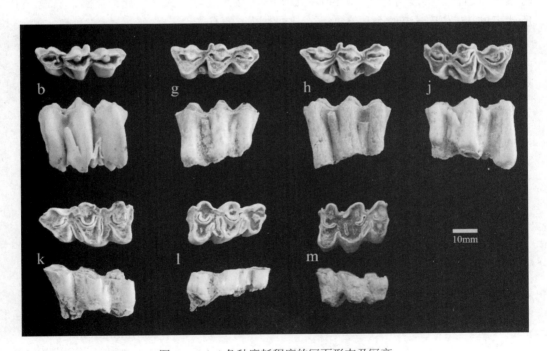

图 7　　dp4 各种磨耗程度的冠面形态及冠高

Fig. 7　　Occlusal surface feature of dp4 in different wear stages

b.BLD-YX-dp4-16, 左；g.BLD-YX-dp4-01, 右；h.BLD-YX-dp4-06, 右；j.BLD-YX-dp4-20, 左；k.BLD-YX-dp4-27, 左；

l.BLD-YX-dp4-12, 右；m.BLD-IVPP-dp4-20, 右

3.3 大额牛 dp4 与 m3 的齿冠高度与年龄的关系

Klein[2]在研究南非一系列早更新世牛科动物化石时，测量了这些动物的齿冠高度（测量齿冠高度的原则：从咬合面到齿根分隔处；上牙从舌侧面的原尖处测量；下牙从颊侧面的下原尖测量），并尝试寻找齿冠高度与年龄之间的关系。经过几年的努力，Klein 团队提出了根据恒齿齿冠高度来计算高齿冠动物年龄的二次回归方程[4, 12, 33-34]。

$$AGE=AGE_{PEL}-2（AGE_{PEL}-AGE_E）（CH/CH_O）+（AGE_{PEL}-AGE_E）（CH^2/CH_O^2）$$

其中：

AGE 代表动物死亡时的年龄（月）

AGE_{PEL} 代表动物之理论寿命值（月）

AGE_E 代表动物某一恒齿的萌出年龄（月）

CH_O 代表动物某一恒齿完全萌出时的齿冠高度（mm）

CH 代表动物死亡时某一恒齿的齿冠高度（mm）

这一方法提出以后引来许多争论，Gifford-Gonzalez[35]认为这种方法可能会使年轻个体的年龄偏小，老年个体的年龄偏大。但是，针对需要划分相对年龄的标本，这种问题不会影响最终的分类，所以，这种方法仍被许多研究者采用。

针对白龙洞出土的大额牛标本，测算对象以右侧 m3（代表最小个体数 43 枚）为例，据表 1，m3 的萌出年龄大约在 3 岁左右，牛的死亡年龄为 25 岁左右，完全萌出时单个牙齿齿冠高度可达到 70 mm 左右[35-36]。按照上述公式计算死亡年龄，右侧 m3 所代表的 15 岁及以下的个体有 36 个，15 岁以上的有 7 个。

齿冠高度和磨耗程度都可以测算动物的年龄，但磨耗程度并不总是和齿冠高度一一对应，所以两种方法测算的结果会出现偏差。根据对白龙洞大额牛 dp4 和 m3 的观察和测量，在图 8 和图 9 中给出了两类牙齿磨耗阶段所对应的齿冠高度的范围。

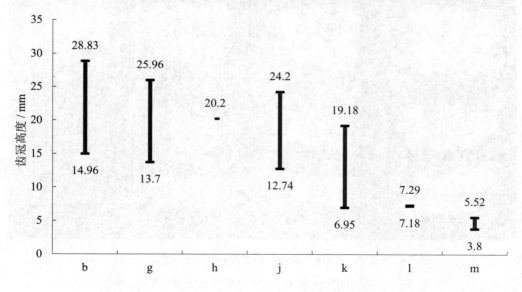

图 8   白龙洞大额牛 dp4 的磨耗阶段和对应的齿冠高度范围

Fig. 8   Crown heights of dp4 in different wear stages

dp4 的萌出和脱落可以代表三阶段年龄中的幼年阶段，dp4 的齿冠高度在 b、g 和 j、k 段出现了大幅度的重合，这说明，如果将幼年阶段划分得越细，出现错判的可能性就越大。m3 的萌出和脱落的过程代表了青壮年和老年阶段，在观察冠面磨耗状况时，没有发现老年阶段的标本，但在计算冠高时却发现了 12 件（右侧 7 件，左侧 5 件）大于 15 岁的标本，这些标本的冠高范围在 15.15～9.02 mm。这正好是图 9 中 m3 的 k 段下部的数值范围，这说明 k 这个磨耗阶段的有一部分可能已经进入老年（即超过 15 岁）。

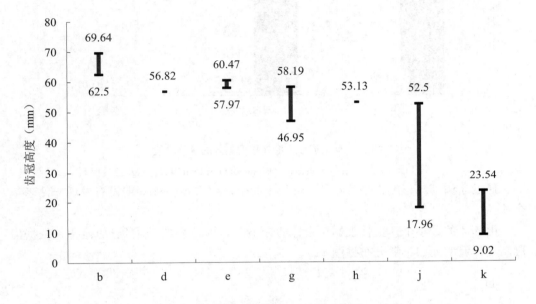

图 9　　白龙洞大额牛 m3 的磨耗阶段和对应的齿冠高度范围

Fig. 9　　Crown heights of m3 in different wear stages

依据冠高、牙齿萌出和磨耗程度来判断年龄，都会出现一些误差，将年龄阶段划分得越细，这两种方法测算结果的分歧就越大。但如果划分跨度较大的年龄阶段，则可以帮助减小误差。所以，在研究死亡年龄分布时选用三阶段的方法来划分年龄是比较可靠的。

将 dp4 和 m3 作为统计对象。dp4 共 49 枚，其中右侧 28 枚，左侧 21 枚；m3 共 73 枚，其中右侧 43 枚，左侧 30 枚。所以，能够进行年龄分析的右侧 dp4 有 28 枚，右侧 m3 有 43 枚，能够用于死亡年龄分析的最小个体数为 71。

通过观察和对比按照表 5 来划分磨耗阶段，并将牙齿归入不同的年龄阶段中。结果如图 10 所示。

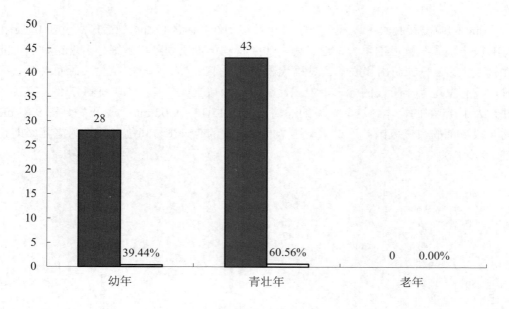

图 10　　依据牙齿磨耗程度划分的年龄阶段

Fig. 10　　Age stages based on the data of teeth wear stages

　　通过牙齿磨耗程度来划分年龄，青壮年的个体数占 60.56%，但没有发现一件老年个体。

　　由 dp4 的最小个体数代表幼年个体的最小个体数，根据上面的计算结果，依据齿冠高度计算的死亡年龄分布见图 11。

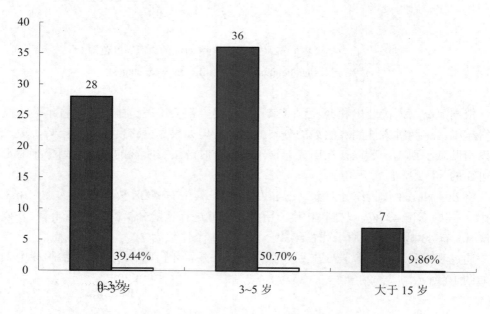

图 11　　依据齿冠高度划分的年龄阶段

Fig. 11　　Age stages based on the data of crown heights

这种方法增加了 7 个老年个体，但总的年龄分布情况没有变，青壮年个体的数量仍旧占有优势。

4　结论

通过观察大额牛化石牙齿的釉质和齿质的暴露情况、齿窝的大小及齿柱的磨耗情况，并结合齿冠高度，将白龙洞的大额牛恒齿磨耗分成了 4 个阶段：未磨耗；轻度磨耗；中度磨耗；深度磨耗。同一齿序不同磨耗阶段的牙齿代表了不同的年龄，而不同齿序相同磨耗阶段的牙齿也可能代表不同的年龄。依此，在将来的具体研究中，可以通过能够判定齿序的单个牙齿的磨耗特征来推测其所属个体的年龄阶段。采用这种方法时，三阶段的年龄划分较为适用。

依据 dp4 和 m3 的磨耗阶段以及齿冠高度分别进行了大致年龄的判断，发现两者存在一些误差，说明这两种方法在判断具体死亡年龄方面都存在问题。但将大致的年龄划入年龄阶段后可以规避误差，而选用三阶段年龄划分方案既能反映年龄结构又可以最大程度地减小误差。

综上，在今后的研究中，应将大型牛科动物牙齿化石所反映的年龄划为幼年、青壮年和老年 3 个阶段来统计其死亡年龄的分布状况。必要时，应该既采取利用牙齿磨耗特征，同时，也量取牙齿齿冠高度来获得其所代表的死亡年龄阶段。

致谢　本文是依据作者硕士阶段的相关研究修改而成。感谢中国科学院古脊椎动物与古人类研究所同号文研究员悉心指导本文作者完成硕士论文，感谢吴新智院士、刘武研究员、武仙竹教授及许春华老师为本文作者硕士期间的研究提供材料、文献及各种帮助。感谢参与白龙洞遗址野外发掘的所有队员。

参 考 文 献

1　Morrison D, Whitridge P. Estimating the age and sex of caribou from mandibular measurements. Journal of Archaeological Science, 1997, 24: 1093-1106.

2　Klein R G. Stone age predation of large African bovids. Journal of Archaeological Science, 1978 (5): 195-217.

3　Klein R G. Age (mortality) profiles as a means of distinguishing hunted species from scavenged ones in Stone Age archaeological sites. Paleobiology, 1982, 8(2): 151-158.

4　Klein R G, Cruz-Uribe K. The Analysis of Animal Bones from Archaeological Sites. Chicago: University of Chicago Press, 1984. 1-266.

5　Caughghley G. Mortality patterns in mammals. Ecology, 1966, 47: 906-917.

6　武仙竹, 裴树文, 吴秀杰, 等. 湖北郧西白龙洞古人类遗址初步研究. 人类学学报, 2009, 28(1): 1-15.

7　武仙竹, 李禹阶, 裴树文, 等. 湖北郧西白龙洞遗址骨化石表面痕迹研究. 第四纪研究, 2009, 28(6): 1023-1033.

8　王晓敏, 许春华, 同号文. 湖北郧西白龙洞古人类遗址的大额牛化石. 人类学学报, 2015, 34(3): 338-352.

9　刘宇飞. 湖北白龙洞动物群研究. 重庆师范大学硕士学位论文, 2016. 1-49.

10 同号文，张贝，武仙竹，等. 湖北郧西白龙洞中更新世古人类遗址的哺乳动物化石. 人类学学报，2019，38(4): 613-640.

11 张乐，Christopher J Norton，张双权，等. 量化单元在马鞍山遗址动物骨骼研究中的运用. 人类学学报，2008，27(1): 79-90.

12 Klein R G, Cruz-Uribe K. The computation of ungulate age (mortality) profiles from dental crown heights. Paleobiology, 1983, 9(1): 70-78.

13 张云翔，薛祥煦. 甘肃武都龙家沟三趾马动物群中埋藏学. 北京：地质出版社，1991. 1-96.

14 Speth J D. Bison Kills and Bone Counts: Decision Making by Ancient Hunters (Prehistoric Archeology and Ecology). Chicago: University of Chicago, 1983. 1-272.

15 Speth J D. Communal Bison Hunting in Western North America: Background for the Study of Paleolithic Bison Hunting in Europe. In: Patou-Mathis M, Otte M, eds. L'Alimentation des Hommes du Paléolithique: Approche Pluridisciplinaire. Etudes et Recherches Archéologiques de l'Université de Liège (ERAUL) 83. Belgium: Université de Liège, 1997. 23-57.

16 Stiner M C. The faunas of Hayonim cave, Israel: A 200,000 year record of Paleolithic diet, demography and society. Cambridge: Peabody museum of Archaeology and Ethnology, Harvard University, 2005. 1-314.

17 Stiner M C. The use of mortality patterns in archaeological studies of hominid predatory adaptations. Journal of Anthropological Archaeology, 1990, 9: 305-351.

18 Grant A. The animal bones. In: Cunliffe B, ed. Excavations at Portchester Castle, I. London: Society of Antiquaries. London: Thames and Hudson, 1975. 262-287.

19 Grant A. The use of tooth wear as a guide to the age of domestic ungulates. In: Wilson B, Grigson C and Payne S, eds. Ageing and Sexing Animal Bones from Archaeological Sites (British Archaeological Reports, British Series 109). Oxford: Archaeo Press, 1982. 91-108.

20 Halstead P. A study of mandibular teeth from Romano-British contexts at Maxey. In: Pryor F, French C, eds. Archaeology and Environment in the Lower Welland Valley, Vol. 1 (East Anglian Archaeology 27). Norwich: East Anglian Archaeology, 1985. 219-242.

21 Sadler P, Jones G G. The mammal bones. In: Soden I, ed. Stafford Castle: Survey, Excavations and Research 1978-1998, Vol.2. The Excavations. Stafford: Stafford Borough Council, 2007. 161-172.

22 Legge A J. Excavations at Grimes Graves, Norfolk, 1972-1976, Fascicule 4: Animals. Environment and the Bronze Age Economy. London: British Museum Press, 1992. 1-87.

23 O'Connor T P. Bones from 46-54 Fishergate. The Archaeology of York 15/4. London: Council for British Archaeology, 1991. 1-98.

24 Jones G G, Sadler P. A review of published sources for age at death in cattle. Environmental Archaeology, 2012, 17: 1-10.

25 Brown W A B, Christofferson D V M, Massler D D S, et al. Postnatal tooth development in cattle. American Journal of Veterinary Research, 1960, 21(80): 7-34.

26 Grigson C. Sex and age determination of some bones and teeth of domestic cattle: a review of the literature. In: Wilson B, Grigson C and Payne S, eds. Ageing and Sexing Animal Bones from Archaeological Sites (British Archaeological Reports, British Series 109). Oxford: Archaeopress, 1982. 7-23.

27 Farshid S A, Herbert H T P. Age and sex determination of gaur *Bos gaurus* (Bovidae). Mammalia, 2011, 75: 151-155.

28 Fuller W A. The Horns and Teeth as Indicators of Age in Bison. The Journal of Wildlife Management, 1959, 23(3):

342-344.

29 Grimsdell J J R. Age determination of the African buffalo, *Syncerus caffer Sparrman*. East African Wildlife journal, 1973, 11: 31-53.

30 李青，同号文. 周口店田园洞梅花鹿年龄结构分析. 人类学学报，2008，27(2)：143-152.

31 张双权. 河南许昌灵井动物群的埋藏学研究. 中国科学院研究生院博士学位论文，2009. 1-211.

32 Hillson S. Teeth. Cambridge: Cambridge University Press, 2005. 1-373.

33 Klein R G. Stone age predation on small African bovids. South African Archaeological Bulletin, 1981, 36: 55-65.

34 Klein R G, Allwarden K, Wolf C. The calculation and interpretation of ungulate age profiles from dental crown heights. In: Bailey G, ed. Hunter Gatherer Economy in Prehistory. Cambridge: Cambridge University Press, 1983. 1-256.

35 Gifford-Gonzalez D. Examining and refining the quadratic crown height method of age estimation. In: Stiner M C, ed. Human Predators and Prey Mortality. Boulder: Westview Press, 1992. 41-78.

36 Morris P. A review of mammalian age determination methods. Mammal Review, 1972, 2: 69-104.

ASSESSING THE AGE AT DEATH OF LARGE BOVINE FROM ARCHAEOLOGICAL SITES USING ISOLATED TEETH

WANG Xiao-min

(*Institute of Archaeology, Chinese Academy of Social Sciences*, Beijing 100710)

ABSTRACT

The remains of large bovine are the most common herbivore remains in archaeological sites. Teeth are the key materials to identify the species and ages of herbivores. Based on the relationship between the age at death of living cattle and their teeth wear and eruption sequence, the detail of the characters of large bovine fossil teeth from Bailong Cave (Yunxi,

129

Hubei Province) are described in this paper. Furthermore, the isolated teeth in different sequences are divided into corresponding age stages. For the dp4 and m3, which are the most identifiable teeth, the relationship between crown heights and teeth wear is also discussed. This paper provides the reference for the further mortality analysis of archaeological sites.

Key words   Archaeological sites,   large bovine,   tooth eruption sequence, tooth wear,   age at death

第十七届中国古脊椎动物学学术年会论文集. 董为, 张颖奇主编. 北京: 海洋出版社, 2021. 131-142
Proceedings of the Seventeenth Annual Meeting of the Chinese Society of Vertebrate Paleontology
DONG Wei, ZHANG Yingqi, eds. Beijing: China Ocean Press, 2021. 131-142

中国最早发现的旧石器*

卫 奇[1]　　马东东[1, 2]　　许渤松[1, 2, 3]

(1 中国科学院脊椎动物演化与人类起源重点实验室，中国科学院古脊椎动物与古人类研究所，北京 100044；
2 中国科学院大学，北京 100049；3 天津自然博物馆，天津 300201)

摘　要　　中国旧石器时代考古是从 1920 年由桑志华（Émile Licent）的发现开启的，是年 6 月 4 日在甘肃省华池县幸家沟出土 1 件石核，8 月 10 日又在赵家岔出土 2 件石片。发现的石核属于 III 型石核，属于同两件断片的拼合体，它具有 6 个台面 6 个作业面，可见石片疤 23 个，其中有效片疤 13 个；石片分别为 II1-2 型石片和 I1-2 型石片。石制品人工性质鲜明，其产品在 Nihewanian 不为鲜见。

关键词　　旧石器；幸家沟和赵家岔；甘肃省华池县；1920 年；Émile Licent

中国旧石器时代考古是从桑志华（Émile Licent）1920年6月4日在甘肃省庆阳市华池县的发现开创的。

1　发现概观

早在一个世纪之前，亚洲的神秘色彩已经令西方思想家、诗人和科学家神往而产生伟大《东方的幻想》。当时西方人纷纷涌入中国进行科学考察和探险活动，其中包括寻根问祖搜索人类的发祥地。曾经一度，西方的科学家认为，亚洲地区不仅对探讨哺乳动物群发生、演化和消亡具有重要意义，而且对于探索早期人类的足迹也恰似在黑暗中看到了亮点，因此，在过去的很长时间，古生物学界以为亚洲存在发现最古老地质时期的人类迹象，认为亚洲大陆，特别是蒙古高原在人类起源、扩散、体质演化和文化发展方面具有重要作用，推测亚洲是人类的起源地。

桑志华早年在《东方的幻想》感染下，于 1912 年博士结业前就萌发了到中国考察的心愿。1914 年 3 月，他离开法国巴黎横穿欧亚大陆经西伯利亚铁路到海参崴，然后乘船渡海辗转踏入中国土地。他到中国先落脚于天津天主教耶稣会崇德堂，并立即开往野外考察。他工作的地区主要在黄河和白河流域。他通过西方传教网点建立了一个很有实效的庞大信息联络网，在中国北方广袤地域（西北、华北、东北）考察行程总计约 50 000 km，收集古生物化石和现生动植物标本超过 20 万件，并创建了北疆博物院（Musée Hoang ho Pai ho，又称黄河白河博物馆）。一个外国人，不远万里来到中国，以志华为名，独身苦行，倾心灌注于科学考察，吃苦耐劳，孜孜不倦，在中国一干就

---

* 基金项目：中国科学院战略性先导科技专项（B 类）项目（批准号：XDB26000000）。
　卫奇：男，80 岁，研究员，从事旧石器时代考古. E-mail: weiqinhw@163.com.

是 25 年。桑志华是中国旧石器时代考古的创始人,也是中国第一座展示旧石器自然博物馆的缔造者。他的科学精神令人非常钦佩和敬仰,他把收集的大量标本留在了中国,其奉献尤其难能可贵。

桑志华 1919 年曾经在甘肃省陇东地区做过短期考察,第二年从 5 月 26 日再次进入庆阳地区,一直工作到 10 月 9 日离开十八里铺,发掘出大量哺乳动物化石,特别有意义的是在华池县发现了 3 件石制品,其中 1 件是 6 月 4 日出自幸家沟(图 1),2 件是 8 月 10 日来自赵家岔(图 2)。据桑志华的《黄河流域十年实地调查记(1914−1923)》记载,1920 年 "6 月 4 日:今天挖到了 8.6 m 的深度。主要是土方工作。但我密切关注着工程的进展,希望能发现人类的文化遗迹。直到 5.3 m,黄土都是致密而同质的,由此往下,砂质变得越发明显,呈暗绿色,很硬,沿着层理或节理劈裂成一些 70 cm 大小的块状。成层胶结还生成了一些板状岩石。正是在这个距离顶端 7.3 m 的黄土层中,有一件拳头大小的石英岩石块,我感觉(认为)是被打制成大致的金字塔形,高度约 4~5 cm(La stratification provoque aussi la formation de dalles. C'est dans ce lœss que j'ai trouvé, a 7 m 30 sous le sommet, une pierre de quartzite qui m'a paru taillée en 《coup de poing》 grossièrement pyramidalisé, de 4 à 5 centimètres de hauteur)。再往下 50 cm 处,有一些骨碎片。"(p.1283)"8 月 10 日:我们在底砾层中找到了两件石英岩石片,看起来是经过打制形成的,1 件长 1.5 cm,另一件长 2.5 cm,还有 1 件颌骨,多件鸵鸟骨化石,几件碳化的木头,若干颗牙齿,其中 1 颗是小型啮齿动物的门牙,两件颇为漂亮的长骨,以及许多碎骨。"(p.1310)"8 月 14 日:当晚,我们终于找到了象牙化石,它的保存状态非常糟糕,全部分解成了碎片,缺损严重,不可能修复了。象牙长 1.5 in,直径 20 cm。我们还在这件化石上方 1.5 m 处,发现了 1 件石英石块。"(p.1312)[1]

图 1　　幸家沟地点[1]

Fig. 1　　Xinjiagou locality [1]

图 2　赵家岔地点[1]

Fig. 2　Zhaojiacha locality [1]

1926 年，德日进（Pierre Teilhard de Chardin）曾怀揣梦想兴致勃勃前往庆阳发现旧石器的地点考察，但半路遭遇西安军事当局的拒绝，不得不变更考察计划，改道穿行山西，北上桑干河盆地视察桑志华发现的其后订名为"泥河湾动物群"的哺乳动物化石地点[2]。

这 3 件标本，布勒（Marcellin Boule）等在 1928 年曾经作过简单报道，其幸家沟的标本只从照片做了判断[3]。1941 年德日进对幸家沟出土的石制品鉴定为石核（图3）[4]。1920 年 8 月 14 日在赵家岔发现的一件石英岩石块，不清楚什么原因，后来就再没有音信了。

幸家沟和赵家岔地点的确切位置，人们先后做过不少考证，但由于时间久远的原因，其发掘的痕迹基本被岁月抹平，了解当年发掘的人也已经离世，其地点大多根据有关的记录进行推断，目前，张多勇等的论证看起来可信度较高。幸家沟地点位于甘肃省华池县五蛟乡吴家原村幸家沟自然村，地理坐标为 36°21′49″N，107°45′41″E；赵家岔地点位于甘肃省华池县王嘴子乡银坪村赵家岔自然村，地理坐标为 36°14′51″N，107°46′31″E[5]。

2　石制品观测

幸家沟地点出土的标本，收藏在中国科学院古脊椎动物与古人类研究所标本馆，编号：P7611，是1件Ⅲ型石核（多台面多片疤石核）（图4）。这件标本是娄玉山清理裴文中办公室的标本时找到的[6]。标本出现在裴文中的遗物中，应该与北疆博物院的标本迁移北京避难有关。当时为了标本的安全，在1940年6月，由时任北疆博物院代理院长罗学宾（Pierre Leroy）和德日进将一些需要研究的重要标本运到了北平使馆区的东交民巷台基厂三条3号，自立门户的"私立北平地质生物研究室"，1946年他俩被召回国之前，他们做了一个异乎寻常的决定：将其中一部分有重要研究价值的标本"存放"在刚刚恢复建制的中国地质调查所新生代研究室，并指名委托裴文中代管[2]。这些标本在1949年后正式移交中国地质调查所新生代研究室，后来新生代研究室几经变革形成了现在的中国科学院古脊椎动物与古人类研究所。因此，P7611标本的归属便自在情理中。

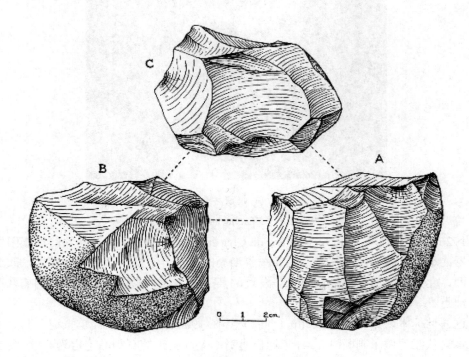

图 3　　德日进记述的幸家沟石核[4]

Fig. 3　　Core from Xingjiagou [4]

　　P7611 标本重新出现在裴文中的办公室，表明裴文中曾经对它有过青睐，与 1963 年他亲自带队进行萨拉乌苏河的科学考察也许存在一定关联。但是有关庆阳发现的研究及其野外调查，他和他的传人却始终没有开展。

　　这件石核，浅灰色，由石英岩制成，原型为砾石，尚保留少部分砾石面，磨蚀程度为Ⅰ级（轻微），风化程度为Ⅱ级（较轻微）。按照主作业面（剥片疤数量大质量高的作业面）定位观测，长（上下）79.2 mm，宽（左右）72.1 mm，厚（前后）58.4 mm，其大小参照一般成人的手指归属于中型（定性手掌握，定量不小于 50，＜100 mm）；长宽指数为 91.0，宽厚指数为 81.0，其形态借用数学和美学的黄金分割率归属于宽厚型（宽度 / 长度×100≥61.8，厚度 / 宽度×100≥61.8）[7]。台面 6 个，几乎均为人工剥片疤组成；主台面（主作业面的破片台面）为多片疤组合面，形态与形状都不规整，长和宽分别为 45 mm 和 80 mm，台面角 85º~90º。剥片作业面 6 个，可见剥片疤 23 个，在各个作业面上的数量分别为 5+6+4+4+3+1，其对应成功剥片疤分别为 4+4+2+2+0+1，最大石片疤长和宽分别为 50 mm 和 30 mm。剥片技术为硬锤直接锤击。重 457.8 g。

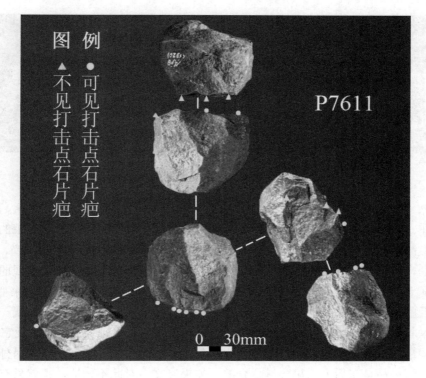

图 4　　幸家沟出土的Ⅲ型石核（P7611）

Fig. 4　　Core (P7611) from Xingjiagou

P7611 标本，实际是 3 件石制品的拼合体（图 5），它由 1 件Ⅲ型石核、1 件Ⅱ2-2 型石片（中间断片）和 1 件Ⅱ2-3 型石片（远端断片）组成。Ⅱ2-2 型石片的长、宽和厚分别为 38.5 mm、37.6 mm 和 13.2 mm，重 16.1 g。Ⅱ2-3 型的石片长、宽和厚分别为 28.3 mm、21.7 mm 和 7.7 mm，重 3.5 g。这两件石片组合成缺失近端部分的断片，其长、宽和厚分别为 38.5 mm、59.1 mm 和 14.3 mm，重 19.6 g，背面为双向多片疤型（Ⅰ4Ⅱ2），其远端保留长 17.5 mm 宽 32.8 mm 的砾石面，尾端呈刃状，Ⅱ2-3 型石片属于其石片的远端右侧部分。观察其石片特征，其石片的产生有过两次不同方向的剥片锤击，受力一次是在作业面从上到下（石核作业面观或石片背面观）；另一次是从左到右。我们把它看作是在石核作业面从上到下剥离的石片，因为其破裂面的半椎体表现明显，其近端部分崩裂失落，缺失部分长 6 mm，其断口呈正扇形（以背缘为近端），长（左右）和宽（前后）分别为 17.9 mm 和 5.9 mm。第二次锤击致使石片右侧尾端形成一个较长的尾端，但两次着力后其石片竟然不会脱落，实在是一个特例。如果看作是从左到右剥离的石片，其Ⅱ2-2 型和Ⅱ2-3 型石片的合体单独观察，很可能会作为完整石片的Ⅰ2-2 型石片看待，而且是从其石核 6 个台面之外的另外一个台面上剥落的，由此，这件石核的台面也可看为是 7 个。石片的破裂面，特征较为显著，只是由于岩

135

性的原因，断面显得粗糙。断面上贴有黄色物质，龟裂成多边形薄片，其物质可能是水胶。现在，3 件标本的总重量为 457.2 g，已经损耗 0.3 g，系部分粘合物脱落所致。

图 5　　P7611 石核上脱落的石片

Fig. 5　　Flakes dropped from P7611 core

　　现在，一个谜团摆在我们面前：标本是在什么时候拼合的？桑志华记录的是 1 件标本，推测，标本发现的时候是 1 个整体，因为桑志华的工作作风相当严谨，如果 3 件石制品当时已经分离，不可能不做相关的记录。因此，大胆推测：标本发现的时候，是 1 个整体，只是在助手或民工帮助清理附着物的时候，标本意外分裂开来变成了 3 件，然后就地用水胶粘合恢复了原状，桑志华却不知情，所以这件标本也就一直作为 1 件标本来看待了。诚然，其石核上粘贴的石片如果不脱落，确实很难怀疑它是 1 件拼合体，顶多可以观察到其锤击剥片产生的裂纹。不过，也不能完全排除另外 1 种可能，这件石制品是在后人手里分解拼合的。如果裴文中对此不知情，那就只有德日进清楚了，因为他在 1941 年亲自观察研究过它。其拼合的粘合剂是什么物质？是水胶？还是硝基清漆？如果是前者，其标本的拼合基本上可以排除后人所为，因为古脊椎动物与古人类研究所过去的传统粘合剂是硝基清漆，其标本发现时的人为性就增加了可能性，因为华北农村过去木匠用的粘合剂就是水胶。这种粘合剂，在石片右侧背面也遗留残迹，风化呈白色，与拼合面上的黄色不同。这是 1 个悬案，有待进一步判定。

　　赵家岔出土的两件石片标本收藏在天津自然博物馆北疆博物院，分别编号为THA00011 和 THA00012。这两件石片曾经被带到法国由布日耶（Abbé Henri Breuil）观察过，他视之为"比较薄的石片"[3]。

　　THA00011 标本是 1 件 II 1-2 型石片（背面观右边部分裂片）（图6）。布日耶等鉴定为"近三角形的小石片"[3]。它呈浅灰色，岩性为石英岩。用硬锤直接从原型石核上剥落而成，其石片左侧有较少部分崩裂。磨蚀 I 级；风化 II 级。长 27.6 mm，宽 16.6 mm，厚 5.1 mm，属于小型（定性三指撮，定量不小于 20，<50 mm）。长宽指数为 60.2，宽厚指数为 30.7，其形态属于窄薄型（宽度／长度×100<61.8，厚度／宽度×100<61.8）。保留台面部分单面状，呈倒扇形，台面角为 106º。保留背面部分全部为人工剥片疤，属 I 3 型（可见石片疤从上往下 3 个），可见最大石片疤长 23.4 mm，宽 6.6 mm，剥片侵入度 0.85。重量 2.8 g。

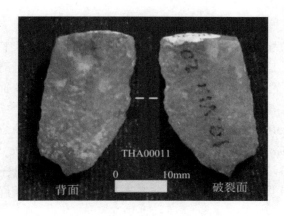

图 6   赵家岔Ⅱ1-2 石片（THA00011）

Fig. 6   Ⅱ1-2 flake from Zhaojiacha (THA00011)

THA0002 标本是Ⅰ1-2 型石片（自然台面部分人工背面石片）（图 7）。布日耶指出其标本"具有一个小的凹缺，边缘有轻微的加工"[3]。

这件石片呈略带微红的浅灰色，岩性为石英岩。用硬锤直接从石核上剥落而成。磨蚀Ⅰ级，风化Ⅱ级。长 21.2 mm，宽 18.2 mm，厚 4.0 mm，属于小型。长宽指数为 85.8，宽厚指数为 22.0，形态属于宽薄型（宽度／长度×100≥61.8，厚度／宽度×100＜61.8）。台面小而且呈破坏刃状，其台面原本应该是砾石面。背面只有一个石片疤，小而浅，侵入程度接近 0.5 或 50%，应该属于不成功剥片的片疤。背面大部分为砾石面，只有一条短而浅的石片疤，属Ⅰ1 型（可见石片疤从上往下 1 个），石片疤长 9.9 mm，宽 7.9 mm，剥片侵入度 0.47。重量 2.1 g。

在片疤近端的石片破裂面缘，可见 3 个微小疤痕，较为散漫，略有磨蚀，不见修理特征，可能是踩踏的痕迹。

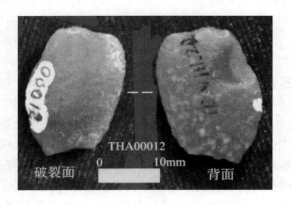

图 7   赵家岔Ⅰ1-2 型石片（THA00012）

Fig. 7   Ⅰ1-2 flake from Zhaojiacha (THA00012)

3   石制品性质

P7611、THA00011 和 THA00012 这 3 件石制品的人工性质十分清楚，从始至终未曾有任何怀疑。

P7611 标本，作为III型石核，多次转换台面剥片，反映了人类特有的创造性思维，这是鉴别石制品人工性质非常重要的指标。III型石核在泥河湾文化（Nihewanian Culture）普遍存在，尤其是在东谷坨早更新世遗址，不仅数量多，而且生产技术娴熟，石片剥制成功率高，表明中国远古人类从早更新世，已经掌握生产石片的高超技艺，美国古人类学家 Geoffrey Pope 曾经评价泥河湾的旧石器说："直立人是非常聪明的中国人的祖先"（*Homo erectus* was the ancestor of very smart people called Chinese）[8]，因此，侯亚梅将东谷坨遗址的III型石核乃至一些II 2-2 型石核（双台面多片疤石核）订名为"东谷坨石核"[9]，作为旧石器生产工艺流程思维，正是演绎导出了中国旧石器的这一鲜明特色。

THA00011 和 THA00012 标本，布日耶依据大小、形状和厚薄标准划分类型，这样的石片分类方法曾经在中国早期旧石器时代考古占据过统治地位，因为，中国的旧石器时代考古就是从法国人开始。在 20 世纪 80 年代，中国旧石器时代考古观察石片的视线逐渐转移到台面和背面的特性方面，目前已经趋向系统化、逻辑化和简单化[10]。

1920 年发现的这 3 件石制品，不论是石核，还是石片，在泥河湾文化的时空分布中屡见不鲜，但在其他石制品组合里也不为鲜见。小型的薄石片或似石叶薄长小石片，并非是旧石器时代晚期固有的特色，在早更新世较早阶段的旧石器遗址已经出现，尽管不乏有考古学家误判为细石器，泥河湾盆地黑土沟遗址就是一个非常精彩的典范[11-12]。

这 3 件石制品，并且出自两个地点，其石制品组合特征的举证材料明显有限，尽管布日耶等认为，"相对水洞沟和萨拉乌苏河的石工业，黄土底砾层的石工业可能更接近莫斯特文化的性质。换句话说，在现有的研究基础上，我们还没有发现任何与西方旧石器时代晚期文化类似的特征"[3]。显然，他们看出了中国出土的旧石器与西方的不同。

4 石制品年代

在最初的研究报告记述中，P7611 标本"埋藏于真正的黄土与底砾层之间的砂层中"[3]。THA00011 和 THA00012 标本"出自黄土层底下的堆积中"或"出自黄土底砾层"[3]，被看作是晚更新世的产物，可能受当时盛行"地文期"地貌发育理论的影响，晚更新世的黄土是"黄土期"的堆积，其下伏砾石层便是"清水期"沉积。另外，晚更新世萨拉乌苏河和水洞沟石器的发现，也多少会对庆阳华池的石制品断代产生作用，所以至今，旧石器时代考古学界仍然把这 3 件石制品的时代作为晚更新世看待。

地文期的理论基于新构造运动的强弱变化使区域地形发展的历史大体划分为剥蚀期（侵蚀期）与堆积期的交替出现，在华北地区，从上新世到全新世，其演变有唐县侵蚀期→保德堆积期→X 侵蚀期→静乐堆积期→汾河侵蚀期→泥河湾堆积期→湟水侵蚀期→周口店堆积期→清水侵蚀期→马兰堆积期（形成晚更新世黄土）→板桥侵蚀期→皋兰堆积期[13]。实际上，地文期学术是一定时间和空间里的地貌变化，"凸蚀凹积"是地貌演化的永恒规律，它的时间长短以及变化幅度深受空间的限定，因此，地文期的应用必须考虑时空的四维性条件。因为有侵蚀必然就有堆积，侵蚀-搬运-堆积几乎是同时发生的地质运动过程，德日进曾经发现其问题并做过巧妙的修正。现在，在华北地区，地文期的考古断代几乎已经退出历史舞台，取而代之的是"黄土-古土壤地层序列"断代理论方法。其实，"黄土-古土壤地层序列"存在与地文期学术一样的科学悖论，而且有过之而无不及，因为黄土-古土壤地层序列也是一定时间和空间土壤化强弱的变化现象，它只表现在具体的地层剖面上或一定区域地貌单元里。地球表面所有能生长植物的松散土层都是土壤，埋藏后便成为化石土壤或古土壤，它是沉积间断或缓慢堆积时以生物为主导形成的地质产物，它的时间性及其类型表现，在不同的地貌单元里不存在地质演变的同步性，因为土壤化是地表松散土层为母体以生物作用为主导的地质变化过程，它存在于地球有生物以来的所有时间段里，作为大范围气候波动的旋回指标是值得商榷的。

桑志华的工作，实事求是，治学严谨。他对地层里的发现和地表采集交待得明明白白，例如陕西油房头遗址，6件石制品，2件出自地层，4件采集于地表，记述得清清楚楚。1920年发现的石制品是在发掘哺乳动物化石过程中发现的，从有关资料判断，其石制品是从化石层的覆盖层里出土的。桑志华在甘肃华池县长达86 d，发掘大量哺乳动物化石，雇佣了83头骆驼运输，发现了以中国萨摩麟、三趾马和鼬狗为主的属晚第三纪三趾马动物群，德日进编入蓬蒂阶（Pontian）[14]。据有关专家说，其层位现在归中新统上部，即作为中新世晚期堆积看待，大约形成在 5 Ma～6 Ma。鉴于人们的科学认知，人类的出现，亦步亦趋，500 ka，1 Ma，大于 2 Ma，现在是 6 Ma～7 Ma，旧石器也已经追索到了 3.3 Ma 前。在中国，旧石器遗存的年代也常常在变化。

近年来，大约 2 Ma 的古人类遗迹在中国时有发现的报道，一直在冲击人类走出非洲的理论，因为科学家们认为格鲁吉亚发现的大约 1.8 Ma 前的 Demanisi "小矮人"是最先走出非洲的人类。从目前的考古发现判断，在中国大地貌单元的第二阶梯，泥河湾盆地黑土沟遗址的发现，证实早在 1.8 Ma 前人类已经扩散到东亚的 40ºN，佐证34ºN 陕西蓝田上陈遗址超越 2 Ma 的可能，同时不禁令人猜想，36ºN 的甘肃陇东地区怎能不是早期人类向北扩散的地区？现在重新审视 1920 年桑志华发现的幸家沟和赵家岔两个遗址，均分布在黄土冲沟里，其地层特征依据桑志华的记录判断，似与马兰黄土不甚相近；其地貌结构，依据谷歌高清晰地球卫星图判读，看起来未必就是河流阶地。这两个地点的层位作为黄土期或黄土底砾层的判断尚需进一步科学验证。如果其石器的层位与下伏古老地层找不到地层不整合的构造界线，那么幸家沟和赵家岔两个遗址的时代有可能比晚更新世早，到早更新世甚至更早也不是没有可能的。想当年，幸家沟和赵家岔两个旧石器地点，如果德日进如愿以偿能够继续勘探发掘，有关方面的论证基本上可以得以解决。

本文对桑志华1920年发现的石制品进行了再观测，填补了过去研究的空白，也圆了德日进和裴文中等老一辈对于 P7611 标本的观测梦想，只是很遗憾，来得晚了一些，如果能早几十年，根据这个线索，到洛河支流葫芦河一带开展旧石器时代考古调查，取得重要科学成果是很有希望的，而且获得重大发现也不是绝无可能，特别是更新世早期甚至更早时期的人类遗存。

5 石制品的科学意义

1920 年 6 月 4 日和 8 月 10 日，桑志华分别在幸家沟和赵家岔发现旧石器制品，推翻了 1882 年德国地质学家李希霍芬（Ferdinand von Richthofen）关于中国北方不可能有旧石器的论断。发现的石制品虽然数量不多，但真正把中国的历史推进到了旧石器时代，因为其石制品人工性质清楚，而且是从地层里出土的，尽管前华西大学叶长青（J. Huton Edgar）从 1913 年就在长江三峡地区开始采集石制品，曾经在宜昌和重庆之间的长江岸边发现了 5 件标本[15]，但其时代至今仍然尚未得以确认。

中国最早发现的这 3 件石制品，"未发现任何西方旧石器时代晚期文化类型的特征"。布勒（M. Boule）曾经指出："布日耶的研究结果显示，中国黄土地层里发现的很多石器与法国莫斯特工业的产品类似，这与地质学的观察结果是吻合的，所不同的是这里的莫斯特工业中还伴生有法国旧石器时代晚期（即梭鲁特时代）的石制品，因而与欧洲显示出一定差异。"同时又说："不过，这种石器工业之间的差异应该是极为正常的现象，因为我们对鄂尔多斯石器工业性质的界定可能反应了我们陷于先入为主的偏见，事实上，由于地层和古生物化石的特征与欧洲具有明显的一致性，相比之下石器的差异就显得异常突出，对于自然科学家来说，中国石器工业出现这种不均一的特征并非是很奇怪的事，因为我们不能根据法国几个地点的有限材料建立起一个放之四海而皆准的框架，而后指望将全世界的古人类资料（包括中国）统统囊入其中。换句话说，如果史前考古学家死板地按照某个地区的分类标准进行研究，那么他肯定会步入死胡同，这一点已经由 19 世纪的地质学家证明了，因为他们曾经试图依据巴黎盆地建立一个符合所有国家地质特征的模型，但受到了广泛的批评，最终被证明是行不通的。"这是科学家的真知灼见。很遗憾，在中国，第四纪地质学界正在循规蹈矩实践 100 多年前在法国行不通的科学。另外，假设布勒看到今日泥河湾盆地早更新世的旧石器时代考古发现，在早更新世遗址里出土了类似旧石器时代晚期的石制品，他会不会像裴文中评价小长梁遗址那样做出高屋建瓴的论断？有真知灼见的科学家不是拘泥于现有的理论模式框套新的发现，而会依据新的发现不断修正相关的理论，因为"理论是灰色的，而生活之树常青"。

桑志华开创了中国旧石器时代考古，他是中国旧石器时代考古的奠基人，泥河湾盆地众多的旧石器时代遗址发现成果正是踏着他的足迹得来的丰硕收获；萨拉乌苏河遗址发现后在古人类学和旧石器时代考古学都取得了长足发展是显著的；榆社和庆阳的古生物学更是获得了巨大的进展，而且在这两个地区也发现了不少晚更新世的旧石器或细石器。显然，在甘肃陇东地区，未来旧石器时代考古的重大发现也不是没有希望的。

2020 年，恰逢中国旧石器时代考古开创 100 周年，作此文纪念。另外，对当时发现的 3 件石制品进行了定性和定量的体检记述，为他人提供一点粗浅的资讯。

致谢　衷心感谢中国科学院古脊椎动物与古人类研究所标本馆马宁与娄玉山和天津自然博物馆北疆博物院的协助以及董为与刘文晖的帮助。

参 考 文 献

1　陈蜜. 中国最早发现的旧石器史事考述. 化石，2017, 2017(3)：53-55.

2　陆惠元, 侯云凤. 德日进和北疆博物院 中国博物馆, 2000, 2000(4)：89-93.

3　Boule M, Breuil H, Licent E, et al. 1928. Le Paléolithique de la Chine. Archives de L'Institut de Paléontologie Humaine, 1928, Mémoire 4: 1-138.

4　Teilhard de Chardin P. Early man in China. Institut de Géo-Biologie Pékin, 1941, (7): 1-112.

5　张多勇, 马悦宁, 张建香. 中国第一件旧石器出土地点调查. 人类学学报, 2012, 31(1)：51-59.

6　娄玉山. 找回我国最早发现的旧石器. 化石, 2008, 2008(2)：31-31.

7　卫奇. 石制品观察格式探讨. 见：邓涛, 王原主编. 第八届中国古脊椎动物学学术年会论文集. 北京：海洋出版社, 2001. 209-218.

8　卫奇. "北京人" 遗址第十层石制品再研究. 河北北方学院学报（社会科学版），2019，35(5)：19-27.

9　侯亚梅. "东谷坨石核" 类型的命名与初步研究. 人类学学报, 2000, 22(4)：279-292.

10　卫奇, 裴树文. 石片研究. 人类学学报, 2013, 32(4)：454-469.

11　卫奇, 裴树文, 贾真秀, 等. 泥河湾盆地黑土沟遗址. 人类学学报, 2016, 35(1)：43-62.

12　卫奇. 黑土沟遗址-东亚早期人类活动的信证据. 化石, 2018, (4)：62-71.

13　地质词典办公室. 地质词典（三）古生物地史分册. 北京：地质出版社, 1979. 341-342.

14　Teilhard de Chardin P, Leroy P. Chinese Fossil Mammals. Peking: The French Bookstore, 1942. 1-121.

15　Graham D C. Implements of prehistorical man in the West China Union University Museum of Archaeology. Journal of the West China Border Research Society, 1935, 7: 47-56.

OBSERVATION ON THE FIRST DISCOVERED STONE ARTIFACTS IN CHINA

WEI Qi[1]　　MA Dong-dong[1, 2]　　XU Bo-song[1, 2, 3]

(1 *Key Laboratory of Vertebrate Evolution and Human Origins, Institute of Vertebrate Paleontology and Paleoanthropology, Chinese Academy of Sciences*, Beijing 100044;　2 *University of Chinese Academy of Sciences*, Beijing 100049;

3 *Tianjin Natural History Museum*, Tianjin 300201)

ABSTRACT

Paleolithic archaeology in China was initiated in 1920 by Émile Licent at Huachi County, Gansu Province. One core was discovered in Xingjiagou on June 4, 1920, and two small flakes were found in Zhaojiacha on August 10 in the same year. The core was refitted with 2 snapped flakes and it is the one type III core (multi-platforms with over 3 flake scars) with 5 platforms and 6 flaking surfaces, with 20 visible flake scars including 13 effective scars. Two flakes can be assigned to type II 1-2 (right split) and type I 1-2 (cortical butt with partially cortical dorsal surface). The stone artifacts show unquestionable artificial properties, and the morphologies are common in Nihewanian Culture in North China.

Key words   Paleolithic,   Xingjiagou and Zhaojiacha, Huachi County, Gansu Province, 1920 A.D., Émile Licent

第十七届中国古脊椎动物学学术年会论文集. 董为，张颖奇主编. 北京：海洋出版社, 2021. 143-156
Proceedings of the Seventeenth Annual Meeting of the Chinese Society of Vertebrate Paleontology
DONG Wei, ZHANG Ying-qi, eds. Beijing: China Ocean Press, 2021. 143-156

周口店遗址群第 4 地点石制品再研究*

卫 奇

(中国科学院古脊椎动物与古人类研究所，北京 100044)

摘 要 周口店遗址群第 4 地点可观测石制品 84 件，包括石核 5 件、石片 39 件、修理品 13 件、断块 26 件和石锤 1 件，另外还有 1 件小砾石。标本的岩性 92.94% 为石英。石制品基本上未经磨蚀，绝大多数风化轻微。石制品小型的占多数，形态以宽薄型的为主，完整石片多为 I 2-3 型，修理品的石料全部为石英，而且多以石片向背面修理，形制不定型，精制品制作相当精良。该地点石制品的性质与 Nihewanian 基本一致。

关键词 石制品再研究；周口店遗址群第 4 地点；北京市

1 遗址概况

周口店第 4 地点是周口店遗址群中的一处重要的旧石器遗址（图 1），它位于北京市周口店龙骨山南坡的较高处，北距"北京人"遗址（周口店第 1 地点）大约 70 m，地理坐标为 39°41′15″N，115°55′31″E。1927 年布林（Birger Bohlin）和李捷在这个地点发现动物化石，1935 年贾兰坡接替裴文中主持周口店的发掘工作。从出土石制品标本的标记判断，第 4 地点在 1936 年、1937 年和 1938 年均发掘过，1939 年裴文中报道了出土的石制品[1]。1973 年顾玉珉主持进行了再次发掘，并把这里订名为"新洞"遗址，但经张森水考证，其"新洞"就是第 4 地点[2]。

该地点文化层属于洞穴堆积，但洞顶大部分早已坍塌，堆积物已经露天。出土人的 1 枚左上第 1 臼齿，可能属于男性个体。发现的哺乳动物化石包括 40 个种类，既有周口店较早时期常见的壮猕猴（*Macaca robusta*）、翁氏兔相似种（*Lepus* cf. *wongi*）翁氏鼢鼠（*Myospalax wongi*）、三门马相似种（*Equus* cf. *sanmeniensis*）、李氏野猪相似种（*Sus* cf. *lydekkeri*）和肿骨大角鹿（*Megaloceros pachyosteus*），也有通常认为属于较晚期的岩松鼠（*Sciurotamias davidianus*）和马鹿（*Cervus elaphus*）[3]。其时代比"北京人遗址"（第 1 地点）晚，底部堆积比山顶洞人遗址早[4]，属于晚更新世初期，与其东侧周口店第 15 地点并列为旧石器时代中期[3]，但也有人根据不同的测年数值将它与第 15 地点粗略定为旧石器时代早期之末[2]。

* 基金项目：中国科学院战略性先导科技专项（B 类）项目（批准号：XDB26000000）.
卫奇：男，80 岁，研究员，从事旧石器时代考古. E-mail: weiqinhw@163.com.

图 1　　　周口店遗址第 4 地点地理位置及其近景

Fig. 1　　　Location of Loc. 4 of Zhoukoudian site and front view of the locality

2　石制品观测

出土标本 85 件，其中包括石制品 84 件，人工采集石英小砾石 1 件。

石制品中，发现于 1936 年的 1 件（标注 36：214）、1937 年的 28 件（标注 37：17-265）、1938 年的 4 件（标注 38：13-33）和 1973 年 3 月 7 日至 11 月 31 日的 51 件。

石制品由石核、石片、修理品、石锤和断块组成，其中石核包括Ⅰ3 型的、Ⅱ2 型的和Ⅲ型的；石片包括Ⅰ1-1 型的、Ⅰ1-2 型的、Ⅰ1-3 型的、Ⅰ2-2 型的和Ⅰ2-3 型的，以及Ⅱ2-3 型的、Ⅱ3 型的和Ⅱ4 型的；修理品包括Ⅰ1-1 型的、Ⅰ1-3 型的、Ⅱ1-1 型的、Ⅱ1-3 型的和Ⅱ2-1 型的（表 1）。

岩性： 84 件石制品中，石英 78 件（包括水晶 1 件），占其 92.86%；石英砂岩 5 件，占其 5.95%；安山岩 1 件，占其 1.19%。

重量： 总重 1 634.1 g，平均每件 19.5 g，最轻的是 W19 号Ⅱ4 型石片 0.5 g。最重的是 W21 石锤 292.8 g，大多数在平均值以内。修理品 13 件 516.5 g，平均每件 18.4 g，最轻的是 P7504 精制品 3.1 g，最重的是 P7851 粗制品 37.7 g，多半小于平均值。

磨蚀： 全部为Ⅰ级（轻微），几乎没有被磨蚀。

风化： Ⅱ级（较轻微）74 件，占其 88.10%；Ⅲ级（中等）的 6 件，占其 7.06%；Ⅰ级（轻微）的 3 件，Ⅴ级（严重）的 1 件。

大小： 小型（定性三指撮，定量不小于 20，＜50 mm）的 58 件、中型的（定性手掌握，定量不小于 50，＜100 mm）16 件和微型的（定性双指捏，定量小于 20 mm）10 件，分别占其总数的 69.05%、19.05% 和 11.90%（图 2）。石制品的观测定位：石核，主作业面观，台面在上，上下最大距为长度，左右最大距为宽度，前后最大距为厚度；石片，背面观，台面在上，台面背缘与石片尾端最大距为长度，左右最大距为宽度，前后最大距为厚度；修理品，暂时以标本的长度、宽度和厚度决定，实际上按照修理刃缘定位看起来较为合适。

表1　标本分类及数量统计一览

Table 1　Categories and frequencies of stone artifacts

类型				数量	百分比(%)
石核	Ⅰ型(单台面)	Ⅰ1型（单片疤）		5	5.89
		Ⅰ2型（双片疤）			
		Ⅰ3型（多片疤）		2	
	Ⅱ型(双台面)	Ⅱ1型（双片疤）			
		Ⅱ2型（多片疤）		1	
	Ⅲ型（多台面多片疤）			2	
石片	Ⅰ型(完整石片)	Ⅰ1型	Ⅰ1-1型（自然背面）	1	39　45.88
		（自然台面）	Ⅰ1-2型(自然/人工背面)	1	
			Ⅰ1-3型（人工背面）	2	
		Ⅰ2型	Ⅰ2-1型（自然背面）		
		（人工台面）	Ⅰ2-2型(自然/人工背面)	3	
			Ⅰ2-3型（人工背面）	19	
	Ⅱ型(其他石片)	Ⅱ1型	Ⅱ1-1型（左边）		
		（裂片）	Ⅱ1-2型（右边）		
		Ⅱ2型	Ⅱ2-1型（近端）		
		（断片）	Ⅱ2-2型（中部）		
			Ⅱ2-3型（远端）	1	
		Ⅱ3型（无法归类石片）		3	
		Ⅱ4型（碎屑，包括较微小的完整石片）		9	
修理品	Ⅰ型（精制品：修理规整有一定造型）	Ⅰ1型	Ⅰ1-1型（单向背面修理）	3	13　15.29
		（原型石片）	Ⅰ1-2型（单向破裂面修理）		
			Ⅰ1-3型（双向修理）	2	
		Ⅰ2型	Ⅰ2-1型（单向修理）		
		（原型非石片）	Ⅰ2-2型（双向修理）		
	Ⅱ型（粗制品：略加修理无一定造型）	Ⅱ1型	Ⅱ1-1型（单向背面修理）	4+1★	
		（原型石片）	Ⅱ1-2型(单向破裂面修理)		
			Ⅱ1-3型（双向修理）	1	
		Ⅱ2型	Ⅱ2-1型（单向修理）	1+1★	
		（原型非石片）	Ⅱ2-2型（双向修理）		
敲击品		石锤		1	1.18
		石钻			
断块（具有人工痕迹的其他石块）				26	30.59
砾石				1	1.18
总计				85	100.01

注：带★符号者指砸击品，其他指锤击品.

145

形态：宽薄型（宽度／长度×100≥61.8，厚度／宽度×100＜61.8）的 52 件、宽厚型（宽度／长度×100≥61.8，厚度／宽度×100≥61.8）的 19 件、窄薄型（宽度／长度×100＜61.8，厚度／宽度×100＜61.8）的 3 件和窄厚型（宽度／长度×100＜61.8，厚度／宽度×100≥61.8）的 10 件，分别各占总数 61.91%、22.62%、3.57% 和 11.90%（图 3）。

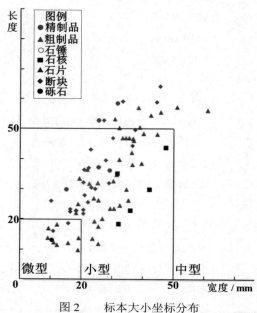

图 2　　标本大小坐标分布

Fig. 2　　Distribution of the size of stone artifacts

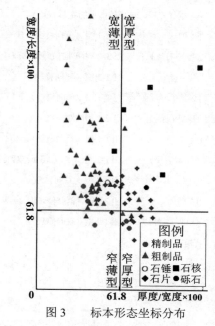

图 3　　标本形态坐标分布

Fig. 3　　Distribution of the shape of stone artifacts

石核：5 件（表 2 和图 4），全部属于锤击品。

本文石核观测定位，以可见剥片作业面，其台面在上。双台面和多台面者（Ⅰ型和Ⅱ型），其主作业面依据可见剥片疤数量较多且质量（成功率）较高加以认定。

表 2　　石核观测

Table 2　　Observation and measurement of the cores

类型	原订名	编号	长×宽×厚/mm	台　面		可见片疤		重量/g
				长×宽/mm	角	数量	成功数	
Ⅰ3型		P7837	18.5×32.2×38.8	40×28	74°	3	3	28.4
Ⅰ3型		P7861	29.9×42.2×26.8	18×20	90°	3	2	32.1
Ⅱ2型	单凸刃刮削器	P7505	43.8×47.4×27.0	30×40	76°	4+3	2+2	63.0
Ⅲ型	尖状器	P5228	22.8×36.1×30.2	35×35	82°	3+1+1	2+1+1	17.5
Ⅲ型	多台面石核	P7501	35.1×31.7×29.6	28×28	87°	2+1+1	2+1+0	44.1

P7505Ⅱ2 型石核，原先作为单凸刃刮削器看待，鉴于其可见 7 个片疤长为 11.6～27.1 mm，侵入度（片疤或疤痕长度/标本相对两端距）分别为 0.27～0.56，似乎作为石核比修理品较为稳妥。同样，P5228Ⅲ型石核，其剥片的片疤较为明显，论其为修理疤痕欠妥，尽管片疤与修理疤痕没有绝对的本质区别，因为大型修理品的修理疤痕实际上比小型石核的片疤大得多是不言而喻的。

图 4　　石核

Fig. 4　　Cores

石片：39 件，包括Ⅰ型石片 26 件（表 3 和图 5）和Ⅱ型石片 13 件，其中Ⅰ2-3 型石片有 19 件，占其Ⅰ型石片总数的 73.08%；Ⅱ4 型石片 9 件，占其Ⅱ型石片总数的 69.23%。

所有的石片，均不显贝壳状断口。

石片状态反映剥片选择石核台面的思维，而其形态则是反映选择石核台面打击点位置的思维。台面形态，背面缘为内端，破裂面缘为外端，以背面缘和破裂面缘的直线、折线和弧线组合成正三角形、倒三角形、正扇形、倒扇形、扇面型、正弓形、倒弓形、唇形、菱形、多边形和不规则形等多种类型（图6）。台面的大小，反映剥片的技巧，不仅受剥片方法的影响，也与其石片的大小密切相关。

表3　完整石片观测

Table 3　Observation and measurement of the flakes

类型	原订名	编号	长×宽×厚/mm	台面角	台面状态	台面形态	背面类型	重量/g
Ⅰ1-1型片		P7866	57.3×51.2×10.1	-	刃状	刃状	-	19.7
Ⅰ1-2型片		P7844	38.0×36.7×10.5	129°	平糙面	唇形	Ⅰ2	12.7
Ⅰ1-3型片		P7859	46.1×37.1×15.2	108°	平坦面	正扇形	Ⅰ3Ⅲ1	19
Ⅰ1-3型片	刮削器	P7871	46.6×36.9×17.1	100°	平糙面	不规整	Ⅰ3Ⅲ1	29.5
Ⅰ2-2型片	锤击石片	P5222	56.2×61.2×14.8	115°	平坦面	扇面形	Ⅰ7	47.8
Ⅰ2-2型片		P7856	23.5×30.7×12.8	-	刃状	刃状	Ⅰ1Ⅲ1	8.5
Ⅰ3-2型片	刮削器	P7870	54.5×42.6×16.8	114°	平糙面	四边形	Ⅰ3Ⅳ1	36.8
Ⅰ2-3型片	刮削器	P7820	53.2×30.9×11.3	116°	平坦面	正扇形	Ⅰ3Ⅱ2Ⅳ1	11.6
Ⅰ2-3型片	刮削器	P7821	38.5×39.6×14.6	115°	平坦面	正扇形	Ⅰ4	13.8
Ⅰ2-3型片	刮削器	P7822	33.3×19.4×13.6	121°	平糙面	不规则	Ⅰ2Ⅱ1	7
Ⅰ2-3型片		P7843	52.6×30.5×16.1	117°	平坦面	倒△	Ⅰ3	10.5
Ⅰ2-3型片		P7846	23.4×29.4×12.6	94°	平糙面	倒弓形	Ⅰ3	5.8
Ⅰ2-3型片		P7848	42.0×36.4×17.1	134°	平坦面	正扇形	Ⅰ2Ⅱ1Ⅲ1	18.4
Ⅰ2-3型片		P7854	20.1×26.8×12.7	105°	平糙面	正扇形	Ⅰ2Ⅲ2	6.9
Ⅰ2-3型片		P7858	26.2×25.5×10.7	104°	平坦面	倒△	Ⅰ2Ⅱ1	4.7
Ⅰ2-3型片		P7860	48.3×40.3×18.2	121°	平坦面	正扇形	Ⅰ2Ⅱ2Ⅲ1	27.3
Ⅰ2-3型片		P7862	39.7×32.3×13.1	98°	平糙面	倒弓形	Ⅰ3Ⅳ1	19
Ⅰ2-3型片		P7863	26.2×35.3×10.8	124°	平坦面	倒△	Ⅰ4	8.9
Ⅰ2-3型片		P7864	48.2×44.7×19.3	102°	平糙面	正扇形	Ⅰ3	43.1
Ⅰ2-3型片		P7865	50.2×32.3×12.2	80°	平坦面	不规整	Ⅰ2	14
Ⅰ2-3型片		P7867	55.6×45.8×	136°	平坦面	正扇形	Ⅰ3Ⅲ1	47.6
Ⅰ2-3型片		P7868	26.5×24.2×9.6	109°	平坦面	正扇形	Ⅰ2Ⅱ1	5.1
Ⅰ2-3型片		P7869	46.8×55.6×9.6	124°	平坦面	正扇形	Ⅰ3Ⅳ1	12.6
Ⅰ2-3型片	刮削器	P7872	29.7×34.8×13.6	99°	平坦面	四边形	Ⅰ3Ⅲ1	12.6
Ⅰ2-3型片	碎石	W06	13.5×23.7×5.0	110°	平坦面	倒扇形	Ⅰ2	1.3
Ⅰ2-3型片	碎石	W15	17.6×25.7×5.5	105°	平坦面	四边形	Ⅰ3Ⅲ1	1.8

修理品：13件，包括精制品5件和粗制品8件（表4），本文均作为边刃器看待，其原型大多为石片，且向背面修理为主。精制品加工相当精良，显示出人工有目的的操作，修理刃缘具有一定造型，可见修理疤有6~18个（图7）。P5227和P7504标本分别由裴文中和张森水作为尖刃器处置[2,4]，作为研究的一种分类尚可，但作为用途的划分只能是判断或猜测，因为其真实情况永远难以搞得清楚。不过P3704标本的"尖"

148

端具有明显的修理痕迹，把它作为断"尖"看待似有不妥，因为打击疤痕与断裂截面的差异是比较明显的。

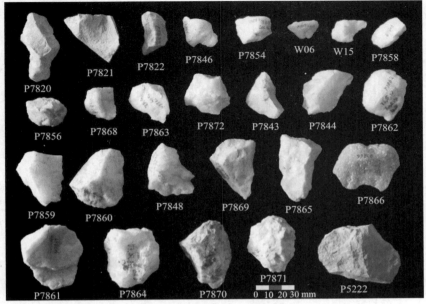

图 5　　　完整石片（背面观）

Fig. 5　　　Whole flakes (dorsal view)

笔者将加工的石器称之为"修理品"（trimmed），包括精制品（retouched）和粗制品（modified），真正的器物或工具应该包括在精制品内，粗制品应该属于次品或不成功的修理品[5]。这样，修理品与"石器"或"器物"相比，其概念相对外延广而内涵浅，也就是说，修理品不仅可以包括器物或工具，而且也可以包括妇女儿童的模仿作品，还有"定情"信物和"行贿"物品，以及一步加工到位的作品和修理不成功的残次品等。这样，厘清了"石器""工具""器物"和"第二步加工"等术语概念的包含与被包含关系，尽管在当前学术界尚未获得共识。

粗制品：修理痕迹少，而且散漫，其刃缘基本不呈一定造型，这类制品如果作为次品看待应该是最为合理的处置。

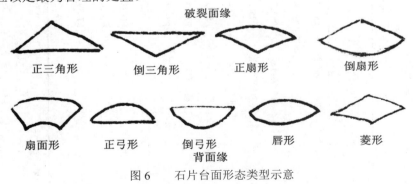

图 6　　　石片台面形态类型示意

Fig. 6　　　Morphological types of flake platform

表 4　修理品观测

Table 4　Observation and measurements of the retouched and modified pieces

类型	原订名	编号	原型	长×宽×厚/mm	修理方式	刃缘			修疤数	重量/g
						形态	长度/mm	刃角		
精制品	单凸刃刮削器	P5224	I 2-3 片	37.1×25.7×9.6	单向背	凸	35	67°	7	10.2
		P5226	II 3 片	58.5×31.7×21.1	单向背	凸-直	66+52	72°	12+6	38.9
	角尖尖刃器	P5227	I 2-2 片	52.8×25.7×17.6	单向破	直	37	66°	8	23.9
	单直刃刮削器	P7502	II 3 片	36.1×29.3×10.0	双向	直	22	69°	6	11.8
	正尖尖刃器	P7504	I 2-3 片	29.9×15.2×6.5	双向	凸	32	56°	8	3.1
粗制品		P5225	I 2-3 片	31.7×22.6×9.9	双向	直	23	73°	4	5.9
	硬击石片	P7503	I 2-3 片★	25.0×19.1×7.7	单向背	凸齿	38	65°	3	3.7
		P7823	II 3 片	57.0×38.5×19.0	单向破	凸	30	77°	4	36.8
		P7825	断块	50.5×39.0×16.6	单向	凸	40	76°	4	28
		P7828	I 2-2 片	46.8×34.5×11.3	单向背	凸齿	28	60°	4	15.9
		P7835	II 3 片	36.3×21.9×13.9	单向背	凸	19	50°	3	14.8
		P7839	I 2-3 片	32.0×25.3×11.6	单向破	凸	25	51°	3	9.3
		P7851	I 1 核★	46.9×33.4×25.3	单向	凹	15	85°	2	37.7

注: ★硬击品

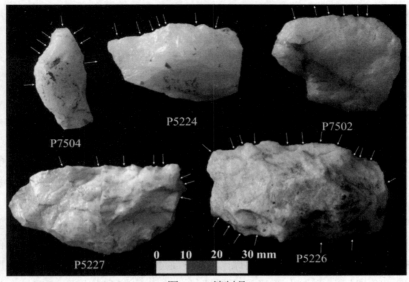

图 7　精制品

Fig. 7　Retouched

周口店第 4 地点修理品中的精制品，全部由石英加工制成。联想到"北京人"遗址上部文化层中出土的石英质精美制品，事实表明，石英加工石器不存在石料的质量问题。早期"北京人"的石器较其晚期的原始简单是正常的，但比泥河湾盆地 1 Ma ~ 2 Ma 前的旧石器也原始简单，就不能不令人深感错愕。为此，裴文中点评小长梁的旧石器："它们的体型都比较小，我们若用它们和周口店第一地点的大量石器作比较，周口店第一地点最下层的石器，有许多个个体说明是最早使用过的石器，其后，在每一地层中都有了变化，直到最上层已经成了将近晚期的式样。周口店石器进步这样快，泥河湾的石器早已开始使用，进步也应当很快，已经达到了黄土时期的式样，当中把周口店时期飞跃过去了。"如果见物见人，那么就不能不让人思索，早期"北京人"应该是"弱智"或"笨蛋"[5-6]。

3　讨论

（1）周口店遗址第 4 地点，布林和李捷是发现者，裴文中是旧石器的最先报道人，顾玉珉后来进行过古人类和古脊椎动物研究，张森水对这个地点作过整体报道。

本文对出土的石制品 84 件做了较为全面的定性和定量观测，并列表记述，虽然简单，但增加了研究的信息量，并且向大数据化方向迈进了一步。

（2）周口店第 4 地点的石制品再研究，鉴于过去的原因，现在能够研究的对象只有收藏的标本。不过，从石制品组合特征来看，标本的收集是全面的，判断没有经过精选，因此，基本保全了石制品研究资料的完整性。

石制品共计 84 件，岩性为石英的占 92.86%；重量在 0.5 ~ 292.8 g 范围，平均每件重 19.45 g；小型标本占 69.05%，无大型和巨型标本；宽薄型标本占 61.91%；石制品几乎均无磨蚀；分化程度 88.1%属于较轻微，有个别标本属中等甚至严重；5 件石核显示的可见剥片疤均在 3 个或 3 个以上，其中多台面和双台面的有 3 个；完整石片中

Ⅰ2-3 型石片占 67.86%，其中背面可见多片疤者占 92.86%，双向和多向片疤者占 39.29%。

修理品 13 件全部由石英原料制作而成，基本上不定型，均为小型和接近小型，多数系石片向背面方向加工，其中有 5 件精制品，其制作精致程度足可以与华北旧石器晚期的石制品相媲美。由此可见，石英是可以制作精美石器的。

周口店遗址群第 4 地点的石器文化，与泥河湾文化（Nihewanian Culture）基本一致，彼此应该属于旧石器同一文化体系。

（3）周口店遗址，实则为周口店遗址群，包括 27 个地点，但大多数是脊椎动物化石地点，有人类遗迹发现的只有第 1 地点（"北京人"遗址）、第 4 地点（新洞人遗址）、第 13 地点及第 13A 地点、第 15 地点、第 22 地点、第 26 地点（山顶洞人遗址）和第 27 地点（田园洞遗址）。遗址地点的编排，是西方人开创的。"周口店遗址"，其石器地点以及脊椎动物化石地点，分布从早更新世一直延续到晚更新世。这样的编序，至今在中国仍然有延续，例如河北阳原"马圈沟遗址"，而在较早时期却是把时代相近的地点编为一个遗址，例如山西襄汾丁村遗址、山西永济和芮城匼河遗址、河北阳原县虎头梁遗址和山西阳高与河北阳原许家窑-侯家窑遗址等。

目前，遗址和地点其空间范围和时间跨度的界定因人而异，在尚未规范的情况下，能说明白就好。

（4）张森水的石制品分类方法（以下简称张氏分类法）是中国旧石器时代考古学上的一项独特创举，张森水应用这个方法完成了"北京人"遗址久而未决的石制品较为全面的研究，出版的《中国猿人石器研究》专著，其科学意义是大家所知的。

张氏分类法（图 8）明显违背逻辑划分准则，在同一划分层面出现双重标准或多重标准，犹如对裴文中、贾兰坡和张森水 3 人进行分类，1 位旧石器时代考古学家，1 位河北人，1 位男性。显然同一划分层面应用了职业、籍贯和性别 3 个标准，这是不符合形式逻辑划分准则的，因为这 3 个划分标准裴文中或贾兰坡 1 个人都具备。这个问题是中国乃至世界旧石器时代考古长期存在的普遍问题。不过，有关的不同声音在中国已经出现，相信旧石器的研究思想和研究方法会越来越完善，因为科学无涯，做学问要在不疑处有疑，革新永远在进行时，证伪是科学的本质特性。

（5）本文在石制品观测中，应用了平均数值统计，因为平均数值统计分析是科学研究的一个实用方法，只是它的准确度往往受统计数量的影响，其数量越大，其平均数值越客观。事实上，旧石器遗址出土的石制品不可能是全部，况且数量一般有限，所以平均数值的科学性存在偏差是显而易见的。为了弥补这个不足，本文对石制品的属性记述，有的是按照聚类处理，例如石制品的大小和形态；有的是在平均数值记述中增加最大和最小的极限值，例如重量。

中国旧石器研究的平均数值测量方法是张森水生前积极推崇的。张森水在晋升副研究员职称做的报告是富林文化，其创新亮点就是平均数值，但始料不及的是裴文中在评审会上指出："这个方法不能用"。实际上，富林遗址的石制品有 6 856 件，具备统计的数量条件，无疑其平均数值具有统计学上的科学意义。显然，裴文中的拍板有失公允，也不合时宜。

第 4 地点石制品分类与统计一览表

项目	数量 分类	断块	断片	锤击石核	锤击石片	砸击石片	单直刃刮削器	单凸刃刮削器	正尖尖刃器	角尖尖刃器	分项统计	百分比
原料	石英	49	6	1	12	1	1	3	1	1	75	92.59
	砂岩	1	1		1						3	3.70
	燧石				2						2	2.47
	火成岩				1						1	1.23
毛坯	断片						1	1	1[(1)]	1	4	66.67
	断块							2			2	33.33
长度		33.50	23.0	44.0	39.57	25.0	38.0	42.67	30.0	55		
宽度		24.14	16.86	33.0	34.87	19.0	29.0	36.67	14.0	27		
厚度		15.24	8.57	30.0	12.57	8.0	11.0	20.0	7.0			
重量				46.0	15.54	3.6	13.0	34.33	3.0			
台面角				84.3								
石片角					104.0							
刃角							66.0	72.5	64.50			
尖刃角									63.0	87		
分类小计		50	7	1	16	1	1	3	1	1	81	
百分比		61.73	8.64	1.23	19.75	1.23	1.23	3.70	1.23	1.23		99.97

(1) 为左侧稍残的锤击石片。

图 8　　　张森水石制品分类[2]

Fig. 8　　　Zhang's classification of stone artifacts[2]

（6）毛坯，在中国旧石器时代考古学上作为术语可能来自新石器时代考古，其概念显然是意指石制品的原型，即石制品生产前一道工序的类型。然而，毛坯在中文语境里有固定的概念，《现代汉语词典》（商务印书馆）中解释为：①已具有所需要的形体，还需要加工的制造品；半成品。②在机器制造中，材料经过初步加工，需要进一步加工才能制成零件的半成品，通常多指铸件和锻件。由此可见，旧石器时代考古学中的"毛坯"与汉语中的毛坯，彼此在中文语境里存在概念的明显差异。

实际上，旧石器时代考古学中，修理品的原型，不仅有断片和断块，也有人工制作的完整石片和石核以及自然的砾石或岩块，因此，"毛坯"只列为断片和断块（图 8）显然是不够全面的，"毛坯"如果作为片状和块状记述则更不妥当，把天然砾石或岩块也视作为"毛坯"那就显得有点荒唐，因为修理品可以直接由天然砾石或岩块加工而成。1989 年，Desmond Clark、Nicholas Toth 和 Kathy Schick 在观察泥河湾盆地东谷坨遗址的石制品时有个观测项目是 original type，直译为原始类型或原型。笔者认为，在形式逻辑上，原型和毛坯（blank）的概念是属种关系[7]，它们属于包含和被包含关系，相对前者外延宽而内涵浅，后者却外延窄而内涵深。显然，自然石块作为毛坯看待在中文语境里词不达意。在旧石器时代考古学中，自然石块与其作为毛坯，还不如作为"天然工具"看待，因为它无须加工便可以拿来作为石锤和石砧，也可以砸击坚果和敲骨吸髓，还可以作为武器投掷驱赶毒蛇猛兽。

（7）石制品的观测，不同的人会有不同的思想方法，但需要系统化、逻辑化和简单化，更应该全面化，也就是说应该走出非类型学随意选择性的个别标本记述。

规范观测，有的需要讲道理，有的仅仅是习惯程式，例如石片的定位，其长度从台面至尾端，是以破裂面缘算起还是背缘算起？其上下和左右，是台面朝上还是朝下？是背面观还是破裂面观？各有各的主张，也不存在是非或对错，但事实上其概念的不同已经失去语言交流功能，最糟糕的是在研究报告中通常不介绍各自的研究方法。显然，在观测尚未统一规范的情况下，最好的办法是在报告中稍加说明就好了。

观测中会出现不相同的数值，这是正常现象，需要有个误差范围，建议大小尺寸等量度误差限定在 5% 以下。

石核与断块、修理疤痕与剥片疤如何区分？实际上没有严格的界限，不同遗址的标本和不同的研究者会有不同的判断。笔者建议分别采取就高不就低的有限原则，就是能作为石核的不作为断块处理，能作为修理疤痕的不做剥片疤看待。这样有利于减少考古信息的混乱。

（8）石制品是做什么用的？是什么人制作的？周口店第 4 地点出土的石制品同样会有这样的疑问。实际上，进了旧石器考古的门，犹如瞎子摸象，除了摸到一些破石头，什么也看不到，也就是说，不知道的远比知道的多得多，而且是越学越感觉无知。就是野外考古工作必备罗盘的操作，大多数考古学家不了解真子午线、坐标子午线和磁子午线的不同，发掘常常是错误地按照磁子午线方向定位布方的。

周口店第 4 地点告诉我们，洞穴是人利用过的，有人生产的石制品。旧石器考古可以提出各种分析判断，那仅仅是做功课，说得有理，未必一定就是事实，所以，在旧石器时代考古领域，所有的人，几乎都在起跑线上努力探索。显然，石制品的生产，不只是熟能生巧的问题，更主要的是心智驾驭能力的发挥，包括大人，也包括儿童。科学研究表明，智商高的人，其基因与精神病人一致，他们区别在于行为表现的可控性。其实，我们每个人都拥有不同程度的"傻子"基因，由此表现出的智商也就高低各不相同。这是 7 Ma 人类演化乃至更早时期的动物世界近亲繁殖的遗传。人类什么时候懂得近亲通婚的危害？在旧石器时代肯定是愚昧无知的。由此推测，我们发现的化石人类有的未必一定不是傻子，我们发现的石制品不仅包括儿童的模仿习作，也应该有傻子的作品，只是无法鉴别。

考古学资料表明，家畜起源于野生动物驯养，可能与农业社会的出现有关，其时间大约 10 ka，而人类在 7 Ma 的演化历程中野生动物一直是主要的食物资源。第 4 地点出土鸟类化石 24 个种类和哺乳动物化石有 40 个种类，其中包括翼手目（蝙蝠类）马铁菊头蝠（*Rhinolophus ferrumnequinum*）、鼠耳蝠未定种（*Myotis* sp.）和南蝠（*Ia io*）。在第 4 地点附近的"北京人"遗址出土的动物化石有两栖类 2 种、爬行类 2 种、鸟类 53 种和哺乳类 101 种，其中翼手目包括南蝠（*I. io*）、普通长翼相似种（*Miniopteris* cf. *schrebersi*）、鼠耳蝠未定种（*Myotis*. sp.）、油蝠未定种（*Pipistrellus* sp.）和更新菊头蝠（*R. pleistocaenicus*）。一个明显的历史事实是，人类与其他动物在不断的生态平衡变化过程中，相互依存，共同发展，共同提高生存的免疫能力（和谐共处，相安无事）。2020 年世界暴发的新型冠状病毒肺炎有的科学家归罪于野生动物，显然有悖于人类饮食历史，也不符合客观现实，其论说经不起证伪的检验。

（9）周口店第 4 地点的时代，学术界普遍认为早于山顶洞人遗址，晚于"北京人"遗址。虽然有年代测定数值，但尚需进一步验证。不过，从地貌学观点分析，岩溶洞

154

的形成受地下水溶蚀水准面的支配，在河谷或山前地带，岩溶洞位置越高则时代越早，但是，周口店的洞穴堆积却是岩溶洞位置越高则时代越晚，即从上到下，形成山顶洞遗址-第 15 地点/第 4 地点-北京人"遗址序列。这分明是考古地质学上的一个悖论，唯一的合理解释是：这些遗址的洞穴原本就是一个连体的岩溶洞，其堆积物是从下往上堆积的。

旧石器时代考古，地层的划分和断代是必须的，但鉴于目前的科学水平，其认知能力极为有限，也非常无奈。田野考古，在发掘剖面上刻画地层分层界线是不明智的举措，因为这样的分层常常不见沉积间断的层面，也不见侵蚀不整合，其地层的划分显然有别于地层学上的概念。在松散沉积物地层剖面上的颜色变化最有意思的是古土壤条带，然而古土壤却不是成土层，它是作为松散堆积的母质层土壤化的地质现象，它的存在标志着其地层的堆积间断或堆积缓慢过程，使得地表土有过生物作用过程便形成土壤，土壤被埋藏后就成了古土壤。土壤一直存在于有植物的地球表面松散土层，只是在不同的自然环境里会有不同的形式出现，因此，古土壤会以不同的类型以及不同的厚度和产状还有发育程度表现在每一个时间段不同空间里或每一空间的不同时间段里。"黄土-古土壤地层序列"只表现在局部同一地貌单元或具体的地层剖面上，作为地质理论不受时空限定无条件应用进行旧石器考古断代显然不可视为正确的科学路线[8]。

（10）旧石器时代考古，虽然研究内容广泛，但基本的研究客体仍然是石制品，就是人工敲打的破石头。鉴于石制品可见可数，而且观测项目不多，目前旧石器遗址的研究进入机器人智能化资料处理已经临门。目前实施的人脸识别技术完全适用于石制品的观测，而且可以进行 3D 扫描，甚至 360° 全方位扫描，制成动态画面，人们可以进入遗物的分布空间全方位"游泳"式观察，标本观测的定性和定量数据可以自动处理成所有需要的文字信息。旧石器考古新时代的变革必然会到来。

致谢　笔者为"北京人"头骨化石发现 90 周年作此文纪念。研究过程中得到娄玉山和马宁先生的大力协助，在此表示感谢！本文研究的周口店第 4 地点石制品观测资料，纸质的和 word 电子文本全部交中国科学院古脊椎动物与古人类研究所标本馆收藏，供后人深入研究参考和批判。

参 考 文 献

1　Pei Wenchung. New fossil material and artifacts collection from the Choukoutien region during the years 1937-1938. Bull Geol Soc China, 1939, 19: 207-234.

2　张森水. 周口店遗址志. 见：北京市地方志编纂委员会. 北京志·世界文化遗产卷. 北京：北京出版社，2004.

3　顾玉珉. 周口店新洞人及其生活环境. 见：中国科学院古脊椎动物与古人类研究所编. 古人类论文集. 北京：科学出版社，1978. 158-174.

4　Pei Wenchung. On the mammalian remains from Locality 3 at Choukoudien. Pal Sin Ser. C, 1936, 7(5): 1-120.

5　卫奇. "北京人"遗址第 10 层石制品再研究. 河北北方学院学报（社会科学版），2019, (5)：19-27.

6   卫奇. 早期 "北京人" 文化滞后现象的探究. 化石, 2019, (4)：21-27.

7   卫奇. 石制品观察格式探讨. 见：邓涛，王原主编. 第八届中国古脊椎动物学学术年会论文集. 北京：海洋出版社，
     2001. 209-218.

8   李珺，郭俊卿，胡平. 旧石器考古断代误区. 文物春秋，2010, (4)：3-7, 48.

RESTUDY OF THE STONE ARTIFACTS FROM LOC. 4

OF ZHOUKOUDIAN SITES

WEI Qi

(*Institute of Vertebrate Paleontology and Paleoanthropology, Chinese Academy of Sciences*, Beijing 100044)

ABSTRACT

Locality 4 is one of the important localities of Zhoukoudian site complex. This paper presents the re-study of the stone artifacts recovered from the site. Eighty four specimens, including 5 cores, 39 flakes, 5 retouched pieces, 8 modified pieces, 26 chunks and 1 stone hammer, as well as 1 small pebble, were measured and analyzed. Most of the raw materials of the lithic artifacts are quartz (94%). Most of the artifacts are fresh which indicates the slightly abraded weathered before buried. Most of the lithics are small in size and display Wide-Thin type form. The Type I 2-3 dominates the whole flake shape, while all the retouched pieces are made of quartz. Most of the retouched direction are from ventral to dorsal surface of the blanks. The forms of the modified pieces are not standard, but the retouched tools are curated. In conclusion, the lithic assemblage of Locality 4 show close tie with the Nihewanian in North China.

Key words   Restudy of stone artifacts,   Locality 4,   Zhoukoudian site complex, Beijing

第十七届中国古脊椎动物学学术年会论文集. 董为、张颖奇主编. 北京：海洋出版社, 2021. 157-162
Proceedings of the Seventeenth Annual Meeting of the Chinese Society of Vertebrate Paleontology
DONG Wei, ZHANG Yingqi, eds. Beijing: China Ocean Press, 2021. 157-162

吕梁山中段旧石器考古发现与研究述略*

任海云　　白曙璋

(山西省考古研究所，山西　太原 030001)

摘　要　　吕梁山是我国重要的黄土堆积区之一，是晋陕黄土高原的一部分。吕梁山中段考古与研究工作可分为起步、突破、发展、开拓 4 个阶段，但总体看，考古工作开展区域仍嫌有限。本区域面积广，河流分布较多，土状堆积剖面出露较好，考古研究潜力大。我们认为在今后的考古工作中，首先应该以流域为重点，开展区域考古调查，寻找史前文化遗存，明确其分布位置，挑选研究潜力较大的遗址作为下一步发掘与研究的重点；其次，应紧扣学术热点或以问题为导向，设置针对性较强、目标明确的课题进行学术研究；最后，开展多学科合作与研究。

关键词　　吕梁山中段；考古发现；研究述评

1　前言

　　吕梁山是我国重要的黄土堆积区之一，地处山西省中部断陷盆地以西，NNE 走向，长约 450 km，宽约 40~120 km。根据形态特征，吕梁山可分为北、中、南三段。本文中吕梁山中段指的是岚县一线以南至交口县一线以北区域，海拔 1 600 m 以上，囊括了吕梁山最高的山峰——关帝山，本区域黄土梁峁纵横，山西的母亲河——汾河上游流经该区域，众多支流汇入其中，另有一部分河流自东向西流入黄河，这些河流将该区域的黄土切割得支离破碎。本区植被多落叶阔叶林和耐寒耐旱类草本植物。在史前时期，这样的地质地貌是人类偏好的生存环境。这里是开展旧石器考古的理想区域之一。

　　截至目前，本区已发现了一些旧石器文化遗存，但缺乏对相关发现与研究情况的关注和梳理。作者详细检索了已有考古发现，总结研究特点，针对研究薄弱点，认为在今后的考古工作中，首先应该以流域为重点，开展区域考古调查，寻找史前文化遗存，明确其分布位置，挑选研究潜力较大的遗址作为下一步发掘与研究的重点；其次应该紧扣学术热点或以问题为导向，设置针对性较强、目标明确的课题进行学术研究；最后，也是最为重要的，今日的考古学研究不应该是关起门来"单打独斗"，而应以开放的胸怀"拥抱外界"，开展多学科合作与研究。

---

* 基金项目：山西省文物保护专项经费资助.
　任海云：女，39 岁，副研究馆员，主要从事旧石器考古研究.

2　吕梁山中段发现的旧石器文化遗存

从行政区划看，吕梁山中段主要为吕梁地区、太原市西部，包括古交市、娄烦县，西临黄河，东接太原盆地。早在 20 世纪 50 年代末，山西文物管理委员会已在本区域开始旧石器考古调查工作，但从已有的工作及发现看，主要集中在古交市和交城县，其他地方的工作偏少，甚至没有。

1958 年，王建和王择义先生在古交工矿区发现 12 件打制石器，并进行了初步报道[1]。此后由于各种原因，古交的旧石器考古工作甚少。

进入 20 世纪 80 年代，王向前、陈哲英先生几次在古交一带考古调查，先后报道了凤凰崖旧石器制造场[2]、后梁旧石器地点[3]、长峪地点沟[4]、王家沟等[5]旧石器地点，并小面积发掘了后梁遗址，获得 459 件打制石器。此后，还在古交石千峰一带发现一批细石器地点[6]，可惜未曾进行过发掘，仅报道了地表采集石器。这个时期是古交旧石器地点发现、发掘与研究的第一个重要阶段。此阶段与丁村遗址诸地点被发现和发掘的时间同步，但显然考古工作者对丁村遗址投入的精力更多，因此丁村遗址发现的地点多、重点发掘与研究及成果要更多。

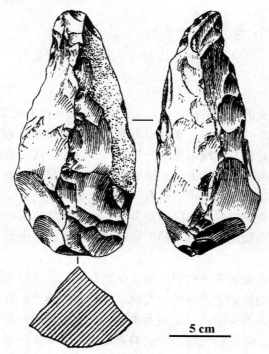

图 1　　古交遗址出土的三棱大尖状器[4]

Fig. 1　　Heavy prismatic point from Gujiao [4]

古交旧石器考古第二个重要阶段是 2000 年以后。2000 年，于振龙博士还在太原盆地北部发现土堂旧石器地点，采集到 20 件打制石器[7]。2002−2003 年，于振龙在后梁遗址 1983 年发掘探方两侧布方 T1、T2 发掘，共获得打制石器 545 件，对新发现的四晌洼和王娄北岭遗址小面积发掘，分别获得打制石器 119 件和 470 件[8]。以这些资料为依托,他对古交晚更新世早期旧石器技术及人类活动进行了比较系统的分析研究。发掘期间,又以古交市为中心,在汾河两岸调查发现了王家沟砖厂、石家河、寨上、火山地点,在此前已有记录的长峪沟和凤凰崖遗址又采集到部分打制石器[9]。这些地点属于旧石器时代早期,石器技术与古交已发掘遗址是一致的。

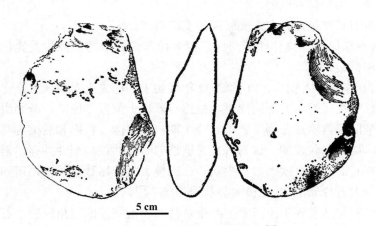

5 cm

图 2   古交遗址出土的砍砸器[4]

Fig. 2   Chopping tool from Gujiao[4]

2018−2019 年,山西省考古研究分年度在古交市大川河和狮子河流域开展史前考古调查。调查区域除大川河中下游两岸、狮子河全流域两岸外,还对汾河两岸以镇城底至入太原盆地之间区域进行调查,总面积 160 km²,发现旧石器地点 170 余处。新发现大大扩充了山西旧石器地点的数量,也使考古工作者认识到,古交旧石器的分布不局限于古交遗址所在的河流交汇三角地带。新获得调查资料是在吕梁山中段东部进行旧石器研究的重要依据。

古交旧石器考古保持了延续,重视对新区域的开拓。

吕梁山中段另一个旧石器地点发现较多的是交城县。但交城县处于吕梁山中段东缘山前地带,已经进入汾河谷地。1957 年,贾兰坡和王择义在交城范家庄至野则咀一带发现 45 个旧石器地点[6],采集到打制石器 1 000 余件,石片数量最多,部分盘状石核,工具有砍砸器和尖状器,后者数量仅 1 件,石料黑色以角页岩为主。这批材料的特征和文化面貌与丁村遗址颇为相似,也同古交遗址群石器面貌相似,属于旧石器时代早期遗存。自此后,交城一带再未进行过旧石器考古。这里的旧石器研究一直停留在发现材料和初步观察阶段。

吕梁山中段文水县零星发现了旧石器材料。

总体看,吕梁山中段工作最多、研究最深入的就是古交一带了,更具体地说,在 2018 年前是汾河与古交的 3 大河交汇的三角地带,其余地方基本上算"处女地"。正因为此,我们重新启动了古交周边的考古工作。

3   吕梁山中段旧石器研究特点

吕梁山中段旧石器考古和研究呈现出以下特点。

（1）以重点河流为工作中心，开展考古调查和发掘，以简报形式公布考古收获。

吕梁山中段是汾河部分河段流经区域，其支流众多。本区域东部与太原盆地之间区域，古交一带的旧石器工作是在汾河上游两岸或支流与汾河交汇处或支流两岸进行的。古交遗址群、狮子河两岸旧石器地点、大川河两岸旧石器地点等就是以河流流域为重点通过考古调查被发现的。

交城一带旧石器地点分布在文峪河的支流两岸。

（2）重视跨区域的文化面貌对比，探究山西旧石器的共性与差异，尝试建立山西旧石器编年框架。

经过近 30 年的考古积累，20 世纪 90 年代初王向前先生专门就古交已经发现的遗址与地点进行了文化性质方面的探讨，根据石器出土位置、原料、器物组合和打制技术等，将 5 个旧石器地点分为早、中、晚 3 期，王家沟、古钢和后梁为早期，长峪沟归入中期，凤凰岩归入晚期，认为古交遗址群旧石器共性与个性并存，器体硕大，砾石石器与石片石器共存，砍砸器、尖状器、三棱大尖状器数量较多，可归入贾兰坡先生所划分的"大石片砍砸器-三棱大尖状器传统"[7]。

古交一带石制品发现于汾河上游两岸及其与支流交汇的三角地带，石料以黑色角页岩为主，石器个体大，打片和加工技术简单，类型以砍砸器、石核、三棱大尖状器和尖状器等为主。这些特点与汾河下游丁村遗址石器特点呈现出较强的一致性。故研究者往往将二者进行文化面貌与技术特征的比较，辨识它们间的异同。

这些研究内容和特点反映了中国考古学发展阶段的特征和主要任务。旧石器考古也致力于建立考古学年代框架，分析各时期石器文化面貌和特点，跨区域比较等。吕梁山中段的旧石器考古学年代框架尚未完全确立起来，旧石器研究者在这方面做了很多基础性和开拓性工作。

（3）以某一个遗址为切入点，详细分析石制品，研究人类行为及相关内容。

代表性研究是于振龙博士。在其博士论文中，以四峒洼、王娄北岭、后梁遗址出土石器及周边调查材料为主要研究对象，从原料采备、石器类型及组合、技术特点及石制品空间分布方面入手，对遗址性质和人类行为进行了研究[8]。

4　吕梁山中段旧石器考古与研究潜力

吕梁山中段黄土堆积厚，河流分布多，受地质作用和自然作用，这里的黄土纵向切割程度深，适合观察黄土堆积地层，也适合进行考古工作。考古工作者历年在本区东部的调查和发掘工作表明，只要开展工作，就会有发现。吕梁山中段范围广，其东缘与汾河谷地过渡区域考古工作者已进行了一些调查、发掘，总的来看旧石器考古工作在本区仍然比较薄弱。要加强本区域旧石器考古工作，首要任务应继续选择本区域重点流域进行史前考古调查，确认遗存分布位置和范围，重点记录堆积连续、埋藏丰富的遗存，做好这些重点遗存的发掘与研究。如果不进行这类基础工作，旧石器下一步的深入研究是无法进行的。

在当前学术背景下，以问题为导向，提出问题，设计研究思路和研究方法来解决问题，开展课题式研究，有助于将研究向纵深推进。吕梁山中段旧石器研究要有突破有新意，要深入，同样需要课题式研究。目前来看，本区域亟须解决的问题有：寻找标准、连续剖面，通过年代学研究，建立本区旧石器考古年代框架；本区域旧石器文化面貌、石器技术特征是否与古交遗址群石器表现的是"铁板一块"，还是存在明显差别？由此可进一步思考贾兰坡先生曾提出的华北两大石器传统之一"大石片砍砸器——三棱大尖状器"传统[9]，吕梁山中段目前已有材料部分可归入该传统，也有部分材料则可归入另一传统，如狮子河流域调查新材料，两大传统的地理分界或可在本区寻到线索；旧石器各阶段旧石器技术变化与人类行为等。当然，还可提出其他问题。结合学术研究关键点，选择单个遗址为切入点，在全球视野下进行研究，应该能给出颇具区域特色的解答。

要解答提出的问题，除了要开展考古调查和重点地点或遗址的发掘，还需要进行多学科合作研究，包括第四纪地质学研究、年代学研究、古地理环境重建、石料岩性检测与分析等。考古工作中，其他先进理念和方法都应该交流、借鉴，以便高质高效获取资料、分析考古材料。

吕梁山中段旧石器考古发现分布不均衡，空白区域多，亟待开展考古工作的"处女地"多。本区域旧石器研究有一定基础，但仍嫌薄弱，诸多问题需要得到解答，研究潜力大。若以本区域为今后较长一段时间内旧石器考古工作的重点，必然会取得较多考古与研究成果。

参 考 文 献

1   王择义，王建. 太原古交工矿区旧石器的发现. 古脊椎动物与古人类, 1960, 2(1): 59-60.

2   王向前，陈哲英. 太原古交旧石器晚期遗存的发现. 史前研究, 1984 (4): 55-62.

3   王向前，陈哲英. 太原古交后梁之旧石器. 见：广东省博物馆, 曲江县马坝人博物馆主编. 纪念马坝人化石发现卅周年纪念文集. 北京：文物出版社, 1988. 143-149.

4   王向前. 古交遗址群文化性质初探. 人类学学报. 1991, 10(1): 19-26.

5   张爱则. 古交旧石器遗址群埋藏特征及保护初探. 文物世界, 2012 (5): 9-11.

6   于振龙. 太原市土堂发现的旧石器. 人类学学报, 2004, 23(2): 146-151.

7   于振龙. 太原市古交旧石器与晚更新世早期人类活动. 北京大学博士学位论文, 2005. 10-102.

8   贾兰坡，王择义. 山西交城旧石器文化的发现. 考古通讯, 1957 (5): 12-18.

9   贾兰坡，盖培，尤玉柱. 山西峙峪旧石器时代遗址发掘报告. 考古学报, 1972 (1): 39-58.

A REVIEW ON THE PALEOLITHIC DISCOVERIES AND RESEARCH IN THE MIDDLE LÜLIANG MOUNTAINS

REN Hai-yun   BAI Shu-zhang

(Shanxi Archaeology Institute, Taiyuan 030001, Shanxi)

ABSTRACT

Lüliang mountains, a part of the Loess Plateau in China, are one of the most important areas with quaternary loess deposits. The middle section of Lüliang mountains ranges 450 km long and 40 − 120 km wide. Fen river and its tributaries cut through this section and expose many profiles with earthy deposits. It is a huge area for potential Paleolithic archaeological research. The archaeological research work in the middle section of Lüliang mountains can be divided into four stages, i.e. the beginning, exploration, breakthrough and development. In this paper, the research on Paleolithic localities or sites discovered in this region was reviewed and commented. The archaeological research remains still limited in general. It is suggested that more archaeological surveys should focus firstly on the middle section, searching prehistory remains, localize their geographic distribution, and pay particular attention on the sites with greater potential for excavations. Then follow hot or controversial issues to do further research work. And lastly carry out multidisciplinary cooperation in the section.

Key words   Lüliang mountains, archaeological discoveries, Paleolithic researches

第十七届中国古脊椎动物学学术年会论文集. 董为, 张颖奇主编. 北京：海洋出版社, 2021. 163-170
Proceedings of the Seventeenth Annual Meeting of the Chinese Society of Vertebrate Paleontology
DONG Wei, ZHANG Yingqi, eds. Beijing: China Ocean Press, 2021. 163-170

天津蓟州区太子陵旧石器遗址 2015 年调查简报*

王家琪[1,2]　窦佳欣[1,2]　魏天旭[1,2]　李万博[2]　温景超[2]

盛立双[3]　甘才超[3]　王春雪[1,2]

(1 吉林大学东北亚生物演化与环境教育部重点实验室, 吉林　长春 130012;

2 吉林大学考古学院, 吉林　长春 130012; 3 天津市文化遗产保护中心, 天津 300170)

摘　要　2015 年 4-5 月, 吉林大学考古学院与天津市文化遗产保护中心组成旧石器考古队, 对天津蓟州区进行旧石器考古专项调查。考古队重点对太子陵地点进行了复查, 共获得石制品 35 件。原料主要为石英砂岩和灰岩, 类型包括石核、石片、细石叶及工具等。根据石制品组合特征, 该遗址属于细石叶工业, 从地点所在的地貌特征及石制品特征判断, 推测其年代为旧石器时代晚期。

关键词　天津地区；细石叶工业；旧石器时代晚期

1　前言

　　2005 年 3-5 月, 天津市文化遗产保护中心首次在天津蓟州区发现旧石器地点, 后经整理共 13 处, 采集石制品千余件[1]。2007 年 5-7 月, 由天津市文化遗产保护中心和中国科学院古脊椎动物与古人类研究所联合组队, 对其中东营坊遗址进行了考古发掘, 出土大量石器[2]。上述工作填补了天津地区旧石器考古的空白, 丰富了研究环渤海地区古人类与古环境的资料。

　　为进一步对天津地区旧石器进行研究, 2015 年 4 月 26 日至 5 月 4 日, 吉林大学考古学院与天津市文化遗产保护中心组成旧石器考古队, 在蓟州区文物保管所的配合下, 再次对蓟州区进行旧石器田野调查。新发现旧石器地点 13 处, 采集石制品数百件, 收获颇丰。太子陵旧石器地点曾于 2005 年进行了调查[3]。在其浅黄色粉砂质黏土层和地表发现石制品 58 件, 包括石核、石片、断块和工具。硬锤锤击法为剥片的主要技术；石制品总体以小型和微型居多；工具主要以石片为毛坯, 刮削器是主要类型, 大多以正向加工而成。地貌与地层对比则显示遗址的时代大致属于晚更新世晚期之末或全新世早期。4 月 30 日, 考古队对太子陵地点进行了复查, 再次在地表采集 35 件石制品。本文即是对复查所发现的石制品的初步研究。

---

* 基金项目：吉林大学 2017 年度本科教学改革研究项目 "高等院校考古学科创新人才培养模式研究"（2017XYB006）；吉林大学 2020 年度课程思政 "学科育人示范课程" 项目.

王家琪：女, 25 岁, 河北省保定市人, 吉林大学考古学院 2018 级硕士研究生, 主要从事旧石器考古研究. E-mail: chunxuewang@163.com

2　地理位置与地貌

　　蓟州区位于天津市区北部，属于天山-阴山-燕山纬向构造带，经历了长期的海陆变迁过程。地势北高南低，呈阶梯状分布[4]。太子陵旧石器地点位于天津市蓟州区北部，该地点东邻孙各庄，西靠小港村，南距蓟州区约 20 km，距天津市区约 115 km；西距北京市区约 100 km。该地点位于清太子陵东侧黄土台地上，海拔高度为 109 m。地理坐标为 40°09′0.7″N；117°35′18.3″E（图 1）

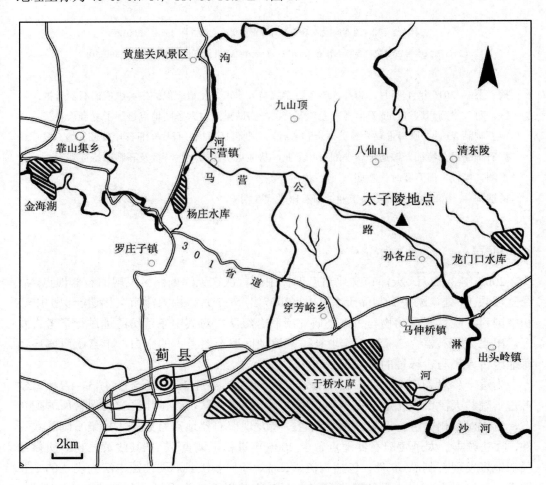

图 1　太子陵旧石器地点的地理位置

Fig. 1　Geographic location of Taiziling Paleolithic site

3　石制品的分类与描述

　　太子陵遗址共获得石制品 35 件，原料以石英砂岩和灰岩为主，其他原料占少数。器物类型包括石核、石片、细石叶、工具和断块。下面对石制品进行分类与描述。

3.1　石核

　　共 1 件，为多台面锤击石核。标本 15TJTL：6，原料为石英砂岩。长 98.29 mm，宽 56.89 mm，厚 75.01 mm，重 452.11 g，器体适中，台面 A 为打击台面，台面长 38.62 mm、宽 25.75 mm，台面角 110°～115°，剥片面 2 个，剥片数量 4 个，最大疤长 68.55 mm、宽 60.74 mm；B 台面为自然台面，台面长 64.56 mm，台面宽 83.77 mm，台面角 73°～105°，剥片面 1 个，剥片数量 2 个，最大疤长 42.63 mm、宽 36.75 mm；C 台面为打击台面，台面长 23.93 mm，宽 23.65 mm，台面角 87°，剥片面 1 个，剥片数量 1 个，最大疤长 30.61 mm，宽 37.67 mm。石核有少部分自然面残留，约占 30%，利用率较高。从剥片角度来看，还可继续剥片，剥片疤相对较小，推测此石核还在使用中（图 2：3）。

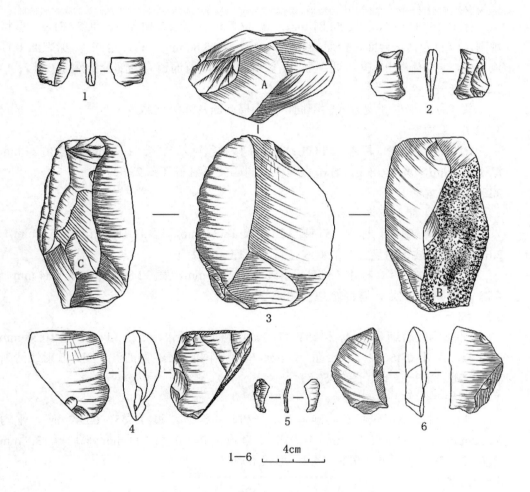

图 2　太子陵旧石器遗址发现的部分石核和石片

Fig. 2　Cores and flakes from Taiziling Paleolithic site

1. 中间断片（15TJTL：23）；2. 远端断片（15TJTL：25）；3. 多台面石核（15TJTL：6）

4. 完整石片（15TJTL：16）；5. 细石叶（15TJTL：35）；6. 左裂片（15TJTL：14）

3.2 石片

共 21 件，根据石片的完整程度分为完整石片和断片。原料包括石英砂岩和灰岩。

3.2.1 完整石片

共 17 件。约占石片总数的 80.6%。长 21.51～69.06 mm，平均长 34.47 mm；宽 18.14～56.83 mm，平均宽 34.86 mm；厚 5.79～22.14 mm，平均厚 12.04 mm；重 2.71～57.71 g，平均重 17.67 g。台面分为自然、打击和线状台面。台面长 11.58～45.92 mm，平均长 24.73 mm，台面宽 5.04～15.86 mm，平均宽 10.43 mm。石片角 63°～122°，平均 90.89°。

标本 15TJTL：16，长 54.81 mm，宽 47.8 mm，厚 22.14 mm，重 57.71 g。形状不规则，台面为打击台面，台面长 38.47 mm，宽 15.86 mm，石片角 92°。劈裂面上打击点集中，半椎体较凸，同心波不显著，放射线清晰，背面留有少部分自然面（图 2：4）。

3.2.2 断片

共 4 件。根据断裂方式的不同，分为横向断片和纵向断片。

3.2.2.1 纵向断片

1 件，为左裂片。标本 15TJTL：14，原料为石英砂岩。长 51.63 mm，宽 36.24 mm，厚 11.36 mm，重 24.05 g。打击点集中，同心波不显著（图 2：6）。

3.2.2.2 横向断片

共 3 件，原料均为灰岩。

中间断片 2 件。标本 15TJTL：23，长 18.33 mm，宽 21.15 mm，厚 5.6 mm，重 2.69 g。同心波不明显，有放射线，背面全疤（图 2：1）。

远端断片 1 件。标本 15TJTL：25，长 21.68 mm，宽 32.86 mm，厚 6.64 mm，重 4.73 g。同心波明显，背面全疤（图 2：2）。

3.3 细石器

1 件，为完整细石叶。标本 15TJTL：35，原料为黑曜岩，长 22.37 mm，宽 10.38 mm，厚 3.4 mm，重 0.45 g。点状台面，打击点集中，半锥体凸，同心波显著，放射线清晰，背面全疤，有一条脊（图 2：5）。

3.4 断块

共 7 件。原料包括石英砂岩、灰岩和硅质泥岩。长 12.65～65.47 mm，平均长 32.22 mm；宽 7.93～45.13 mm，平均宽 22.44 mm；厚 5.1～27.11 mm，平均厚 13.5 mm；重 0.47～78.47 g，平均重 21.34 g。形状不规整，大小不一。

3.5 工具

共 5 件，可分为二、三类工具[5]。

3.5.1 二类工具（使用石片）

共 1 件，单直刃刮削器。标本 15TJTL：26，原料为石英砂岩。长 37.87 mm，宽 35.85 mm，厚 15.19 mm，重 21.61 g。形状不规则，器物大小适中，A 处以自然边为直刃，刃长 31.25 mm，刃角 45°，刃部较薄锐，无需加工，方便直接使用。刃部劈裂面一侧留有细小的不规则的疤，均为与被加工物体接触所致（图 3：1）。

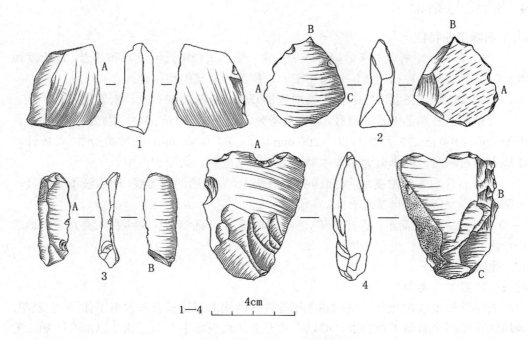

图 3　太子陵旧石器遗址发现的部分工具

Fig. 3　Tools from Taiziling Paleolithic site

1. 单直刃刮削器（15TJTL：26）；2. 单尖刃刮削器（15TJTL：2）；

3. 单直刃刮削器（15TJTL：15）；4. 凹缺器（15TJTL：5）

3.5.2　三类工具

共 4 件。可分为单刃刮削器和凹缺器。原料包括燧石、石英砂岩和灰岩。

（1）单刃刮削器，3 件。根据刃缘的不同分为直刃和尖刃。

单直刃 1 件。标本 15TJTL：15，原料为燧石。长 46.59 mm，宽 16.77 mm，厚 9.66 mm，重 5.68 g。毛坯为石叶近端，A 处以石叶自然边做直刃，刃长 17.05 mm，刃角 20°；B 处为有意折断，意为修形，使得器体大小适中，方便把握（图 3：3）。

单尖刃 2 件，均为片状毛坯。标本 15TJTL：2，原料为石英砂岩，长 44.8 mm，宽 44.42 mm，厚 15.21 mm，重 20.57 g。AB 以自然边做刃，刃长 22.1 mm，BC 经反向修理，刃长 22.21 mm，所夹刃角 75°。器体大小合适，方便使用（图 3：2）。

（2）凹缺器，1 件。标本 15TJTL：5，原料为灰岩。长 46.91 mm，宽 62.51 mm，厚 16.48 mm，重 51.86 g。A 处经过反向加工，形成凹缺形的刃，刃长 20.35mm，刃角 67°。B、C 处经过简单的修整，意为修形和修理把手，使得器体大小合适，方便使用（图 3：4）。

4 结论与结语

4.1 石器工业特征

（1）石制品原料以石英砂岩和灰岩为主，应为采自附近河漫滩和基岩，属于就地取材。其他原料还包括硅质泥岩和黑曜岩，推测为从其他地区传入。

（2）该地点石制品共 35 件，类型包括石核、石片、细石叶、断块及工具。

（3）根据石制品的最大直径，可将石器分为微型（<20 mm）、小型（20～50 mm）、中型（50～100 mm）、大型（100～200 mm）、巨型（≥200 mm）5 种类型[6]。经统计，该地点的石制品，以小型为主，中型次之，不见微型、大型和巨型。

（4）石片均为锤击剥片，大部分打击点集中，有清晰的放射线，同心波不太明显，少部分石片保留少量自然砾石面。

（5）工具修理简单，存在修刃、修形和修理把手的情况，说明古人类有意识地选择合适的坯材和部位进行修理。

4.2 讨论

4.2.1 石器工业类型

天津蓟州地区在 2005 年和 2007 年曾进行两次旧石器调查和发掘工作。研究表明，该地区存在两个石器工业类型，即以石片石器为代表的小石器工业和以细石叶加工的各类石器为特征的细石叶工业类型。2015 年的区域性调查结果显示，该地区也存在大石器工业类型[7]。例如从泥河湾盆地及东北地区等蓟州周边地区的旧石器文化面貌来看，大石器工业类型和小石器工业类型从旧石器时代早期开始，就应该是同时存在并行发展的。自旧石器时代晚期开始，细石叶工业开始出现。但并没有取代原有的传统，而是与之共同发展[8]。

同一地区大、小石器工业类型是并行的，随着时间的推移，新的工业类型并不会完全取代原有的工业类型。从天津蓟州地区大石器工业、小石器工业及细石器工业均存在且互相融合这一现象，也可以印证这一观点。太子陵旧石器遗址的石制品以中小型的石片工具为主，还包括细石叶为毛坯的工具，不见大型工具，因此，结合 2005 年调查的结果，该地点应属细石叶工业类型。

4.2.2 年代

虽然该地点未发现可供测年的动物化石，且没有发现原生层位，石制品均为地表采集。但由于没有陶片或磨制石器等遗物的发现，又根据天津地区区域地层的堆积年代[9]及该地点所处的河流阶地等性质分析，太子陵遗址年代为旧石器时代晚期。

太子陵遗址的新材料为天津蓟州地区的旧石器年代序列的判断提供了新材料，为恢复古人类的生存环境，探讨人类与环境的互动关系、人类在特定环境下的行为特点和适应方式提供了丰富的资料，更对研究环渤海地区旧石器文化具有重要的学术意义。

参 考 文 献

1 盛立双. 初耕集——天津蓟县旧石器考古发现与研究. 天津: 天津古籍出版社, 2014. 3-12.

2 盛立双, 王春雪. 天津蓟县东营坊旧石器遗址发掘. 见: 国家文物局主编, 2007 中国重要考古发现. 北京: 文物出版社, 2008. 2-5.

3 王春雪, 盛立双. 天津蓟县太子陵旧石器地点调查简报. 人类学学报, 2013, 32(1): 37-44.

4 蓟县志编修委员会. 蓟县志. 天津: 南开大学出版社、天津社会科学院出版社, 1991. 122-133.

5 陈全家. 吉林镇赉丹岱大坎子发现的旧石器. 北方文物, 2001 (2): 1-7.

6 卫奇. 石制品观察格式探讨. 见: 邓涛, 王原主编. 第八届中国古脊椎动物学学术年会论文集. 北京: 海洋出版社, 2001. 209-218.

7 王春雪, 李万博, 陈全家, 等. 天津蓟县杨庄西山旧石器地点发现的石制品. 边疆考古研究（21 辑）. 北京: 科学出版社, 2017. 1-12.

8 陈全家, 王春雪. 东北地区近几年旧石器考古的新发现和研究. 考古学研究（七）. 北京: 科学出版社, 2008. 183-204.

9 天津市地质矿产局. 天津市区域地质志. 北京: 地质出版社, 1992. 116-142.

PRELIMINARY REPORT ON STONE ASSEMBLAGE COLLECTED FROM TAIZILING PALEOLITHIC SITE AT JIZHOU DISTRICT OF TIANJIN IN 2015

WANG Jia-qi [1,2]   DOU Jia-xin [1,2]   WEI Tian-xu [2]   LI Wan-bo [2]   WEN Jing-chao [2]

SHENG Li-shuang [3]   GAN Cai-chao [3]   WANG Chun-xue [1,2]

(1 *Key Laboratory for Evolution of Past Life and Environment in Northeast Asia (Jilin University), Ministry of Education, China,* Changchun 130012, Jilin; 2 *School of Archaeology in Jilin University,* Changchun, 130012, Jilin;

3 *Protection Center of Cultural Heritage in Tianjin,* Tianjin 300170)

ABSTRACT

Taiziling site, which is located in Jizhou district of Tianjin City, was found during the fieldwork by Protection Center of Cultural Heritage in Tianjin and School of Archaeology of

Jilin University in April, 2015. The number of the stone artifacts, of which the raw materials are mainly quartz sandstone and limestone, is 35, and the types are cores, flakes, microblade and tools. According to the whole characteristics, the site belongs to Microblade Industry. The chronologic horizon is probably located in Upper Paleolithic.

Key words   Tianjin area, Microblade Industry, Upper Paleolithic

第十七届中国古脊椎动物学学术年会论文集. 董为, 张颖奇主编. 北京：海洋出版社, 2021. 171-178
Proceedings of the Seventeenth Annual Meeting of the Chinese Society of Vertebrate Paleontology
DONG Wei, ZHANG Yingqi, eds. Beijing: China Ocean Press, 2021. 171-178

天津蓟州区骆驼岭地点发现的石制品研究*

窦佳欣 [1, 2]　　魏天旭 [1, 2]　　李万博 [1, 2]　　王家琪 [1, 2]　　温景超 [3]

盛立双 [3]　　甘才超 [3]　　王春雪 [1, 2]

(1 吉林大学东北亚生物演化与环境教育部重点实验室，吉林　长春 130012；

2 吉林大学考古学院，吉林　长春 130012；3 天津市文化遗产保护中心，天津 300170)

摘　要　2015 年 4-5 月，吉林大学边疆考古研究中心与天津市文化遗产保护中心组成旧石器考古队，对天津蓟州区进行旧石器考古调查。考古队于骆驼岭发现一处旧石器地点，共发现石制品 77 件。石制品原料以硅质灰岩为主，质地较差；石制品类型包括石片、断块和工具。石制品组合以小型为主，制作较为粗糙，推测该地点为临时加工工具场所，年代为旧石器时代晚期。

关键词　天津地区；骆驼岭；旧石器时代晚期

1　前言

2005 年 3-5 月，天津市文化遗产保护中心首次在天津蓟州区发现旧石器地点，后经整理共 13 处，采集石制品千余件[1]。2007 年 5-7 月，由天津市文化遗产保护中心与中国科学院古脊椎动物与古人类研究所联合组队，对其中东营坊遗址进行了考古发掘，出土大量石制品[2]。2015 年 4-5 月间，吉林大学边疆考古研究中心与天津市文化遗产保护中心组成旧石器考古队，在蓟州区文物保管所的配合下，再次对该地区进行系统调查。新发现旧石器地点 13 处，采集石制品数百件，骆驼岭地点即为其中之一，本文即是对该地点所发现的石制品的初步研究。

2　地理位置与地貌

蓟州区位于天津市区北部，属于天山-阴山-燕山纬向构造带，经历了长期的海陆变迁过程。地势北高南低，呈阶梯状分布[3]。骆驼岭旧石器地点位于天津市蓟州区北部，该地点东邻于桥水库，西靠府君山公园，南距天津市区约 100 km；西距北京市区约 90 km。属低山丘陵地区。该地点位于低山丘陵区的黄土台地上，海拔高度为 59 m。地理坐标为 40°04′2.87″N；117°26′14.33″E（图 1）。

* 基金项目：吉林大学 2017 年度本科教学改革研究项目 "高等院校考古学科创新人才培养模式研究"（2017XYB006）；吉林大学 2020 年度课程思政 "学科育人示范课程" 项目.

窦佳欣：男，24 岁，吉林省长春市人，吉林大学考古学院 2019 级研究生，主要从事旧石器考古研究. E-mail: chunxuewang@163.com.

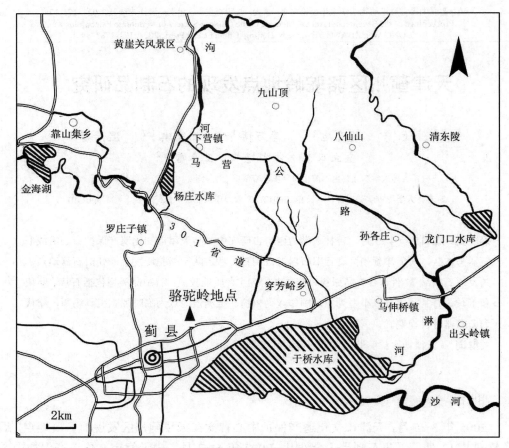

图 1　骆驼岭旧石器地点的地理位置

Fig. 1　Geographic location of Luotuoling Paleolithic locality

3　石制品分类与描述

骆驼岭地点共获石制品 77 件，原料以硅质灰岩为主，少量为硅质泥岩。器物类型为石片、断块及工具。

3.1　石片

共 49 件，均为锤击石片。根据石片的完整程度分为完整石片和断片（表 1）。

3.1.1　完整石片

共 19 件。长 12.4 ~ 64.08 mm，平均长 33.89 mm；宽 18.29 ~ 81.92 mm，平均宽 38.44 mm；厚 2.23 ~ 23.36 mm，平均厚 10.86 mm；重 0.54 ~ 62.74 g，平均重 20.90 g。台面分为自然台面、打击台面、有疤台面和线状台面。台面长 8.3 ~ 44.23 mm，平均长 23.25 mm，台面宽 5.02 ~ 18.76 mm，平均宽 7.64 mm，石片角 63° ~ 126°，平均 99.08°。石片背面可分为全疤、半疤半自然两种。背面石片疤数量最多的达 9 个。

标本 15TJLL：6，长 34.83 mm，宽 46.98 mm，厚 8.52 mm，石片角 90°，重 14.61 g。形状不规则，台面为自然台面，台面长 33.96 mm，宽 7.39 mm。劈裂面上打击点集中，半椎体较凸，同心波不显著，放射线清晰，背面全疤（图 2：1）。

172

表 1 石片统计

Table 1 Statistics of flakes

名　称	类别	数量/件	百分比/%
完整石片		19	38.8
断 片	近端石片	7	14.3
	中间断片	7	14.3
	远端断片	9	18.3
	左裂片	2	4.1
	右裂片	5	10.2
合　计		49	100

3.1.2 断片

共 30 件。根据断裂方式的不同分为横向断片和纵向断片。

3.1.2.1 纵向断片

左裂片，共 2 件。标本 15TJLL：9，长 31.48 mm，宽 22.6 mm，厚 6.36 mm，重 4.67 g。打击点集中，半锥体凸，同心波明显，有放射线，背面为半疤半自然（图 2：3）。

右裂片，共 5 件。长 27.44～60.25 mm，平均长 41.39 mm；宽 16.46～27.62 mm，平均宽 22.9 mm；厚 7.7～14.18 mm，平均厚 11.17 mm；重 3.6～19.39 g，平均重 9.64 g。标本 15TJLL：57，长 40 mm，宽 25.45 mm，厚 10.04 mm，重 7.75 g。打击点散漫，半锥体较平，同心波不明显，有放射线，背面全疤（图 2：4）。

3.1.2.2 横向断片

近端断片，共 7 件。长 8.82～46.54 mm，平均长 24.63 mm；宽 15.16～51.29 mm，平均宽 32.59 mm；厚 4.48～18.08 mm，平均厚 9.37 mm；重 0.71～35.4 g，平均重 10.33 g。台面包括自然台面、线状台面和有疤台面。台面长 12.98～44.1 mm，平均长 27.39 mm，台面宽 5.17～18.13 mm，平均宽 10.33 mm，石片角 81°～108°，平均 95.2°。标本 15TJLL：42，长 46.54 mm，宽 51.29 mm，厚 18.08 mm，重 35.4 g。自然台面，台面长 44.1 mm，宽 18.13 mm。形状不规则，打击点集中，同心波明显，有放射线，背面全疤（图 2：2）。

中间断片，共 7 件。长 14.58～26.77 mm，平均长 20.17 mm；宽 13.69～36.16 mm，平均宽 23.45 mm；厚 2.54～13.14 mm，平均厚 6.08 mm；重 0.7～9.44 g，平均重 3.42 g。标本 15TJLL：21，长 26.77 mm，宽 22.1 mm，厚 6.45 mm，重 4.34 g。两端折断，同心波明显，背面全疤（图 2：6）

远端断片，共 9 件。长 15.4～53.79 mm，平均长 28.57 mm；宽 20.82～52.88 mm，平均宽 31.68 mm；厚 4.37～9.63 mm，平均厚 7.43 mm；重 1.57～15.34 g，平均重 7.41 g。标本 15TJLL：32，长 53.79 mm，宽 52.88 mm，厚 7.63 mm，重 21.34 g。同心波明显，背面全疤（图 2：5）。

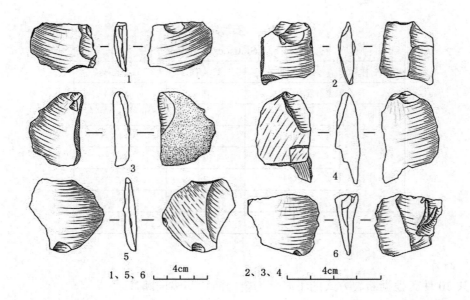

图2　　骆驼岭地点发现的部分石片

Fig. 2　　Flakes from Luotuoling Paleolithic locality

1. 完整石片（15TJLL:6）；2. 近端断片（15TJLL:42）；3. 左裂片（15TJLL:9）；

4. 右裂片（15TJLL:57）；5. 远端断片（15TJLL:32）；6. 中间断片（15TJLL:21）

3.2　断块

共 14 件。长 11.21～41.51 mm，平均长 30.09 mm；宽 8.72～37.26 mm，平均宽 24.34 mm；厚 1.42～18.88 mm，平均厚 10.58 mm；重 0.17～29.71 g，平均重 10.76 g。器体普遍较小，形状不规整。

3.3　工具

共 14 件，可分为二类和三类工具[4]（表 2）。

表2　　骆驼岭地点发现工具的统计

Table 2　　Statistics of tools from Luotuoling Paleolithic locality

分　类	类　　型			数量/件	百分比/%	修理部位
二类	刮削器	单刃	直	3	21.4	/
			凸	2	14.2	/
			尖	1	7.2	/
		双刃	直-凹	1	7.2	/
三类	刮削器	单刃	直	2	14.2	形
			凹	1	7.2	刃
		双刃	直-直	1	7.2	形
	凹　缺　器			3	21.4	刃、形、把手
总　　计				14	100	/

3.3.1　二类工具

共 7 件。均为刮削器，根据刃的数量分为单刃和双刃。毛坯均为片状，原料除一件为硅质泥岩外，其余均为硅质灰岩。

3.3.1.1　单刃刮削器

共 6 件。根据刃缘形态的不同，分为单直刃、单凸刃和单尖刃三类。

单直刃刮削器　3 件。标本 15TJLL:58，原料为硅质灰岩。长 58.69 mm，宽 30.3 mm，厚 9.09 mm，重 14.77 g。形状不规则。以自然边为直刃，刃长 42.79 mm，刃角 20°。器物大小适中，刃部薄锐，无需加工，方便直接使用。刃部劈裂面一侧留有细小的不规则的疤，除后期自然磕碰处外，其余均为与被加工物体接触所致。

单凸刃刮削器　2 件。标本 15TJLL:47，原料为硅质灰岩。长 44.48 mm，宽 40.62 mm，厚 14.12 mm，重 24.68 g。形状不规则。以自然边为凸刃，刃长 57.1 mm，刃角 45°。器物大小适中，刃部薄锐，无需加工，方便直接使用。刃部留有细小的不规则的疤，应为使用疤。

单尖刃刮削器　1 件。标本 15TJLL:31，原料为硅质泥岩。长 61.34 mm，宽 41.81 mm，厚 12.64 mm，重 22.29 g。形状不规则。刃部一边长 32.47 mm；另一边长 32.81 mm，所夹刃角 50°。器物大小适中，刃部薄锐，无需加工，方便直接使用。刃部劈裂面一侧留有细小的不规则的使用疤。

3.3.1.2　双刃刮削器

1 件。标本 15TJLL:46，直凹刃刮削器，原料为硅质灰岩。长 31.86 mm，宽 33 mm，厚 7.97 mm，重 8.85 g。形状不规则。其中一处刃以自然边做直刃，刃长 28.31 mm，刃角 30°；另一处以自然边做凹刃，刃长 31.13 mm，刃角 20°。器物大小适中，刃部薄锐，无需加工，方便直接使用。刃部留有细小的不规则的疤，除后期自然磕碰处外，其余均为与被加工物体接触所致。

3.3.2　三类工具

共 7 件。可分为刮削器和凹缺器。毛坯除一件为石叶外，其余均为片状。原料均为硅质灰岩。

3.3.2.1　刮削器

4 件。分为单刃和双刃器。单刃根据刃的形态可分为直刃和凹刃，双刃为双直刃。

单直刃刮削器　2 件。标本 15TJLL:5，形状不规则。长 32.86 mm，宽 22.85 mm，厚 7.58 mm，重 5.37 g。A 处以自然边为刃缘，形成直刃，刃长 22.3 mm，刃角 20°，直接使用；B 处为修形，使大小合适，方便使用（图 3:2）。

单凹刃刮削器　1 件。标本 15TJLL:24，形状不规则。长 43.72 mm，宽 36.48 mm，厚 15.47 mm，重 20.08 g。A 处为反向修理，形成凹刃，刃长 21.95 mm，刃角 45°（图 3:3）。

双直刃刮削器　1 件。标本 15TJLL:34，形状规整。长 47.51 mm，宽 32.2 mm，厚 7.8 mm，重 10.13 g。毛坯为石叶近端，背面有 Y 字形脊。A 处以自然边为直刃，刃长 45.7 mm，刃角 15°；B 处以自然边为直刃，刃长 40.82 mm，刃角 30°。石叶远端 C 处为有意折断，保留近端，为修形。这表明古人是有意识地选择大小合适的坯材来制作可以使用的工具（图 3:1）。

3.3.2.2 凹缺器

3 件。原料均为硅质灰岩，片状毛坯。长 28.73 ~ 60.4 mm，平均长 43.41 mm；宽 22.45 ~ 56.61 mm，平均宽 36.85 mm；厚 8.83 ~ 13.59 mm，平均厚 11.7 mm；重 7.98 ~ 38.39 g，平均重 18.93 g。加工方式包括正向、反向和复向。刃长 10.8 ~ 17.2 mm，平均长 13.6 mm；刃角 30° ~ 50°，平均 41.67°。标本 15TJLL:66。长 41.1 mm，宽 22.45 mm，厚 8.83 mm，重 10.42 g。器体轻便，A 处为复向修理，形成凹缺形，刃长 17.2 mm，刃角 50°，多层修疤（图 3:4）。

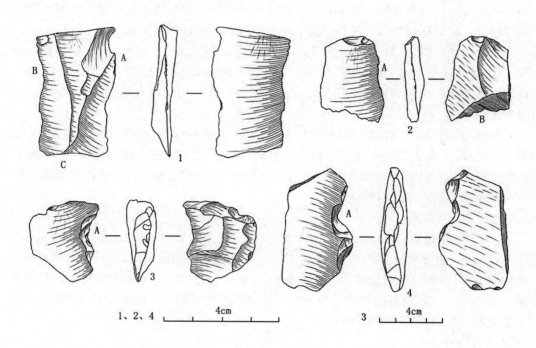

图 3　骆驼岭地点发现的部分工具

Fig. 3　Tools from Luotuoling Paleolithic locality

1. 双直刃刮削器（15TJLL:34）；2. 单直刃刮削器（15TJLL:5）；

3. 单凹刃刮削器（15TJLL:24）；4. 凹缺器（15TJLL:66）

4　讨论与结语

4.1　石器工业特征

（1）石制品原料以硅质灰岩为主，少量有硅质泥岩。据该地点实地观察发现，附近山脉有硅质岩出露，属于就地取材。与蓟州区其他地区以石英砂岩为主的原料相比，硅质岩是很优质的原料。但就这批材料来看，所使用的硅质岩质地较差，节理发育。

（2）石制品类型简单，仅见石片、断块及工具。

（3）根据石制品的最大直径，可分为微型（<20 mm）、小型（20 ~ 50 mm）、中

型（50～100 mm）、大型（100～200 mm）、巨型（≥200 mm）5 种类型[5]。该地点石制品以小型为主，中型次之，微型较少，不见大型和巨型。

（4）石片均为锤击剥片，大部分打击点集中，半锥体微凸，同心波不太明显。

（5）工具有刮削器和凹缺器两种，修理方法以硬锤锤击法为主，加工方式包括正向、反向和复向加工。毛坯除一件为石叶外，其余均为片状，修理的部位以修刃、修形为主。这说明古人是在有意地选择合适的坯材和部位进行修理，以便于制造出适合人类使用的工具。

4.2 地点性质和年代分析

骆驼岭地点未发现石核类制品，且石制品数量不多，推测其可能为古人类临时活动的场所。虽该地点未发现可供测年的动物化石，且没有发现原生层位，石制品均为地表采集，但由于没有陶片或磨制石器等遗物的发现，根据天津地区区域地层的堆积年代[8]及该地点的河流阶地性质推测，骆驼岭地点的年代应属旧石器时代晚期。

参 考 文 献

1　盛立双. 初耕集——天津蓟县旧石器考古发现与研究. 天津：天津古籍出版，2014. 3-12.

2　盛立双，王春雪. 天津蓟县东营坊旧石器遗址发掘. 见：国家文物局主编. 2007 中国重要考古发现. 北京：文物出版社，2008. 2-5.

3　蓟县志编修委员会. 蓟县志. 天津：南开大学出版社，天津社会科学院出版社，1991. 122-133.

4　陈全家. 吉林镇赉丹岱大坎子发现的旧石器. 北方文物，2001 (2)：1-7.

5　卫奇. 石制品观察格式探讨. 见：邓涛，王原主编. 第八届中国古脊椎动物学学术年会论文集. 北京：海洋出版社，2001. 209-218.

6　王春雪，李万博，陈全家，等. 天津蓟县杨庄西山旧石器地点发现的石制品. 边疆考古研究（21 辑），北京：科学出版社，2017. 1-12.

7　陈全家，王春雪. 东北地区近几年旧石器考古的新发现和研究. 考古学研究（七），北京：科学出版社，2008. 183-204.

8　天津市地质矿产局. 天津市区域地质志. 北京：地质出版社，1992. 116-142.

RESEARCH ON STONE ARTIFACTS OF LUOTUOLING PALEOLITHIC LOCALITY AT JIZHOU DISTRICT OF TIANJIN

DOU Jia-xin [1, 2]   WEI Tian-xu [2]   LI Wan-bo [2]   WANG Jia-qi [1, 2]   WEN Jing-chao [2]
SHENG Li-shuang [3]   GAN Cai-chao [3]   WANG Chun-xue [1, 2]

(1 *Key Laboratory for Evolution of Past Life and Environment in Northeast Asia (Jilin University), Ministry of Education, China,* Changchun 130012, Jilin; 2 *School of Archaeology in Jilin University*, Changchun, 130012, Jilin; 3 *Protection Center of Cultural Heritage in Tianjin,* Tianjin 300170)

ABSTRACT

Luotuoling site, which is located in Jizhou District of Tianjin, was found during the fieldwork by Protection Center of Cultural Heritage in Tianjin and Research Center of Chinese Frontier Archaeology of Jilin University in May 2015. The number of the stone artifacts, of which the raw materials are mainly siliceous limestone, is 77, and the types are flakes, blocky fragments and tools. According to the whole characteristics, the site belongs to the Small Tool Industry. The age is probably in Upper Paleolithic.

Key words   Tianjin area, Luotuoling locality, Upper Paleolithic

第十七届中国古脊椎动物学学术年会论文集. 董为, 张颖奇主编. 北京：海洋出版社, 2021. 179-192
Proceedings of the Seventeenth Annual Meeting of the Chinese Society of Vertebrate Paleontology
DONG Wei and ZHNG Yingqi, eds. Beijing: China Ocean Press, 2021. 179-192

贵州平坝高峰山地区洞穴遗址初步研究*

张改课

(陕西省考古研究院，陕西　西安 710054)

摘　要　2013 年贵州中部的安顺市平坝区高峰山地区新发现 9 处洞穴遗址，包含 3 类时代、内涵不同的遗存，反映了不同时期人类不同的生存策略。旧石器时代晚期至新石器时代早期，古人类主要活动于山麓地带和盆坝孤峰附近，选择宽大、醒目、条件优越的洞穴居住，使用燧石质的小型工具，从事采集狩猎活动。新石器时代晚期以后，随着人口的增加、生产力的提高、文化的进步与交流，人们逐渐向山区腹地扩散，占据更多洞穴，陶器在日常生活中的作用显著提高，打制石器的作用显著下降。春秋战国时期，随着农业的普及和建筑技术的提高，人们向盆坝和河谷阶地迈进，社会发展进程显著提高，穴居生活走向衰落，打制石器逐渐淡出人们的日常生活。

关键词　贵州中部；平坝；洞穴遗址；西南山地；生存策略

1　前言

　　贵州中部的贵阳、安顺地区是贵州古代文化遗存的富集区，特别是史前至战国时期洞穴遗址数量众多，对于研究贵州乃至西南山区古代人类的生存策略和文化发展具有重要意义。2013 年 9 月，贵州省文物考古研究所联合平坝区文物管理所对安顺市平坝区马场和高峰地区进行了较大规模的田野考古调查，复查和新发现大批古代遗存，其中洞穴遗址的集中发现是本次工作中最重要的收获，本文即是对这次新发现的部分洞穴遗址的初步研究。

2　地理环境与既往工作概况

2.1　平坝区地理环境概况

　　平坝因"地多平旷"而得名，东北距贵阳市 48 km，西南距安顺市 38 km。周边与贵阳市花溪区、清镇市，安顺市西秀区、普定县，毕节市织金县，黔南州长顺县接壤，总面积 999 km²。

　　平坝是贵州喀斯特地貌典型分布区，地势相对平坦，洞穴发育广泛，河网水系密布。最高海拔 1 670 m，最低海拔 960 m，平均海拔 1 288 m。气候属亚热带湿润型季风气候，雨量充沛，年平均气温 14.1℃，年平均降水量 1 305 mm。境内主要河流有三岔河、老营河、乐平河、羊昌河、麻线河、马场河和林卡河 7 条，属长江

---

* 张改课：男，37 岁，副研究员，主要从事史前考古学研究.

流域乌江水系。优越的自然地理环境，为古人类生存提供了有利条件（图1）。

2.2 平坝区洞穴遗址既往发现概况

平坝洞穴遗址考古工作始于 1978 年，历年来多有重要发现和研究成果，具有较好的工作基础。截至 2013 年，主要的工作有：

1978 年，贵州省博物馆调查发现飞虎山遗址，于 1981 年对其试掘，发现距今 13 ka 左右的旧石器时代文化层和距今 6 ka ~ 4 ka 的新石器时代文化层，为平坝乃至黔中地区的洞穴考古奠定了较好基础[1]。

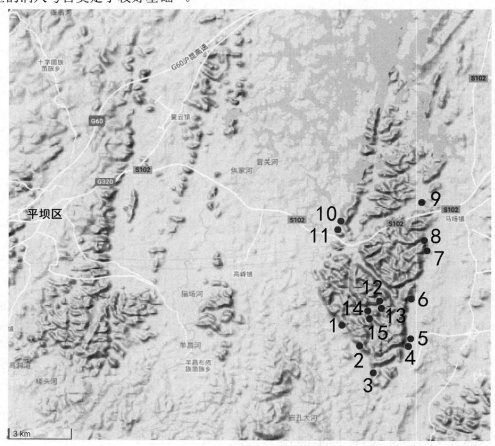

图 1　　平坝高峰山地区洞穴遗址位置

Fig. 1　Geographic locations of karstic cave sites in Gaofeng Mountain area at Pingba County

1. 胡家岩；2. 白虎关洞；3. 小狗场马洞；4. 穿洞；5. 独坡洞；6. 上寨岩洞；7. 穿洞山；8. 老李洞；

9. 凯洒穿洞；10. 中湾洞；11. 敞口洞；12. 洞脚；13. 护坡洞；14. 坡墩洞；15. 白洞

2002 年，贵州省博物馆、平坝县文物管理所调查发现了城门洞[2]、龙凤山[3]、洞背后[4]、观音洞、金银山洞[5]、打鼓洞、下院洞、上洞[6] 8 处洞穴遗址，时代上迄旧石器时代晚期，下至新石器时代，填补了多处区域空白。

2009 年，贵州省博物馆、平坝县文物管理所在全区境内开展大规模田野考古调查，新发现 30 余处旧石器时代晚期至商周时期的洞穴遗址，极大拓展了平坝洞穴遗址的分布范围，丰富了洞穴遗址的文化内涵。

2012 年以来，中国社会科学院考古研究所、贵州省文物考古研究所、贵安新区社会事务管理局对牛坡洞遗址进行了持续发掘，发现距今 15 ka~2 ka 间丰富的文化遗存，初步构建起了该地区旧石器时代晚期至春秋战国时期的考古学文化序列 [7]。

上述发现表明，平坝洞穴遗址数量众多、内涵丰富、时代跨度大，在研究贵州远古文化发展和山地环境下人类的适应生存策略方面有较大的潜力。

3 新发现的洞穴遗址及文化内涵

本小组的工作范围选定在平坝东部马场、高峰两镇结合部的高峰山地区。该山是 1 座相对孤立的小型山脉，北邻红枫湖，东、南、西 3 面为开阔的低山丘陵地带，附近河流主要为由南向北注入红枫湖的麻线河与马场河。共发现 9 处洞穴遗址（表 1），分布于两个区域：一是高峰山东麓和南麓的开阔地带，包括胡家岩、穿洞、独坡洞、上寨岩洞、老李洞 5 处遗址；二是高峰山区南部较封闭的山间小盆地，包括洞脚、护坡洞、坡墩洞、白洞 4 处遗址。此外，稍早时附近发现有白虎关洞、小狗场马洞、穿洞山遗址①，加上 2009 年发现的敞口洞、中湾洞、凯洒穿洞遗址②，目前高峰山地区已发现洞穴遗址 15 处（图 1）。

本项研究，个体大小界定 50 mm 以下者为小型、50~100 mm 者为中型、100 mm 以上者为大型；类型界定片屑为在剥片或工具修理过程中崩落的长度小于 10 mm 的小石片碎屑，断块为剥片时沿自然节理断裂的石块或破碎的石制品小块；石片中的Ⅶ型石片指因台面保留极少（如刃状台面、线状台面等）无法确定台面性质的石片。

3.1 胡家岩遗址

处在高峰山南麓山腰处 1 个十分醒目的大白岩下（图 1:1）。洞向西南，宽约 18 m、高约 4 m、深约 7 m。洞内堆积保存较差，在洞穴前部断面上的一套黄褐色、含角砾的松散堆积中，出土石制品、动物遗骨 92 件。

3.1.1 石制品

23 件。包括石核、石片、工具、断块 4 类。原料仅包括燧石（$n=21$）和硅质灰岩（$n=2$）两种。个体均为小型。

石核 1 件。HJY:1，单台面锤击石核，燧石质，长 28.41 mm、宽 39.77 mm、厚 13.21 mm，重 15.22 g；自然节理台面，台面角 77°~94°；1 个剥片面，3 个石片疤，最大片疤长 28.32 mm、宽 31.57 mm（图 2:1）。

石片 5 件。均锤击石片，原料为燧石（图 2:2~5）。各项观测数据详见表 2。

工具 3 件。均为单侧直刃刮削器，燧石质，修疤均连续而细小，修理深度浅。

HJY:9，四边形，长 22.86 mm、宽 16.57 mm、厚 8.58 mm，重 3.72 g；毛坯为石片，转向修理左侧为刃；有效刃长 22.77mm，刃角 71°；修疤满刃分布（图 2:6）。

HJY:8，形状不规则，长 20.15 mm、宽 17.53 mm、厚 7.82 mm，重 2.84 g；毛坯为石片，正向修理右侧为刃；有效刃长 13.27 mm，刃角 61°；修疤不满刃分布。

① 贵州省文物考古研究所吴小华、韦松恒等调查发现，资料现存贵州省文物考古研究所.
② 贵州省博物馆蔡回阳、吴天庄、宁建荣、甘霖清，平坝区文物管理所文应峰、梅世惠、黄德泉等调查发现，资料现存贵州省博物馆.

表 1　贵州平坝 2013 年

Table 1　New karstic cave sites discovered in 2013

遗址名称	地理位置	地理坐标
胡家岩	高峰镇老胖村胡家岩	26°22′10.1″N，106°23′38.0″E
穿洞	高峰镇毛昌村鸡窝寨	26°20′50.2″N，106°25′36.7″E
独坡洞	高峰镇毛昌村鸡窝寨	26°21′00.6″N，106°25′37.1″E
洞脚	马场镇嘉禾村长陇寨	26°21′57.9″N，106°24′44.3″E
护坡洞	马场镇嘉禾村长陇寨	26°21′50.5″N，106°24′44.0″E
坡墩洞	高峰镇老胖村白洞口	26°21′46.6″N，106°24′28.1″E
白洞	高峰镇老胖村白洞口	26°21′37.0″N，106°24′13.6″E
上寨岩洞	马场镇嘉禾村上寨	26°22′08.4″N，106°25′45.5″E
老李洞	马场镇三台村马坡山	26°23′15.2″N，106°26′03.5″E

表 2　胡家岩遗址

Table 2　Morphometric data of

编号	类别	形状	长×宽×厚/mm	重/g
HJY:5	III	四边形	14.43×15.42×6.83	1.78
HJY:3	VI	近梯形	17.46×22.64×8.43	3.58
HJY:6	VI	不规则	15.47×14.23×5.33	0.83
HJY:17	VI	近梯形	16.37×15.53×4.88	1.43
HJY:2	石裂片	近梯形	28.59×8.39×13.90	3.13

HJY:7，形状不规则，长 24.88 mm、宽 23.08 mm、厚 7.72 mm、重 6.08 g；毛坯为断块，转向修理左侧为刃；有效刃长 24.53 mm，刃角 73°；修疤满刃分布（图 2:7）。

断块　14 件。除 2 件原料为硅质灰岩外，余者皆为燧石。重量轻，形状不规则，断裂无特定规律，沿节理断裂者稍多。

遗址出土石制品较少，面貌不甚清晰。但总的来看，古人类选择附近山体出露的燧石岩块作为原料，部分燧石节理发育；使用硬锤锤击法剥片；工具类型单一，仅见单刃刮削器一种；属于贵州中西部地区的小石片石器工业。

3.1.2　动物遗骨

69 件。除 2 件鹿科动物牙齿外，其余为人工敲击而成的碎骨，18 件可归为烧骨。绝大多数轻度石化，小部分中度石化。绝大多数个体为小型（$n=65$），其余为中型。重量均较轻。

3.2　穿洞遗址

处在高峰山东麓山脚（图 1:4），系一南北向穿洞，宽敞、醒目，地理环境优越。南洞口宽约 7 m、高约 2.3 m；北洞口宽约 6 m、高约 3.3 m；深约 11 m。地层堆积可见 3 层，第①层为表土层；第②层为灰黄色土，较疏松，夹大量角砾，出石制品和动物遗骨；第③层为黄褐色土，较疏松，夹少量角砾，出石制品和动物遗骨；第③层之下为灰色砂砾层，未见文化遗物。

新发现的洞穴遗址

at Pingba County in Guizhou Province

海拔/m	相对高程/m	洞内面积/m²	采集人工遗物
1 526	40	50	石制品 23 件
1 267	5	70	石制品 196 件
1 280	5	30	石制品 27 件、陶片 13 件
1 322	5	30	陶片 88 件
1 320	5	10	陶片 2 件
1 350	50	150-200	陶片 18 件
1 300	20	150-200	石制品 2 件、陶片 19 件
1 274	5	15	陶片 2 件
1 303	3	30	石制品 1 件、陶片 23 件

石片数据一览

flakes from Hujiayan site

台面特征	台面角	背缘角	远端特征	背面疤数
自然-节理	89	86	崩断	4
人工-素	111	84	崩断	3
人工-素	101	83	崩断	3
人工-有疤	88	92	崩断	5
人工-有疤	109	80	崩断	2

出土和采集石制品、动物遗骨 269 件。

3.2.1　石制品

196 件。包括石核、石片、工具、断块 4 类。原料方面，燧石（$n=177$，90.31%）占绝大多数，硅质灰岩（$n=15$，7.65%）次之，偶见石英岩（$n=3$）和水晶（$n=1$）。个体绝大多数为小型（$n=190$，96.94%），其余为中型（$n=6$，3.06%）。

石核　8 件，占 4.08%。7 件原料为燧石、1 件为硅质灰岩。个体除 1 件为中型外，其余均小型。依台面数量划分，包括单台面石核 1 件、双台面石核 2 件、多台面石核 5 件。最大台面角 81°～99°，平均 92°；最小台面角 70°～82°，平均 77°。剥片面 2～4 个，2 个剥片面的 1 件、3 个剥片面的 4 件、4 个剥片面的 3 件。残留石片疤 5～12 个，以 5～9 个的为主（$n=6$），石片疤形状多不规则，仅在 1 件石核上可见边缘近似平行的窄长石片疤（图 3：3）。进一步剥片大多较困难。7 件为锤击石核，1 件为砸击石核。

石片　88 件，占 44.90%。包括完整石片 80 件、破碎石片 8 件。原料以燧石为主（$n=76$，86.36%），硅质灰岩次之（$n=9$，10.23%），另有石英岩 2 件、水晶 1 件。

完整石片　以 VI 型石片为主（$n=48$，60.00%），III 型石片次之（$n=14$，17.50%），I 型石片（$n=2$）、II 型石片（$n=3$）、V 型石片（$n=7$）、VII 型石片（$n=6$）均较少。形状多不规则（$n=49$，61.25%），四边形次之（$n=15$，18.75%），少数为近梯形（$n=9$，11.25%）、长方形（$n=4$，5.00%）、倒三角形（$n=3$，3.75%）。个体以小型为主（$n=78$，

97.50%），其余为中型。长型石片（*n*=32，40.00%）与宽型石片（*n*=34，42.50%）数量接近，少量长、宽接近（*n*=14，17.50%）；长度大于宽度 2 倍以上者极少（*n*=3，3.75%，图 3：9）。人工台面者（*n*=55，68.75%）远多于自然台面者（*n*=19，23.75%），另有 6 件石片的台面性质不明。自然台面者中，1 件可归为零台面（图 3：5）；人工台面包括素台面（*n*=40）、有疤台面（*n*=7）、棱脊台面（*n*=8）3 类；台面性质不明者包括刃状台面（*n*=5）和线状台面（*n*=1，图 3：10）。台面角 57°~128°，平均 105°；背缘角 56°~122°，平均 83°。远端以羽毛状为主（*n*=44，55.00%），其次为崩断（*n*=21，26.25%），少量为关节状（*n*=6，7.50%）、人工面状（*n*=5，6.75%）、回弯（*n*=4，5.00%）。绝大多数石片背面为非自然面（*n*=78，97.50%），其中无自然面者 66 件；背面石片疤 0~11 个，大多数不少于 3 个（*n*=62，77.50%）。

图 2　　胡家岩遗址发现的石制品

Fig. 2　　Stone artifacts from Hujiayan site

1. 石核（HJY:9）；2. 石片右裂片（HJY:2）；3~5. Ⅵ型石片（HJY:17，HJY:3，HJY:6）；6~7. 刮削器（HJY:9，HJY:7）．

破碎石片　包括 2 件左裂片和 6 件右裂片，在打击点处纵向断裂。6 件原料为燧石，2 件为硅质灰岩。个体均为小型。

工具　13 件，占 6.33%。均为单刃刮削器。个体多为小型（*n*=12），中型者 1 件。原料以燧石为主（*n*=12），硅质灰岩者 1 件。形状大多不规则（*n*=9），另有四边形者 3 件、近梯形者 1 件。毛坯以石片为主（*n*=10），另有断块 2 件、石核 1 件。刃缘可分为直刃（*n*=6）、凸刃（*n*=6）、凹刃（*n*=1）3 种。修理部位包括左侧（*n*=5）、右侧（*n*=5）、远端（*n*=3）3 种。修理方向有正向（*n*=7）、反向（*n*=1）、转向（*n*=5）3 种。刃角包括较锐（41°~50°）2 件、钝（51°~75°）10 件、陡刃（>75°）1 件。修疤细小，多连续满刃（*n*=9），修理深度浅，少数标本修理精细（图 3：12~14）。

图 3 穿洞遗址发现的石制品

Fig. 3   Stone artifacts from Chuandong site

1~4. 多台面石核（CD:3, CD:5, CD:9, CD:87）；5. I 型石片（CD:48）；7.II 型石片（CD:67）；

6. III型石片（CD:47）；8. V 型石片（CD:44）；9, 11. VI型石片（CD:164, CD:85）；

10. VII型石片（CD:50）；12 ~ 14. 刮削器（CD:93, CD:94, CD:89）.

断块   87 件，占 44.39%。原料以燧石为主（*n*=82，94.25%），另有硅质灰岩 4 件、石英岩 1 件。个体以小型者为主（*n*=85，97.70%），中型者仅 2 件。重量均较轻。形状大多不规则，断裂方式不一，少部分沿节理面断裂。

古人类主要选择附近山体出露的燧石岩块作为原料，偶尔也从附近河流中选择合适的砾石原料，原料质地尚佳但个体较小。主要使用硬锤锤击法剥片，偶用砸击法（图 3：8）和锐棱砸击法（图 3：5），剥片时几乎不对石核进行预制，也并不十分关注对石片形态的控制，未见明确、系统的石叶和细石叶技术。尽管剥片技术比较简单，但人类可以通过对剥片角度的调整，获取比较理想的石片，总体上对原料的利用比较充分。工具类型单一，仅见单刃刮削器一种。属于典型的贵州中西部地区的小石片石

185

器工业。

3.2.2 动物遗骨

73 件。均为人工敲击而成的碎骨，52 件可归为烧骨，其来源应主要与人类活动有关。绝大多数轻度石化，个别中度石化。绝大多数个体为小型（$n=71$，92.26%），2 件为中型。重量均较轻。属种难辨。

3.3 独坡洞遗址

处在高峰山东麓盆坝边缘的石灰岩孤峰山脚，紧邻穿洞（图 1：5）。有上、中、下 3 个洞穴，绝大部分文化遗物发现于下洞。下洞洞口朝向东南，宽约 7 m、高约 5 m、深 12 m（未到底），洞内平面略呈三角形。洞内堆积大部分被破坏，部分被扰动至洞口，其中包含较丰富的遗物。采集石制品、陶器残片和动物遗骨 59 件。

3.3.1 石制品

27 件。包括石片、工具、断块 3 类。原料均为燧石。个体均为小型。

石片 7 件。均锤击石片。各项观测数据详见表 3。

表 3 独坡洞遗址石片数据一览

Table 3 Morphometric data of flakes from Dupudong site

编号	类别	形状	长×宽×厚/mm	重/g	台面特征	台面角/(°)	背缘角/(°)	远端特征	背面自然面比/%	背面疤数
DPD:4	III	不规则	20.18×23.57×8.62	4.12	自然-节理	123	111	关节状	0	4
DPD:6	V	近梯形	23.03×16.78×7.38	2.93	人工-有疤	118	91	羽毛状	1-49	6
DPD:16	V	不规则	24.83×27.22×7.36	5.33	人工-有疤	112	79	关节状	1-49	7
DPD:1	VI	四边形	17.32×8.33×4.38	0.73	人工-棱脊	122	76	崩断	0	2
DPD:2	VI	不规则	19.83×14.42×5.58	1.28	人工-素	109	85	羽毛状	0	6
DPD:3	VI	不规则	18.63×19.86×4.73	1.68	人工-棱脊	102	77	崩断	0	4
DPD:5	VI	近梯形	13.68×20.82×3.57	0.92	人工-素	112	82	羽毛状	0	3

工具 2 件。均为单刃刮削器，修疤连续而细小。

DPD:8，形状不规则，长 29.68 mm、宽 23.82 mm、厚 8.82 mm，重 8.28 g；毛坯为石片，转向修理远端为刃；直刃，有效刃长 22.77 mm，刃角 73°；修疤不满刃分布，修理深度浅。

DPD:7，形状不规则，长 33.82 mm、宽 19.13 mm、厚 12.23 mm，重 10.08 g；毛坯为断块，正向修理左侧及远端为刃；凸刃，有效刃长 31.91 mm，刃角 77°；修疤满刃分布，修理深度深。

断块 18 件。形状均不规则，断裂无特定规律，重量轻。

遗址发现石制品较少，面貌不清晰。但总的来看，古人类主要选择附近山体出露的燧石岩块作为原料，原料质地较好；使用硬锤锤击法剥片；工具类型单一，仅见单刃刮削器一种；属于贵州中西部地区的小石片石器工业。

3.3.2 陶器残片

13 件。均夹砂陶，以夹细砂陶为主（$n=12$）。陶色见有红褐、黄褐、灰褐、灰等色。多数（$n=9$）外壁施有纹饰，包括中绳纹（$n=5$）、细绳纹（$n=3$）、交错细绳纹（$n=1$）。烧制火候多为中度，个别较高。胎壁大多较薄，以 3～5 mm 为主。未见口沿和底部，器形莫辨。

3.3.3 动物遗骨

19 件。除 4 件螺壳外，其余为人工敲击而成的碎骨，13 件可归为烧骨。石化程度不一，多数未石化，少部分轻度石化。个体均为小型，重量轻，属种难辨。该遗址地层堆积虽已被破坏，但文化遗存仍可明显的分为早、晚两期。早期以石制品和轻度石化的动物遗骨为代表，与邻近的穿洞遗址面貌接近；晚期以陶器为代表。

3.4 洞脚遗址

处在高峰山腹地小型盆地北侧边缘山脚（图 1:12）。洞向南，宽约 10 m、高约 9 m、深约 5 m。洞内堆积大部被破坏，基岩裸露，仅在靠近西壁处残存部分原生堆积，系灰褐色黏土，含少量角砾，较疏松；其下为基岩。该套堆积中出陶器残片、动物遗骨92 件。

3.4.1 陶器残片

88 件。其中 5 件为口沿部位，1 件为底部。陶质以夹砂陶为主且全为夹细砂陶（$n=80$，90.31%），泥质陶仅见 8 件。陶色以红褐（$n=31$, 35.23%）、灰褐（$n=26$, 29.55%）、黄褐（$n=23$, 26.14%）三色为主，灰色（$n=4$）、红色（$n=4$）较少。绝大多数（$n=71$，80.68%）外壁施有纹饰，以细绳纹为主（$n=41$, 46.59%），其次为中绳纹（$n=12$, 13.64%），还有少量交错细绳纹、划纹、戳印纹、附加堆纹、弦纹、压印纹，以及一些不同纹饰的组合。烧制火候多为中度，少量较高。胎壁多较薄，以 3～5 mm 的为多。陶片多细碎，可辨器形者很少，主要为侈口和直口罐类（图 4）。

图 4　洞脚遗址出土的陶器残片

Fig. 4　Pottery fragments from Dongjiao site

3.4.2　动物遗骨

4 件。1 件为豪猪牙齿。其余为碎骨，均可归为烧骨，未石化，个体小型，重量轻。

3.5　护坡洞遗址

处在高峰山腹地小型盆地南侧边缘山脚，与洞脚遗址相望（图 1：13）。洞向西北，宽约 5.7 m、高约 2.4 m、深约 2.5 m，地表覆盖有较厚的近现代堆积。采集到 2 件夹砂灰褐陶片，1 件施细绳纹，1 件素面，烧制火候中等，器形莫辨。

3.6　坡墩洞遗址

处在高峰山腹地小型盆地边缘山腰（图 1：14）。洞向西北，宽约 14 m、高约 6 m、深约 30 m。洞内平面呈南北狭长漏斗状，由外向内倾向、收缩。地表乱石嶙峋，原生堆积大部被破坏，基岩出露较多，低洼处残存有灰褐色松散堆积，内含陶器残片。

陶器残片　18 件。均夹砂陶且以夹细砂陶为主（$n=15$）。陶色包括红褐（$n=8$）、灰褐（$n=6$）、黄褐（$n=4$）3 种。绝大多数（$n=14$）外壁施有纹饰，包括细绳纹（$n=6$）、中绳纹（$n=4$）、篦划纹（$n=1$）、弦纹（$n=1$）以及细绳纹和附加堆纹、戳印纹的组合。烧制火候多为中度，少量较高。胎壁多较薄，以 3～5 mm 的为多。2 件为口沿，均为红褐色夹细砂陶，侈口，可能为罐类。

3.7　白洞遗址

处在高峰山腹地小型盆地东侧边缘山脚处（图 1：15），紧邻坡墩洞。洞向西，宽约 26 m、高约 21 m、深约 15 m。洞内地表杂草丛生，由洞内向洞外略倾斜。北壁残存部分原生堆积，系灰褐色黏土，含少量角砾，较疏松，内含陶器残片；其下为纯净的黄色黏土；再下为基岩。于洞内地层中出土石制品、陶器残片、动物遗骨 26 件。

3.7.1　石制品

2 件。石核与断块各 1 件，原料分别为燧石和水晶，形状均不规则，个体均为小型。石核为双台面锤击石核，原料为燧石，长 15.42 mm、宽 25.61 mm、厚 20.71 mm，重 8.83 g；1 个台面为自然节理台面，1 个为素台面，台面角 68°～92°；4 个剥片面，6 个石片疤，最大片疤长 13.39 mm、宽 22.18 mm。

3.7.2　陶器残片

19 件。均夹砂陶，且以夹细砂陶为主。陶色以红褐（$n=10$）、黄褐（$n=6$）两色为主，少量为灰褐（$n=3$）；绝大多数（$n=17$）外壁施有纹饰，以细绳纹为主（$n=10$），少量为中绳纹（$n=4$）、交错细绳纹（$n=2$）、附加堆纹（$n=1$）。烧制火候多为中度，少量较高。胎壁较薄，以 3～5 mm 的为多。2 件口沿均为红褐色夹细砂陶，侈口，可能为罐类。

3.7.3　动物遗骨

5 件。均为碎骨，可归为烧骨。未石化，个体均小型，重量轻，属种莫辨。

3.8　上寨岩洞遗址

处在高峰山东麓山脚（图 1：6）。洞向东南，宽约 5.2 m、高约 2.6 m、深约 5.7 m。洞内有现代墓葬一座，几乎占满洞内区域。于洞壁北侧灰褐色松散堆积中发现陶器残片 2 件，烧骨 1 件。陶片均为灰褐色夹粗砂陶，外壁施中绳纹，胎壁较薄。烧制火候偏高。动物遗骨为经火烧的肢骨残块，未石化，属种莫辨。

3.9 老李洞遗址

处在高峰山东麓山脚（图1∶8）。洞向北，宽约4 m、高约5 m、深约12 m。洞内平面呈南北狭长形。遗物出自一套灰褐色、含碳屑和灰烬的松散堆积中。

出土石制品、陶器残片、动物遗骨34件。

3.9.1 石制品

1件。为VI型锤击石片。燧石质。形状不规则，长20.67 mm、宽14.52 mm、厚3.11 mm，重1.13 g。人工（素）台面；石片角114°，背缘角63°；远端羽毛状；背面全为人工面，2个石片疤。

3.9.2 陶器残片

23件。均夹砂陶，夹粗砂陶（n=12）与夹细砂陶（n=11）数量相当。陶色以黄褐为主（n=11），还见有灰褐（n=6）、黑褐（n=3）、红褐（n=3）。纹饰见有方格纹（n=5）、粗绳纹（n=4）、细绳纹（n=4）、中绳纹（n=3）。烧制火候不一，以偏高的为多，夹粗砂陶火候更高。胎壁厚薄不一，夹粗砂陶胎壁较厚，多大于5 mm；夹细砂陶胎壁较薄，多在5 mm以内。器形莫辨（图5）。

图 5　老李洞遗址出土的陶器残片

Fig. 5　Pottery fragments from Laolidong site

3.9.3 动物遗骨

7件。包括鹿科动物牙齿1件、螺壳3件、碎骨（均为烧骨）3件，均未石化。个体均小型，重量轻。

4　初步认识

根据各遗址出土遗物的具体特征，通过与周边地区考古发现的对比，大体可将此次调查的发现归为内涵、时代不同的3类遗存。

第一类遗存发现于胡家岩和穿洞，独坡洞早期遗存也属此类。人工遗物全为石制品，动物遗骨均轻度或中度石化。石制品的主要特点为：原料的原型绝大多数为岩块，偶见砾石；岩性绝大多数为燧石，硅质灰岩也有使用，其他原料较少。个体以小型者为主，中型者很少，不见大型者。剥片以锤击法为主，偶见砸击法和锐棱砸击法；连续剥片特点鲜明，原料利用率较高。工具类型单一，仅见刮削器；修理方向以正向和转向为主；刃角多较钝。主体属于贵州中西部地区的小石片石器工业，与平坝飞虎山旧石器时代晚期的石制品[1]和西秀区一些洞穴中的旧石器时代晚期石制品[8]具有较多共性。由于在黔中地区的一些洞穴遗址如普定穿洞[9]和平坝牛坡洞[7]中，距今 8 ka 前后仍流行与旧石器时代晚期一致的石器工业，不见陶器和磨制石器，因此可暂将本次发现的这类遗存的时代初定为旧石器时代晚期至新石器时代早期。

第二类遗存发现于洞脚、护坡洞、坡墩洞、白洞，独坡洞晚期遗存也属此类。人工遗物以陶器为主，石制品较少，动物遗骨大多未石化。陶器几乎全为夹细砂陶；陶色以红褐、黄褐、灰褐等色较常见；纹饰发达，以细绳纹为主，其次为中绳纹和交错细绳纹，有少量附加堆纹、戳印纹和蓖划纹，以及各种纹饰的复杂组合；胎壁薄、烧制火候多中度，少部分较高。这类陶器在贵州的流行时代为新石器时代晚期至商周时期，邻近的平坝飞虎山和牛坡洞新石器时代地层中也有发现，可暂将其这类遗存的时代定为新石器时代晚期至商周时期。

第三类遗存发现于老李洞和上寨岩洞。人工遗物几乎全为陶器，石制品极少，动物遗骨均未石化。夹粗砂陶显著增加；灰褐陶、黑褐陶有所增加；方格纹、粗绳纹比例显著上升，附加堆纹、戳印纹、蓖划纹及其组合纹饰消失殆尽，复杂的装饰风格衰落；胎壁多较厚、烧制火候高。结合省内其他地区的考古发现，可确定此类遗存的时代为春秋战国时期。

此外，高峰山地区还有 6 处未经报道的洞穴遗址，通过对其地层堆积和出土遗物的初步观察，可知敞口洞与第一类遗存面貌接近、时代相当；白虎关洞、小狗场马洞、中湾洞、穿洞山、凯洒穿洞与第二类遗存面貌接近、时代相当。

目前，平坝境内盆坝和河谷阶地尚未发现新石器时代及更早的遗址，但存在较多汉晋时期旷野遗址和墓葬，通过对既有考古发现的考察，我们初步认为，高峰山区域内不同时期的文化遗存，反映了不同时期、人类不同的适应生存策略。旧石器时代晚期至新石器时代早期，古人类主要活动于野生动、植物资源丰富的山麓和盆坝孤峰附近，选择宽大、醒目、条件优越的洞穴居住，使用燧石质的小型工具，从事采集狩猎活动；新石器时代晚期以后，随着人口的增加、生产力的提高、文化的进步与交流，人们逐渐向山区腹地扩散，大小不同、高差有别洞穴，甚至一些不易发现的、条件较差的洞穴都被人类占据，陶器在日常生活中的作用显著提高，打制石器的作用显著下降；春秋战国时期，随着种植农业的普及，建筑技术的提高，人们逐渐摆脱洞穴的束缚，向盆坝和河谷阶地迈进，社会发展进程加速提高，穴居生活走向衰落，打制石器逐渐淡出人们的日常生活。

综上，本次发现进一步扩大了黔中地区洞穴遗址的分布范围、丰富了该地区古代遗存的文化内涵，对于认识西南山区人类生存适应方式、资源开发利用策略、文化发展演变过程具有重要意义。

致谢 除作者外，参加野外工作的人员还有贵州省文物考古研究所杨磊、韩前进、胡桂祥，部分器物照片由陕西省考古研究院赵汗青先生拍摄；贵州省文物考古研究所吴小华先生、韦松恒先生提供了相关洞穴的调查资料，贵州省博物馆蔡回阳研究员、中国社会科学院考古研究所付永旭先生、中国科学院古脊椎动物与古人类研究所硕士研究生别婧婧给予了热情帮助，谨致谢忱。

参 考 文 献

1 李衍垣, 万光云. 飞虎山洞穴遗址的试掘与初步研究. 史前研究, 1984(3): 64-77.

2 蔡回阳, 吴天庄, 梅世惠. 平坝县城门洞旧石器时代遗址. 见: 中国考古学会编. 中国考古学年鉴 2003. 北京: 文物出版社, 2004. 324.

3 蔡回阳, 吴天庄, 梅世惠, 等. 平坝县龙凤山旧石器时代遗址. 见: 中国考古学会编. 中国考古学年鉴 2003. 北京: 文物出版社, 2004. 323-324.

4 王新金, 吴天庄, 梅世惠, 等. 平坝县洞背后旧石器时代遗址. 见: 中国考古学会编. 中国考古学年鉴 2003. 北京: 文物出版社, 2004. 324-325.

5 王新金, 吴天庄, 梅世惠, 等. 平坝县观音洞、金银山洞旧石器时代遗址. 见: 中国考古学会编. 中国考古学年鉴 2003. 北京: 文物出版社, 2004. 324-325.

6 吴天庄, 梅世惠, 黄德泉. 平坝县下院石器时代遗址群. 见: 中国考古学会编. 中国考古学年鉴 2003. 北京: 文物出版社, 2004. 329-330.

7 中国社会科学院考古研究所华南一队, 贵州省文物考古研究所, 贵安新区社会事务管理局. 贵州贵安新区牛坡洞遗址. 考古, 2017 (7): 3-17.

8 张改课, 杨磊, 杨偲. 贵州安顺西秀区新发现的史前洞穴遗址. 见: 董为主编. 第十六届中国古脊椎动物学学术年会论文集. 北京: 海洋出版社, 2018. 293-304.

9 张森水. 穿洞史前遗址（1981 年发掘）初步研究. 人类学学报, 1995(2): 132-146.

A PRELIMINARY RESEARCH ON CAVE SITES IN GAOFENG MOUNTAIN, PINGBA COUNTY, GUIZHOU PROVINCE

ZHANG Gai-ke

(*Shaanxi Provincial Institute of Archaeology*,   Xi'an 710054, Shanxi)

ABSTRACT

Nine cave sites were identified in Pingba County, Central Guizhou, in 2013. The sites were distributed in the Gaofeng Mountain Region in the east of Pingba County. The cultural remains can be divided into three stages, and their ages can be dated as from the late

191

Paleolithic to the early Neolithic, the late Neolithic to the Shang and Zhou Dynasty, and the Spring and Autumn and Warring Stage Periods.

Stone artifacts were discovered from the late Paleolithic to the early Neolithic. The raw materials were mainly flint, and the main percussion techniques used are direct hard hammer percussion and the bi-polar technique and the sharp edge bi-polar technique were relatively rare. In this period, ancient humans mainly moved around the piedmont and knob areas. They chose large, eye-catching caves with superior conditions as their long-term residence and used small flint stone tools for gathering and hunting.

From the late Neolithic to the Shang and Zhou dynasty, a large number of pottery appeared and stone products decreased sharply. Most of the pottery are pottery mixed with fine sand; the color of the pottery is predominately reddish-brown, gray-brown, yellow-brown; the decorations are developed, mainly with cord patterns, followed by staggered cord patterns and medium rope patterns, with a small amount of fine mud strips of pile patterns, stamp patterns, comb-made fluted impressions, and a complex combination of different patterns. The body of the pottery is thin. The burning temperature is more moderate, and a small part is higher. At that time, with the increase of population, productivity and culture, people gradually spread to the hinterland of the mountain, and some caves with poor conditions were also occupied by humans. Pottery in daily life has increased significantly while stone artifacts had decreased.

After entering the Spring and Autumn and Warring Stage Periods, the number of cave sites decreased, and the artifacts were almost all pottery, with a few stone artifacts. In terms of pottery, pottery mixed with coarse sand and grey-brown and dark-brown pottery increased significantly. The proportion of thick rope patterns and checkered patterns had risen significantly while the fine mud strips of pile patterns, stamp patterns, comb-made fluted impressions, and intricate decorations they constituted had disappeared. The complex decorative style had declined; The body of pottery were thick and the burning temperature was high. It shows that with the popularization of agriculture and the improvement of architecture technology, people were moving towards the plains and valley terraces. The social development process had significantly improved, and the cave life had declined, and the stone tools had gradually disappeared.

Key words   Central Guizhou,   Pingba County,   Cave sites,   Southwest Mountain Region,   Survival strategy

192

第十七届中国古脊椎动物学学术年会论文集. 董为, 张颖奇主编. 北京: 海洋出版社, 2021. 193-200
Proceedings of the Seventeenth Annual Meeting of the Chinese Society of Vertebrate Paleontology
DONG Wei, ZHANG Ying-qi, eds. Beijing: China Ocean Press, 2021. 193-200

鄂尔多斯乌兰木伦河流域第 19 调查点发现的石制品*

刘 扬[1]   侯亚梅[2]   包 蕾[3]   杨俊刚[3]   李 双[3]

(1 中山大学社会学与人类学学院, 广东 广州 510275;

2 中国科学院古脊椎动物与古人类研究所, 北京 100044;

3 鄂尔多斯市文物考古研究院, 内蒙古 鄂尔多斯 017200)

摘 要 第 19 调查点是 2011 年乌兰木伦河流域考古调查发现的一处旧石器地点。该地点采集石制品 91 件, 类型有石核、石片、工具和断块, 其中工具包括砍砸器、刮削器、凹缺器、锯齿刃器、锥等。原料主要为石英岩, 仅有 4 件为硅质岩, 应该取自附近白垩系红砂岩砾石层; 尺寸以中、小型为主; 剥片和修理方法主要为锤击法; 除砍砸器毛坯为砾石外, 其他工具毛坯均为石片。石制品的总体特征与邻近的乌兰木伦遗址具有一定的可比性。

关键词 鄂尔多斯; 乌兰木伦河; 第 19 调查点; 石制品

1 前言

鄂尔多斯高原是我国较早开展旧石器时代考古工作的地区之一, 20 世纪 20 年代在该地区发现和发掘的萨拉乌苏遗址和水洞沟遗址揭开了中国旧石器考古的序幕, 并取得了世界性的影响力[1]。60 年代前后张森水先生及其团队在鄂尔多斯东北部沿黄河流域进行的旧石器时代考古调查又发现了大量的石器地点, 采集的石制品精致者尤多[2-3], 表明旧石器时代古人类活动在这里活动频繁。2010 年乌兰木伦的发现与发掘[4-5], 因其较好保存的地层堆积、丰富的文化遗物和遗迹、重要的年代框架使研究者意识到对遗址所在的乌兰木伦河流域开展系统旧石器考古调查的重要性。随后乌兰木伦考古队于 2011 年对该河流域进行了详细的考古调查, 历时约 4 个月, 共发现旧石器地点 48 个, 采集石制品千余件[6]。本文是对该次调查发现第 19 调查点采集石制品的简要报道。

2 地理地貌

第 19 调查点位于内蒙古自治区鄂尔多斯伊金霍洛旗苏布尔嘎镇尔字梁村三社, 东南距乌兰木伦遗址约 21.8 km, 地理坐标为 39°40′57.85″N, 109°20′50.57″E (图 1), 海拔 1 474 m。该地点位于乌兰木伦河左岸的山梁, 东侧有一条冲沟叫简魅沟。目前所见山体主要为红色砂岩, 地表覆盖薄厚不一的灰黄色泥质沙土, 已不见原生地层。

* 基金项目: 中山大学高校基本科研业务费青年教师培育项目 (19kwpy75) 资助.
刘扬: 36 岁, 男, 副教授. 主要从事旧石器考古学研究. Email: liuyang_ivpp@163.com.

山梁顶部和半坡砾石遍布，多为大小不等的石英岩，应该是从基岩砾石层中风化冲刷出来的。石制品的分布范围与砾石散落范围基本一致。

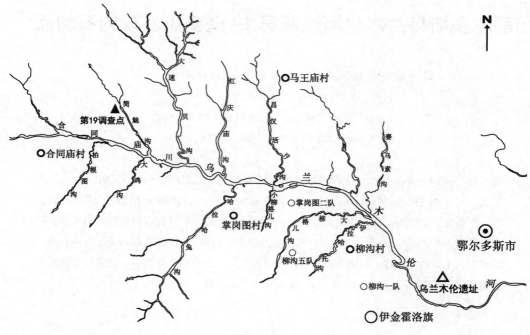

图 1　　第 19 调查点地理位置

Fig. 1　　Geographical position of locality 19

3　石制品分类及描述

调查采集的 91 件石制品，类型包括石核 24 件、石片 38 件、各类工具 21 件、断块 8 件。以标本最大长度为标准[7]，石制品以中（50<L≤100 mm）和小型（20<L≤50 mm）为主，两者比例合占 87%，大型（100<L≤200 mm）次之。原料种类较为单一，只有两类，其中石英岩 87 件，比例达到 95%，另外 4 件为硅质岩。原料采自附近的白垩系红砂岩砾石层。

3.1　石核

24 件，占石制品总数的 26.3%。其中单台面石核 12 件，双台面石核 8 件，多台面石核 4 件。原料主要为石英岩，只有 1 件为硅质岩。

标本 11WI19-C46（图 2：1），双台面石核。原料为黑色硅质岩。最大长、宽、厚分别为 72.9 mm，60.2 mm，56.5 mm，重 258 g。两个台面均为自然台面，平均台面角 85°，在一个剥片面上剥片。剥片面较为平坦，可见多个剥片阴疤，大小不一，在靠近台面处可见很多细小阴疤，可能打制者多次剥片都没有成功。至少可见 4 层剥片阴疤，最大剥片疤长约 53.5 mm。

标本 11WI19-C59（图 2：2），多台面石核。原料为石英岩。体型较大，最大长、宽、厚分别为 107.3 mm，68 mm，60.1 mm，重 653 g。该标本的其中一个台面在剥片

194

前进行了简单修整，其余均为自然台面。最大台面角 105°，最小台面角 76°。经人工修理的台面四周均有细小的剥片疤痕，似为了方便剥片而进行的修整。由于原料内部节理较多，部分剥片因节理而折断。总体而言，剥片疤以宽型为主，最大完整片疤长 73.1 mm，宽 53.1 mm。该石核剥片面积约占石核的 1/2。

3.2 石片

38 件，占石制品总数的 41.7%。平均长、宽、厚分别为 46 mm、45.8 mm、8.9 mm，平均重 57.8g。原料以石英岩为主，有 2 件为硅质岩。台面有 24 件为自然台面，其余 14 件为破裂面台面。

标本 11WI19-C69（图 2：3），Ⅱ型石片。原料为灰色石英岩。长、宽、厚分别为 60.1 mm、48.4 mm、16 mm，重量 61 g。自然台面，长 26.7 mm，宽 11.8 mm，台面角 95°。腹面打击点和半锥体清楚，末端呈羽状。背面可见多个剥片阴疤。该件标本磨蚀较为严重。

标本 11WI19-C78（图 2：4），Ⅳ型石片。原料为灰色石英岩。长、宽、厚分别为 58.8 mm，34.1 mm，10.1 mm，重 29 g。打击台面，平整略倾斜。腹面打击点清楚，半椎体突出，放射线明显。该件标本表面磨蚀较为严重，但无风化痕迹。

图 2 石核和石片

Fig. 2 Cores and flakes

1. 石核（11WI19-C46）；2. 石核（11WI19-C59）；3. 石片（11WI19-C69）；4. 石片（11WI19-C78）.

3.3　工具

21 件，占石制品总数的 23%。原料主要为石英岩，只有 1 件为硅质岩。类型有刮削器、锯齿刃器、砍砸器、凹缺器和锥，数量分别为 6 件、6 件、5 件、3 件和 1 件。全部采用锤击法加工。

刮削器　6 件。原料主要为石英岩，1 件为硅质岩。从刃缘数量上看，有 5 件为单刃，1 件为双刃；从刃缘形态上看，有凹刃 1 件、凸刃 3 件、直刃 2 件。毛坯均为石片。

标本 11WI19-C17（图 3：6），单直刃刮削器。原料为棕红色石英岩，毛坯为 I 型石片。长、宽、厚分别为 72.8 mm、59.4 mm、20.2 mm，重量为 92 g。修理位置选择在石片最长边的一端，采用锤击法由腹面向背面进行单向加工，修疤较小。刃缘长 68.6 mm，刃角 55°。

标本 11WI19-C27（图 3：5），双直刃刮削器。以灰色石英岩为原料，毛坯为III型石片。长、宽、厚分别为 37.9 mm，37.7 mm，10.6 mm，重 16 g。刃角均为 35°。在石片的两个侧边进行修理，均为由背面向腹面进行单向加工而成。其中，左侧刃缘长 45.5 mm，不太规整，中段有部分不见修疤，修疤较小；右侧刃缘修疤细碎，较平直。

锯齿刃器　6 件。原料均为石英岩，毛坯均为石片。均为单刃。

标本 11WI19-C96（图 3：4），原料为朱红色的石英岩。毛坯为 II 型石片。最大长、宽、厚分别为 45.4 mm、38.9 mm、15.3 mm，重 20 g。在石片的较长一边由腹面向背面进行正向加工，可见两层修疤。修理后锯齿明显，刃缘长 37.8 mm，刃角 20°。该件磨蚀较为严重。

标本 11WI19-C94（图 3：7），原料为灰色的石英岩。毛坯为 I 型石片，半锥体较为突出。最大长、宽、厚分别为 63.8 mm、46.7 mm、18.8 mm，重量为 59 g。整个标本呈扇形，在石片左、右侧边和远端进行交互加工，约 3/4 石片边缘均被修理成锯齿刃部。锯齿之间间隔较大。刃缘长 43.8 mm，刃角 35°。该件标本磨蚀严重。

砍砸器　5 件。均为砾石直接加工而成。根据刃缘形态可分为凸刃和直刃两种，分别为 3 件和 2 件。

标本 11WI19-C50（图 3：8），凸刃砍砸器。原料为黄色石英岩。最大长、宽、厚分别为 108.1 mm、76 mm、56 mm，重 340 g。在砾石的一端由较平面向相对较凸面进行单向加工。可见到两层修疤，第一层修疤较大，打制成一个相对较薄的角度，然后在此基础上进一步修理而成。刃缘长 77 mm，刃角 69°。在砾石的另一端也有少量细小的崩疤。

标本 11WI19-C52（图 3：9），直刃砍砸器。原料为棕灰色石英岩。长、宽、厚分别为 87.9 mm，68.1 mm、40.2 mm，重 340 g。在砾石的一端进行交互加工，刃缘长 60.4 mm，刃角 65°。标本较凸一面的片疤数量多于较平坦一面除修理部位，可见加工的主要方式是从砾石较平面向相对较凸面进行的。器身全部为原始砾石面。

凹缺器　3 件。原均为石英岩。可分为单凹缺和双凹缺两类，分别有 2 件和 1 件。

标本 11WI19-C16（图 3：1），双凹缺器。原料为土黄色石英岩。毛坯为石片。长、宽、厚分别为 63.5 mm、71 mm、21 mm，重 65 g。加工部位选择在石片的远端，也是

196

整个石片的最薄处。两侧各有一凹口,相对对称,两凹口的中间部位凸起。凹缺宽 10 mm,深 3.2 mm。

标本 11WI19-C73（图 3：2），单凹缺器。原料为灰色石英岩。毛坯为石片，长、宽、厚分别为 36.6 mm、70.1 mm、18.6 mm，重 49 g。刃缘为反向加工，凹缺宽 7.8 mm，深 2.4 mm。器表有点状蚀斑，磨蚀严重。

石锥 1 件。标本 11WI19-C91（图 3：3），原料为灰色石英岩，石片毛坯。长、宽、厚分别为 30.3 mm、84.9 mm、28.6 mm，重 120 g。整体形态呈龟背状，器身较厚，表面有严重蚀斑。刃缘加工位置为石片的远端，反向加工。可见 2 层修疤，尖角 82°。

3.4 断块

8 件，占石制品总数的 8.7%。原料均为石英岩。形状均不甚规则，大小不一，以中型和小型为主，平均长、宽、厚分别为 45.8 mm、32.6 mm、9.2 mm，平均重 58 g。部分标本磨蚀比较严重。

图 3　工具

Fig. 3　Tools

1. 凹缺器（11WI19-C16）；2. 凹缺器（11WI19-C73）；3. 石锥（11WI19-C91）；4. 锯齿刃器（11WI19-C96）；7. 锯齿刃器（11WI19-C94）；5. 刮削器（11WI19-C27）；6. 刮削器（11WI19-C17）；8. 砍砸器（11WI19-C50）；9. 砍砸器（11WI19-C52）.

4 结语

4.1 石制品特征

从采集到的 91 件标本来看，乌兰木伦河流域第 19 调查点采集的石制品特征归纳如下。

（1）原料来自附近白垩系红砂岩砾石层中，岩性较为单一，主要为石英岩（95%），仅有 4 件为硅质岩。

（2）石制品大小以中、小型为主（比例合占 87%），大型次之。

（3）石制品类型较为简单，主要有石核（26.7%）、石片（42.2%）、工具（23.3%）和断块（7.8%）。

（4）石核剥片方法为锤击法。总体而言，剥片程度不是很高。

（5）工具的类型较为简单，主要有刮削器、凹缺器、锯齿刃器、砍砸器和石锥。除砍砸器的毛坯为砾石外，其余毛坯均为石片。工具的加工方法均为锤击法，加工方式主要有正向、反向和交互加工等。

4.2 时代及意义

鄂尔多斯高原第四纪堆积较为松散，后期剥蚀严重，第四纪地层很难保存，这也是该地区自 20 世纪 20 年代发现萨拉乌苏和水洞沟遗址后鲜有新的有确切地层旧石器遗址发现的重要原因。本次乌兰木伦河流域旧石器考古调查发现的众多石器地点有无疑义地层堆积的也是极少。第 19 调查点采集石制品全部来自地表，经过反复踏查确认已无第四纪堆积残留。但我们可以从以下几个方面对其大致年代进行推测。

（1）该地点地表遗物很单纯，只有打制石器，没有发现有陶片、磨制石器等晚期遗物，也没有发现细石器。

（2）部分石制品表面有很强烈且较为年长的钙斑[2]，而该地区新石器时代遗址遗物不见有这类现象报道。

（3）从采集石制品的特点来看，与邻近的乌兰木伦遗址[4, 5]具有一定的可比性，但与萨拉乌苏[8]和水洞沟遗址[9]则差别很大。

（4）与内蒙古自治区和蒙古国戈壁滩发现的中石器时代沙巴拉克文化[10]也不同，后者有大量细石器存在。由此，这批采集石制品应该为旧石器时代文化遗物，年代可能与乌兰木伦遗址较为接近，总的来说属于晚更新世晚期。

乌兰木伦遗址出土的大量文化遗物为探讨鄂尔多斯地区晚更新世晚期古人类活动提供了重要线索。乌兰木伦河流域调查发现的旧石器地点以及采集的石制品则为进一步探讨该时段该地区古人类活动的范围和文化性质等提供了新的材料。目前，这些调查材料还没有详细科学的报道，本文对第 19 地点发现石制品的公布对全面认识乌兰木伦河流域旧石器文化面貌是有意义的。

致谢 乌兰木伦河流域考古调查参与人员出本文署名作者外，还有原中国科学院古脊椎动物与古人类研究所技工刘光彩以及鄂尔多斯市各旗县文物保护管理所的工作人员浩日瓦、边疆、白虹。

参 考 文 献

1 刘扬, 平小娟. 鄂尔多斯高原旧石器考古发现与研究回顾. 见: 董为主编. 第十四届中国古脊椎动物学学术年会论文集. 北京:海洋出版社. 2014. 213-222.

2 张森水. 内蒙古中南部和山西西北部新发现的旧石器. 古脊椎动物与古人类. 1959, 1(1): 31-40.

3 张森水. 内蒙古中南部旧石器的新材料. 古脊椎动物与古人类, 1960, 2(2): 129-140.

4 侯亚梅, 王志浩, 杨泽蒙, 等. 内蒙古鄂尔多斯乌兰木伦遗址 2010 年 1 期试掘及其意义. 第四纪研究, 2012, 32(2): 178-187.

5 王志浩, 侯亚梅, 杨泽蒙 等. 内蒙古鄂尔多斯市乌兰木伦旧石器时代中期遗址. 考古, 2012, (7): 3-13.

6 杨俊刚, 刘扬. 鄂尔多斯乌兰木伦河上游 2011 年考古调查发现的石制品. 见: 董为主编. 第十四届中国古脊椎动物学学术年会论文集. 北京: 海洋出版社, 2014. 235-246.

7 卫奇.《西侯度》石制品之浅见. 人类学学报, 2000, 19(2): 85-96.

8 黄慰文, 侯亚梅. 萨拉乌苏遗址的新材料: 范家沟湾 1980 年出土的旧石器. 人类学学报, 2003, 22(04): 309-320.

9 宁夏文物考古研究所. 水洞沟-1980 年发掘报告. 北京: 科学出版社, 2003. 1-206.

10 Nelson, N.C. The Dune Dwellers. The Gobi, 1926, 26(3): 246-251.

PALEOLITHIC ARTIFACTS FROM LOCALITIY 19 OF THE WULANMULUN RIVER IN ORDOS, NEI MONGOL AUTONOMOUS REGION

LIU Yang[1]   HOU Ya-mei[2]   BAO Lei[3]   YANG Jun-gang[3]   LI Shuang[3]

(1 *School of Sociology & Anthropology, Sun Yat-sen University*,   Guangzhou 510275, Guangdong;

2 *Institute of Vertebrate Paleontology and Paleoanthropology, Chinese Academy of Sciences*,   Beijing 100044;

3 *Ordos Antiquity & Archaeology Institution*,   Ordos 017200, Nei Mongol)

ABSTRACT

Locality 19 is a Paleolithic site which was found in archaeological survey along the Wulanmulun River in 2011. It is located in Erziliang Village, Subuerga town, Yijinhuoluo Banner, Ordos, Nei Mongol, on the left bank of the Wulanmulun River. Its geographic coordinates are 39°40′57.85″N, 109°20′50.57″E, and with an altitude of 1 474 m. There are

91 stone artifacts, including cores, flakes, tools and trunks. The tools appear with choppers, scrapers, notches, denticulates and awl. The raw materials come from the nearby Cretaceous red sandstone gravel layer, and are mainly quartzite, only four artifacts are siliceous rock. A majority of stone artifacts are in small and middle sizes. The way of knapping and retouching mainly use the hard hammer percussion approach. With the blank of the choppers is gravel, the others are all flakes. The general characters of the stone artifacts can be compared with those from the Wulanmulun site in some degree.

Key words　　Ordos, Wulanmulun River, Locality 19, Stone artifacts

第十七届中国古脊椎动物学学术年会论文集. 董为，张颖奇主编. 北京：海洋出版社, 2021. 201-208
Proceedings of the Seventeenth Annual Meeting of the Chinese Society of Vertebrate Paleontology
DONG Wei, ZHANG Ying-qi, eds. Beijing: China Ocean Press, 2021. 201-208

内蒙古自治区鄂尔多斯沙日塔拉遗址发现的石制品*

包 蕾[1]　　王志浩[2]　　尹春雷[1]　　刘 扬[3]

(1 鄂尔多斯市文物考古研究院，内蒙古　鄂尔多斯 017000；

2 鄂尔多斯青铜器博物馆，内蒙古　鄂尔多斯 017000；

3 中山大学社会学与人类学学院，广东　广州 510275)

摘　要　沙日塔拉遗址是一处新石器时代遗址，遗址位于鄂尔多斯市伊金霍洛旗伊金霍洛镇沙日塔拉村七社，在 2018 年鄂尔多斯沙日塔拉遗址考古勘探调查过程中，除陶片外还采集到石制品 44 件。石制品的类型有石锤、石核、石片和工具，工具类型有刮削器、锯齿刃器、盘状器、端刮器、石刀等。石制品的原料主要是石英岩、硅质岩，此外还有少量的砂岩和燧石。石制品以中、小型为主，剥片和修理方法主要为锤击法。

关键词　鄂尔多斯；沙日塔拉遗址；调查；石制品

1　前言

　　鄂尔多斯沙日塔拉遗址是国家文物局"十二五"期间实施的并列为"十三五"规划的"河套地区聚落与社会研究"课题项目，是"河套地区聚落与社会"内蒙古自治区区域的子项目。2010 年乌兰木伦遗址的发现，对鄂尔多斯地区旧石器时代考古产生了重要的影响，在随后的乌兰木伦河流域旧石器考古调查中，又发现大量的旧石器分布点。鉴于此，2018 年在对鄂尔多斯沙日塔拉遗址考古勘探调查过程的同时，考古人员也开展了旧石器考古调查工作，并在遗址发现了大量的石制品。本文是对该次调查采集石制品的简要报道

2　地理与地貌

　　沙日塔拉遗址位于鄂尔多斯市伊金霍洛旗伊金霍洛镇沙日塔拉村七社，西北距成吉思汗陵园约 15 km，南距补连塔矿区约 10 km（图 1）。遗址位于一条 EW 走向的乌兰木伦河支流（呼和乌素河）北岸的山梁上，遗址西高东低，西北向东南由高渐低，东、西、北三面由自然山丘环抱，使遗址呈簸箕状。地表植被覆盖一般，水土流失严重，有 3 条较大的冲沟。遗址面积约 500 000 m²，地表有陶片、石器、碎骨等，在山梁的半坡上砾石随处可见，多为大小不等的石英岩，本次调查采集石制品都在沙日塔拉遗址的范围内，共 44 件（表 1）。

---

* 基金项目：中山大学高校基本科研业务费青年教师培育项目（项目号：19kwpy75）.
　包蕾：男，40 岁，鄂尔多斯市文物考古研究院乌兰木伦遗址项目部主任.

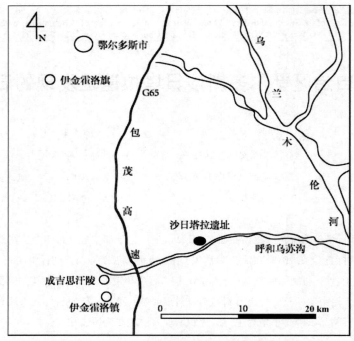

图 1　　沙日塔拉遗址地理位置

Fig. 1　　Geographic position of the localities discovered in Sharitala Site

3　石制品分类及描述

此次调查所采集到的石制品类型包括石锤、石核、石片和工具（表 1）。其中石锤 6 件、石核 4 件、石片 21 件、工具 13 件。原料有石英岩、硅质岩、砂岩和燧石等，又以石英岩为主，有 32 件，占原料总数的 72.7%；此外还有硅质岩 7 件，砂岩 2 件，燧石 3 件。

表 1　石制品类型数量统计

Table 1　　Numbers of the category of stone artifacts

类型	石锤	石核	石片	工具	汇总
数量 N	6	4	21	13	44
比例%	13.6	9.1	47.7	29.6	100

3.1　石锤

6 件，占石制品总数的 13.6%。原料有石英岩和砂岩，分别为 4 件和 2 件。

18YSC:1　石锤。原料为黄色砂岩，颗粒较粗糙。保存一般，表面有钙化痕迹。形态规矩，总体呈短椭圆形，最大长、宽、厚分别为 92.5 mm、78.9 mm、56.8 mm，重 581 g。该石锤有一处密集分布的破损痕迹区域，在砾石的中部，破损比例占石皮的 30%（图 2：18）。

18YSC:3　石锤。原料为青褐色石英岩，颗粒中等。保存一般，表面有钙化痕迹。形态规矩，总体近似圆形，最大长、宽、厚分别为 87.2 mm、76.9 mm、54.3 mm，重

547 g。该石锤有多个密集分布的破损痕迹区域，砾石两端和中部都有分布（图 2：17）。

3.2 石核

4 件，占石制品总数的 9.1%。可分为单台面石核和多台面石核，分别有 3 件和 1 件。原料均为石英岩。石核形状大小不集中，这与石核毛坯有关。剥片方法均为硬锤锤击法，多在砾石面直接剥片。

表 2 石制品分类统计

Table 2 Statistics of stone artifacts

类型（Class）	数量（*N*=44）	百分比/%
石锤（hammer stones）	6	13.6
石核（Cores）	4	9.1
单台面石核	3	
多台面石核	1	
石片（Flakes）	21	47.7
完整石片（Complete flakes）	20	
I 型（自然台面，自然背面）	2	
II 型（自然台面，部分人工背面）	3	
III 型（自然台面，人工背面）	5	
IV 型（人工台面，自然背面）	2	
V 型（人工台面，部分人工背面）	5	
VI 型（人工台面，人工背面）	3	
非完整石片（Flake fragments）	1	
FR（右裂片）	1	
工具（Tools）	13	29.6
盘状器	1	
刮削器	6	
锯齿刃器	4	
端刮器	1	
石刀	1	

18YSC:7 单台面石核。原料为青灰色的石英岩，颗粒中等，含隐性节理。保存一般，表面有磨蚀和钙化痕迹。毛坯为砾石，最大长、宽、厚分别为 58.8 mm、44.5 mm、30.3 mm，重 94 g。该石核首先对砾石进行砸击开料，获得一个平整的破裂面，然后再以该破裂面为台面进行剥片。台面长和宽分别为 48.5 mm 和 42.3 mm，平均台面角 75°，该角度仍可进一步剥片。剥片面可见 3 层剥疤，其中第一层修疤延伸到石核底部。最大剥片疤技术长和宽分别为 28.6 mm 和 31.8 mm。石皮比例约占 30%（图 2：7）。

18YSC:8 多台面石核。原料为灰褐色的石英岩，颗粒较为细腻，含隐性节理。保存一般，表面有磨蚀和钙化痕迹。毛坯为圆形砾石，最大长、宽、厚分别为 78.7 mm、66.8 mm、54.2 mm，重 287 g。共有 3 个剥片面，其中 2 个面为破裂面台面，1 个为石皮台面。两个台面基本公用一个剥片面，对向剥下了多件石片。最大剥片疤技术长、宽分别为 28.6 mm 和 38.1 mm。剥片面占了整个石核面积的 80%（图 2∶13）。

3.3 石片

21 件，占石制品总数的 47.7%。石片的分类，根据 Toth 的方法[1]按台面和背面疤的情况可分为 I - VI 型石片。其中以 III、V 型石片居多，各有 5 件；II、VI 型次之，都是 3 件；I、IV 型最少，都只有 2 件；原料为石英岩、硅质岩和燧石，分别有 15 件、4 件和 1 件。还有 1 件非完整石片，是石片的右裂片，原料为石英岩。

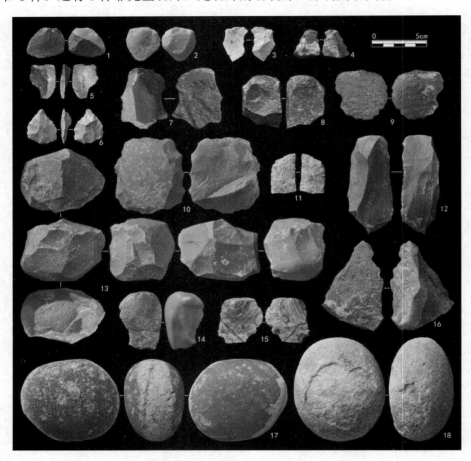

图 2　　　调查发现的部分石制品

Fig. 2　　Some stone artifacts of the localities discovered

1. 石片（18YSC:13）；2. 石片（18YSC:24）；3. 石片（18YSC:29）；4. 双刃锯齿刃器（18YSC:40）；5. 单凸刃刮削器
（18YSC:36）；6. 双刃刮削器（18YSC:33）；7. 单台面石核（18YSC:7）；8. 右裂片（18YSC:31）；9. 石片（18YSC:21）；
10. 盘状器（18YSC:32）；11. 石刀（18YSC:44）；12. 端刮器（18YSC:39）；13. 双台面石核（18YSC:8）；14. 石片（18YSC:12）；
15. 石片（18YSC:18）；16. 单凸刃锯齿刃器（18YSC:43）；17. 石锤（18YSC:3）；18. 石锤（18YSC:1）.

18YSC:12　I 型石片。原料为黄色石英岩，颗粒较为细腻，质地较好。保存较好，表面不见磨蚀和钙化痕迹。形态呈长方形，技术长、宽与最大长、宽相同，技术长、宽分别 56.1 mm 和 38.7 mm，厚 16.7 mm，重 34 g。自然台面，台面长、宽分别为 10.9 mm、

204

21.8 mm，台面内角 82°，台面外角 62°。腹面平，打击点集中，半锥体微凸，放射线清楚，同心波可见。侧边形态准平行，末端呈羽状。背面凹（图 2：14）。

18YSC:13　Ⅱ型石片。原料为褐色石英岩，颗粒细腻，质地较好，含隐形节理。保存较好，表面不见磨蚀和钙化痕迹。形态近似三角形，技术尺寸大小与最大尺寸不同，技术长、宽、厚分别为 28.2 mm、36.7 mm 和 12.1 mm，重 10 g。自然台面，台面长、宽分别为 3.9 mm 和 11.3 mm，台面内角 86°，台面外角 103°。腹面打击点清楚，可见半锥体、同心波、锥疤和放射线。侧边形态呈扇形，末端呈羽状。背面石皮比例 40%，可见 2 个向右的阴疤（图 2：1）。

18YSC:18　Ⅲ型石片。原料为灰、褐、紫色相间的燧石，颗粒细腻。保存较好，表面不见磨蚀和钙化痕迹。形态呈不规矩形，技术尺寸大小与最大尺寸相同，技术长、宽分别为 40.5 mm 和 38.4 mm，厚 9.5 mm，重 18 g。自然台面，非常平整，台面长、宽分别为 9.1 mm 和 28.1 mm，台面内角 113°，台面外角 67°。腹面较凸，打击点集中，半锥体凸出，放射线清楚。侧边形态汇聚，末端呈羽状。背面较平，可见 4 个阴疤，两个向右，1 个向下，1 个向左，在中部相交呈 1 条纵向的脊（图 2：15）。

18YSC:21　Ⅳ型石片。原料为灰褐色石英岩，颗粒中等，含节理。保存较好，表面不见磨蚀和钙化痕迹。形态近似圆形，技术尺寸大小与最大尺寸不同，技术长、宽、厚分别为 46.7 mm、48.1 mm 和 11.4 mm，重 26 g。破裂面台面，较平整。台面长、宽分别为 9.8 mm 和 33.3 mm，台面内角 87°，台面外角 109°。腹面打击点清楚，半锥体、同心波、锥疤和放射线较清楚。侧边形态呈扇形，末端呈羽状。背面凸（图 2：9）。

18YSC:24　Ⅴ型石片。原料为黄色石英岩，颗粒较为细腻，含节理。保存较好，表面不见磨蚀和钙化痕迹。形态呈三角形，最大尺寸与技术尺寸相同，技术长、宽分别为 31.7 mm 和 31.1 mm，厚 8.3 mm，重 7 g。破裂面台面，台面长、宽分别为 7.4 mm 和 25.7 mm，台面内角 114°，台面外角 86°。腹面微凸，打击点集中，半锥体较为突出，放射线清楚，同心波可见。侧边形态呈汇聚形，末端呈羽状。背面石皮比例 20%，主要分布在下部。有 4 个阴疤，其中 3 个方向向左，另 1 个方向向右（图 2：2）。

18YSC:29　Ⅵ型石片。原料为灰白色硅质岩，颗粒细腻，含隐性节理。保存较好，表面不见磨蚀和钙化痕迹。形态不规矩，技术尺寸大小与最大尺寸相同，技术长、宽、厚分别为 31.9 mm、22.4 mm 和 7.9 mm，重 4 g。破裂面台面，台面长、宽分别为 2.6 mm 和 20.5 mm，台面内角 115°，台面外角 85°。腹面微凹，打击点较为清楚，半锥体、同心波、放射线较清楚，侧边形态汇聚，末端呈腹向卷。背面凸，可见来自多个方向的阴疤（图 2：3）。

18YSC:31　右裂片。原料为青褐色石英岩，颗粒中等，含节理。保存较好，表面不见磨蚀和钙化痕迹。形态不规则，最大尺寸与技术尺寸相同，技术长、宽分别为 52.5 mm 和 36.5 mm，厚 22.6 mm，重 47 g。自然台面，可见残缺的打击点，半锥体和锥疤可见。背面可见一个剥片阴疤，方向向右（图 2：8）。

3.4　工具

13 件，占石制品总数的 29.6%。工具的类型包括盘状器、刮削器、锯齿刃器、端刮器和石刀，分别有 1 件、6 件、4 件、1 件和 1 件。原料为石英岩、硅质岩和燧石，分别有 8 件、3 件和 2 件。加工方法有锤击法和压制法。

18YSC:40 双刃锯齿刃器。原料为青色燧石，颗粒较为细腻，保存一般，表面有钙化痕迹。毛坯为石片远端，形态呈三角形，最大长、宽、厚分别为 25.7 mm、24.5 mm 和 11.9 mm，重 6 g。刃缘加工位置为石片的两个侧边，错向修理，加工方法为锤击法。其中，右侧边反向加工，刃缘连续修理，加工较陡，可见 2 层修疤；加工长度指数为 0.88；刃缘较平直，刃口形态指数为 0.8，刃缘长 23.6 mm；刃角较原石片边缘角变钝，刃角 78°。左侧边采用正向加工，刃缘连续修理，只见 2 层修疤；加工主要集中在中部，刃缘加工长度指数为 0.6；修理后刃缘略凹，刃口形态指数为-11；刃缘长 12.5 mm；刃角 61°。该标本两侧边加工刃缘汇聚，也可称为汇聚型锯齿刃器（图 2：4）。

18YSC:43 单凸刃锯齿刃器。原料为黄色石英岩，颗粒中等，含少量节理。保存一般，表面有钙化痕迹。毛坯为Ⅲ型石片，该标本呈三角形。技术尺寸大小与最大尺寸相同，技术尺寸长、宽、厚分别为 77.4 mm、57.1 mm 和 24.1 mm，重 94 g。加工位置为石片的左侧边，采用锤击法正向加工。刃缘修疤连续，可见 1 层修疤；刃缘加工长度指数为 0.82；加工后刃缘呈凸弧状，刃口形态指数为 12；刃缘长 61.3 mm；刃角较石片边缘角变钝，刃角 61°（图 2：16）。

18YSC:33 双刃刮削器。原料为灰黄色硅质岩，颗粒细腻，含少量节理。保存较好，表面不见磨蚀和钙化痕迹。毛坯为Ⅴ型石片，形状呈三角形。个体较小，技术尺寸大小与最大尺寸相同，技术尺寸最大长、宽、厚分别为 33.1 mm、27.5 mm 和 9.8 mm，重 6 g。采用锤击法进行修理，交互加工。石片的左侧边采用交互加工，刃缘加工精致，至少可见到 3 层修疤；刃缘加工长度指数为 1；刃缘修理后呈凸弧形，刃口形态指数为 17；刃缘长 29.4 mm，刃角 55°。石片右侧边采用交互加工，可见到两层修疤；刃缘加工长度指数为 1；刃缘修理后略凹，刃口形态指数为-11；刃缘长 31.6 mm，刃角 57°。在石片的腹面也进行了修理，将持握时拇指要放的地方修理出一个非常有利于手握的角度。该标本两侧边加工刃缘汇聚，也可称为汇聚型刮削器（图 2：6）。

18YSC:36 单凸刃刮削器。原料为青灰色燧石，颗粒细腻，含少量结晶。保存较好，表面不见磨蚀和钙化痕迹。毛坯为 Ⅵ 型石片，形状呈不规则形状。个体较小，技术尺寸大小与最大尺寸相反，技术尺寸最大长、宽、厚分别为 24.8 mm、33.2 mm 和 5.6 mm，重 5 g。采用压制法进行修理，正向加工。在石片的远端采用正向加工，刃缘加工精致，至少可见到 2 层修疤；最后 1 层每个修疤的形态、大小都较为一致，平行排列，显示出压制法的特点。刃缘加工长度指数为 1；刃缘修理后呈凸弧形，刃口形态指数为 17；刃缘长 31.3 mm，刃角 42°。在石片的背面也进行了修理，并将持握时拇指要放的地方修理出一个合适的角度，非常有利于手握（图 2：5）。

18YSC:32 盘状器。原料为黄褐色石英岩，颗粒中等，含隐性节理。保存较好，表面不见磨蚀和钙化痕迹。毛坯为Ⅴ型石片，形状呈圆形。个体较大，技术尺寸大小与最大尺寸相同，最大长、宽、厚分别为 73.3 mm、64.5 mm 和 25.1 mm，重 165 g。加工位置选择在石片的台面、两个侧边和远端，全部采用锤击法正向加工，连续修理。其中石片的左边修疤比较大（图 2：10）。

18YSC:39 端刮器。原料为青色石英岩，颗粒较为细腻，质地较好。保存较好，表面不见磨蚀和钙化痕迹。毛坯为VI型石片，形态呈长方形。技术尺寸大小与最大尺寸相同，技术长、宽、厚分别为91.2 mm、41.9 mm和24.5 mm，重94 g。刃缘修理位置为石片的台面，加工方法为锤击法，反向加工。台面为端刮器的刃缘，可见到1层修疤；修理后的刃缘基本平直，刃口形态指数为0.1，刃缘长22.3 mm；刃角62°（图2：12）。

18YSC:44 石刀。原料为灰白色硅质岩，颗粒中等，含少量隐性节理。保存较好，表面不见磨蚀和钙化痕迹。毛坯为石片远端，该标本近似长方形。标本长、宽、厚分别为36.1 mm、22.8 mm和5.7 mm，重5 g。采用锤击法对石片的两个侧边和远端进行加工，加工方法为正向加工和反向加工。修理后的远端边缘变得锋利薄锐，和一条侧边组成石刀的刃缘，刃角39°（图2：11）。

4 结语

4.1 石制品一般特征

从本次调查采集的 44 件石制品来看，发现这些石制品具有以下文化特征：制作石制品的原料应是就地取材，原料来自附近地层的砾石；所采集石制品的原料比较单一，以石英岩为主；石制品大小以中型和小型为主；石制品类型以石片为主，此外还有工具、石锤、石核等；工具类型主要以刮削器、锯齿刃器为主；剥片方法主要是锤击法；修理多采用锤击法，有一件石制品使用压制法修理；修理方式主要有正向、反向、交互和错向加工。

4.2 初步认识

这次旧石器调查虽然持续时间不长，也不是很系统，但依然采集了种类较多的石制品。采集的石制品都来源于地表，没有发现石制品的原生地层。从采集石制品的特点来看，此次采集的石制品数量虽然少，但石制品的类型却比较多，工具的制作也比较精细；另外，此次采集的石锤数量比较多，这在以往的调查中比较少见。从石制品的材质与制作工艺来看，与新发现的乌兰木伦遗址[2-3]具有一定的可比性，原料都是以石英岩为主，器形都是以中、小型石制品为主。与萨拉乌苏[4]和水洞沟遗址[5]则差别很大。此外，除了打制石器外，还发现有大量磨制石器，以石斧最具代表性。由于这是一处新石器时代遗址，地表发现有大量陶片。因此，推测其年代可能到全新世，应该是处于旧石器时代向新石器时代的过渡阶段。

沙日塔拉遗址采集的石制品为进一步探讨鄂尔多斯高原地区古人类活动的范围、文化性质等提供了新的材料。今后应对伊金霍洛旗进行详细的调查，特别是伊金霍洛旗境内的几条黄河支流流域地区，重点对乌兰木伦河流域的支流进行调查，以期发现具有原生地层的旧石器地点。虽然这次调查没有发现原生地层的地点，但本次旧石器调查意义非凡，采集的石制品为早年的工作填充了实物材料和佐证，也为下一步的工作奠定了基础。同时也给考古人员带来极大的信心，坚信在鄂尔多斯地区旧石器考古发现与研究将大有可为。

致谢 参与此次旧石器调查的有鄂尔多斯青铜器博物馆的乌拉和曹植森，鄂尔多斯博物馆的高兴超，伊金霍洛旗文物管理所的张小荣。其中图1由鄂尔多斯博物馆的高兴超绘制，图 2 由重庆中国三峡博物馆的刘光彩排版，在此特表谢忱。

参 考 文 献

1   Toth N. The Oldowan reassessed: a close look at early stone artifacts. Journal of Archaeological Science, 1985, 12: 101-120.

2   侯亚梅, 王志浩, 杨泽蒙, 等. 内蒙古鄂尔多斯乌兰木伦遗址 2010 年 1 期试掘及其意义. 第四纪研究, 2012, 32(2): 178-187

3   王志浩, 侯亚梅, 杨泽蒙, 等. 内蒙古鄂尔多斯市乌兰木伦旧石器时代中期遗址. 考古, 2012, (7): 3-13.

4   黄慰文, 侯亚梅. 萨拉乌苏遗址的新材料: 范家沟湾 1980 年出土的旧石器. 人类学学报, 2003, 22(4): 309-320.

5   宁夏文物考古研究所. 水洞沟 1980 年发掘报告. 北京: 科学出版社, 2003. 1-126.

THE STONE ARTIFACTS FONUD IN THE INVESTIGATION OF THE SHARITARA SITE IN ORDOS, NEI MONGOL AUTONOMOUS REGION

BAO Lei[1]   WANG Zhi-hao[2]   YIN Chun-lei [1]   LIU Yang[3]

(1 *Ordos Antiquity & Archaeology Institution*,   Ordos, 017200, Nei Mongol)

2 *Ordos Bronze Museum*,   ordos, 017000, Nei Mongol;

3 *School of Sociology & Anthropology, Sun Yat-sen University*,   Guangzhou 510275, Guangdong)

ABSTRACT

The site of Sharitara is a Neolithic site. The site is located in the village of Qishe in the town of Huoluo, Ordos Municipality. During the 2018 archaeological survey of the site in Ordos, 44 pieces of stone artifacts were collected in addition to pottery pieces. The classes of stone artifacts are stone hammer, stone core, stone flakes and tools. The tools are scrapers, serrated edges, discs, end scrapers, stone knives, etc. The raw materials of stone artifacts are mainly quartzite, siliceous rock, and a small amount of sandstone and chert. The sizes of the stone artifacts range from the medium to the small. The hammering is used as main method for stripping and repair.

Key words   Ordos,   Sharitara Site,   discover,   Stone artifacts

第十七届中国古脊椎动物学学术年会论文集. 董为、张颖奇主编. 北京：海洋出版社, 2021. 209-224
Proceedings of the Seventeenth Annual Meeting of the Chinese Society of Vertebrate Paleontology
DONG Wei, ZHANG Yingqi, eds. Beijing: China Ocean Press, 2021. 209-224

黑龙江省三江盆地猴石沟组孢粉地层学研究*

万传彪 [1,2,3]　赵春来 [4]　薛云飞 [1,3]　李佃 [1,3]

金玉东 [1,3]　张昕 [1,3]　孙跃武 [2]

(1 大庆油田有限责任公司勘探开发研究院，黑龙江　大庆 163712；

2 东吉林大学北亚生物演化与环境教育部重点实验室，吉林　长春 130026；

3 中国石油集团碳酸盐岩储层重点实验室大庆油田研究分室，黑龙江　大庆 163712；

4 大庆钻探工程公司地质录井一公司, 黑龙江　大庆 163700)

摘　要　前人依据 12 块样品孢粉鉴定资料将东基三井 1 538.0-2 536.0 m 井段孢粉组合命名为 *Cicatricosisporites-Densoisporites* 组合带（上部），*Leiotriletes-Cupressaceae* 组合带（下部），组合特征与松辽盆地登娄库组和泉头组孢粉组合接近，时代确定为 Aptian-Albian 期，认为相当鸡西盆地的海浪组，并将该井段划分为"海浪组"。笔者依据对该井这段地层补采的 13 块样品孢粉鉴定资料，对前人孢粉组合带进行了修订完善，修订名称为 *Cicatricosisporites-Inaperturopllenites-Tricolpopollenites* 组合，修订的孢粉组合特征为：蕨类孢子（9.62%~92.52%）和裸子类花粉（6.54%~90.38%）百分含量变化范围大，被子类花粉（0~5.19%）零星出现；蕨类孢子中 *Cyathidites*（0~25.23%）、*Leiotriletes*（0~24.53%）和 *Cicatricosisporites*（0~20.95%）百分含量高，*Gleicheniidites*（0~17.76%）也具有一定含量，重要类型还见有 *Appendicisporites*、*Lygodiumsporites*、*Pilosisporites*、*Maculatisporites*、*Schizaeoisporites*、*Hsuisporites*、*Densoisporites*、*Aequitriradites*、*Triporoletes*、*Foveotriletes* 和 *Pterisisporites* 等；裸子类花粉中 Pinaceae 百分含量最高（0~38.46%），其次是 *Inaperturopllenites*（0~18.87%），*Psophosphaera* 和 *Pinuspollenites* 的百分含量也较高，重要类型还见有 *Parcisporites*、*Parvisaccites*、*Rugubivesiculites*、*Protopinus*、*Ephedripites* 和 *Classopollis* 等；被子类花粉 *Tricolpopollenites* 百分含量相对较高（0~3.70%），重要类型还见有 *Quercoidites*、*Retitricolpites*、*Triporopollenites*、*Salixipollenites*、*Tricolporopollenites* 和 *Magnolipollis*。该孢粉组合可与松辽盆地泉头组孢粉组合对比，组合中被子类花粉处于三沟类花粉至三孔沟类-三孔类花粉演化阶段，地质时代确定为 Albian-Cenomanian 期。新修订的孢粉组合特征可与鸡西盆地猴石沟组孢粉组合对比，据此确定 1 538.0~2 536.0 m 井段为猴石沟组，而非海浪组，正式将猴石沟组引入到三江盆地地层序列中。

关键词　三江盆地；东基三井；猴石沟组；孢粉组合；Albian-Cenomanian 期

* 基金项目：国家自然科学基金项目（31670215）.

万传彪：男，59 岁，高级工程师，研究孢粉地层学. 通信作者：孙跃武，教授，E-mail: sunyuewu@jlu.edu.cn

1　前言

　　三江盆地位于黑龙江省东北部，西起佳木斯-鹤岗一带，东至乌苏里江畔，北到黑龙江，并延至俄罗斯境内（俄罗斯境内称阿穆尔盆地），南抵完达山麓。盆地地理坐标范围为 46°25′–48°25′N，130°10′–135°10′E。在我国境内，盆地呈 NE 向展布，EW 长 340 km，NS 宽 100 km，面积约 33 730 km²，系大庆油田外围探区面积最大的盆地（图 1）[1]。

　　中华人民共和国成立前的三江盆地地质调查工作程度低，1935 年苏联学者在阿穆尔盆地进行石油地质勘探过程中，曾对我国境内三江盆地西部边缘地区进行过地质调查①。1940 年日本人岩井淳一在富锦一带开展地质调查②。1950 年喻德渊等人在盆地南缘的双鸭山煤田进行了 1∶50 000 地质图调查③。1953 年后，110 勘探队和 111 地质队先后在本区开展大面积地质勘探工作。黑龙江省煤田地质局以勘探煤矿为目的完成了数百口井钻探和煤田预测研究（井深多为 500～1 000 m）。油气勘探始于 1959 年，第一口石油探井系大庆油田 1978 年在盆地东部建三江大兴农场西南 4 km 处完钻的东基一井，截止到目前，大庆油田共完成 9 口井的钻探，其中三江盆地东部完成东基一、东基二、东基三井和前 1 井钻探，三江盆地西部完成绥 D1、滨参 1、绥 D2、滨 1 和滨 2 井的钻探。中石化 2010−2012 年期间在三江盆地东部完成前参 1 井和前参 2 井钻探。中国地质调查局 2016−2017 年期间在三江盆地东部完成富地 1 井和黑同地 1 井钻探。上述钻井揭露的地层自下而上为中侏罗统绥滨组、上侏罗统东荣组，下白垩统滴道组、城子河组、穆棱组、东山组、猴石沟组，上白垩统海浪组、雁窝组，古近系宝泉岭组、新近系富锦组。其中，中侏罗统-下白垩统主要分布在三江盆地西部，上白垩统仅在三江盆地东部的东基一井、东基三井和前 1 井有揭露，古近系和新近系全区分布，但在三江盆地东部更发育。

　　在孢粉地层学研究方面，1982 年蒲荣干等率先报道了三江盆地西部绥滨普阳 79-1 孔东荣组（石河北组）、城子河组和穆棱组孢粉组合[2]。1985 年赵传本报道了三江盆地东部东基三井晚白垩世七星河组和雁窝组孢粉组合[3]，1992 年赵传本描述了东基 1 井富锦组剖面，并介绍了富锦组孢粉组合特征[4]。1992 年黎文本报道了三江盆地西部煤田钻孔中揭露的东荣组、城子河组和穆棱组孢粉组合[5]。2001 年孔祥瑞等报道了三江盆地西部绥 D2 井中侏罗统绥滨组孢粉组合[6]。2010 年赵洪伟等报道了三江盆地东部前参 1 井渐新世-中新世孢粉组合[7]。2018 年万传彪等对东基三井 1 226.0～1 538.0 m 井段做了孢粉学的补充工作，结合前人孢粉鉴定资料，认为该井段地层从岩性上可以与露头区海浪组对比，在孢粉组合特征上可与松辽盆地嫩江组孢粉组合对比，而露头区海浪组叶肢介化石群也可以与松辽盆地嫩江组叶肢介组合带对比，从而得出该井段地层应该划归为海浪组的结论，并指出 1985 年依据该井段孢粉组合所建立"七星河组"应予废弃[8]。本文对东基三井原定为"海浪组"的 1 538.0～2 536.0 m 井段做了孢

---

①孙祥生. 松辽外围地区沉积盆地图集说明书（大庆油田研究院内部报告），1995.
②岩井淳一. 富锦炭田调查报告（内部报告），1940.
③喻德渊，郭鸿俊. 松江省集贤县双鸭山煤田地质报告（内部报告），1950.

粉学的补充工作，结合前人孢粉鉴定资料，对该井段孢粉组合做了补充完善，认为该井段孢粉地层学特征可与鸡西盆地猴石沟组孢粉组合对比[9]，从而得出该井段地层应划归为猴石沟组而不是"海浪组"的结论。

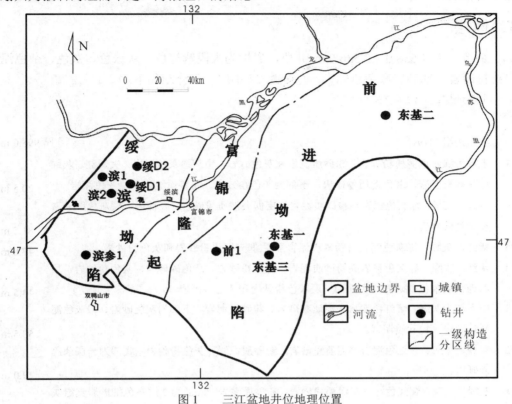

图 1   三江盆地井位地理位置

Fig. 1   Geographic locations of drillings in Sanjiang Basin

2   材料与方法

本次研究使用的孢粉数据来自赵传本 1980 年大庆油田研究院科研报告所记载的孢粉谱，和该院后来陆续补采的孢粉鉴定数据。赵传本使用盐酸-氢氧化钠法处理了东基三井 1 538.0～2 536.0 m 井段的 30 块样品，在其中 1 763.0～2 230.0 m 井段的 12 块样品中发现孢粉化石①，但报告中没有记载每块样品的井深及孢粉化石名单。大庆油田研究院地层古生物研究室分析人员使用盐酸-氢氟酸法处理了东基三井 1 538.0～2 536.0 m 井段中补采的 29 块样品，在其中 1 575～2 408.1 m 井段的 13 块样品中发现了类型更为丰富的孢粉化石。样品处理过程为：碎样至 2 mm，用 36%浓度的 HCl 处理除钙，每隔 2～3 h 搅拌一次，24 h 后水洗至中性，用氢氟酸处理去二氧化硅，每隔 2～3 h 搅拌一次，48 h 后水洗至中性，进行第二次 HCl 处理，水洗至中性的样品离心到大试管，加重液进行浮选，离心后的重液移至 1 000 mL 的塑料杯中，加入 5×10⁻³ 醋酸稀释重液的相对密度，静置 12 h 后将稀释的重液离心到小试管中，

---

① 赵传本. 三江盆地白垩-第三纪孢粉组合（大庆油田研究院内部报告），1980.

水洗至中性，将空净水的小试管中滴入几滴甘油，搅拌均匀，制活动片查处理效果，无异常则制固定片待鉴定。先后参加孢粉分析和鉴定的人员有闫凤云、乔秀云、王萌、王兆安和赵传本等。

3 地层

东基三井 1 538.0～2 536.0 m 井段，岩性为大段紫红色、灰绿色、灰色、杂色泥岩夹粉砂岩、细砂岩和杂色砾岩。划分为 27 小层，现介绍如下。

上覆地层：海浪组（K_2hl）

—————平行不整合—————

猴石沟组（Khs）　　　　　　　　　　　　　　　　　　　　　　　厚 998.0 m

27	上部为绿灰色泥质粉砂岩、粉砂质泥岩和灰色砂岩，中部绿灰色泥岩。夹紫红、灰绿色粉砂质泥岩、灰色泥质粉砂岩，下部为灰色粉砂岩、粉砂质泥岩、绿灰色泥岩。	20.5 m
26	紫红、灰绿、绿灰色泥岩与粉砂质泥岩互层偶夹泥质粉砂岩，底部为一层灰色细砂岩和杂色砂砾岩。	81.5 m
25	紫红、灰绿、绿灰色泥岩与粉砂质泥岩互层，偶夹泥质粉砂岩和灰色粉砂岩。	47.0 m
24	紫红、灰绿、绿灰色泥岩夹粉砂质泥岩、泥质粉砂岩、杂色砂砾岩、灰色粉砂岩，顶部为一层杂色砂砾岩，底部为一层灰色粉砂岩和杂色砂砾岩。	44.5 m
23	中上部为灰绿、紫红色泥岩夹泥质粉砂岩、粉砂质泥岩，下部为灰色砂岩、绿灰色泥质粉砂岩、粉砂质泥岩。	50.5 m
22	灰绿、绿灰、紫红色泥岩夹泥质粉砂岩、粉砂质泥岩、灰色粉砂岩，底部为一层杂色砂砾岩。	29.0 m
21	灰绿、绿灰、紫红色泥岩夹泥质粉砂岩、粉砂质泥岩，底部为 2 层灰色细砂岩夹绿灰色泥岩。	78.0 m
20	上部为绿灰、紫红色泥岩与紫红色粉砂质泥岩互层夹泥质粉砂岩，下部为紫红、灰绿色泥岩夹粉砂质泥岩。	30.5 m
19	上部绿灰色泥岩为主，灰色细砂岩、粉砂岩、粉砂质泥岩，下部紫红色泥岩与粉砂质泥岩互层，底部为灰色细砂岩、粉砂岩。	41.0 m
18	绿灰、灰绿、紫红色泥岩夹粉砂质泥岩。	36.5 m
17	上部为紫红杂灰绿色泥岩、粉砂质泥岩、灰色细砂岩，下部为灰色粉砂岩、泥质粉砂岩、细砂岩。	18.5 m
16	以灰绿、绿灰、紫红色泥岩夹粉砂质泥岩为主，下部夹一层绿灰色泥质粉砂岩，底部为一层灰色细砂岩。	30.0 m
15	灰绿、绿灰、紫红色泥岩夹粉砂质泥岩、灰色粉砂岩、细砂岩、泥质粉砂岩和杂色砂砾岩。	28.0 m
14	灰绿、绿灰、紫红色泥岩夹粉砂质泥岩、灰色粉砂岩、泥质粉砂岩和杂色砂砾岩。	30.0 m
13	上部为紫红色泥岩与粉砂岩互层，中部为紫红色泥岩，下部为紫红杂灰绿色泥岩夹绿灰、紫红杂灰绿色粉砂质泥岩。	47.5 m

12	绿灰色泥岩、粉砂质泥岩、绿灰、灰色泥质粉砂岩、灰色粉砂岩、细砂岩。 13.0 m
11	以紫红杂灰绿色、绿灰色泥岩为主，中下部夹灰白色砂砾岩、灰色细砂岩、粉砂岩、绿灰色泥质粉砂岩、粉砂质泥岩，上部夹灰色粉砂岩、泥质粉砂岩、细砂岩，顶和底部各为一层灰白色砂砾岩。 79.5 m
10	上部绿灰色泥岩夹泥质粉砂岩、粉砂质泥岩、灰色粉砂岩，下部为灰绿杂紫红色、绿灰色泥岩与粉砂质泥岩互层。 20.0 m
9	灰绿紫红色、绿灰色泥岩为主夹灰色细砂岩、泥质粉砂岩、粉砂质泥岩，底部为灰色粉砂质泥岩、粉砂岩和细砂岩。 24.5 m
8	灰白色砂砾岩夹灰色、绿灰色、灰绿杂紫红色泥岩、粉砂质泥岩、灰色细砂岩和泥质粉砂岩。 15.5 m
7	紫红杂灰绿色泥岩夹粉砂质泥岩、灰色粉砂岩。 10.0 m
6	中上部为紫红杂灰绿、灰绿杂紫红色泥岩夹粉砂质泥岩、泥质粉砂岩和灰色粉砂岩，下部为紫红杂灰绿色泥质粉砂岩与粉砂质泥岩互层。 28.0 m
5	灰色粉砂质泥岩与粉砂岩互层夹细砂岩，顶部为绿灰色泥岩和一层灰色细砂岩。 18.5 m
4	上部为杂色砂砾岩夹灰色粉砂岩，中下部为灰绿杂紫红色泥岩与粉砂质泥岩互层夹泥质粉砂岩。 9.5 m
3	中上部为灰色泥岩夹粉砂质泥岩、泥质粉砂岩、粉砂岩、灰白色细砂岩和砂砾岩，下部为灰色粉砂质泥岩与粉砂岩互层。 36.0 m
2	上部为灰色、黑色泥岩夹灰色粉砂岩、粉砂质泥岩、砂砾岩、细砂岩，下部为灰色、紫红色泥岩夹紫红杂灰绿、紫红色泥质粉砂岩、粉砂质泥岩、灰色粉砂岩、灰白色砂砾岩。 88.0 m
1	杂色砾岩。 42.5 m

——————平行不整合——————

下伏地层:东山组（K1*ds*）

1980 年在由陈景兴执笔的三江盆地东基三井完井报告中，将 928.0 ~ 2 536.0 m 井段划归为白垩系[①]，没有进一步划分地层。1985 年大庆油田研究院赵传本在研究下部 1 538.0 ~ 2 536.0 m 井段地层时，认为可与鸡西地层小区桦山群的海浪组对比，并以该井段为标准，将"海浪组"引入到三江盆地地层序列中[②]，时代确定为早白垩世 Aptian-Albian 期，其孢粉组合特征可与松辽盆地登娄库组和泉头组孢粉组合对比。1993 年出版的《黑龙江省区域地质志》一书也将该井段地层称为"海浪组"，但依据鸡西地区海浪组产叶肢介化石群将其地质时代定为晚白垩世[10]。1997 年出版的《黑龙江省岩石地层》一书不仅将该井段地层确定为海浪组，而且将上覆的 928 ~ 1 538 m 井段也一并称为海浪组（赵传本 1985 年将 2 536.0 ~ 928.0 m 井段划分为海浪组、七星河组、雁窝组），地质时代定为晚白垩世[11]。笔者认为 1 538.0 ~ 2 536.0 m 井段补充完善的孢粉组合特征可与鸡西盆地猴石沟组孢粉组合对比[9]，据此将该井段划归为猴石沟组，层位上大致相当松辽盆地泉头组。

[①]陈景兴. 三江盆地东基三井完井地质总结报告（大庆油田钻井指挥部内部报告），1980.

[②]赵传本. 三江盆地白垩-第三纪孢粉组合（大庆油田研究院内部报告），1980.

4 猴石沟组孢粉组合特征

1979 年四季度，大庆油田研究院地层古生物研究室在 1 538.0～2 536.0 m 井段取 30 块孢粉样品处理，在 1 763.0～2 230.0 m 井深段的 12 块样品中发现孢粉化石，赵传本据此建立"海浪组"孢粉组合。新证据表明，这段地层并非海浪组，而是猴石沟组，将在后文进行论证。随着大庆油田对三江盆地石油勘探的力度不断加大，大庆油田研究院地层古生物研究室又陆续在东基三井 1 540～2 420 m 井段补充做了 29 块孢粉样品，在 1 575～2 408.1 m 井段的 13 块样品中见到孢粉化石（表 1），但化石超过 50 粒的样品只有 6 块。在这 13 块样品中，发现了赵传本 1 763.0～2 230.0 m 井段建立的孢粉组合中未曾出现过的类型，结合新孢粉鉴定数据，完善了该井段孢粉谱和组合特征，并将孢粉组合名称修订为 *Cicatricosisporites- Inaperturopllenites-Tricolpopollenites* 组合。

4.1 孢粉组合特征

组合中蕨类孢子（9.62%～92.52%）和裸子类花粉的百分含量（6.54%～90.38%）均不稳定，变化范围较大，被子类花粉零星出现，最高时其百分含量也仅有 5.19%。

蕨类孢子见有 37 个类型，其中 *Cyathidites* 的百分含量最高，占 0～25.23%，其次是 *Leiotriletes* 和 *Cicatricosisporites*，分别占 0～24.53%和 0～20.95%，含量较高的还有 *Gleicheniidites*，占 0～17.76%，*Schizaeoisporites* 和 *Lygodiumsporites* 也具有一定含量，除了 *Cicatricosisporites*、*Schizaeoisporites* 和 *Lygodiumsporites* 外，见到对确定地质时代有重要意义的类型还有 *Hsuisporites*、*Densoisporites*、*Appendicisporites*、*Triporoletes*、*Pilosisporites*、*Maculatisporites*、*Pterisisporites*、*Foveotriletes* 和 *Aequitriradites* 等。

裸子类花粉见有 22 个类型，其中 Pinaceae 花粉的百分含量最高，占 0～38.46%。其次是 *Inaperturopllenites*，占 0～18.87%，*Psophosphaera* 和 *Pinuspollenites* 的百分含量也较高，分别占 0～15.66%和 0～15.09%，而 *Cedripites* 也具有一定含量，此外还见有少量对确定地质时代有重要意义的类型，如 *Parcisporites*、*Parvisaccites*、*Rugubivesiculites*、*Protopinus*、*Ephedripites* 和 *Classopollis* 等。

被子类花粉仅见有 7 个类型，在组合中偶尔出现，仅 *Tricolpopollenites* 百分含量相对较高，占 0～3.70%，*Quercoidites* 和 *Retitricolpites* 分别只占 0～1.83%、0～1.48%，*Triporopollenites* 和 *Salixipollenites* 不到 1%，而 *Tricolporopollenites* 和 *Magnolipollis* 仅在个别样品中零星出现。

4.2 猴石沟组与上覆海浪组孢粉组合特征的区别

猴石沟组的孢粉组合特征与上覆晚白垩世海浪组孢粉组合特征有十分明显的区别。猴石沟组以蕨类孢子（9.62%～92.52%）和裸子类花粉百分含量（6.54%～90.38%）变化大，均不稳定，互有高低为特征，且被子植物花粉百分含量极低，仅占 0～5.19%。而海浪组以裸子植物花粉百分含量（48.10%～78.58%）占优势为特征，蕨类孢子百分含量较低（2.44%～34.18%），被子植物花粉百分含量（0～28.26%）比下伏猴石沟组有较大增加。

表 1 三江盆地东基三井猴石沟组孢粉化石分布

Table 1 Distribution of sporopollen fossils from Houshuigou Formation at Dongji 3 borehole in Sanjiang Basin

孢粉名称	井深/m													孢粉谱/%	
	1575	1640.1	1683.3	1763.4	1764.8	1834	1927.4	1929.2	1934.5	2080.8	2141.5	2260	2408.1	赵传本①	本文
a.蕨类孢子 Ferns spore	3	4	23	10	58	14	99	47	5	6	5	30	17	42.32~67.56	9.62~92.52
卷柏 *Selaginella*					3		4								0~3.74
坚实孢 *Stereisporites*					2							1		0~1.08	0~1.89
里白孢 *Gleicheniidites*			3	1	2		19					1		0~14.04	0~17.76
三角孢 *Deltoidospora*							5					1		0~1.08	0~4.67
三角粒面孢 *Gramulatisporites*					1					1			2		0~0.92
三角光面孢 *Leiotriletes*			12		6	4	7	12	1	4	4	13	6	0~11.43	0~24.53
三角网面孢 *Dictyotriletes*							1							0~0.88	0~0.93
桫椤孢 *Cyathidites*		3	3	4	8	1	27		2		1	5	1	7.56~21.05	0~25.23
希指蕨孢 *Schizaeoisporites*		1		1	4			10						4.32~9.52	0~9.52
无突助纹孢 *Cicatricosisporites*					12		16	22				1	3	5.40~20.95	0~20.95
有突助纹孢 *Appendicisporites*							2					1	3	0~0.88	0~1.89
石松孢 *Lycopodiumsporites*														0~3.51	0~3.51
光面水龙骨单缝孢 *Polypodiaceaesporites*	2					2	3						1	0.95~2.63	0~2.80
膜环弱缝孢 *Aequitriradites*				3			4							0~4.55	0~4.55
光面海金砂孢 *Lygodiumsporites*			2		2		4	1		1		4		1.08~2.63	0~7.55

①赵传本. 三江盆地白垩-第三纪孢粉组合（大庆油田研究院内部报告），1980.

215

孢粉名称	井深/m													孢粉谱/%	
	1575	1640.1	1683.3	1763.4	1764.8	1834	1927.4	1929.2	1934.5	2080.8	2141.5	2260	2408.1	赵传本	本文
金毛狗孢 Cibotiumspora					5	1	2					1			0~4.59
凹边孢 Concavisporites			1				1								0~0.93
层环孢 Densoisporites				1	5		1							0~3.24	0~4.59
徐氏孢 Hsuisporites			1									1		0~+	0~1.89
棘刺孢 Echinatisporis					1							1		0~1.08	0~1.89
具唇孢 Toroisporis					6		2								0~5.50
繁瘤孢 Multinodisporites					1										0~0.92
波缝孢 Undulatisporites								1						0~0.95	0~0.95
弓脊孢 Retusotriletes												1			0~1.89
窄环孢 Stenozonotriletes								1						0~0.95	0~0.95
粗面三缝孢 Trachytriletes							1								0~0.93
棒瘤孢 Baculatisporites	1														0~+
褶缝孢 Obtusisporis														0~+	0~+
三角瘤面孢 Lophotriletes													1	0~+	0~+
三角刺面孢 Acanthotriletes						5									0~+
三孔孢 Triporoletes														0~+	0~+
紫箕孢 Osmundacidites														0~+	0~+
小穴孢 Foveotriletes														0~+	0~+
刺毛孢 Pilosisporites														0~+	0~+
斑纹孢 Maculatisporites														0~+	0~+

孢粉名称	井深/m													孢粉谱/%	
	1575	1640.1	1683.3	1763.4	1764.8	1834	1927.4	1929.2	1934.5	2080.8	2141.5	2260	2408.1	赵传本	本文
凤尾蕨孢 Pterisisporites														0~+	0~+
圆形块瘤孢 Verrucosisporites									2						0~+
b.裸子类花粉 Gymnosperms pollen	7	34	16	73	47	25	7	81	6	23	47	23	12	31.58~52.92	6.54~90.38
罗汉松粉 Podocarpidites		2			1									0~+	0~0.92
松科 Pinaceae	2	4	2	3				20			20		1	0~37.5	0~38.46
双束松粉 Pinuspollenites	2		12	5		11						8		0~+	0~15.09
单束松粉 Abietineaepollenites			1		2			2		1					0~1.83
雪松粉 Cedripites				3	1			1			4			0~1.08	0~7.69
云杉粉 Piceaepollenites								1			1	1			0~1.92
原始松粉 Protopinus		1		2											0~2.41
微球粉 Psophosphaera		2		13	3				1		1				0~15.66
杉科粉 Taxodiaceaepollenites	1	4	11	16	25	6	3	30	3	1	9	3		0~27.0	0~27.0
无口器粉 Inaperturopollenites		11	13	13	7	7	2	15	1	20	8	10	9	7.56~13.36	0~18.87
克拉梭粉 Classopollis		3	4	4	2		2	5	1					0~+	0~4.82
南美杉粉 Araucariacites						1						1			0~1.89
苏铁粉 Cycadopites											1				0~1.92
本内苏铁 Bennettites											1				0~1.92
银杏粉 Ginkgo	1	5	4	4				6					1		0~4.82
微囊粉 Parvisaccites	1	2	1	2	1					1					0~2.41

217

续表

孢粉名称	井深/m													孢粉谱/%	
	1575	1640.1	1683.3	1763.4	1764.8	1834	1927.4	1929.2	1934.5	2080.8	2141.5	2260	2408.1	赵传本	本文
麻黄粉 *Ephedripites*			1		1										0~0.92
单远极沟粉 *Monosulcites*					1										0~0.92
开通粉 *Caytonipollenites*								1							0~0.74
拟落叶松粉 *Laricoidites*					1										0~0.92
皱体双囊粉 *Rugubivesiculites*													1	0~+	0~+
锥囊粉属 *Parcisporites*														0~+	0~+
c.被子类花粉 Angiosperm pollen	1	1	1		4		1	7	1				1	0~5.40	0~5.19
网状三沟粉 *Reitricolpites*							1	2							0~1.48
三沟粉 *Tricolpopollenites*								5	1				1	0~5.40	0~3.70
三孔粉 *Triporopollenites*	1				1										0~0.92
柳粉 *Salixipollenites*					1										0~0.92
栎粉 *Quercoidites*					2										0~1.83
木兰粉 *Magnolipollis*		1													0~+
三孔沟粉 *Tricolporopollenites*			1												0~+
合计/粒	11	39	40	83	109	39	107	135	12	29	52	53	30		

注：数字代表每种化石粉种数，"+"表示在低于 50 粒化石粉的样品中见到，低于 50 粒化石粉的样品不做百分比统计

猴石沟组的孢子类型与上覆海浪组也有十分明显的区别。猴石沟组孢子中的重要分子 *Pilosisporites*、*Aequitriradites*、*Hsuisporites*、*Densoisporites* 和 *Maculatisporites* 等类型在海浪组及雁窝组不再出现。

猴石沟组被子类花粉百分含量和类型也与海浪组区别明显。猴石沟组被子类花粉的百分含量仅 0~5.19%，以 *Tricolpopollenites* 和 *Retitricolpites* 等早期被子类花粉零星出现为主要特征。海浪组的被子植物花粉百分含量增加到 0~28.26%[8]，出现的重要分子 *Aquilapollenites*、*Fibulapollis*、*Momipites*、*Proteacidites* 和 *Betulaepollenites* 等均未在猴石沟组中出现过。

猴石沟组与海浪组上述孢粉组合特征的区别，是三江盆地内井间生物地层对比的很好标志，也是与邻区生物地层对比的重要依据，更是地质时代确定的基础。

5 地质时代讨论及地层对比

5.1 东基三井 1 538.0~2 536.0 m 井段孢粉组合时代讨论

松辽盆地白垩系十分发育，特别是上白垩统，被公认是国内孢粉学研究最理想的地区之一，自下而上建立了 18 个孢粉组合，是国内白垩纪孢粉地层学对比的首选剖面[12]。鸡西盆地白垩纪孢粉地层学研究程度较高，迄今为止已建立起滴道组[13]、石河北组[2]、城子河组[2, 13-16]、穆棱组[2, 16]、东山组和猴石沟组[9]孢粉组合。本文将以松辽盆地白垩纪孢粉组合序列作为主要对比地区，鸡西盆地及其他地区白垩纪孢粉组合序列为辅助对比地区来确定三江盆地猴石沟组孢粉组合的地质时代。

东基三井本次修订的猴石沟组 *Cicatricosisporites-Inaperturopllenites-Tricolpopollenites* 组合中，Lygodiaceae 科孢子较为丰富。*Cicatricosisporites* 百分含量为 0~20.95%，是蕨类孢子中的主要成分，该属的时代分布为侏罗纪末期至新近纪，繁盛在白垩纪，特别是早白垩世中晚期[2, 9, 12, 17]，该属在松辽盆地北部登娄库组 1~3 段以及泉头组 3~4 段中百分含量较高[12]。组合的蕨类孢子中见有 0~1.89%的 *Appendicisporites*，该属分子初现于早白垩世初期的贝里阿斯期（Berriasian），在早白垩世中晚期达到鼎盛，晚白垩世初期逐渐衰退[18]，该属在松辽盆地北部首次出现的层位是早白垩世登娄库组，一直延续到嫩江组末期尚有少量出现，但在四方台组就不再出现了[12]。*Lygodiumsporites* 在侏罗纪末期出现，一直可延续到古近纪，在松辽盆地北部的营城组（0~24.3%）和泉头组（0~8.6%）最繁盛[12]，辽西地区在层位上与泉头组相当的孙家湾组孢粉组合中该属分子达到鼎盛时期（0.5%~21.2%）[19]，本井猴石沟组该属百分含量分布范围是 0~7.55%。*Pilosisporites* 在世界各地主要分布于早白垩世地层中，凡兰吟期较少，戈特列夫-巴列姆期广泛发育而类型多样，晚白垩世的报道很少[17]。

Schizaeaceae 科中的 *Schizaeoisporites* 在侏罗纪末期就已经零星出现，一直延续到古近纪，繁盛期在白垩纪，尤其是白垩纪中晚期[9]，该属分子在松辽盆地北部登娄库组 4 段至泉头组百分含量达到第一次鼎盛期[12]，该属分子在鸡西盆地猴石沟组最繁盛（0.5%~21.3%）[9]，本井猴石沟组该属百分含量也很高（0~9.52%）。

Selaginellaceae 科的 *Aequitriradites* 出现于贝里阿斯期（Berriasian），凡兰吟期-阿

219

尔必期（Valanginian-Albian）较繁盛，赛诺曼期(Cenomanian)开始衰落，绝灭于马斯特里赫特期(Maastrichtian)[18]，松辽盆地北部登娄库组 4 段是该属分子的鼎盛期（0～12.0%），泉头组 3~4 段该属分子百分含量为 0～4.9%，与本井猴石沟组该属分子百分含量（0～4.55%）较为接近。*Hsuisporites* 是张春彬 1965 年建立的新属[20]，之后在我国白垩纪地层中广泛发现，但在东北和内蒙古等地的下白垩统分布更广泛。*Densoisporites* 地史分布是三叠纪-晚白垩世[21]，该属分子在本井猴石沟组的百分含量为 0～4.59%，与松辽盆地北部登娄库组 3 段（0～4.7%）及泉头组 3~4 段（0～6.3%）的百分含量相近[12]。

此外本井猴石沟组蕨类孢子还零星见到 Ricciaceae 科的 *Triporoletes* 和 *Pterisisporites*，前者是阿普第（Aptian）-赛诺曼期（Cenomanian）广泛发育的重要分子，后者分布于世界各地的白垩纪-新近纪沉积中，但晚白垩世及其以后更常见[22]。

本井猴石沟组孢粉组合中裸子类花粉也见到一些有时代意义的类型，如 *Parcisporites*、*Parvisaccites*、*Rugubivesiculites*、*Protopinus*、*Ephedripites* 和 *Classopollis* 等。它们也是白垩纪常见分子，但 *Protopinus*、*Rugubivesiculites* 在早白垩世更常见，*Ephedripites* 晚白垩世分布更普遍[19]。

从上述蕨类孢子和裸子类花粉的地史分布可以看出，本井猴石沟组孢粉组合属于白垩纪中期的可能性最大。但组合中还出现了少量三沟、三孔沟及三孔型被子类花粉，可以对地质时代做进一步的确定。组合中出现的 *Tricolpopollenites* 最早见于早白垩世的 Albian 早期，但 Albian 中期分布更普遍[23-24]。*Retitricolpites* 在我国主要在 Albian 中期开始出现[25]。*Tricolporopollenites* 在我国多从 Albian 晚期开始出现[23]。*Salixipollenites* 和 *Magnolipollis* 在我国东北地区最早出现于晚白垩世早期[12]。*Quercoidites* 主要分布在北半球的古近纪和新近纪[22]，在我国的晚白垩世也能经常见到[26-28]，江苏早白垩世晚期葛村组也见有报道[29]，在松辽盆地南部首次出现的层位是嫩江组[30]，在松辽盆地北部首次出现的层位是泉头组 3~4 段[12]。*Triporopollenites* 始见于晚白垩世 Cenomanian 期[9, 31]。本井猴石沟组孢粉组合下部 1 927.4～2 408.1 m 井段仅见有 *Tricolpopollenites* 和 *Retitricolpites*，没有见到 Barremian 晚期出现的 *Clavatipollenites* 和 Aptian 晚期出现的 *Asteropollis*,相当宋之琛划分的三沟类型花粉演化阶段[23],地质时代应为 Albian 期；上部 1 575～1 764.8 m 井段没有出现 Turonian 期开始出现的 *Cranwellia*，属于宋之琛划分的短轴三孔沟类及三孔类花粉演化阶段[23]，地质时代应为 Albian 晚期至 Cenomanian 期。因此依据被子类花粉的演化阶段可以进一步确定本井猴石沟组孢粉组合时代为 Albian-Cenomanian 期。

5.2 东基三井 1 538.0～2 536.0 m 井段孢粉地层学对比

1 538.0～2 536.0 m 井段孢粉组合特征可以与松辽盆地北部泉头组大致对比。下部 1 927.4～2 408.1 m 井段仅见有 *Tricolpopollenites* 和 *Retitricolpites*，相当松辽盆地北部泉头组 1~2 段；上部 1 575～1 764.8 m 井段出现的 *Tricolporopollenites*、*Triporopollenites*、*Quercoidites*、*Salixipollenites* 和 *Magnolipollis* 均是松辽盆地北部泉头组 3~4 段主要出现的被子类花粉，可大致对比[12]。黎文本在松辽盆地南部泉头组上部（笔者认为可能属于泉头组 4 段的上部）还见有 Turonian 期开始出现的 *Cranwellia*[32],说明本井猴石沟组顶界可能低于松辽盆地泉头组的顶界。此外，本井 1 575～2 408.1 m 井段孢粉组合特征也可以与鸡西盆地猴石沟组孢粉组合对比，均以出现少量三沟、三孔沟及三孔型被子类花粉为特征[9]，故可将该井段划归到猴石沟组。

结合前人东基三井白垩系孢粉组合特征及岩性特征，可将 928～2 637.97 m 井段自下而上划分为早白垩世晚期东山组（2 536.0～2 637.97 m，未见底）、白垩纪 Albian-Cenomanian 期猴石沟组（1 538.0～2 536.0 m）、晚白垩世 Santonian-Campanian 期海浪组（1 226.0～1 538.0 m）[8]和 Maastrichtian 期雁窝组（928.0～1 226.0 m）[3]。

6 结论

（1）东基三井 1 538.0～2 536.0 m 井段孢粉组合由蕨类孢子（9.62%～92.52%）、裸子类花粉（6.54%～90.38%）和被子类花粉（0～5.19%）组成，以蕨类孢子 *Cyathidites*、*Leiotriletes*、*Cicatricosisporites* 和裸子类花粉 Pinaceae、*Inaperturopllenites* 高含量，以及被子类花粉 *Tricolpopollenites*、*Tricolporopollenites*、*Triporopollenites* 零星出现为特征，命名为 *Cicatricosisporites-Inaperturopllenites-Tricolpopollenites* 孢粉组合。

（2）鉴于 1 538.0～2 536.0 m 井段孢粉组合特征可与松辽盆地北部泉头组对比，且组合中被子类花粉处于三沟类型花粉至三孔沟类-三孔类花粉演化阶段，其地质时代确定为白垩纪 Albian-Cenomanian 期。

（3）新建立的孢粉组合特征可与鸡西盆地猴石沟组孢粉组合对比，确定产该组合的 1 538.0～2 536.0 m 井段为猴石沟组，而非海浪组，正式将猴石沟组引入到三江盆地地层序列中。

参 考 文 献

1 大庆油田石油地质志编写组. 中国石油地质志（第二卷，上册）. 北京：石油工业出版社，1993. 1-785.

2 蒲荣干，吴洪章. 黑龙江省东部晚中生代地层的孢子花粉. 中国地质科学院沈阳地质矿产研究所所刊，1982，5：338-456.

3 赵传本. 黑龙江省东部晚白垩世地层及孢粉组合新发现. 地质论评，1985，31(3)：204-212.

4 赵传本. 三江盆地富锦组菱粉的发现. 石油学报，1992，13(2)：9-15.

5 黎文本. 黑龙江西三江地区早白垩世孢粉组合. 古生物学报，1992，31(2)：178-189.

6 孔祥瑞，黄清华，杨建国，等. 三江盆地绥滨坳陷绥 D2 井地层问题探讨. 大庆石油地质与开发，2001，20(5)：7-9.

7 赵洪伟，刘玉华，王欢. 三江盆地西大林子凹陷地层归属及层序建立. 甘肃科技，2010，26(21)：58-60.

8 万传彪，张艳，薛云飞，等. 黑龙江三江盆地晚白垩世海浪组孢粉组合. 世界地质，2018，37(4)：991-1004.

9 吴洪章. 鸡西盆地东山组和猴石沟组孢粉组合. 中国地质科学院沈阳地质矿产研究所集刊，1992，1：50-58.

10 黑龙江省地质矿产局. 黑龙江省区域地质志. 北京：地质出版社，1993. 1-734.

11 黑龙江省地质矿产局. 黑龙江省岩石地层. 北京：中国地质大学出版社，1997. 1-298.

12 高瑞祺，赵传本，乔秀云，等. 松辽盆地白垩纪石油地层孢粉学. 北京：地质出版社，1999. 1-373.

13 张清波. 黑龙江省东部鸡西盆地滴道组孢粉组合. 地层古生物论文集，1986，15：107-148.

14 尚玉珂. 黑龙江省鸡西城子河组被子植物化石层的孢粉研究. 微体古生物学报，1997，14(2)：161-174.

15　张清波. 黑龙江省鸡西盆地城子河组孢粉组合. 地层古生物论文集, 1988, 19: 81-106.

16　万传彪, 乔秀云, 杨建国, 等. 黑龙江省鸡西盆地早白垩世孢粉组合. 见: 朱宗浩等主编. 中国含油气盆地孢粉论文集.北京: 石油工业出版社, 2000. 81-89.

17　Wan C, Qiao X, Xu Y, et al. Sporopollen Assemblages from the Cretaceous Yimin Formation of the Hailar Basin, Inner Mongolia, China. Acta Geologica Sinica, 2005, 79(4): 459-470.

18　蒲荣干, 吴洪章. 兴安岭地区兴安岭群和扎赉诺尔群的孢粉组合及其地层意义. 中国地质科学院沈阳地质矿产研究所所刊, 1985, 11: 47-113.

19　蒲荣干, 吴洪章. 辽宁西部中生界孢粉组合及其地层意义. 见: 张立君等著.辽宁西部中生代地层古生物(二). 北京: 地质出版社, 1985. 121-212.

20　张春彬. 黑龙江鸡西穆棱组孢子及其地层意义. 中国科学院南京地质古生物研究所集刊, 1965 (4): 163-198.

21　宋之琛, 尚玉珂, 刘兆生, 等. 中国孢粉化石（第二卷, 中生代孢粉）. 北京: 科学出版社, 2000. 1-710.

22　宋之琛, 郑亚惠, 李曼英, 等. 中国孢粉化石（第一卷, 晚白垩世和第三纪孢粉）. 北京: 科学出版社, 1999. 1-910.

23　宋之琛. 我国早白垩世被子植物花粉研究之回顾. 微体古生物学报, 1986, 3(4): 373-386.

24　万传彪, 赵传本, 乔秀云, 等. 中国早白垩世中、晚期被子植物花粉的特征及其意义. 大庆石油地质与开发, 2004, 23(2): 21-24.

25　余静贤. 中国北方早白垩世被子植物花粉的研究. 地层古生物论文集, 1990, 23: 212-220.

26　宋之琛, 郑亚惠, 刘金陵, 等. 江苏地区白垩纪-第三纪孢粉组合. 北京: 地质出版社, 1981. 1-268.

27　王大宁, 孙秀玉, 赵英娘, 等. 我国部分地区晚白垩世-早第三纪孢粉组合序列. 地质论评, 1984, 30(1): 8-18.

28　张一勇, 李建国. 江苏白垩纪孢粉组合序列. 地层学杂志, 2000, 24(1): 65-71.

29　周山富, 周荔青, 王伟铭, 等. 江苏白垩系及其被子植物花粉和演化. 杭州: 浙江大学出版社, 2009. 1-470.

30　余静贤, 郭正英, 茅绍智. 松花江南部白垩纪孢粉组合. 地层古生物论文集, 1983, 10:1-118.

31　张一勇. 中国白垩纪被子植物花粉的宏演化. 古生物学报, 1999, 38(4): 435-453.

32　黎文本. 从孢粉组合论证松辽盆地泉头组的地质时代及上、下白垩统界线. 古生物学报, 2001, 40(2):153-176.

RESEARCH ON THE PALYNOLOGICAL STRATA FROM THE HOUSHIGOU FORMATION IN THE SANJIANG BASIN, HEILONGJIANG PROVINCE, CHINA

WAN Chuan-biao[1, 2, 3]   ZHAO Chun-lai[4]   XUE Yun-fei[1, 3]   LI Ti[1, 3]   JIN Yu-dong[1, 3]   ZHANG Xin[1, 3]   SUN Yue-wu[2]

(1 *Institute of Exploration and Development,Daqing Oilfield Company Lid.*,   Daqing 163712, Helongjiang;

2 *Key Laboratory for Evolution of Past Life and Environment in Northeast Asia (Jilin University), Ministry of Education,*

Changchun 130026, Jilin;   3 *Key Laboratory of Carbonate Reservoir, CNPC*,   Daqing 163712, Helongjiang;

4 *Daqing Drilling engineering NO 1 geologging company*,   Daqing 163700, Helongjiang)

ABSTRACT

Based on the palynological data from 12 samples, the pollen and spores within the depth 1 538.0 − 2 536.0 meters in the Dongji 3 borehole were simply divided into two assemblages in ascending order, the *Cicatricosisporites-Densoisporites* assemblage and the *Leiotriletes-Cupressaceae* assemblage. The characteristics of spores and pollen were regarded to be similar to those from the Denglouku and Quantou formations in the Songliao Basin, and age was assigned to Aptian-Albian (Early Cretaceous). The strata (in depth 1 538.0 − 2 536.0 m) were thought to be equivalent to the Hailang Formation in the Jixi Basin, and named as the Hailang Formation. Based on the additional palynological data of from another 13 samples from this horizon in the Dongji 3 borehole, the present authors revised the previous palynological assemblages, united them as one assemblage named as *Cicatricosisporites-Inaperturopllenites-Tricolpopollenites*   assemblage.   The   revised palynological assemblage is composed of ferns spore (9.62% − 92.52%), gymnosperms pollen (6.54% − 90.38%) and angiosperm pollen (0 − 5.19%). Fern spores are dominated by *Cyathidites* (0 − 25.23%), *Leiotriletes* (0 − 24.53%), *Cicatricosisporites* (0 − 20.95%), and *Gleicheniidites* (0 − 17.76%). Other important spores are *Appendicisporites*, *Lygodiumsporites*, *Pilosisporites*, *Maculatisporites*, *Schizaeoisporites*, *Hsuisporites*, *Densoisporites*, *Aequitriradites*, *Triporoletes*, *Foveotriletes* and *Pterisporites*. Among the gymnosperms pollen, *Pinaceae* (0 − 38.46%) and *Psophosphaera* and *Pinuspollenites* are abundant. *Inaperturopllenites* (0 − 18.87%), *Parcisporites* and *Parvisaccites* are rich. *Rugubivesiculites*, *Protopinus*, *Ephedripites* and *Classopollis* are common. The angiosperm pollen are characterized by high content of *Tricolpopollenites* (0 − 3.70%). *Quercoidites*, *Retitricolpites*, *Triporopollenites*, *Salixipollenites*, *Tricolporopollenites* and *Magnolipollis* are seen. This palynological assemblage can be correlated to the palynological assemblage from Quantou Formation in the Songliao Basin. The angiosperm pollen in the present assemblage are within the evolutionary stages from the tricolpate to the tricolporate-triporate, and therefore the age of this assemblage is determined as the Albian-Cenomanian. The revised palynological assemblage can be compared with that from the Houshigou Formation in the Jixi Basin. Thus, the strata in the depth 1 538.0 − 2 536.0 m of the borehole are more likely belonged to the Houshigou Formation rather than the Hailang Formation, and the Houshigou Formation is suggested to be used in the Sanjiang basin.

Key words   Sanjiang Basin, Dongji 3 borehole, Houshigou Formation, Palynological assemblage, Albian- Cenomanian

第十七届中国古脊椎动物学学术年会论文集. 董为，张颖奇主编. 北京：海洋出版社，2021. 225-234
Proceedings of the Seventeenth Annual Meeting of the Chinese Society of Vertebrate Paleontology
DONG Wei, ZHANG Ying-qi, eds. Beijing: China Ocean Press, 2021. 225-234

人类枕骨形态研究综述*

张亚盟 [1, 2]

(1 山东大学环境与社会考古国际合作联合实验室，山东　青岛 266237；

2 山东大学文化遗产研究院，山东　青岛 266237)

摘　要　枕骨具有软骨成骨和膜成骨两种骨化方式，在个体发育中由 7 个骨化中心发育而成，构成枕骨的 4 个部分直到 7 岁才愈合成一个整体，在发育上具有复杂性和可变性。此外，颈部肌肉大多附着于枕骨，负责固定头颈和控制头颈伸屈和旋转，颈部深层的肌肉还有大量本体感受器，具有较高的动态灵敏性。在系统发育上，枕骨的许多性状在人类演化的过程中都有所反映。例如枕骨大孔的位置和倾角、枕外隆凸与枕圆枕、枕外隆凸点与枕内隆凸点的位置、枕骨曲角的变化和斜坡的变化等。本文从个体发育、系统发育和典型特征等方面详细介绍了人类枕骨的相关研究进展。

关键词　枕骨；个体发育；系统发育；人类演化；颅底；非测量性状

1　枕骨的个体发育和解剖结构

新生儿的枕骨由 4 个部分组成，基枕骨（basilar occipital）未来发育成枕骨基底部、侧枕骨（exo-occipital）发育成枕髁、上枕骨（supraoccipital）发育成枕鳞下半部分项平面以及顶间骨（interparietal）发育成枕鳞上半部分枕平面（图 1）。其中顶间骨为膜成骨（intramembranous ossification），其余部分属于软骨成骨（endochondral ossification）。在胚胎发育过程中，基枕骨和两个侧枕骨各具一个骨化中心，上枕骨和顶间骨各具两个骨化中心[1-2]，顶间骨偶有第三对骨化中心出现[3]。顶间骨骨化中心的愈合失败会导致印加骨和各种形式的缝间骨的形成[3-5]。虽然骨化中心从胚胎受精后的第 8 周即开始出现，但是枕骨各部分的愈合却直到产后才会完成[6]。颅底的快速生长期在 14 周至 32 周结束，第二个快速生长期在出生后第 1 年开始，7 岁时逐渐减缓[7]，枕骨的 4 个部分在 7 岁时才会愈合在一起，而在蝶枕软骨闭合之后，枕骨形态即不再发生变化，男性这一时间为 13~16 岁，女性为 11~14 岁[2, 8]。在有袋类、反刍类和有蹄类中顶间骨与顶骨愈合，而在啮齿类中顶间骨同时与枕骨和顶骨愈合[9]，在其他一些哺乳动物中则成为单独的骨骼[10]，在灵长类中包括人类顶间骨与枕骨愈合在一起。

* 基金项目：山东大学基本科研业务费专项资金，中国科学院战略性先导科技专项(XDB26000000)。
　张亚盟：男，30 岁，助理研究员，从事古人类学研究.

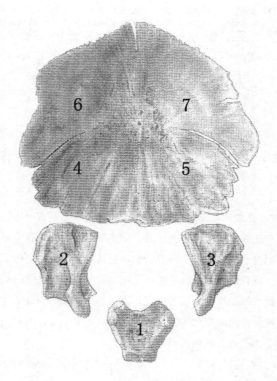

图 1　　婴儿枕骨的构成与骨化方式（据 Scheuer 和 Black[11]）

Fig. 1　　Occipital components and ossification types in infants (After Scheuer and Black[11])

1. 基枕骨 basilar occipital，2-3. 侧枕骨 exo-occipital，4-5. 上枕骨 supraoccipital，6-7. 顶间骨 interparietal.

1-7 为 7 个骨化中心 Seven ossification centers were represented by 1-7，青色和粉红色分别代表膜成骨

和软骨成骨 cyan and pink were intramembranous and endochondral ossification areas, respectively

　　Enlow[12]对枕骨区域的骨改建模式进行了详细描述。他提到以顶间骨的下部为界限，其上的颅骨内部骨改建以沉积作用为主，下方则以吸收为主，枕内嵴的区域则是变化的。颅底斜坡的内表面在骨改建中也以吸收为主，并且由于蝶枕软骨结合的不断伸长，使得斜坡产生向前和向下的替换，与之相关的颞骨、顶骨和枕骨等处的骨缝也经历相应的生长替换，来适应枕骨与蝶骨复合体空间位置的变化。因此枕骨大孔能够在颅底不断变化的生长过程中维持相对稳定的空间位置，同时这也是各种穿过枕骨的神经不受骨骼生长漂移影响的重要因素。此外，颅内以吸收为主，颅外以沉积为主的特性，也是适应脑快速生长的体现[2]。

　　枕骨是头骨上附着肌肉最多的骨骼，颈部肌肉大多附着于项平面，按照解剖位置可以分为 3 层[13]。第一层：斜方肌（trapezius）和胸锁乳突肌（sternocleidomastoid），附着于上项线和乳突，连接头骨与肩带。第二层：头夹肌（splenius capitis）、头最长肌（longissmus capitis）和头半棘肌（semispinalis capitis），附着于上项线、乳突以及上项线和下项线之间的区域，连接头骨与颈椎。第三层：头后小直肌（rectus capitis posterior minor）、头后大直肌（rectus capitis posterior major）、头上斜肌（obliquus capitis superior）和头下斜肌（obliquus capitis inferior），附着在下项线以下，连接头骨与寰椎

和枢椎（图2）。这些肌肉主要负责固定头颈，控制头颈伸屈和旋转等功能[14]。除此之外，颈部深层的肌肉中还含有大量的本体感受器，例如高尔基肌腱感受器和肌梭等[15-16]。Liu 等[17]研究表明，深层颈肌的肌梭密度是头夹肌的 5 倍，头半棘肌的 3 倍。头下斜肌富含肌梭，慢缩肌比例高达 95%~100%，而浅层慢缩肌比例只有 10%。表明其既可以产生快速的作用以适应快阶段运动，又可以产生慢速的维持力保持头部稳定的姿势。可能是因为专门负责头部的姿势与运动，深层颈肌演化出了这样特殊的肌梭运动系统结构，具有相对较高的动态灵敏性。

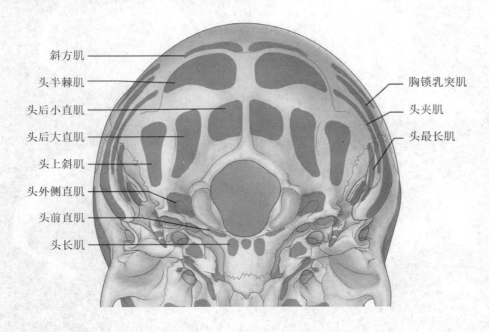

图 2   枕骨肌肉附着示意图[18]

Fig. 2   Diagram of muscle attachments of occipital [18]

2 枕骨的系统发育

人类枕骨的形态变化在系统发育中是非常明显的（图3）。首先是与直立行走密切相关的枕骨大孔的相对位置和倾角。Topinard [19]和 Bolk[20]是第一批对现代人枕骨大孔的相对位置和倾角进行描述和定量研究的。人类化石难以保存完好的颅底部分，因此对于枕骨大孔位置的研究，有多个不同的前部参照点，例如以鼻根点、鼻棘下点、耳点、鼓板、颈动脉孔、盲孔等为参照，以颅长等进行标准化进行对比[21-24]。Dean 和 Wood[21]研究了枕骨大孔相对于颈动脉孔、岩部和蝶枕结合部的相对位置关系，发现在原始类型中（猩猩和傍人中），枕骨大孔相对于颈动脉孔的位置更加靠前，且岩部的朝向更加平行于中线，两颈动脉孔的间距更小，鼓板的外侧与茎突的间距更长。Luboga 和 Wood[25]研究了枕骨大孔的相对位置和倾角，以盲孔、鼻下点和眉间点为参照，发现枕骨大孔的位置没有显著的性别差异，在现代人中没有明显差异，但是在黑猩猩和倭黑猩猩之间存在显著差异。枕骨大孔的位置受异速生长的影响，较大的头骨倾向于拥有后置的枕骨大孔。枕骨大孔的位置与枕骨大孔的倾角之间则没有关系。此外，在许多人类化石的研究中，枕骨大孔的位置都作为重要特征进行分析。例如在对地猿和撒哈尔人的研究中，该性状是决定其人科地位的重要因素[26-27]。在确定南方古猿非洲种、南方古猿阿法种以及周口店直立人等化石人类的演化地位时均用到了枕骨大孔的位置[28-32]。

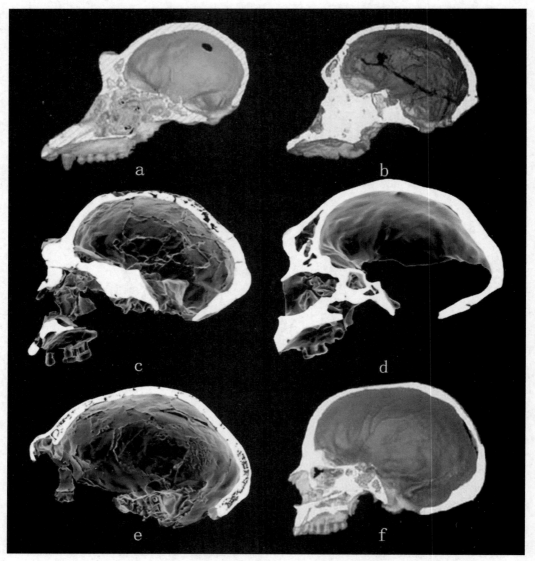

图 3　正中矢状面展示不同人类演化阶段枕骨形态变化（据 Bookstein et al.[33]和 Athreya[34]）

Fig. 3　Mid-sagittal cross-section showing occipital shape changes during human evolution (After Bookstein et al.[33] and Athreya[34])

a. 黑猩猩 Chimpanzee；b. Sts 5；c. KNM-ER 3733；d. 布罗肯山人 broken hill；e. Spy I；f. 智人 *Homo sapiens*.

其次是枕外隆凸和枕圆枕的发育程度。Broca[35]将枕外隆凸程度分成 6 级：缺如、微显、小、中、大和很大。Weidenreich[36]提出枕外隆凸为最上项线和上项线之间的向下的三角形凸起，上项线为主要边界，通常包括有锋利边缘的结节，而最上项线则只表现为轻微的界限。Gulekon 和 Turgut[37]的研究发现，枕外隆凸具有显著的性别差异。发达枕外隆凸的出现率在不同人群中也有差异，在德国人中为 10.9%，亚洲人中为 8.3%，美国人中为 8.3%，非洲人中为 4.4%，埃及人中为 1.2%，澳大利亚人中则没有发现。在最近的一项研究中，Shahar 和 Sayers[38]发现长期使用电子移动设备的生活方式导致了青少年出现不成比例的退行性疾病-枕外隆凸外生骨疣。由于枕外隆凸是项韧带的附着点，连接颈椎和头骨，因此这一研究也充分证明枕骨形态容易受功能和外界环境影响。枕圆枕最早由 Ecker 定义为在最上项线和上项线之间将枕平面和项平面分隔开的横向凸起[36]。Fenner[39]在著作中详细描述了枕圆枕，并将其发育程度分为 6 级。枕圆枕在人类演化过程中趋向减弱，在直立人中常见，而在现代人群中出现率较低，枕圆枕在现代人群间差异不显著，性别间差异也不显著[40]。

枕外隆凸点的位置和由其所分割的枕平面与项平面两部分之间的比例，以及枕外隆凸点与枕内隆凸点之间的高度差异在人类演化过程中也有显著的变化。Weidenreich[32]在对周口店直立人的研究中提出，在人类演化的过程中，颈部肌肉的体积变小而脑变大，因此附着肌肉的项平面变小而枕平面变大。由此导致了两个结果，一为枕平面与项平面的比例变大，二为枕内隆凸点和枕外隆凸点下移。但是由于直立人小脑窝的体积仍较小，因此枕内隆凸点的位置比现代人更靠近枕骨大孔，明显低于枕外隆凸点。Balzeau 等[41]对比了直立人与其他人类化石后认为枕内隆凸点低于枕外隆凸点不是直立人的自近裔特征，并且比较了枕内隆凸点和枕外隆凸点的位置在大猿和人类中的差异。研究的不足之处是没有使用相对位置，因此仅凭绝对长度反应的差异并不能说明这两个点在演化中的位置变化。

枕平面与项平面之间的夹角（枕骨曲角）在人类演化过程中也有较大的变化。一般认为原始类型的人类其枕骨曲角较锐，例如直立人的枕骨呈角状转折[32, 42]，Arsuaga 等[43-44]对 Sima de los Huesos（SH）地点人类化石研究发现，其枕骨曲角在典型尼人范围之内，尼人的枕骨曲角则大于直立人而小于智人。但是尼人中也有较大角度的标本（Amud 1），而智人中也有少量个体具有较小枕骨曲角（Skhul 5）。

此外，作为颅底的一部分，枕骨斜坡的倾斜程度在人类演化中也有重要的研究意义。人类斜坡倾斜程度与其他灵长类相比更大，研究者针对这一现象提出多种假说。Biegert[45]提出，在灵长类中基本遵循颅底弯曲程度越大相对脑量越大的规则，系统发育关系上也是如此。Gould[46]认为相对脑量（脑量/颅底长）是引起颅底弯曲以及其他幼态持续性状的最重要因素。Ross 和 Rovasa[47]研究发现，在简鼻猴类中颅底角度随相对脑量（脑量/颅底长）增加而增大，与面部后凸的角度和眼眶轴的朝向成正相关，而原猴类颅底的弯曲角度和其他变量没有显著相关性。Ross[48]认为灵长类的眼眶前倾程度较高与额叶的发达和颅底的弯曲程度较大是相关的。Ross 和 Henneberg[49]认为颅底弯曲度与眼眶朝向之间、颅底弯曲度与面部后凸程度之间具有显著相关性，但是按照人类的相对脑量，其颅底弯曲度并没有达到理论上的程度，认为是达到了其弯曲的物理限制，即不能低于 90°。还有许多研究表明行走姿势对颅底形态也有影响[50-52]。

Strait 和 Ross[53]通过测量头颈部的姿势发现，尽管脑量会调节颅底的弯曲程度，但动物站立的姿势也会对颅底和眼眶的朝向产生影响。此外，Laitman 等[54]认为喉的位置、咽缩肌的朝向以及基枕骨的朝向在结构和功能上存在密切的关系，因此颅底的形态改变可能出自对语言产生的适应。他通过研究还提出，由颅底形态推测得出的典型尼人的上呼吸道形态接近 2~11 岁的现生人类儿童，而克罗马农、布罗肯山以及更近代的北非古人类与现代成年人及亚成年人接近[55]。Liberman 等[56]对头骨的主要维度（头长、头宽和弯曲程度）与脑量的交互作用，以及与脑颅和面部比例的关系进行了探究，研究发现脑量与颅底长之比是影响颅底变异的主要因素。颅底的宽度、长度和曲度相互独立，只有颅底最大宽对整个头骨的比例有显著的影响，主要体现在颅底最大宽可以影响脑颅-颅底复合体的宽度。这些交互作用同时也对面部的形状产生了一定的影响，狭面的个体倾向于拥有前后向较长的面部。这个模型还可以用来解释一些形态变异，例如枕骨的发髻状（馒头状）隆起。现代人枕骨上的馒头状隆起似乎是脑量较大而颅底较窄所导致，而尼人拥有较宽的颅底，因此两者应该不是完全同源的特征。Lieberman 等[57]认为相对脑量(脑量/颅底长)对颅底多个方面的变异产生重要影响，尤其是颅底的弯曲程度，但是在其他方面也有重要影响，例如：面部大小、面部朝向、站立姿势等。但是也有研究者以胎儿为研究对象，从发育的角度进行探究，认为无法证明随着脑量增加颅底弯曲程度也增加的假说，作者认为颅底弯曲程度与岩骨方向的变化是随时间变化的，并非因脑量增大导致[58]。伴随着胎儿的生长发育，颅底翻转，前面部突出，背面部旋转，这些生长变异以中蝶骨区域为中心，伴随着不成比例的蝶骨高度和长度的变化[59]。

3　小结

面颅骨受环境影响较大，脑颅骨和颅底部分则可以相对忠实地反映了中性遗传信息[60-62]。枕骨既包括脑颅骨部分，又包括颅底部分，然而脑量的增加、行走姿势的改变、眼眶与面部的朝向、肌肉的附着、性别的差异、特定的生活习惯等诸多因素都可能从内部或者外部对枕骨的形态产生影响。因此在使用枕骨上的诸多性状进行人类演化和人群支系关系研究时需要谨慎对待。也正因如此，枕骨形态可以反映人类对环境和功能的适应，未来的研究可以重点探究影响现代人枕骨形态发生的诸多因素，从而为枕骨形态变异的解释提供对比数据和理论支撑。

致谢　本文为作者博士论文的一部分，特别致谢导师吴秀杰研究员长期以来在学术和生活上的培养和关心。

参 考 文 献

1　　Matsumura G, Uchiumi T, Kida K, et al. Developmental studies on the interparietal part of the human occipital squama. Journal of Anatomy, 1993, 182(Pt 2): 197-204.

2　　Sperber G H. Craniofacial Development. Hamilton, Ontario: BC Decker, 2001. 1-220.

3   Yücel F, Egilmez H, Akgün Z. A study on the interparietal bone in man. Turkish Journal of Medical Sciences, 1998, 28(5): 505-510.

4   Srivastava H C. Ossification of the membranous portion of the squamous part of the occipital bone in man. Journal of Anatomy, 1992, 180(2): 219-219.

5   Khan A A, Ullah M, Asari M A, et al. Interparietal bone variations in accordance with their ossification centres in human skulls. International Journal of Morphology, 2013, 31(2): 546-552.

6   张维健, 张岩, 吴蓉, 等. 胎儿额骨及枕骨的发育. 临沂医专学报, 1997, 19(1): 7-9.

7   Scott J H. The cranial base. American Journal of Physical Anthropology, 1958, 16(3): 319-348.

8   Powell T V, Brodie A G. Closure of the spheno-occipital synchondrosis. The Anatomical Record, 1963, 147(1): 15-23.

9   Keith A. Human embryology and morphology. 5th ed. London: Arnold and Co, 1948. 1-173.

10   Hamilton W J. Textbook of Human Anatomy. 1 ed. London: The Macmillan Press Ltd, 1976. 1-753.

11   Scheuer L, Black S. Developmental Juvenile Osteology. New York: Academic Press, 2000. 1-587.

12   Enlow D H. The human face: An account of the postnatal growth and development of the craniofacial skeleton. New York: Harper and Row, 1968. 1-303.

13   Caspari R. The evolution of the posterior cranial vault in the central European Upper Pleistocene. Ann Arbor: University of Michigan, 1991. 1-273.

14   莫与琳, 苏小妮. 从力学角度分析颈后肌肉劳损及引起的症状. 现代保健: 医学创新研究, 2008, 5(12): 44-46.

15   Abrahams V C, Richmond F J R. Specialization of sensorimotor organization in the neck muscle system. In: Pompeiano O, Allum J H J eds. Progress in Brain Research. Amsterdam, New York, and Oxford: Elsevier, 1988, 76: 125-135.

16   Kulkarni V, Chandy M, Babu K. Quantitative study of muscle spindles in suboccipital muscles of human foetuses. Neurology India, 2001, 49(4): 355.

17   Liu J-X, Thornell L-E, Pedrosa-Domellöf F. Muscle spindles in the deep muscles of the human neck: a morphological and immunocytochemical study. Journal of Histochemistry & Cytochemistry, 2003, 51(2): 175-186.

18   Standring S, Borley N R, Collins P. Gray's anatomy: the anatomical basis of clinical practise. 40th ed. Spain: Churchill Livingstone, 2008. 1-1551.

19   Topinard P. Anthropology. Philadelphia: J.B. Lippincott and Co, 1878. 1-153.

20   Bolk L. On the position and displacement of the foramen magnum in the primates. Verh Akad Wet Amst, 1909, 12: 362-377.

21   Dean M C, Wood B A. Metrical analysis of the basicranium of extant hominoids and *Australopithecus*. American Journal of Physical Anthropology, 1981, 54(1): 63-71.

22   Luboga S, Wood B. Position and orientation of the foramen magnum in higher primates. American Journal of Physical Anthropology, 1990, 81(1): 67-76.

23   Ahern J C M. Foramen magnum position variation in *Pan troglodytes*, Plio-Pleistocene hominids, and recent *Homo sapiens*: Implications for recognizing the earliest hominids. American Journal of Physical Anthropology, 2005, 127(3): 267-276.

24   Dean M C, Wood B A. Basicranial anatomy of Plio-Pleistocene hominids from East and South Africa. American Journal of Physical Anthropology, 1982, 59(2): 157-174.

25   Luboga S A, Wood B A. Position and orientation of the foramen magnum in higher primates. American Journal of

Physical Anthropology, 1990, 81(1): 67-76.

26   Brunet M, Guy F, Pilbeam D, et al. A new hominid from the Upper Miocene of Chad, Central Africa. Nature, 2002, 418(6894): 145-151.

27   White T D, Suwa G, Asfaw B. *Australopithecus ramidus*, a new species of early hominid from Aramis, Ethiopia. Nature, 1994, 371(6495): 306-312.

28   Broom R, Schepers G W H. The South African fossil ape-man: the Australopithecinae. No. 2. Pretoria: Transvaal Museum, 1946. 1-272.

29   Dart R A, Salmons A. *Australopithecus africanus*: the man-ape of South Africa. Nature, 1925, 115(2884): 195-199.

30   Kimbel W H, White T D, Johanson D C. Cranial morphology of Australopithecus afarensis: a comparative study based on a composite reconstruction of the adult skull. American Journal of Physical Anthropology, 1984, 64(4): 337-388.

31   Tobias P V. The cranium and maxillary dentition of *Australopithecus (Zinjanthropus) boisei*. Cambridge: Cambridge University Press, 1967. 1-264.

32   Weidenreich F. The skull of Sinanthropus pekinensis: a comparative study on a primitive hominid skull. Paleontologia Sinica, 1943, D(10): 101-485.

33   Bookstein F, Schäfer K, Prossinger H, et al. Comparing frontal cranial profiles in archaic and modern Homo by morphometric analysis. Anatomical Record, 1999, 257(6): 217-224.

34   Athreya S. The frontal bone in the genus *Homo*: a survey of functional and phylogenetic sources of variation. Journal of Anthropological Sciences, 2012, 90: 58-80.

35   Broca P. Instructions craniologiques et craniométriques de la Societe d'Anthropologie. Paris: Masson G, 1875. 1-225.

36   Weidenreich F. The torus occipitalis and related stuctures and their transformations in the course of human evolution. Bulletin of the Geological Society of China, 1939, 19(4): 479-558.

37   Gulekon I N, Turgut H B. The external occipital protuberance: can it be used as a criterion in the determination of sex? Journal of Forensic Sciences, 2003, 48(3): 513-516.

38   Shahar D, Sayers M G L. Prominent exostosis projecting from the occipital squama more substantial and prevalent in young adult than older age groups. Scientific reports, 2018, 8(1): 3354.

39   Fenner F. The Australian aboriginal skull: its non metrical morphological characters. Transactions of the Royal Society of South Australia, 1939, 63:248–306.

40   张银运. 枕骨圆枕的变异. 人类学学报, 1994, 14(4): 285-293.

41   Balzeau A, Grimaud-Hervé D, Gilissen E. Where are inion and endinion? Variations of the exo-and endocranial morphology of the occipital bone during hominin evolution. Journal of Human Evolution, 2011, 61(4): 488-502.

42   Weidenreich F. Morphology of Solo man. Anthropological Paper of the American Museum of Natural History, 1951, 43(3): 205-290.

43   Arsuaga J L, Martınez I, Gracia A, et al. The Sima de los Huesos crania (Sierra de Atapuerca, Spain). A comparative study. Journal of Human Evolution, 1997, 33(2-3): 219-281.

44   Arsuaga J L, Villaverde V N, Quam R, et al. The Gravettian occipital bone from the site of Malladetes (Barx, Valencia, Spain). Journal of Human Evolution, 2002, 43(3): 381-393.

45   Biegert J. The evaluation of characteristics of the skull, hands and feet for primate taxonomy. In: Washburn S L ed. Classification and Human Evolution. Aldine, Chicago: Taylor & Francis, 1963. 116-145.

46   Gould S J. Ontogeny and phylogeny. Cambridge: Harvard University Press, 1977. 1-520.

47   Ross C F, Ravosa M J. Basicranial flexion, relative brain size, and facial kyphosis in nonhuman primates. American Journal of Physical Anthropology, 1993, 91(3): 305-324.

48   Ross C F. Allometric and functional influences on primate orbit orientation and the origins of the Anthropoidea. Journal of Human Evolution, 1995, 29(3): 201-227.

49   Ross C, Henneberg M. Basicranial flexion, relative brain size, and facial kyphosis in Homo sapiens and some fossil hominids. American Journal of Physical Anthropology, 1995, 98(4): 575-593.

50   Adams L M, Moore W J. Biomechanical appraisal of some skeletal features associated with head balance and posture in the Hominoidea. Cells Tissues Organs, 1975, 92(4): 580-594.

51   Dabelow A. Über Korrelationen in der phylogenetischen Entwicklung der Schadelform. II. Beziehungen zwuschen Gehirn und Schadelbasisform bei den Mammaliern. Gegenbaurs Morphol Jahrb, 1929, 67: 84-133.

52   Weidenreich F. The brain and its role in the phylogenetic transformation of the human skull. Transactions of the American Philosophical Society, 1941, 31(5): 320-442.

53   Strait D S, Ross C F. Kinematic data on primate head and neck posture: Implications for the evolution of basicranial flexion and an evaluation of registration planes used in paleoanthropology. American Journal of Physical Anthropology, 1999, 108(2): 205-222.

54   Laitman J T, Heimbuch R C, Crelin E S. Developmental change in a basicranial line and its relationship to the upper respiratory system in living primates. American Journal of Anatomy, 1978, 152(4): 467-482.

55   Laitman J T, Heimbuch R C, Crelin E S. The basicranium of fossil hominids as an indicator of their upper respiratory systems. American Journal of Physical Anthropology, 1979, 51(1): 15-33.

56   Lieberman D E, Pearson O M, Mowbray K M. Basicranial influence on overall cranial shape. Journal of Human Evolution, 2000, 38(2): 291-315.

57   Lieberman D E, Ross C F, Ravosa M J. The primate cranial base: ontogeny, function, and integration. American Journal of Physical Anthropology, 2000, 113(S31): 117-169.

58   Jeffery N, Spoor F. Brain size and the human cranial base: A prenatal perspective. American Journal of Physical Anthropology, 2002, 118(4): 324-340.

59   Jeffery N, Spoor F. Ossification and midline shape changes of the human fetal cranial base. American Journal of Physical Anthropology, 2004, 123(1): 78-90.

60   Harvati K, Weaver T D. Reliability of cranial morphology in reconstructing Neanderthal phylogeny. In: Harvati K, Harrison T eds. Neanderthals revisited: new approaches and perspectives. Dordrecht: Springer, 2006. 239-254.

61   Smith H F. Which cranial regions reflect molecular distances reliably in humans? Evidence from three-dimensional morphology. American Journal of Human Biology, 2009, 21(1): 36-47.

62   Von Cramon-Taubadel N. Congruence of individual cranial bone morphology and neutral molecular affinity patterns in modern humans. American Journal of Physical Anthropology, 2009, 140(2): 205-215.

A REVIEW OF HUMAN OCCIPITAL MORPHOLOGY STUDY

ZHANG Ya-meng [1, 2]

(1 *Joint International Research Laboratory of Environmental and Social Archaeology, Shandong University*, Qingdao 266237, Shandong; 2 *Institute of Cultural Heritage, Shandong University*, Qingdao 266237, Shandong)

ABSTRACT

Occipital develops from seven ossification centers with both intramembranous and endochondral ossification approaches and fused through four parts at the age of seven. The majority of the neck muscles are attached to the nuchal plane of occipital. Its mechanical functions include fixation, movement and rotation of the head and neck. Meanwhile, deep neck muscles are rich in proprioceptors, characterized by a high density of muscle spindles. From a phylogenetic perspective, many of the occipital variations are reflected in the course of human evolution, such as the position and angle of the foramen magnum, the morphology of external occipital protuberance and torus occipitalis, the position of inion and endinion, the angle of occipital curvature and clivus. This paper gives a brief review of human occipital morphology study from aspects of ontogeny, phylogeny and typical characters.

Key words Occipital, ontogeny, phylogeny, human evolution, basicranium, non-metric traits

第十七届中国古脊椎动物学学术年会论文集. 董为, 张颖奇主编. 北京: 海洋出版社, 2021. 235-246
Proceedings of the Seventeenth Annual Meeting of the Chinese Society of Vertebrate Paleontology
DONG Wei, ZHANG Ying-qi, eds. Beijing: China Ocean Press, 2021. 235-246

东宁市道河镇西村两处旧石器地点的石器研究*

陈全家[1]　魏天旭[1]　宋吉富[2]　杨枢通[3]　李有骞[4]

(1 吉林大学考古学院，吉林　长春 130012；2 东宁县文物管理所，黑龙江　东宁 157200；

3 牡丹江市文物管理站，黑龙江　牡丹江 157000；4 黑龙江省文物考古研究所，黑龙江　哈尔滨 150080)

摘　要　2018 年 4 月由吉林大学考古学院等单位组成的考古调查队在黑龙江省牡丹江市东宁市道河镇西村小绥芬河的阶地上发现西村北和西村南山两处旧石器地点。在地表分别获得石制品 18 件和 5 件，包括石核、石片和工具。西村北和西村南山地点石器原料种类多样，有流纹岩、流纹斑岩、凝灰岩、玄武岩、砂岩、石英和角岩等；石器数量不多，工具类型也较为单一，除 1 件薄刃斧外均为刮削器；三类工具均采用锤击法修理，工业类型均属石叶工业。这两个地点的年代较晚，推测应为旧石器时代晚期。

关键词　石制品；西村北；西村南山；旧石器时代晚期

2018 年 4 月 22—27 日，吉林大学考古学院、牡丹江文物管理站和东宁市文物管理所组成了旧石器考古调查队，对黑龙江省东宁市进行了为期 6 d 的旧石器考古调查。共发现旧石器地点 17 处、石制品近 800 件，西村北和西村南山即为其中两处。本研究即对发现的石制品进行研究和讨论。

1　地理位置、地貌与地层

1.1　地理位置

东宁西村北地点位于黑龙江省牡丹江市东宁市道河镇西村小绥芬河的 II 级侵蚀阶地上，海拔 285 m。地理坐标为 44°15'55.04"N，130°47'11.50"E，遗址面积约 10 000 m²。遗址南距西村 66 m，距共青团员路 119 m，西距小绥芬河 772 m，北距小绥芬河 903 m。

东宁西村南山地点位于黑龙江省牡丹江市东宁市道河镇西村小绥芬河的 III 级侵蚀阶地上，海拔 316 m。地理坐标为 44°15'18.18"N，130°47'23.48"E，遗址面积约 37 000 m²。遗址北距西村、八二线 622 m，西距乡道 301 m，西距小绥芬河 428 m（图 1）。

1.2　地貌

西村北和西村南山地点所属的东宁市位于黑龙江省牡丹江市东南部，地处中、俄、朝合围的"金三角"腹地，北邻哈尔滨市的依兰县和七台河市的勃利县，西通哈尔滨市的五常市、尚志市、方正县，南濒吉林省的汪清县、敦化市，东接鸡西市、鸡东县，并与俄罗斯接壤。

---

* 基金项目：教育部人文社会科学重点研究基地重大项目（批准号：16JJD780008）.

陈全家：男，66 岁，现为吉林大学边疆考古研究中心教授、博士生导师，主要从事旧石器考古和动物考古研究.

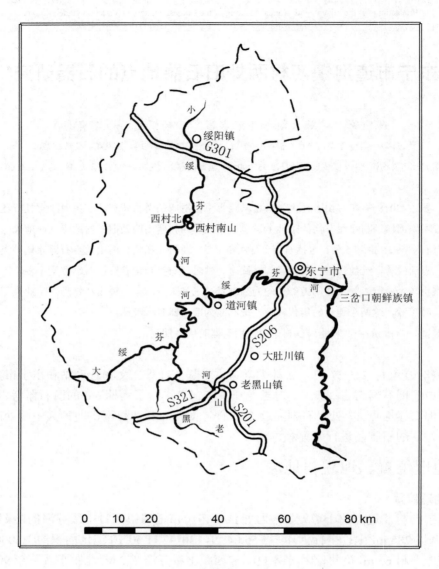

图1　西村北和西村南山地点地理位置

Fig. 1　Geographic location of Xicunbei and Xicunnanshan localities

西村北地点位于小绥芬河的II级侵蚀阶地上，地势较高，地面开阔平坦。小绥芬河在地点的西侧由东北向南流过，河床最宽处达 54 m，有心滩发育。地点周围群山环绕，西北侧最高峰海拔 550 m。

西村南山地点位于小绥芬河河岸的 III 级侵蚀阶地上，地势较高，地面开阔平坦。小绥芬河在地点的西侧由西北流向西南，有心滩发育。地点周围群山环绕，东南侧最高峰海拔 390 m。

西村北和西村南山地点无文化层，石器分布在小绥芬河的 II 级和 III 级侵蚀阶地上的黄褐色耕土层中，周围散布较多砾石（图 2 和图 3）。

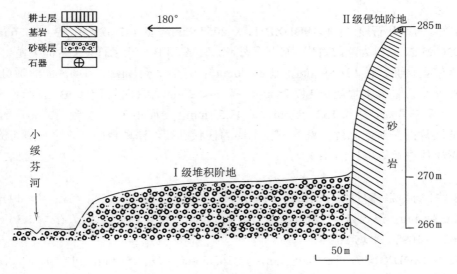

图 2　　东宁西村北地点河谷剖面

Fig. 2　　Geological section of Xicunbei locality

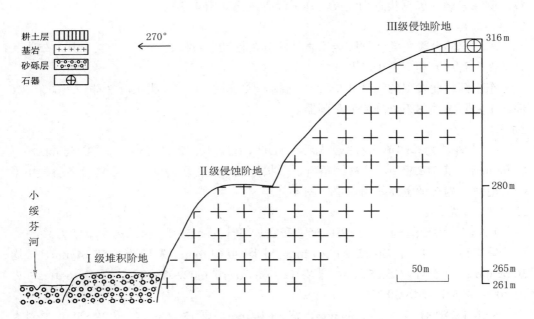

图 3　　东宁西村南山地点河谷剖面

Fig. 3　　Geological section of Xicunnanshan locality

2　石器分类与描述

2.1　东宁西村北地点

本次调查获得石器 18 件，类型较为单一，包括石核、石片和工具。其中石核 1 件，石片 3 件，工具 14 件。下面对石器进行具体的分类描述。

2.1.1　石核

1件。为石叶石核。标本18DDXB:1，长205.99 mm，宽142.67 mm，厚105.36 mm，重3 930.45 g。原料为流纹斑岩，形状呈柱状。有A和B两个台面。A台面为主台面，台面为修理台面，长128.89 mm，宽88.76 mm；有1个剥片面，AI剥片面清晰可辨的剥片疤8个，最大剥片疤长147.78 mm，宽94.22 mm，台面角81°。B台面有一个剥片面，1个剥片疤，疤长152.75 mm，宽47.57 mm，台面角88°。A台面的剥片面和B台面的剥片面呈对向剥片。整个石核毛坯为柱状砾石，修理台面后，直接剥下石叶，而不对核体进行修整（图4:1）。

2.1.2　石片

3件。均为完整石片。长13.24～18.05 mm，平均15.86 mm；宽16.45～24.49 mm，平均20.84 mm；厚3.11～7.31 mm，平均4.97 mm；重0.83～2.08 g，平均1.36 g；石片角65°～109°，平均86.33°。

标本18DDXB:17，长18.05 mm，宽16.45 mm，厚4.51 mm，重1.17 g。形状不规则，原料为黑曜岩。台面为修理台面，长4.21 mm，宽1.11 mm，石片角为65°。打击点凸，半锥体平，有锥疤，无放射线。背面均为石片疤，共8个疤，两边关系为聚敛，侧缘未磨，远端状态为尖灭，几乎没有风化（图4:3）。

2.1.3　工具

本研究的分类主要依据陈全家教授的分类标准：石核、石片、一类工具、二类工具（使用石片）和三类工具[1]。

东宁西村北发现的工具共14件，包括一类工具1件、二类工具7件和三类工具6件。工具除1件薄刃斧外均为刮削器。

2.1.3.1　一类工具

共1件。为单端单面石锤。标本18DDXB:2，长120.49 mm，宽93.58 mm，厚65.98 mm，重762.85 g。原料为角岩，形状不规则，毛坯为砾石。A处有多层大小不一的崩疤，为石锤主要使用部位（图4:4）。

2.1.3.2　二类工具

7件。均为刮削器。根据刃的形态和数量可分为单直刃，单凸刃和单凹刃。

单直刃　3件。长30.72～47.47 mm，平均40.63 mm；宽19.85～58.14 mm，平均36.65 mm；厚5.41～15.85 mm，平均11.17 mm；重6.02～29.85 g，平均16.01 g；刃角20°～38.5°，平均30.33°。

标本18DDXB:9，长43.69 mm，宽58.14 mm，厚12.26 mm，重29.85 g。原料为砂岩，形状为平行四边形，毛坯为石片。A侧为刃，刃缘薄锐，刃长39.76 mm，刃角为38.5°。刃上零星分布大小不一的使用疤。背面一半为石片疤，一半为自然面，表面严重风化（图4:2）。

单凸刃　2件。长42.33～69.22 mm，平均55.77 mm；宽26.43～63.03 mm，平均44.73 mm；厚9.99～17.42 mm，平均13.71 mm；重8.18～51.74 g，平均29.96 g；刃角24°～34.5°，平均29.25°。

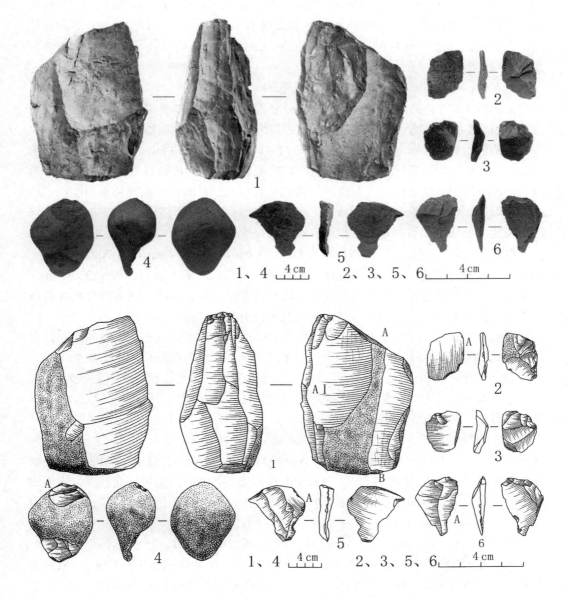

图 4　石核、石片、一类和二类工具

Fig. 4　Cores, flakes, hammer and utilized tools

1. 双台面石叶石核（18DDXB:1）；2. 单直刃刮削器（18DDXB:9）；3. 完整石片（18DDXB:17）；
4. 石锤（18DDXB:2）；5. 单凸刃刮削器（18DDXB:6）；6. 单凹刃刮削器（18DDXB:8）

标本 18DDXB:6，长 69.22 mm，宽 63.03 mm，厚 17.42 mm，重 51.74 g。原料为流纹斑岩。AB 段为凸刃，刃长 55.09 mm。背面均为石片疤，表面轻微风化（图 4:5）。

单凹刃　2 件。长 45.61～74.44 mm，平均 60.03 mm；宽 25.95～46.84 mm，平均 36.39 mm；厚 10.82～16.51 mm，平均 13.67 mm；重 11.16～44.61 g，平均 27.89 g；刃角 40°～52°，平均 46°。

标本 18DDXB:8，长 74.44 mm，宽 46.84 mm，厚 16.51 mm，重 44.61 g。原料为石英砂岩。A 侧为凹刃，刃长 44.67 mm，刃角 40°。背面一半为石片疤，一半为自然面，表面轻微风化（图 4：6）。

2.1.3.3　三类工具

共 6 件，包括 5 件刮削器和 1 件薄刃斧。

刮削器　5 件。刮削器根据刃缘数量可分为单刃、双刃和复刃刮削器。

单刃　3 件。根据刃缘形态分为单凸刃刮削器、单直刃刮削器和端刮器。

单凸刃　1 件。标本 18DDXB:7，长 61.65 mm，宽 62.13 mm，厚 19.55 mm，重 89.25 g。形状为四边形，原料为玄武岩，片状毛坯。A 侧为凸刃。刃长 63.09 mm，刃角 29°。刃部使用硬锤锤击正向修理，修疤为双层，呈普通状，疤间关系为连续，加工距离为近，工具背面一半为石片疤，一半为自然面。B 处为把手部位，有连续的修疤，因此此处修疤的目的是修理把手（图 5：2）。

单直刃　1 件。标本 18DDXB:12，长 43.73 mm，宽 55.94 mm，厚 20.64 mm，重 40.31 g。原料为石英，以石片为毛坯，形状近三角形。A 侧为直刃，刃长 33.41 mm，刃角 45°。刃部采用硬锤正向加工方式，修疤为单层，呈普通状，只有部分侧缘有修疤，加工距离为近。背面为石片疤，表面几乎没有风化（图 5：6）。

端刮器　1 件。标本 18DDXB:4，长 78.59 mm，宽 60.31 mm，厚 18.66 mm，重 83.23 g。原料为石英岩，以石片为毛坯，形状不规则。A 侧为端凸刃，刃长 78.72 mm，刃角 76.5°。刃部采用硬锤正向加工方式，修疤为多层，呈平行状，疤间关系为连续，加工距离为中。背面为石片疤，表面严重风化（图 5：5）。

双刃　1 件。为直刃-凹缺刃刮削器。

标本 18DDXB:5，长 93.17 mm，宽 44.86 mm，厚 13.46 mm，重 54.28 g。原料为凝灰岩，毛坯为石片，形状为长方形。AB 段为直刃，刃长 62.62 mm，BC 段为凹缺刃，刃长 21.92 mm，刃角 55.51°。直刃使用反向修理，凹缺刃采用正向修理，修疤均为多层，呈阶状，疤间关系为连续，加工距离为近。上部截断是为修形，背面一半为石片疤，一半为自然面，表面严重风化（图 5：4）。

复刃　1 件。共有 3 个刃，分别为端凸刃、凹刃和凹缺刃。

标本 18DDXB:16，长 34.14 mm，宽 23.47 mm，厚 8.11 mm，重 5.99 g。原料为黑曜岩，毛坯为石片，形状不规则。AB 段为端凸刃，长 29.11 mm。刃角为 41°。采用正向修理形状，修疤为多层，呈阶状，修疤连续，加工距离远。BC 段为凹刃，刃长 13.62 mm，刃角 61.5°。D 处为凹缺刃，刃长 8.02 mm，刃角 76.5°。凹刃和凹缺刃均采用反向加工，多层修疤，修疤为普通状，疤间关系为连续，加工距离为近。背面为石片疤，表面中等风化（图 5：3）。

薄刃斧　1 件。

标本 18DDXB:3，长 109.32 mm，宽 120.66 mm，厚 23.39 mm，重 314.34 g。原料为凝灰岩，毛坯为大石片，形状为椭圆形。未经修理部分为凸刃，刃长 206.68 mm，刃角 28°。把手部使用硬锤锤击复向修理，修疤为多层，呈叠层状，疤间关系为叠压，加工距离为中。背面一半为石片疤，一半为自然面，表面严重风化（图 5：1）。

240

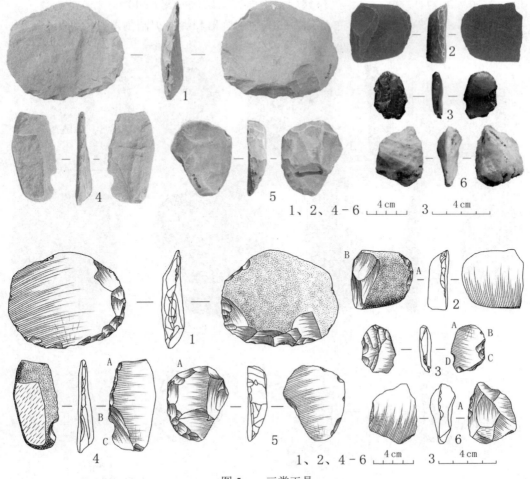

图 5　三类工具

Fig. 5　Retouched tools

1. 薄刃斧（18DDXB:3）；2. 单凸刃刮削器（18DDXB:7）；3. 复刃刮削器（18DDXB:16）；

4. 直刃~凹缺刃刮削器（18DDXB:5）；5. 端刮器（18DDXB:4）；6. 单直刃刮削器（18DDXB:12）

2.2 东宁西村南山地点

2.2.1 二类工具

1件。为单凹刃刮削器。标本18DDXN:2，长59.12 mm，宽67.06 mm，厚14.82 mm，重43.55 g。原料为流纹斑岩，形状近五边形，毛坯为石片。A侧为凹刃，刃长34.59 mm，刃角29°。背面为石片疤，表面轻微风化（图6:1）。

2.2.2 三类工具

4件，均为刮削器。按刃的数量可分为单刃和双刃。

单刃　1件。为尖刃器。

标本18DDXN:1，长88.50 mm，宽70.88 mm，厚36.39 mm，重189.73 g。原料为流纹斑岩，块状毛坯。A、B所夹角为尖刃，A(直)刃长27.41 mm，B刃(凸)长34.39 mm，

刃角为 80°。刃部采用正向修理，多层修疤，呈普通状，疤间关系为叠压，加工距离近，背面一半为石片疤，一半为自然面，表面轻微风化（图6:4）。

　　双刃　3 件。按刃缘的形态可分为凸凹刃刮削器和尖直刃刮削器。

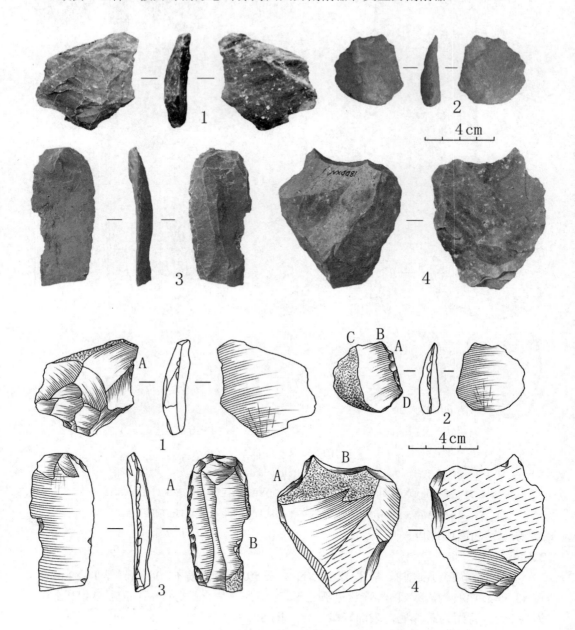

图 6　三类工具

Fig.6　Retouched tools

1. 单凹刃刮削器（18DDXN:2）；2. 尖直刃刮削器（18DDXN:4）；

3. 凸凹刃刮削器（18DDXN:3）；4. 尖刃刮削器（18DDXN:1）

凸凹刃 1 件。

标本 18DDXN:3，长 79.62 mm，宽 35.81 mm，厚 10.42 mm，重 28.32 g。原料为流纹岩，毛坯为石叶，形状为长方形。A 侧为凸刃，刃长 77.96 mm，B 侧为凹刃，刃长 28.38mm。刃角均为 30°。直刃使用正向修理，单层修疤，修疤均为单层，呈普通状，疤间关系为连续，加工距离为近；凹缺刃采用正向修理，双层修疤，呈普通状，只有部分刃缘经过修理，加工距离近。背面一半为石片疤，一半为自然面，自然面比为 10%，表面轻微风化（图 6:3）。

尖直刃 2 件。长 42.46 ~ 86.43 mm，平均 64.45 mm；宽 41.38 ~ 42.32 mm，平均 41.85 mm；厚 12.59 ~30.89 mm，平均 21.74 mm；重 19.20 ~ 59.64 g，平均 39.42 g。

标本 18DDXN:4，长 42.46 mm，宽 42.32 mm，厚 12.59 mm，重 19.20 g。原料为石英，毛坯为石片，形状近圆形。AB 段和 BC 段为组成尖刃的两个刃缘，AB 长 9.91 mm，BC 长 14.07 mm。尖角 111°。AD 为直刃，刃长 25.40 mm，刃角为 50°。直刃使用正向修理，尖刃采用错向修理，修疤均为单层，呈普通状，疤间关系为连续，加工距离为近，背面一半为石片疤，一半为自然面，自然面比为 50%，表面轻微风化（图 6:2）。

3 结语

3.1 石制品的主要特征

（1）两个遗址发现石器数量均较少，种类也较单一，而制作石器的原料也较为分散，有流纹岩、流纹斑岩、角岩、凝灰岩石英、石英岩和石英砂岩。但这些原料都属于较为优质的原料，因此虽然原料种类分散，但依旧说明该地区古人类对于石制品原料选择有着一定的考虑。

（2）两个遗址仅出现锤击石核与锤击石片为毛坯的工具，未发现砸击石核和砸击石片，也就是说从石片上（包括以石片为毛坯的工具）观察到的剥片方法和石核上辨认出的剥片方法一致，说明锤击法剥片为最主要的剥片方式，而且该石器工业从原料开发到石器生产存在连续性和一致性。因此，西村南山和西村北地点石器剥片和修理的主要方法为硬锤锤击。

（3）工具修理：西村北和西村南山地点三类工具的修理方式均以正向修理为主，其次为反向，复向最少。修理的部位主要为刃部，也有对工具形状和把手部位的修理。西村北地点工具的修疤以多层为主，西村南山则以单层为主；修疤均以普通状为主，疤间关系以连续为主；西村北地点三类工具加工距离近和中各占 50%，西村南山三类工具加工距离均为近。

（4）西村北和西村南山地点工具类型较为单一，一类工具有石锤；二类工具有尖刃器、单凸刃刮削器和凹凸刃刮削器；三类工具包括单直刃刮削器、单凸刃刮削器、单凹刃刮削器、尖刃器和端刮器。

3.2 与周边地区旧石器工业的对比分析

西村南山和西村北地点均发现典型石叶工业的石制品，暂未发现细石核和细石叶，因此两个地点应属石叶工业类型。它的突出特点是以石叶或者类似石叶的长石片直接使用，或以此为毛坯进行工具加工。工具的组合既包括石叶工业典型的类型，如直接使用的石叶断片；也包括石片工业的典型器型，如刮削器，较少或不见块状毛坯制成的工具。

同属于该流域的东宁二道沟[2]和岭后北山地点[3]石器工业性质和东宁西村南山和西村北地点相比，石器原料、剥片技法、修理技术和工具组合方面都非常相似。石器原料包括流纹岩、流纹斑岩、砂岩等较为优质的原料，但燧石、玛瑙、玉髓、黑曜岩和碧玉等更为优质的原料却极少或不见。剥片技术以硬锤锤击法为主，间接剥片法占有一定地位。修理技术也以硬锤锤击为主，兼有压制修理。工具组合中含有石片或石叶为毛坯的工具；类型以刮削器为主，数量较多，种类多样；兼有砍砸器、薄刃斧和凹缺器等。

3.3　相关讨论

3.3.1　工具的大小

根据手指和手掌的一般尺寸，石器按最大的长或宽可分为 5 个等级。微型，定性双指捏，定量 $S<20$ mm；小型，定性三指捏，定量 20 mm $\leqslant S<50$ mm；中型，定性手掌握，定量 50 mm $\leqslant S<100$ mm；大型，定性单手拎，定量 100 mm $\leqslant S<200$ mm；巨型，定性双手拎，定量 $S\geqslant200$ mm 这 5 种类型[4]。西村北地点的工具大小以中型为主，小型次之，大型最少；西村南山地点工具以中型为主，小型仅 1 件（表 1）。

表 1　　石器大小分类统计

Table 1　　Frequency of size distribution of artefacts

石器大小	$S<20$ mm	20 mm $\leqslant S<50$ mm	50 mm $\leqslant S<100$ mm	100 mm $\leqslant S<200$ mm	$S\geqslant200$ mm
西村南山	0	5	6	2	0
西村北	0	1	4	0	0

3.3.2　遗址性质

该遗址原料种类分散，但品质较好，反映出该地古人类已经从"拿来就用"的低级阶段发展到了"择优取材"的高级阶段；石器中工具比例很大，工具类型组合简单，无碎屑；从周围环境来看，东宁西村南山和西村北地点位于老黑山河河曲凸岸，地势较高，有一定的活动区域，取水方便，位于Ⅱ、Ⅲ级阶地，地表平坦，较适合人类居住。但未发现其他居住遗迹和文化层。综上，推断此地可能为工具的遗弃地或使用地，疑似为临时性活动场所。

3.3.3　遗址年代

东宁西村南山和西村北地点发现的石器均采自地表黄褐色耕土层，无确切断代依据，但根据黑龙江第四纪的堆积年代与地层对比可知，黄褐色亚黏土层属于上更新统，相当于旧石器时代晚期阶段。通过与周边旧石器遗址对比发现，在石器剥片方式、打制技术、工具类型组合及石器风化程度等方面与其他已发掘旧石器晚期遗址有一定相似性；部分石器表面磨蚀和风化较为严重，多数石器边缘仍显得比较锋利，在石器采集区未发现新石器时代以后的磨制石器和陶片。由此推测，遗址的年代跨度较大，从旧石器时代中期到晚期，最晚不会超过旧石器时代晚期。

致谢 本研究是"教育部人文社会科学重点研究基地重大项目"（批准号：16JJD780008）中期研究成果。参加调查人员有黑龙江省文物考古研究所李有骞博士；吉林大学边疆考古研究中心的陈全家教授、魏天旭博士、刘禄硕士；牡丹江文物管理站杨枢通书记；东宁市文物管理所宋吉富所长等。调查期间得到黑龙江文物考古研究所、吉林大学边疆考古研究中心、东宁市政府和文物管理所等单位领导的大力支持，在此一并表示感谢。

参 考 文 献

1 陈全家. 吉林镇赉丹岱大坎子发现的旧石器. 北方文物, 2001 (2): 1-7.

2 陈全家, 宋吉富, 魏天旭, 等. 东宁二道沟发现的旧石器研究. 科技考古与文物保护技术. 北京: 科学出版社, 2018. 196-209.

3 陈全家, 魏天旭, 宋吉富, 等. 东宁岭后北山旧石器地点石器研究. 地域文化研究, 2019 (3):128-136+156.

4 卫奇. 石制品观察格式探讨. 见: 邓涛, 王原主编. 第八届中国古脊椎动物学学术年会论文集. 北京: 海洋出版社, 2001, 209-218.

ANALYSIS ON THE STONE ARTIFACTS FROM PALEOLITHIC LOCALITIES AT DONGNING XICUNNANSHAN AND XICUNBEI

CHEN Quan-jia[1]   WEI Tian-xu[1]   SONG Ji-fu[2]   YANG Shu-tong[3]   LI You-qian[4]

(1 *School of Archaeology, Jilin University*, Changchun 130012, Jilin;

2 *Management Bureau for Cultural Relics of Dongning Municipality*, Dongning 157299, Heilongjiang;

3 *Management Bureau for Cultural Relics of Mudanjiang Municipality*, Mudanjiang 157000, Heilongjiang;

4 *Institute of Archaeology of Heilongjiang Province*, Ha'erbin 150080, Heilongjiang)

ABSTRACT

The Xicunnanshan and Xicunbei Paleolithic Localities, which are located in Dongning, Mudanjiang, Heilongjiang Province, were found in April, 2018. The localities are on the second or third terrace. There were 18 stone artifacts collected in Xicunbei site and 5 collected in Xicunnanshan site, including a core, flakes and tools. The raw materials were mainly rhyolite. Besides, they also use rhyolite porphyry. Most of the stone artifacts were tools. Repairing methods of the third tools were used hammer. The tools made by flakes were dominant. According to the characteristics of these artifacts, we suggest that the two sites are the types from Blade Industry, probably in the period of the late Paleolithic Age.

Key words   Stone artifacts,   Xicunbei,   Xicunnanshan,   Upper Paleolithic

第十七届中国古脊椎动物学学术年会论文集. 董为，张颖奇主编. 北京：海洋出版社, 2021. 247-260
Proceedings of the Seventeenth Annual Meeting of the Chinese Society of Vertebrate Paleontology
DONG Wei, ZHANG Ying-qi, eds. Beijing: China Ocean Press, 2021. 247-260

本溪茹家店北山旧石器地点发现的石器研究*

张　盟[1]　陈全家[2]　李　霞[3]　王晓阳[2]　魏海波[4]　石　晶[2]

(1 辽宁师范大学历史文化旅游学院，辽宁　大连 116000；2 吉林大学边疆考古研究中心，吉林　长春 130012；

3 辽宁省文物考古研究所，辽宁　沈阳 110000；4 本溪市博物馆，辽宁　本溪 117000)

摘　要　茹家店北山旧石器地点位于辽宁省本溪满族自治县草河掌镇榆树下村茹家店北山的Ⅲ级侵蚀阶地上，是一处具有地域特点的旧石器地点。在地表获得石器 21 件，包括石核、石片、二类工具和三类工具。原料以角岩为主，石英砂岩、石英斑岩、凝灰岩和粉砂岩次之。石片的数量最多，其次是三类工具、石核，二类工具最少。石器以特大、大型为主，属于北方典型的大石器工业类型。地点年代推测属于旧石器晚期。

关键词　辽宁省；茹家店北山遗址；旧石器

2011 年 4 月 22 日至 5 月 3 日，吉林大学边疆考古研究中心和辽宁省文物考古研究所组成了旧石器考古调查队，在本溪市博物馆、本溪县和桓仁县文化局同志陪同下，对辽宁省本溪和桓仁两县进行了为期 13 d 的旧石器考古调查。共发现旧石器地点 18 处、石器 661 件，茹家店北山旧石器地点即为其中一处。在该地点发现石器 21 件，均采自地表耕土层。本研究仅对发现的石器进行研究和讨论。

1　地理位置、地貌与地层

1.1　地理位置

茹家店北山地点位于辽宁省本溪满族自治县草河掌镇榆树下村茹家店北山的Ⅲ级侵蚀阶地上，海拔 320 m。地理坐标为 41°01′74″N，124°03′163″E，面积约 5 000 m²。北距榆树下村 450 m，南距茹家店 220 m，东距关门山水库 500 m（图 1）。

1.2　地貌

茹家店北山地点所属的本溪满族自治县位于辽东半岛腹地、太子河上游。东与桓仁满族自治县、宽甸县相临，西与辽阳市接壤，南邻丹东市，北接沈阳市和抚顺市。

地点东、西侧均为高山。汤河河谷较窄，河漫滩与Ⅰ级阶地均不发育，Ⅱ级阶地缺失，为典型的山区特点。地点位于Ⅲ级侵蚀阶地上，地势较高，地面开阔平坦。山坡向阳，日照充足。近处有汤河流过，便于取水、采集食物和狩猎，是古人类选择居住的理想地点。

---

* 基金项目：教育部人文社会科学重点研究基地重大项目（批准号：11JJD780001），科学基础性工作专项"中国古人类遗址、资源调查与基础数据采集、整合"（2007FY110200）和"吉林大学'985 工程'"项目.
张盟：男，39 岁，汉族，吉林省长春市人，讲师，从事北方青铜时代考古研究.

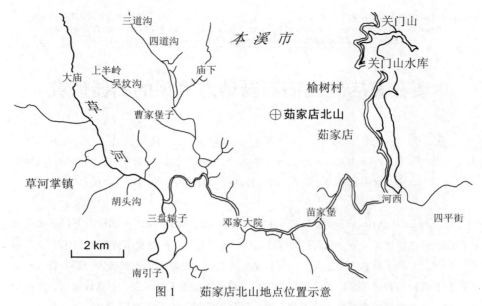

图 1　茹家店北山地点位置示意

Fig. 1　Geographic location of Rujiadian Beishan Locality

1.3　地层

茹家店北山地点的地层无文化层。表土为黄色耕土，地表分布大量似斑状花岗岩碎块。石器均采自耕土层中（图 2）。

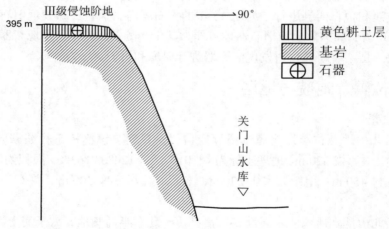

图 2　茹家店北山地点地层剖面示意

Fig. 2　Stratigraphic profile at Rujiadian Beishan Locality

2　石器的分类与描述

本次调查共获得石器 21 件，石器类型包括石核、石片、二类和三类工具。原料有角岩、石英砂岩、石英斑岩、凝灰岩和粉砂岩。其中以角岩数量最多，占石器总数的 81.0%；其次是石英砂岩、石英斑岩、凝灰岩和粉砂岩，各占 4.75%（图 3）。由于绝大多数石器原料石质坚硬且细腻，所以石器表面风化程度较轻。下面对石器做分类描述。

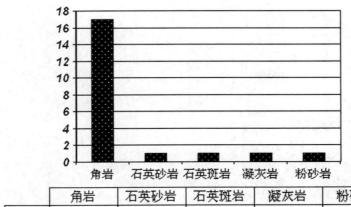

	角岩	石英砂岩	石英斑岩	凝灰岩	粉砂岩
/件	17	1	1	1	1
%	81.0	4.75	4.75	4.75	4.75

图 3 　 石器原料柱状

Fig. 3 　 Histogram of raw materials for artifacts

2.1　石核

共 4 件。均为锤击石核。根据石核的台面数量可分为单台面和多台面石核。

2.1.1　单台面石核

2 件。均为双阳面石核。双阳面石核是一种特殊类型的石核，它是采用大而厚的石片为毛坯，以原石片的背面石片疤或台面、劈裂面为工作面进行剥片。打下的石片背面为原石片的劈裂面，两面均为凸起的劈裂面。把能产生这种石片的石核称为双阳面石核，剥下的石片即为双阳面石片[1-3]。

标本长 95.9 ~ 138.8 mm，平均长 117.4 mm；宽 59.3 ~ 108.3 mm，平均宽 83.8 mm；厚 28.7 ~ 30.3 mm，平均厚 29.5 mm；重 231.5 ~ 248.6 g，平均重 240.1 g。原料均为角岩。自然台面以及自然台面和修理台面相结合的各 1 件。台面角 54.2° ~ 104.3°。剥片面有 1 ~ 2 个。明显的剥片疤有 4 ~ 33 个。

标本 11BRJD:17，长 95.9 mm，宽 108.3 mm，厚 28.7 mm，重 248.6 g。近似方形。台面为自然面和修理台面相结合。采取同向剥片法，产生两个剥片面。根据石核的石片疤可将此双阳面石核的工艺流程分为 3 个步骤：首先，运用锤击法，以 A 为台面剥下 1 个大而厚的石片。背面有 21 个剥片疤，最大剥片疤长 57.5 mm，宽 45.8 mm；剥片方向为同向。以此石片作为石核继续剥片。随后，仍然以 A 为台面，台面角 94.7°~104.3°；以劈裂面为剥片面进行连续剥片。有 12 个剥片疤，最大剥片疤长 83.7 mm，宽 96.7 mm。此种特殊剥片技法石核的出现可能是由于当时的石器制造者需要得到两面均为劈裂面的石片，也可能是为了增加石核的使用率（图 4：2）。

2.1.2　多台面石核

两件。长 79.7~153.2 mm，平均长 116.5 mm；宽 74.4~89.4 mm，平均宽 81.9 mm；厚 63.4~83.8 mm，平均厚 73.6 mm；重 697.3~795.9 g，平均重 746.6 g。台面角 60.2°~100.8°。台面有 5~6 个，剥片面有 6~10 个。明显的剥片疤有 21~36 个。

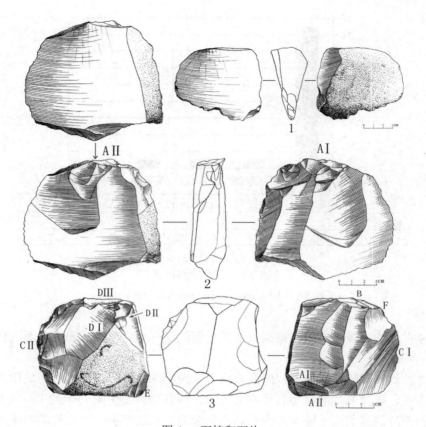

图 4　石核和石片

Fig. 4　Cores and flake

1. 完整石片（11BRJD:12）　2. 双阳面石核（11BRJD:17）　3. 多台面石核（11BRJD:14）

标本 11BRJD:14，长 79.7 mm，宽 89.4 mm，厚 83.8 mm，重 795.9 g。近似柱状。有 6 个台面，剥片面多达 10 个。A 台面有 2 个剥片面。AI剥片面的台面已被打掉，有 1 个剥片疤，剥片疤长 66.9 mm，宽 48.7 mm。AII剥片面，以 AI剥片面的剥片疤为台面，台面角 100.8°；有 2 个剥片疤，最大剥片疤 24.1 mm，宽 38.7 mm。B 台面位于 A 台面的对面，台面在随后的剥片过程中被打掉；有 1 个剥片面,3 个剥片疤，最大剥片疤长 36.2 mm，宽 21.1 mm。C 台面位于 A 台面的右后方，有 2 个剥片面。CI剥片面台面已被打掉，有 2 个剥片疤，最大剥片疤长 31.0 mm，宽 45.1 mm。CII剥片面的台面为打制台面，台面角 94.3°；有 12 个剥片疤，最大剥片疤长 25.9 mm，宽 48.9 mm。D 台面位于 A 台面的左后方，有 3 个剥片面。DI剥片面的台面已被打掉，有 1 个剥片疤，长 42.2 mm，宽 46.6 mm。DII剥片面，以 DI剥片面的剥片疤为台面，台面角 95.8°；有 5 个剥片疤，最大剥片疤长 39.7 mm，宽 31.2 mm。DIII剥片面，打制台面，台面角 91.7°。有 4 个剥片疤，最大剥片疤 8.3 mm，宽 12.0 mm。E 台面位于 A 台面左后方，自然台面，台面角 100.7°。有 3 个剥片疤，最大剥片疤长 18.1 mm，宽 38.6 mm。F 台面位于 A 台面的对面，打制台面,台面角 98.8°；有 3 个剥片疤，最大剥片疤长 36.8 mm，宽 21.2 mm（图 4：3）。

根据 10 个剥片面打击点和剥片疤的完整程度可推断工艺流程：先对 AI剥片面进行剥片，再以 AI剥片面的剥片疤为台面进行剥片，产生 AII剥片面。再调转核体对 B台面进行剥片，随后侧转核体对 C 台面进行剥片，产生 CI、CII剥片面。接着再次侧转对 D 台面进行剥片，产生 3 个剥片面。D 台面剥片至不能再剥，调转核体对 E 台面进行剥片。最后又一次调转核体至 F 台面。纵观整个剥片过程，石器制作者综合了对向剥片、交互剥片和转向剥片法，尽量多地产生台面和剥片面，目的是为了更多地获得石片。石核共有 6 个台面，多达 10 个剥片面，共有至少 33 个剥片疤，自然砾石面占石核表面20%，可见此石核使用率极高。

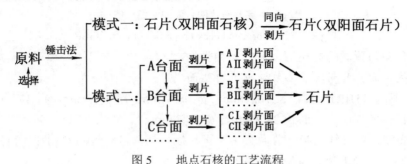

图 5　　地点石核的工艺流程

Fig. 5　　Procedure of flake manufacture

根据以上描述可见茹家店北山地点的石核特征：

（1）从石核的原料来看，石料尺寸为特大，均长 116.9 mm，均重 493.3 g。

（2）均锤击法剥片，有 2 种剥片模式（图5）。模式一得到双阳面石核，模式二得到多台面石核。

（3）从台面来看，4 个石核共有 13 个台面。其中打制台面居多，占总数的 61.5%；自然台面其次，占 30.8%；自然台面和人工台面相结合的最少，占 7.7%。打制台面占多数，可见当时人类可能已经注意到去除石皮这一步骤，也可能是为了调整台面角。而自然台面和人工台面相结合的出现体现了当时人类制造石器时的灵活性。

（4）从剥片方式来看，不同类型的石核采取不同的剥片方式。单台面石核均采用同向剥片进行连续剥片；而多台面石核采用复向剥片，产生更多的台面。两种不同的剥片方式有着同样的目标：获得更多石片。

（5）从剥片数量来看，石核的台面有 1~6 个，剥片面有 1~10 个，剥片疤平均 23.5个，最多的达 36 个，石核的使用率很高。

2.2　石片

共 7 件。均为完整石片。长 35.7~98.8 mm，平均长 68.6 mm；宽 47.7~97.2 mm，平均宽 76.9 mm；厚 12.7~37.2 mm，平均厚 22.7 mm；重 35.5~173.5 g，平均重 104.2 g。原料以角岩居多，极少石英砂岩和凝灰岩。有疤台面 3 件，刃状、修理、自然以及自然台面和人工台面相结合的各 1 件。石片角 66.2°~129.3°，平均 99.7°。石片背面均为石片疤的有 3 件，既有石片疤又有自然面的有 4 件（图6）。背面石片疤数量多的达 11个。背面石片疤与石片剥片为同向的 3 件，复向 2 件，对向和转向各 1 件。

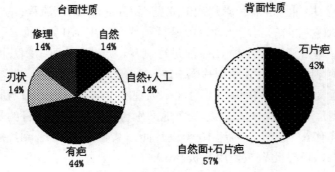

图 6 　　 完整石片的台面和背面性质

Fig. 6 　 Platform and back properties of entire flake

根据台面与背面的性质可以分为 4 种类型。

2.2.1 　自然台面、背面既有石片疤也有自然面

1 件。标本 11BRJD:12，长 76.5 mm，宽 88.8 mm，厚 37.2 mm，重 173.5 g。原料为石英砂岩。呈方形。台面长 29.2 mm，宽 78.2 mm，石片角 95.1°。劈裂面半椎体微凸，无同心波，放射线清晰。背面有 1 个剥片疤，剥片方向为同向剥片。自然面约占背面的 80%。边缘折断、有疤（图 4：1）。

2.2.2 　人工台面、背面为石片疤

2 件。标本 11BRJD:7，长 40.7 mm，宽 85.1 mm，厚 16.6 mm，重 53.5 g。原料为角岩，形状为长条形。有疤台面，台面长 3.1 mm，宽 10.2 mm，石片角 91.2°。劈裂面半椎体微凸，无同心波，放射线清晰。背面有 9 个石片疤，剥片方向为同向剥片。侧缘、底缘均有疤。

2.2.3 　人工台面、背面既有石片疤也有自然面

3 件。标本 11BRJD:4，长 88.9 mm，宽 78.6 mm，厚 23.6 mm，重 131.1 g。原料为凝灰岩，呈梯形。修理台面，台面长 15.5 mm，宽 67.5 mm，石片角 113.5°。劈裂面半椎体微凸，无同心波，放射线清晰。背面有 6 个石片疤，剥片方向为复向剥片。侧缘、底缘均有疤。

2.2.4 　自然和人工台面相结合、背面为石片疤

1 件。标本 11BRJD:21，长 41.1 mm，宽 47.7 mm，厚 22.4 mm，重 38.0 g。原料为角岩，形状不规则。自然和修理台面相结合，台面长 12.7 mm，宽 48.2 mm，石片角 129.3°。劈裂面半椎体微凸，无同心波，放射线清晰。背面有 8 个石片疤，剥片方向为复向剥片。侧缘、底缘均锋利。

由以上分析可见：完整石片中人工台面居多，其中有疤台面又占多数，占人工台面总数的 60%，存在个别修理台面。可以推测，人们在对石核进行剥片时首先以自然表面为台面；也可以先行去除石皮，然后以剥片疤作为台面继续剥片；或者对台面进行修理，得到适合的台面角后再进行剥片。其间使用了同向、转向、对向和复向剥片方法，从而获得大量石片，大大提高了石核的使用率。

地点发现的石片均为完整石片，并无断片和断块。可能和地点大多采用较好的石质有关，也有可能和当时石器制造者技术纯熟有关。

2.3 工具

共 10 件，包括二类工具（使用石片）和三类工具。

2.3.1 二类工具

3 件。均为锤击石片直接使用的刮削器。原料均为角岩。根据刃的数量可分为单刃和双刃。

2.3.1.1 单刃

2 件。根据刃的形状可分为凸刃和凹刃。

凸刃　标本 11BRJD:1，长 81.2 mm，宽 51.1 mm，厚 15.3 mm，重 52.7 g。形状呈羽状。背面有 14 个石片疤，剥片方向为对向。劈裂面凸。A 处凸刃为直接使用石片锋利的边缘，刃长 53.3 mm，刃角 32.9°。"刃缘部产生双面微疤，背面较劈裂面较多，背面较少，应是背面接触加工对象"[4]，推测此件工具的加工对象为软质物体，并且做切、割、锯等运动（图 7:1）。

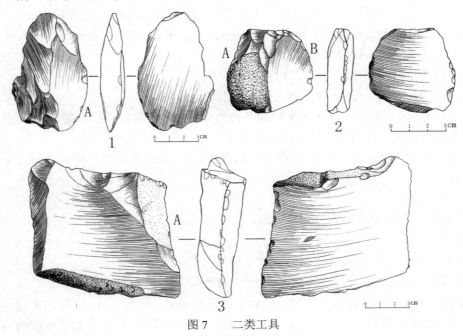

图 7　二类工具

Fig. 7　Tools of Type II

1. 单凸刃刮削器（11BRJD:1）　2. 双凸刃刮削器（11BRJD:18）　3. 单凹刃刮削器（11BRJD:9）

凹刃　标本 11BRJD:9，长 98.1 mm，宽 104.8 mm，厚 31.9 mm，重 287.2 g。形状方形。背面有 10 个石片疤，剥片方向为同向；背面其余部分为自然面，约占背面的 20%。劈裂面凸。A 处凹刃为直接使用石片锋利的边缘，刃长 91.1 mm，刃角 56.2°。"刃缘部产生双面微疤，劈裂面较多，背面较少，应是背面接触加工对象"[4]，推测此件工具的加工对象为软质物体，并且做切、割、锯等运动（图 7:3）。

2.3.1.2 双刃

1 件。标本 11BRJD:18，双凸刃。长 47.5 mm，宽 47.2 mm，厚 13.4 mm，重 29.6 g。毛坯为石片近端。背面有 12 个石片疤，剥片方向为转向；背面其余部分为自然面，约占背面的 40%。劈裂面微凸。2 个凸刃均为直接使用石片锋利的边缘。A 处凸刃刃长 46.4 mm，刃角 51.4°；B 处凸刃刃长 26.2 mm，刃角 32.9°。刃缘的疤痕分布在劈裂面一侧，可见"石器单面接触加工对象"，且做的是"刮、削、刨等运动"[4]（图 7:2）。

由上所述知，当时人们选择使用石片时十分关注石片的以下 4 个属性（图 8）。

图 8　　二类工具选择的属性

Fig. 8　　Selective property of tools of Type II

（1）尺寸：本地点的二类工具均为刮削器，所以需要的石片尺寸不宜过大，平均长 75.6 mm，宽 98.1 mm，厚 20.2 mm，重 123.2 g，属于中、大型。这样的尺寸、重量均比较合适，手感较好。

（2）刃的数量：单刃为主，双刃为辅。

（3）刃的形状：该地点二类工具刃的形状以凸刃居多。

（4）刃角：二类工具通常选择侧缘锋利的石片直接使用，所以刃角大多小于 50°。本地点二类工具均为刮削器且平均刃角为 42°。

对石片尺寸、数量、角度的一系列选择，体现了当时人类对二类工具的选择是有意识的。

2.3.2　三类工具

7 件。工具类型有刮削器和砍砸器。

2.3.2.1　刮削器

4 件。均为片状毛坯。根据刃的数量分为单刃和双刃。

单刃　3 件。根据刃的形状可分为凸、直和尖刃。

凸刃　标本 11BRJD:2，长 101.1 mm，宽 73.5 mm，厚 52.2 mm，重 273.7 g。原料为角岩。底部 A 处经过正向修理，顶端 C 处经过反向修理，修出几近平行的两端，目的应为修形。在 B 处首先进行人为折断，再反向修理，修出直钝的折断面，便于把握。修形和修把手的修疤较大且深，呈鱼鳞状，平均长 15.0 mm，宽 25.0 mm。A 处凸刃未经过修理，目的是直接使用石片锋利的边缘，在背面和劈裂面均有不连续单层鱼鳞状使用疤。刃缘凹凸不平齐，刃长 69.8 mm，刃角 53.8°（图 9:1）。

直刃　标本 11BRJD:8，长 103.5 mm，宽 67.1 mm，厚 25.9 mm，重 161.3 g。原料为粉砂岩。劈裂面因石质解理发育而形成解理面。A、B 处均为人为截断的断面，目的是为了修形，截去多余部分，规整器型。C 处经过复向修理，在背面和劈裂面均留有 1~2 层鱼鳞状修疤。修去石片锋利的边缘，使之变得圆钝，应为修把手。D 处直刃的修理经过两个步骤：首先，进行正向修理，修出直刃的形状；在背面有 2 层鱼鳞状修疤，修疤平均长 25.0 mm，宽 30.0 mm。然后，对刃缘进行错向修理，在劈裂面有单层

254

鱼鳞状连续修疤，在背面有 2 层修疤；修疤较小，平均长 3.0 mm，宽 10.0 mm。修疤较深，刃缘不齐平。刃长 71.5 mm，刃角 65.2°（图 9：2）。

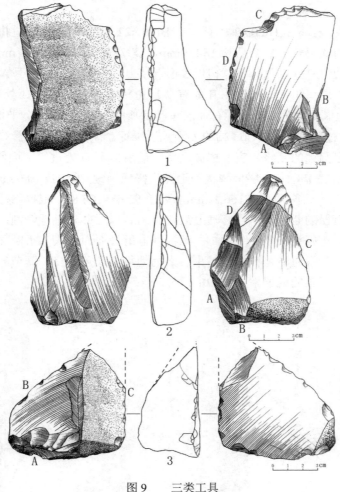

图 9　　　三类工具

Fig. 9　　　Tools of Type III

1. 单凸刃刮削器（11BRJD:2）　2. 单直刃刮削器（11BRJD:8）　3. 单尖刃刮削器（11BRJD:11）

尖刃　标本 11BRJD:11，双直边尖刃器，尖部残缺。长 76.6 mm，宽 77.9 mm，厚 41.8 mm，重 167.9 g。原料为角岩。近似三菱形。器身的底缘 A 处经过两面修理，在底部和背面均有 2 层鱼鳞状修疤，规整器型，为修形之用。修疤较大，平均长 15.0 mm，宽 10.0 mm。构成尖刃的两个直边 B、C 边未经修理，目的是直接使用石片的边缘。在刃缘的两面均零星分布着单层 1~2 层鱼鳞状崩疤（图 9：3）。

双刃　1 件。标本 11BRJD:3，为双直刃刮削器。长 43.9 mm，宽 60.5 mm，厚 17.9 mm，重 45.1 g。原料为石英斑岩。背面有 8 个石片疤，劈裂面平坦。器身底端 A 处为人为截断的断面，应为修形之用。B 处直刃经过两面修理，在背面和劈裂面均有 2 层鱼鳞状修疤。刃长 14.1 mm，刃角 51.2°。C 处直刃经过反向修理，在劈裂面有 2 层鱼鳞状修疤。刃长 27.3 mm，刃角 51.3°。修疤均较深，刃缘不平齐(图 10：2)。

2.3.2.2 砍砸器

3 件。均为块状毛坯，原料为角岩。均为单刃。根据刃的形状可分为单直刃和单凸刃。

直刃 2 件。标本 11BRJD:20、标本 11BRJD:22，均为残器。经过拼合可以恢复成为完整的单直刃砍砸器。拼合后长 184.9 mm，宽 77.6 mm，厚 44.8 mm，重 816.3 g。首先对原料各边缘进行两面修理，初步修形，修出大致形状。随后于 A 处进行两面修理，在 I 面有 4 层鱼鳞状修疤，在 II 面有 2 层鱼鳞状修疤。又对 B 处进行两面修理，在 I 面有单层鱼鳞状修疤，在 II 面有 4 层鱼鳞状修疤。修疤大且深，平均长 12.0 mm，宽 20.0 mm。经过修理，顶端和底端的刃缘几近平行，器型规范。再于 C 处由 I 向 II 面进行修理，修出圆钝的侧缘，应为把握之用。最后再于 D 处进行两面修理，在 I 面有 3 层鱼鳞状修疤，在 II 面有 3 层鱼鳞状和阶梯状修疤，修疤平均长 10.0 mm，宽 20.0 mm。修出直刃，刃缘不平齐，刃长 166.1 mm，刃角 92.4°~104.8°。根据修疤的打破关系与完整程度可知石器的断裂发生在修理之后，且断裂以后并未进行修理；断裂处位于器身的中间位置，正好将石器一分为二；断面并非解理面而是人为折断面。根据以上 3 点推测石器制造者很可能是在修理结束后人为地将其一分为二，既节约了原料、修理时间，又提高了工具的成器率（图 10:1）。

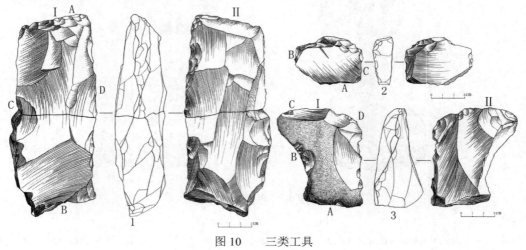

图 10   三类工具

Fig. 10   Tools of Type III

1. 单直刃砍砸器（11BRJD:20、11BRJD:22） 2. 双直刃刮削器（11BRJD:3）

3. 单凸刃砍砸器（11BRJD:10）

凸刃 1 件。标本 11BRJD:10，长 90.5 mm，宽 75.1 mm，厚 43.2 mm，重 234.8 g。近似梯形。首先对原料各边缘进行两面修理，初步修形，修出大致的形状。A 处经过人为截断，留有 1 个断面。C 处经过两面修理，在 I 面有两层鱼鳞状修疤，在 II 面有 5 层鱼鳞状和阶梯状修疤。以上两处的修理既打薄器身又规整器型，此处的修理应为修形。随后于 B 处由 II 向 I 面进行修理，在 I 面有 3 个鱼鳞状修疤。修去锋利之处，便于把握。最后再于 D 处进行两面修理，在 I 面有两层鱼鳞状修疤，在 II 面有 3 层鱼鳞状修疤。修疤较深，刃缘极不平齐，侧视刃呈 "S" 形。刃长 101.7 mm，刃角 96.8°

256

（图 10：3）。

根据以上描述，可见地点三类工具的工艺特点：

（1）选择毛坯。根据制作工具类型的不同选择不同的毛坯类型：刮削器均选用片状毛坯，砍砸器均选用块状毛坯。

（2）预先规划。工具修理之前石器制造者就根据毛坯的特点和目标工具进行整体规划，不仅确定了刃的位置，还对把手的位置和器物整体形态进行设计。

（3）修刃、修形和修把手的有机结合。根据毛坯的情况和对毛坯的规划进行选择性修理，即选择性的修刃、修型和修把手。修刃为修整刃缘形状和刃角；修型为规范器型的大小、形状；修把手为修理出圆钝刃缘，便于把握。3 种修理选择其一、其二或者均进行修理皆可。本地点三类工具中有 28.6% 的工具刃部并没有经过修理，而是直接使用石片锋利边缘。

3　结语

3.1　石器工业特征

（1）石器原料种类集中，仅有角岩、石英砂岩、凝灰岩、粉砂岩和石英斑岩 5 种。其中以角岩所占比例最大，其他原料数量极少。大多石质坚硬，比较细腻。

表 1　石器重量统计

Table 1　Weight statistics of lithic artifacts

重量\类型		小型 ≤30g		中型 >30g，≤100g		大型 >100g，≤200g		特大型 >200g	
		N	%	N	%	N	%	N	%
石核		0	0	0	0	0	0	4	19.2
石片		0	0	3	14.3	4	19.2	0	0
二类工具		1	4.7	1	4.7	0	0	1	4.7
三类工具	刮削器	0	0	1	4.7	2	9.5	1	4.7
	砍砸器	0	0	0	0	0	0	3	14.3
总计		1	4.7	5	23.7	6	28.7	9	42.9

（2）根据石器的重量，大致将石器划分为小型（≤30 g）、中型（>30，≤100 g）、大型（>100，≤200 g）和特大型（>200 g）4 个等级。总体来看，特大、大、中、小型者皆有，并各占一定数量。其中特大型数量最多，占 42.9%；其次为大型，占 28.7%；再次是中型，占 23.7%；小型最少，只占 4.7%。通过分类统计来看：石核特大型居多；石片多为大、中型；工具以特大型居多，其次为中、大型，小型最少（表 1）。

（3）石器类型丰富，包括石核、石片和工具。石片数量最多，占总量的 34%；其次是三类工具，占 33%；再次是石核，占 19%；二类工具数量最少，占 14%（图 11）。工具类型包括刮削器和砍砸器。

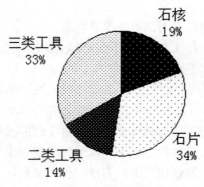

图 11　石器类型比例

Fig. 11　Proportion of different lithic artifacts

（4）石核尺寸为特大型。剥片方法为锤击法。有单台面和多台面石核。台面多为打制台面，可见修理台面。剥片方式同向和复向数目相当。石核最多有 6 个台面，10 个剥片面，多达 36 个剥片疤，石核的利用率较高。

（5）石片数量占石器总数的 34%，均为完整石片。均为锤击石片，硬锤剥片。以人工台面居多，可见修理台面。台面平均长 16.0 mm，宽 67.5 mm，平均石片角 99.7°。石片背面均有石片疤，数量 1～11 个。剥片方向同向居多，其次是复向，对向、转向最少。

（6）二类工具均为刮削器，占工具总数的 14.0%。单刃居多。根据刃角的 5 个等级[5]，刃角的等级为斜，平均 42°。可见二类工具的刃缘为锋利的石片边缘，不加修理，直接使用。

（7）三类工具数量较多，占总数的 33%。以片状毛坯为主，占三类工具总数的 57.1%。根据刃角的 5 个等级[5]，刮削器的刃角为中等，平均 69.3°。修疤较深，应为硬锤修理。均为复向修理。修疤形态以鱼鳞状为主，个别为阶梯状。三类工具修形、修把手和修刃的修疤大小不同。根据修疤大小的 5 个等级[5]，修形和修把手的修疤大，而修刃的修疤多属于中型。由此体现出石器制造者在工具修理过程中的顺序性和规划性（表 2）。

表 2　三类工具修理情况统计

Table 2　Preparation statistics of three types of tools

分类 项目	毛坯		修理方向	修疤形态		修疤层数			修理目的		
	片状	块状	复向	鱼鳞状	鱼鳞状+阶梯状	1	2	≥3	修刃	修形	修把手
刮削器	4		4	4		2	1	1	2	3	2
砍砸器		3	3	1	2			3	3	3	3
分类小计	4	3	7	5	2	2	1	4	5	6	5
百分比/%	57.1	42.9	100.0	71.4	28.6	28.6	14.3	57.1	71.4	85.7	71.4

3.2 与周边遗址关系的对比

有学者根据文化特点、工业传统和分布地区将我国东北地区的旧石器划分为 3 种类型。第一种类型是主要分布在东部山区的以大石器为主的工业，包括庙后山地点、新乡砖厂、抚松仙人洞和小南山地点等。第二种类型是主要分布在东北中部丘陵地带的以小石器为主的工业，包括金牛山、小孤山、鸽子洞、周家油坊和阎家岗等。第三种类型是主要分布在东北西部草原地带的以细石器为主的工业，包括大布苏、大坎子、大兴屯和十八站等地点[6]。根据茹家店北山的石器特征可将其归入大石器工业类型。

茹家店地点发现的旧石器原料主要角岩，大小以特大型和大型为主；采用锤击法剥片；锤击石片台面以人工台面居多，可见修理台面；工具组合以刮削器为主，砍砸器为辅。工具加工为硬锤法，均为复向修理。工具的修理结合修刃、修形和修把手。刃部的修理比较粗糙或者未经修理，刃缘凹凸不平。而把手部分大多经过较好的修理。石器的工业特征和庙后山旧石器遗址晚期的石器特征高度相似[7]。而双阳面石核的存在也显示和吉林桦甸仙人洞旧石器遗址的相似[8]。

3.3 地点性质

该地点石器的原料种类集中，且绝大多数为角岩，占石器总数的 80%。可见当时人类在选择石器原料时经过了筛选，尽量选择石质较好的原料去制造石器。而总观石器类型可以发现工具的数量最多，占石器总数的 47%，其中包括二类工具和三类工具。而石核、石片也占一定数量。可见当时人类在此进行了短期的生产活动和石器制造。

从周围环境来看，此地点临近汤河，水资源丰富。且位于 III 级侵蚀阶地上，地势较高，地面开阔平坦。此地是当时人类进行生产、生活的理想场所。通过对茹家店北山地点石器工业特征的分析，此地点可能为当时人类狩猎、采集活动的临时性场所。

3.4 年代分析

从石器的分布和层位分析，均分布在河流最高的 III 级侵蚀阶地上，地表出露的黄色耕土层应为更新世的典型堆积。

地点发现的石器属于典型北方大石器工业类型，不论是从石器原料的选取、剥片和修理方式，还是从工具组合的内容来看，茹家店北山地点旧石器都和同属一个地区的庙后山旧石器遗址的石器显现出高度的一致性。另外在石器采集的区域内不见新石器时代以后的磨制石器和陶片。从石器表面的风化程度来看，该地点石器的风化程度远轻于庙后山遗址的石器风化程度。

综上所述，推测地点年代应晚于庙后山旧石器遗址的年代，为旧石器时代晚期。

致谢 本研究是教育部人文社会科学重点研究基地重大项目（批准号：11JJD780001）中期研究成果，也得到科学基础性工作专项"中国古人类遗址、资源调查与基础数据采集、整合"（2007FY110200）和"吉林大学'985 工程'"项目资助。在调查期间还得到辽宁省文物考古研究所、边疆考古研究中心、本溪市博物馆、本溪县文化局和文物局领导的大力支持和帮助。参加调查的人员还有本溪市博物馆梁志龙副馆长，吉林大学地球科学学院程新民教授。

参 考 文 献

1　王建，陶富海，王益人. 丁村旧石器时代遗址群调查发掘简报. 文物季刊, 1994 (3): 1-21.

2　张森水. 中国旧石器文化. 天津: 天津科学技术出版社, 1987. 1-335.

3　陈全家. 吉林镇赉丹岱大坎子发现的旧石器. 北方文物, 2001 (2): 1-7.

4　高星，沈辰主编. 石器微痕分析的考古学实验研究. 北京: 科学出版社, 2008. 1-236.

5　李炎贤，蔡回阳. 贵州白岩脚洞石器的第二步加工. 江汉考古, 1986(2): 56-64.

6　陈全家. 旧石器时代考古（东北）. 见: 张博泉, 魏存成主编. 东北古代民族.考古与疆域. 长春: 吉林大学出版社, 1997. 196-197.

7　辽宁省博物馆，本溪市博物馆. 庙后山——辽宁省本溪市旧石器文化遗址. 北京: 文物出版社, 1986. 1-94.

8　陈全家，赵海龙，王法岗. 吉林桦甸仙人洞旧石器遗址 1993 年发掘报告. 人类学学报, 2007, 26(3): 222-235.

RESEARCH ON PALEOLITHIC ARTIFACTS

DISCOVERED IN BEISHAN OF RUJIADIAN,

LIAONING PROVINCE

ZHANG Meng[1]　　CHEN Quan-jia [2]　　LI Xia[3]　　WANG Xiao-yang[2]

WEI Hai-bo[4]　　SHI Jing[2]

(1 *College of Historic Culture and Tourism, Liaoning Normal University*,　Dalian 116000, Liaoning;

2 *School of Archaeology, Jilin University*,　Changchun 130012, Jilin;

3 *Liaoning Provincial Institute of Cultural Relics and Archaeology*,　Shenyang 110000, Liaoning;

4 *Benxi Municipal Museum*,　Benxi 117000, Liaoning)

ABSTRACT

The Beishan of Rujiadian site is situated in Yushuxia Village, Caohezhang Town, Benxi County, Liaoning Province. 21 artifacts were collected from the site. The assemblage includes cores, flakes and tools. Chert is the predominant raw material, followed by quartz sandstone, Quartz porphyry, tuff and silt stone. Tools are the most, followed by flakes and cores. According to the characteristics of these artifacts, we suggest that the site is transitional type from Flake Industry in the north, probably in the period of the late Paleolithic.

Key words　Liaoning Province,　Rujiadian site,　Paleolithic

第十七届中国古脊椎动物学学术年会论文集. 董为, 张颖奇主编. 北京: 海洋出版社, 2021. 261-272
Proceedings of the Seventeenth Annual Meeting of the Chinese Society of Vertebrate Paleontology
DONG Wei and ZHANG Yingqi, eds. Beijing: China Ocean Press, 2021. 261-272

植硅体分析在古脊椎动物牙结石中的研究进展*

夏秀敏 [1]　　陈　鹤 [2,3,4]　　吴　妍 [2,4]

(1 中国国家博物馆, 北京 100006;

2 中国科学院脊椎动物演化与人类起源重点实验室, 中国科学院古脊椎动物与古人类研究所, 北京 100044;

3 中国科学院大学, 北京 100049;

4 中国科学院生物演化与环境卓越创新中心, 北京 100044)

摘　要　牙结石作为饮食信息的主要储存者, 广泛存在于古脊椎动物包括古人类的牙齿中。利用牙结石中的植硅体进行古食谱和古环境的分析为我们提供了新的研究视角, 并不断地扩展了植物在种群食物结构中的作用与认知。本研究按照时间脉络梳理了古脊椎动物牙结石中植硅体分析的研究进展与存在的问题, 并希冀对后续的深入研究提供理论和方法支撑。

关键词　牙结石; 植硅体; 古脊椎动物; 古人类; 食物结构

1　前言

牙齿是脊椎动物遗存中最坚固、最易保存的部分, 蕴涵着体质特征、饮食习惯、生活环境等多方面的信息, 因而牙齿遗存在古脊椎动物研究上有着重要的地位, 也是目前研究较为深入广泛的领域。早期古生物学家常以牙尖形状、冠高和整体形态特征等推断古脊椎动物的食性[1]。最近的研究则集中在牙齿微磨痕、牙釉质厚度测量和咀嚼过程中牙尖的尺寸、形状和生物力学应力的关系等多方面, 间接推断其食性[2-4]。上述关于动物食性特征和演化过程的推论多是以现生物种的比较和类比推断而获得的, 对于大批灭绝的植食性动物而言, 其具体的食物种类和取食信息则无从得知。牙结石被认为是饮食信息的重要储存者, 它是附着在牙齿表面的矿化斑块, 终生形成, 并能在漫长的地质年代中保存下来[5-6]。多项研究表明, 牙结石中包涵的各种微体残留物, 如植硅体、淀粉粒、孢粉、蛋白质、脂类等, 为考古学和古生物学提供了新的研究视角, 目前已经在农业起源、古环境与古食谱、个体健康和先民植物利用以及早期灭绝古动物食性等方面取得了许多重要的成果[1, 7-10]。

植硅体作为微体古生物学的重要指标, 自 1835 年在植物中被发现以来已经广泛应用于第四纪地质学、古生态学、考古学、土壤学、农学等多个研究领域[11-14]。自 20 世纪 50 年代以来, 基于牙结石植硅体分析来研究古人类食谱和早期灭绝脊椎动物的

* 基金项目: 中国国家博物馆馆级课题 (GBKX2019Q17).
夏秀敏: 女, 33 岁, 博士, 主要从事微体植物遗存分析. Email: zhengdaxiaxiumin@126.com.

食性历经了漫长的探索实践过程，目前已经取得了一些进展。本研究旨在梳理古脊椎动物牙结石植硅体研究的发展历程、成功案例、技术难点等相关问题，期望能对后续的研究提供理论支持和参考方法。

2 牙结石和植硅体研究的基本概念

2.1 牙结石

牙结石又称为牙石、牙垢，是牙菌斑不断矿化形成的。首先，唾液中的营养物质会迅速地吸附在牙釉质表面，形成一层薄膜，接着各种微生物便黏附其上，逐渐形成斑块状的生物膜，即牙菌斑，然后牙菌斑从唾液中吸收钙和磷酸盐从而不断矿化形成牙结石[15-16]。牙结石由有机和无机两部分组成，其中无机成分占据主体，主要是钙和磷，也包括碳酸盐、钠、镁和氟化物；无机成分与牙釉质、牙本质和牙骨质的结构非常相似，甚至连沉积物的晶体形式也与之相似[6,17]。牙结石有机部分仅占干重的15%~20%，由氨基酸、多肽、糖蛋白、蛋白质、碳水化合物和脂质组成[17-18]。由于牙结石的矿化程度很高，因而能和牙齿一起经历漫长的地质历史被保存下来。口腔中的各种细菌等微生物和各种食物残留也会在牙结石形成过程中一并被"记录"进去，牙结石中类似于牙釉质的特性也能对内部包含物起到保护作用[19]。

牙结石的形成受到诸多因素的影响，但饮食无疑是诸多因素之一[20]。牙结石通常附着在牙龈线以上和或以下，形态不规则，薄厚不均，呈浅黄色。从表面上看，牙结石类似于附着在牙齿上的基质，但不同之处在于牙结石呈现出结石样外观和片状脱落的趋势。刚刮过的牙结石多是白色或黄褐色的细粉[21]。

2.2 植硅体

植硅体是指高等植物在生长过程中从土壤中吸取单硅酸，而后在细胞壁、细胞内和细胞间硅化形成含水的非晶质二氧化硅颗粒[13]。植物死亡或腐烂以后，植硅体则从细胞中脱离出来，因其抗氧化能力强、理化性质稳定，易于完好地保存在土壤和沉积物中[22]。现有研究表明，植硅体的保存时间可以达到白垩纪[23]。植硅体的比重较大，在 1.5~2.3 之间，多为原地沉积埋藏，因而能够反映原地或区域的植被面貌。植硅体多产生于植物的叶、花、根、茎等器官中，不同植物、不同器官中的植硅体含量存在较大的差异[12]。草本植物的植硅体含量最高，尤以禾本科植物为最，其次是木本植物；草本植物的植硅体主要集中于叶面表皮细胞，木本植物则主要集中在茎叶维管束和表皮细胞中。基于不同种属植物植硅体的特殊形态和组合特征，因而可以在一定程度上判断其母源植物的种属[12]。

3 古脊椎动物牙结石植硅体的发现与应用

3.1 牙结石中植硅体的发现与提取

1959 年，Baker 等[24]在新西兰地区绵羊的粪便中发现了一些破碎的植硅体，并首次通过硬度实验证明植硅体的硬度比绵羊牙齿（包括牙釉质）要大得多。结合绵羊从土壤牧草中获得植硅体颗粒，从而推测来自草本植物的植硅体是导致绵羊牙齿磨损的主要原因。绵羊牙齿的磨损很可能是在咀嚼和研磨牧草的过程中植硅体的磨蚀作用造成的，并估算每年有约 10 kg 的植硅体穿过绵羊的肠胃。1975 年，Armitage[25]首次报道了从食草动物牙结石中成功提取了植硅体。样品取自于英国历史时期的 4 只牛下颌牙齿和两只现生牛的牙齿，对遗留在牙齿或牙结石上的食物残渣进行植硅体的提取和鉴定，发现了一些可能属于草本植物羊茅属的植硅体形态。同时也在历史时期发掘出土的绵羊和马的牙齿上提取出植硅体。这一发现证明了植硅体是磨损食草动物牙齿的原因之一，为环境考古研究提供了新的视角，同时开拓了动物牙结石食性分析这一新的领域。但是鉴于当时植硅体研究的初步发展，该文只提供了一些初步的鉴定。后来 Walker 等[26]指出，利用扫描电子显微镜观察植硅体来识别蹄兔牙齿上特定的微磨损模式是可行的。该研究通过牙齿微磨损的形态区别出了食性不同的两种蹄兔，食草与食叶。同时也指出，牙齿微磨痕是由不同植物中的植硅体突起边缘造成的。结合观察发现粪便中的植硅体大多是破碎的，推测对蹄兔牙齿表面进行抛光的物质是纤维素和木质素。

3.2 20 世纪 90 年代牙结石植硅体在已灭绝灵长类、食草动物和古人类中的应用

自 Armitage 在食草动物牙结石中提取植硅体后，植硅体分析和鉴定获得了较大发展。Dobney 和 Brothwell[27]利用扫描电镜的分析方法开创性地揭示了考古遗址中古人类和动物群的牙结石中保存大量完好的微生物和食物微体化石信息。但直到 1990 年，古脊椎动物牙结石植硅体分析才有新的研究成果问世。Ciochon 等[1]选择了巨猿的 4 颗牙齿，对附着在牙齿釉质上的植硅体进行提取和鉴定，研究结果发现了至少 30 颗以上的植硅体颗粒，鉴定出了草的茎叶和双子叶植物的果实，从而表明了这种已灭绝的动物食用了各种草类和水果，而不仅仅是采集谷食。由此可见，巨猿在食物选择上颇具多元性。同时利用扫描电镜对巨猿牙齿磨损的观察分析得出，植硅体来自个体生前所食用的植物，与牙釉质磨损存在直接关系。这一研究确认了 Armitage 研究的有效性和实用性，同时引入了判断灭绝哺乳动物食性的新方法，后续还可以在古人类学及脊椎动物上得到更多的应用。Middleton[28]对来自美国殖民时期汉普顿地区发现的牛、羊、猪上下颌牙齿个体的牙结石进行植硅体提取和鉴定，发现和复原了少量来自草类植物和早熟禾本科的植硅体。随后，Middleton[29]改进了实验方法，便于牙结石的刮取和植硅体的提取。并再次应用于美国殖民时期汉普顿地区考古遗址中发现的牛、羊和猪的牙结石研究。结果表明，牙结石植硅体形态组合可以提供食草动物食谱方面的数据，还可用于重建历史时期牲畜管理实践和相应的生态变化。

Fox 等[30]尝试研究西班牙卡斯提尔地区中世纪遗址中人牙釉质表面的植硅体从而获得相关的食谱信息。在该研究中，先利用扫描电镜在牙齿釉面寻找植硅体，然后用 X 射线显微分析系统证实其硅质性质从而确认植硅体的存在。在此次研究中发现了来自小米的植硅体，为地中海地区中世纪人群食用谷物提供了直接证据。但是鉴于植硅体在分类和鉴定方面的局限性，许多具有棱角的植硅体形态难以归类。后 Fox[31]采用同样的植硅体显微识别方法对来自西班牙塔拉格纳地区罗马帝国晚期墓地中保存完好的人骨牙釉质和牙结石进行了提取鉴定。本研究的目的是采用不同样本的植硅体复原方法进行对比分析，同时采集了墓地中人骨腹部和骨骼周围的土壤样本进行了植硅

体分析，也对地中海地区现代植物样本植硅体形态进行了统计。鉴定结果表明人牙釉质和牙结石上的植硅体多源于禾本科，而人骨腹部土样中的植硅体形态多产生于禾本科、豆科、莎草科、藜科。对比结果表明，来自人牙釉质和牙结石的植硅体饮食数据与来自地中海地区同一地点考古遗址、历史数据和生态信息较为一致。整体来看，植硅体分析虽有局限性，但是在涉及古代人类饮食结构重建方面具有较好的前景。牙结石植硅体分析可以提供古代人群植食性方面的直接信息，也可以应用到古人类化石研究中。

同年，Rossouw[32]对南非晚更新世 Florisbad 遗址（古人类遗址）中出土的两种牛科动物化石牙结石中的植硅体进行了研究。本研究证明了从牛科化石牙齿中可以原位提取出植硅体。结果表明，C4 草类是牛科动物如跳羚和大羚羊主要的食草来源，而且更倾向于 C4 禾本科植物。该研究揭示出植硅体具有同化石一样的耐久性和形态稳定性，亦可在复原古环境上发挥潜力。

关于玛雅人饮食结构的重建已经有诸多研究，但大多数是依据间接证据得出的。Cummings 等[33]选择了中美洲伯利兹中北部地区的一处低地玛雅人遗址 Kichpanha（BC900 至 AD900 年），采集了该遗址墓葬中的人牙结石进行微体植物遗存的复原。本研究的目的是探索人牙结石中是否保存植硅体和淀粉颗粒，并建立合适的提取方法从而确定当地原著居民的植物性消费。植硅体分析结果证实了玛雅人食用了大量玉米和棕榈科的植物，也包括一些 C3 植物的草类，同时还利用了纤维植物。

3.3 21 世纪以来新技术方法在古脊椎动物牙结石植硅体分析中的应用进展

这一时期，利用牙结石植硅体分析方法对长鼻类哺乳动物食性的研究渐趋增多。Gobetz 和 Bozarth[21]借助该方法对已灭绝的晚更新世美洲乳齿象的食谱进行了研究。研究者从美国堪萨斯州 4 个乳齿象臼齿中取出牙结石，并进行植硅体分析。研究结果显示 3 个样品中含有丰富的草类植硅体(约占总数的 86%)，其中以长细胞和梯形的短细胞为主，还有少量朴属双子叶植硅体和难以鉴定的落叶树种。针叶树种的植硅体形态在样品中无法识别。对比分析现代和化石食草动物以及混合食性的牙结石表明，双子叶植物和松柏在植硅体记录中几乎是不可见的。这种稀缺性可能是由于植物本身保存较差、木本植物植硅体含量低或者是动物选择吃柔嫩少硅的叶片和嫩枝等原因造成的。但是大量草类植硅体的存在可以用来区分混食者、食草者和食嫩叶者。乳齿象通常被认为是食嫩叶的动物，但结果显示在 3 只乳齿象牙结石中均发现了较高含量的早熟禾亚科植物和其他草类植硅体，表明了草类植物也是它们食物的重要组成。结合早熟禾亚科植物的生境和提取出的硅藻，研究者推测这些乳齿象是在凉爽、潮湿、靠近水源的晚更新环境中觅食。该研究进一步证实，如果乳齿象可以吃草，那么它们在更新世末期就可以不单单靠森林栖息地生存了。对其食性的深入分析可能会修正现有的关于北美乳齿象的饮食、古生态学和灭绝的相关理论和认知。

同样已灭绝、和乳齿象较为类似的长鼻类猛犸象的食性也有学者进行了再分析。Scott-Cummings 等[34]采集了现存美国丹佛自然与科学博物馆中发掘于 1932 年 Dent 遗址的猛犸象牙结石，试图提取其微体植物遗存，从而为动物食性和古气候变化提供相应的解释。植硅体分析显示，不规则的形态占据主导，代表了木本植物如针叶树和橡树的存在。此外也有部分产生于短细胞的草本植硅体，草本植硅体中针茅型植硅体占主体。牙结石中针茅型植硅体的普遍存在表明，冷季草在猛犸象的觅食中起到了重要作用。植硅体组合形态的复原揭示出猛犸象栖息在落基山脉前段的几个环境带。它们大多分布在山麓小丘或更高的地方，觅食针叶树种，也吃其他木本植物（如橡树）和低矮的草。而在遗址附近的平原上，猛犸象的摄食可能包括草类以及该地区河岸群落提供的植物和灌木。

　　牙齿显微观察技术和微体植物遗存分析的结合更能全面复原动物食性及生态变化。基于这一点，Asevedo 等[35]对来自南美洲巴西米纳斯吉拉斯州地区更新世的嵌齿象化石种群进行了研究。该种群是由大量的老年和成熟个体组成。研究者选取 4 个年龄层中的 35 颗臼齿分别进行牙釉质磨损观察和牙结石微体植物遗存分析。立体显微磨损分析显示出平均的划痕和凹坑值，对应现存的混合取食形态。较高频率的细微划痕表明 C3 草类的摄入。此外，还出现粗糙和超粗糙的划痕，并伴有沟槽和大的凹坑，表明食用了树叶和木质化部分。牙结石微体植物遗存中发现了针叶树种的管饱和组织碎片，并带有薄壁组织，也证实了其摄食了木本植物。此外，在样本中还发现了花粉颗粒(蓼科)、孢子(蓼科)和纤维。综合分析结果表明，嵌齿象化石种群摄入了多种食物（机会猎食者），是以木本植物、叶片和 C3 草类为食的。

　　为了进一步验证牙结石植硅体在探索动物食性和复原区域植被之间的关系，Cordova 等[36]学者采集了南非开普地区史前、历史时期和现今保护区内的非洲草原象牙结石植硅体进行了对比分析。现代样本取自南非共和国东开普省阿多象国家公园和西北省兰斯堡国家公园的非洲草原象尸体的牙齿。历史和史前时期的样品来自南非东开普省和西开普省的博物馆收藏品，取样的大象被认为是野生大象。植硅体分析结果表明：公园象牙结石植硅体组合在个体间差异不大，且与封闭区域内土壤植硅体组合较为一致；野生非洲草原象牙结石同比公园和保护区内的标本在植硅体形态类型上更具多样性，且表现出多个典型特征；来自凡波斯地区的野生象牙结石中包含有大量的帚灯草科植硅体，揭示出帚灯草科植物在草类贫瘠的凡波斯地区对草食大象的重要性；短鞍型植硅体是牙结石标本中最丰富的短细胞类型，该形态是虎尾草亚科的典型特征。总的来说，尽管个别样本中植硅体的数量较少，但是牙结石植硅体分析揭示出了南非开普地区非洲象生态学方面的一些有价值的信息。植硅体分析在草食动物牙结石中的研究虽有一定的局限性，但是多结合其他食谱分析的方法则可能更加全面地复原古食谱信息。

3.4 21 世纪以来牙结石植硅体分析方法在早期人科成员中的应用

　　早期古人类的食物构成是研究人类起源的核心问题之一。了解食物的构成有多种来源，而且能够提供所消耗食物的不同信息。牙结石植硅体分析无疑是其中最为直接的一种方式。Henry 等[37]尝试利用该方法研究南方古猿源泉种的食物构成。南方古猿源泉种 2008 年发现于南非约翰内斯堡西北部马拉帕化石遗址，可追溯到大约 2 Ma 前，属于南方古猿属的一个种，兼具有原始人和现代人的特征，被认为更接近现今的人种。研究者首次从早期古人类的牙结石中成功提取出 38 颗植硅体，包括双子叶水果植硅体、双子叶木本和树皮、草本扇型植硅体、莎草类植硅体。为了获得更加全面的饮食信息，研究者还结合了牙釉质稳定同位素和牙齿微磨损结构两方面的数据。研究结果显示，南方古猿源泉种两个个体消耗的几乎都是 C3 食物，推测包括较硬的食物、双子叶植物（如树叶、水果、木头和树皮）和单子叶植物（如草本和莎草）。这一食物结构与距今约 4.4 Ma 的地猿始祖黑猩猩和现代草原黑猩猩的觅食选择较类似，都是以 C3 食物为食，而没有选择广泛可得的 C4 食物资源。由上述推断所知，南方古猿源泉种的饮食与目前已研究过的大多数早期非洲原始人类不同，它的这种林地食性扩大了目前已知的早期原始人类的食物种类，而且呈现出饮食的多样化。

为了进一步验证牙结石与动物食谱、食物获取行为和生活史的相关性，Power 等 [38] 对来自非洲科特迪瓦 Taï 森林公园的野生黑猩猩的牙结石微体遗存进行了高分辨率的分析。研究者基于 20 多年来对 24 只黑猩猩的野外行为观察，结合现生食谱对牙齿微体植物遗存进行了提取观察，从而建立起牙结石捕捉食物组成的能力。研究结果显示，牙结石微体遗存的累积量是长寿的饮食标志；牙结石中的植硅体丰度可以反映饮食中植物的比例，淀粉粒则不然；植硅体分析显示黑猩猩群体食用了大量来自棕榈科（单苞藤属、油棕属、漆子藤属）、姜科（椒蔻属）和竹芋科（肉柊叶属）的果实。牙结石微体遗存亦可以记录其饮食行为，如断奶年龄和坚果加工。结合牙结石植硅体和淀粉粒的缺失，证实了黑猩猩至少 5.3 周岁断奶并开始食用固体食物。该研究也指出，同比淀粉粒，牙结石中的植硅体更能可靠地记录和复原黑猩猩复杂的食物结构。

尼安德特人是晚期智人的一种，被认为是现代欧洲人祖先的近亲。目前，关于尼安德特人的性质、消失原因以及被现代人明显取代的原因，依旧是相当有争议的话题 [39-40]。诸多研究者提出，饮食差异可能是尼安德特人消失的根本原因之一。一些学者认为尼安德特人的食物结构中缺乏植物性食物。为了探索尼安德特人对植物性食物的利用，Henry 等[41]采用植物微体遗存分析的方法从伊拉克 Shanidar 洞穴和比利时 Spy 洞穴中发掘的尼安德特人牙结石中发现了植硅体和淀粉粒。植硅体发现数量较少，20 粒中有 16 粒来自棕榈科的枣椰果实，其余来自于其他难以鉴定的树木果实。综合植硅体和淀粉粒两方面的分析，尼安德特人食用了枣椰、草籽（小黑麦属）和豆科植物在内的植物性食物。另外很多草籽的淀粉粒都有损伤，这是烹饪加工的一个明显标志。该研究揭示出，不管是在温暖的地中海东部还是气候寒冷的欧洲西北部，尼安德特人都能利用当地环境中丰富多样的植物性食物，通过烹饪将其转化为更容易消化的食物，其饮食结构总体上很复杂。另外一项关于尼安德特人食谱的研究也支持了 Henry 等[41]的观点。Salazar-García 等[42]对来自温暖地区不同环境条件下的地中海伊比利亚半岛中部和东南部的尼安德特人，采用了动物考古、稳定同位素和植物遗存分析多种方法对其食物结构进行更广泛复杂的研究。植硅体分析选择了 11 个尼安德特人牙结石样本，共提取出 16 粒植硅体，全部源自禾本科植物，包括多面体表皮细胞、短细胞、扇型、平滑棒型等。植硅体分析结果显示出地中海地区的尼安德特人消耗了多种植物性食物。综合多方面的分析，研究者认为基于气候或环境的差异，地中海不同地区的尼安德特人的食物结构存在细微的变化，但仍以捕猎肉食资源为主，植物性食物只占据一小部分，甚至是季节性食用。该研究结果也同样证实了尼安德特人并非是严格的肉食者。

对于历史时期特定人群的食谱重建，牙结石植硅体分析亦能发挥重要作用。近些年，在考古遗址中利用人牙结石的生物考古学研究日益成为研究先民食物构成的新途径[10]。人牙结石中的植硅体和淀粉粒分析能够有效地验证和补充其他植物考古学研究的成果，更加全面地揭示先民食物构成和聚落经济形态[9]。Dudgeon 等[43]为探索波利尼西亚复活节岛先民在 16 世纪晚期至 18 世纪早期的食谱构成、饮用水来源等相关问题，尝试利用了人牙结石进行微体遗存分析。该研究选取了 104 具人体骨骼标本中的114 颗牙齿的牙结石，进行了大规模采样以满足多个研究设想。通过对牙结石微体化石的复原，共发现了 16 377 个微体化石，其中包括 4 733 个植硅体和 11 644 个硅藻。研究发现大多数植硅体都来自棕榈科植物，少数（$n = 277$）来自禾本科植物。基于较大的样本量，研究者从年龄分组、性别、牙齿元素和地理区域相关的角度分别进行了检测，结果表明植硅体和硅藻的含量在年龄分组、性别上没有显著差异。但是从个体前齿列中提取的牙结石中发现了高频率和高比例的棕榈科植硅体，表明了该个体食用了较软或熟的棕榈植物。该结果在一定程度上揭示了复活节岛上棕榈植物灭绝的原因。此外，从复活节岛南部地区发现的高频率的淡水硅藻也支持了先民有不同的饮用水来源。另有研究者 Lazzati 等[44]对来自意大利北部瓦雷泽地区圣奥古斯丁大教堂发掘的 3 个中世纪人体牙结石进行了植硅体分析。该研究还结合电感耦合等离子体质谱（ICP-MS）对牙结石进行了微量元素分析。结合光学显微镜、扫描电镜和 X 射线光谱进行植硅体观察和分析，发现了来自双子叶植物、单子叶植物（禾本科）以及针叶树种等植硅体形态。ICP-MS 对牙结石微量元素分析显示锌元素含量异常高，指示了人类对鱼类蛋白物质的大量摄入。

3.5 国内古脊椎动物牙结石植硅体分析的研究应用

中国境内拥有丰富的古脊椎动物化石资源，但是专门采集牙结石进行微体植物遗存研究的应用则寥寥无几。近几年可见的报道仅有几例。陈鹤[45]在其硕士论文中尝试以晚中新世临夏盆地的真犀科动物化石牙结石为研究对象，通过提取其中的微体植物遗存，包括植硅体、淀粉粒、孢子等，并采集现生植物资源进行对比分析，从而复原真犀科动物的食物结构及古环境变化。该研究系统采集了临夏盆地 4 个动物群中 49个真犀科动物（包括大唇犀、甘肃黑犀、山西犀等）的牙结石样本。微体实验结果显示发现了数量较多的淀粉粒，少量的植硅体和孢子。植硅体形态多呈现不规则片状，多产生于木本科植物，类似于木兰科的叶片；个别呈现出鉴定特征，如源自棕榈科植物的刺球状植硅体和芦苇的盾状扇型植硅体。综合多个指标的研究结果，研究者推测甘肃黑犀是以进食灌木枝叶和乔木类嫩叶为主，也涉及一些禾本科植物和蔷薇科落果。植硅体分析显示出区域内水源充足，可能既有开阔适宜芦苇生长的蓄水区域，也长有棕榈科植物的小树林。该研究开辟了国内古脊椎动物牙结石植硅体分析的先河，可为古动物种属演化和古环境重建提供重要的科学依据。

Wu 等[46]采用植硅体、稳定同位素和牙齿磨耗等多种方法综合研究了中新世中亚地区几种嵌齿象的牙结石和臼齿，以此来追溯其食物构成和相应的演化适应过程。研究显示，施泰因海姆嵌齿象牙结石中的植硅体全部来自草类禾本科植物，证实了施泰因海姆嵌齿象是一个严格的食草者，这一结果同稳定同位素方法及牙齿微磨痕方法得到的结论较一致。该类象的近亲，间型嵌齿象的牙结石植硅体中则发现了大量来源于嫩枝、嫩叶的非草类植物，草类植物仅占一小部分。这两种嵌齿象的古食物构成对比揭示出适者生存的法则。在地球最初的草原生态出现之时，施泰因海姆嵌齿象积极扩展自身的生存空间，选择以坚硬的草类为食，在不断改变臼齿形态的同时，最终得以完全适应成为纯粹的食草动物并延续至今。该研究也将象类吃草的时间上限提高到了16 Ma 前。Wu 等[47]也尝试对中国白垩纪晚期的恐龙化石（113 Ma～101 Ma）齿列上的特殊结构进行微体化石分析。成分分析显示，马鬃龙齿列上的特殊结构类似于牙结石，其矿物组成与牙本质相似，包含有多种磷酸钙。鉴于目前在恐龙或者爬行动物中尚未有牙结石的相关研究，这种特殊结构的性质尚需进一步确认。经过反复实验和提取，在马鬃龙齿列上的特殊结构中发现了硅化的表皮碎片和少量的植硅体形态。通过现生植硅体形态的对比分析，确认含有短细胞对的表皮细胞和哑铃型结构的植硅体属于禾本科。这一发现，代表了目前已知最早的草化石，与分子年代测定的草的起源和早期进化的时间较一致。结合相关推断，研究者认为马鬃龙吃的很可能是一类已经灭绝的、与现今生活在巴西亚马逊热带雨林中的禾本科类柊叶竺类似的植物。

4 古脊椎动物牙结石植硅体分析存在的问题

毋庸置疑，牙结石植硅体分析提供了一个新的研究视角，使我们能够更加充分地利用化石标本，在无损的前提下进行食物构成和环境背景的分析。经过几十年的发展，关于牙结石的显微观察、牙结石取样、牙结石植硅体的提取和观察分析都形成了相应的技术流程并可供借鉴[29, 43, 48-50]。但是关于该方法的研究和推广，目前还存在一定的问题和局限性。大致梳理以下几点。

（1）牙结石的成因。牙结石的成因受到多种因素的影响，饮食并不是唯一的影响要素。现代研究还不能确定牙结石形成需要的具体时间。牙结石在形成过程中不可避免地存在一定的磨损，因而可能获取的食物信息不是很全面。牙结石的形成过程还会受自然环境（保存环境）、人类的文化习俗或历史等多方面因素的影响，从而产生个体或者群体差异[5-6, 51]。

（2）植硅体分析还处在基础形态研究阶段。伴随着植硅体分析的发展，牙结石植硅体分析的广度和深度也在不断提升。不可否认的是，植硅体分析在与人类生活密切相关的禾本科植物上获得较多的成果，但是对于绝大多数的木本植物研究还远远不够[12, 52-53]。因而在一定程度上还无法很好地释读与古食谱相关的木本植物的信息。植硅体现代形态数据库还亟须完善各相关科属形态。

（3）应用范围狭窄。牙结石植硅体分析研究，一般只能分析植物性食物，但是并非所有的可食用植物都能产生植硅体并储存在牙结石中。同时，对一些杂食或混合食性的动物而言，植物性食物能多大程度地保存下来并被识别出来也是一个概率的问题。此外，对那些肉食性动物而言，牙结石植硅体分析的研究是否完全无用武之地呢，目前仍是未知。

（4）数据量和代表性的问题。牙结石植硅体分析的样品量和植硅体提取量都存在很大的局限性。由上述多个研究案例可知，大多数的样品量和植硅体提取量都集中在几十个乃至更少。这一方面与保存状况有很大的关系，但是较少的数据量在形态鉴定和信息代表性上显然不够客观科学，更加难以实现定量研究的目标。

（5）多种方法综合运用来验证食性。为了完善牙结石植硅体分析在揭示脊椎动物食物结构上的客观全面性，近些年越来越多的研究借助多种方法来综合重建。如在进行牙结石微体分析的同时，结合相对成熟的稳定同位素分析、微量元素分析、牙齿微磨痕分析以及分辨率更高的显微分析技术等[46]。

5 结论

牙结石样品普遍存在于古脊椎动物牙齿中，方便获取，取样无损，是非常理想的研究材料。牙结石植硅体分析能够直接提供植物性食物利用的信息，为深入了解和研究古动物和古人类食物结构变化、体质健康、环境演化等方面提供了新的视角，理应得到更多的重视和探索。

致谢　笔者衷心感谢中国国家博物馆刘文晖博士在文献收集方面给予的帮助。

参 考 文 献

1　Ciochon R L , Piperno D R , Thompson R G. Opal phytoliths found on the teeth of the extinct ape *Gigantopithecus blacki*: implications for paleodietary studies. Proceedings of the National Academy of Sciences, 1990, 87(20): 8 120-8 124.

2　Martin L. Significance of enamel thickness in hominoid evolution. Nature, 1985, 314(6 008): 260-263.

3　Ryan A S, Johanson D C. Anterior dental microwear in *Australopithecus afarensis*: comparisons with human and nonhuman primates. Journal of Human Evolution, 1989, 18(3):235-268.

4　Goillot C, Cécile Blondel, Stéphane Peigné. Relationships between dental microwear and diet in Carnivora (Mammalia) —Implications for the reconstruction of the diet of extinct taxa. Palaeogeography Palaeoclimatology Palaeoecology, 2009, 271(1-2):0-23.

5　Arensburg B. Ancient dental calculus and diet. Human Evolution, 1996, 11(2):139-145.

6　Lieverse A R. Diet and the Aetiology of Dental Calculus. International Journal of Osteoarchaeology, 1999, 9(4): 219-232.

7　Piperno D R, Dillehay T D. Starch grains on human teeth reveal early broad crop diet in northern Peru. Proceedings of the National Academy of Sciences, 2009, 105(50): 19 622-19 627.

8　Warinner C, Hendy J, Speller C, et al. Direct evidence of milk consumption from ancient human dental calculus. Scientific Reports, 2014, 4: 7 104-7 104.

9　陶大卫, 陈朝云. 河南荥阳官庄遗址两周时期人牙结石的植物淀粉粒. 人类学学报, 2018, 37(3):467-477.

10　陶大卫. 古代人类牙齿结石的生物考古学研究. 华夏文明, 2017(1): 30-34.

11　Piperno D R. Phytolith Analysis: An Archaeological and Geological Perpective. San Diego: Academic Press, 1988.

1-280.

12   王永吉, 吕厚远. 植物硅酸体研究及应用. 北京: 海洋出版社，1993. 1-228.

13   Piperno D R. Phytoliths: A Comprehensive Guide for Archaeologists and Paleoecologists. New York: AltaMira Press, 2006. 1-238

14   温昌辉, 吕厚远, 左昕昕,等. 表土植硅体研究进展. 中国科学: 地球科学，2018，48(9): 1125-1140.

15   Scheie A A . Mechanisms of dental plaque formation. Advances in Dental Research, 1994, 8(2): 246-253.

16   Jin Y, Yip H K. Supragingival Calculus: Formation and Control. Critical Reviews in Oral Biology & Medicine, 2002, 13(5): 426-441.

17   Mandel I D. Calculus formation and prevention: an overview. Compendium for Continuing Education in Dentistry, Supplemental, 1990（8）: 235-241.

18   Hillson S W. Dental Anthropology. Cambridge: Cambridge University Press, 1996. 254–258.

19   Reinhard K J, De Souza S F M, Rodrigues C, et al. Microfossils in dental calculus: a new perspective on diet and dental disease. In: Williams E, eds. Human remains: conservation, retrieval and analysis, BAR International Series 934, 2001: 113-118.

20   Hidaka S, Oishi A. An in vitro study of the effect of some dietary components on calculus formation: Regulation of calcium phosphate precipitation. Oral Diseases, 2007, 13(3): 296-302.

21   Gobetz K E, Bozarth S R. Implications for Late Pleistocene Mastodon Diet from Opal Phytoliths in Tooth Calculus. Quaternary Research (Orlando), 2001, 55(2): 115-122.

22   吴妍. 植硅体分析方法的应用与改进. 合肥: 中国科学技术大学，2008.

23   Prasad V, Strömberg C A E, Alimohammadian H, et al. Dinosaur Coprolites and the Early Evolution of Grasses and Grazers. Science, 2005, 310(5 751):1 177-1 180.

24   Baker G, Jones L H P, Wardrop I D. Cause of Wear in Sheeps' Teeth. Nature, 1959, 184(4 698): 1 583-1 584.

25   Armitage P L. The extraction and identification of opal phytoliths from the teeth of ungulates. Journal of Archaeological Science, 1975, 2(3): 187-197.

26   Walker A C, Hoeck H N, Perez L. Microwear of mammalian teeth as an indicator of diet. Science, 1978, 201(4 359): 908-910.

27   Dobney K, Brothwell D. A scanning electron microscope study of archaeological dental calculus. BAR International Series 452, 1988. 372-385.

28   Middleton W D. An improved method for extraction of opal phytoliths from tartar residues on herbivore teeth. Phytolitharien Newsletter, 1990, 6(3): 2-5.

29   Middleton W D, Rovner I. Extraction of Opal Phytoliths from Herbivore Dental Calculus. Journal of Archaeological Science, 1994, 21(4): 469-473.

30   Fox C L, Pérez-Pérez A, Juan J. Dietary Information through the Examination of Plant Phytoliths on the Enamel Surface of Human Dentition. Journal of Archaeological Science, 1994, 21(1): 29-34.

31   Fox C L, Juan J, Albert R M. Phytolith analysis on dental calculus, enamel surface, and burial soil: Information about diet and paleoenvironment. American Journal of Physical Anthropology, 1996, 101(1): 101-113.

32   Rossouw L. The extraction of opal phytoliths from the fossilized teeth of two bovid species from Florisbad: discussion. Navorsinge Van Die Nasionale Museum Researches of the National Museum, 1996, 12: 266-273.

33 Cummings L S, Magennis A. A Phytolith and starch record of food and crit in Mayan human tooth tartar. The State-of-the-Art of Phytoliths in Soils and Plants. In: Pinilla A, Juan-Tresseras J, Machado J, eds. Madrid: Monografias del Centro de Ciencias Medioambientales, 1997. 211-218.

34 Scott-Cummings L, Albert R M. Phytolith and starch analysis of Dent Site mammoth teeth calculus. In: Brunswig, R H, Pitblado, B L, eds. Frontiers in Colorado Paleoindian Archaeology: from the Dent Site to the Rocky Mountains. Louisville: University Press of Colorado, 2007. 185-192.

35 Asevedo L, Winck G R, Dimila Mothé, et al. Ancient diet of the Pleistocene gomphothere *Notiomastodon platensis* (Mammalia, Proboscidea, Gomphotheriidae) from lowland mid-latitudes of South America: Stereomicrowear and tooth calculus analyses combined. Quaternary International, 2012, 255:42-52.

36 Cordova C, Avery G. African savanna elephants and their vegetation associations in the Cape Region, South Africa: Opal phytoliths from dental calculus on prehistoric, historic and reserve elephants. Quaternary International, 2017, 443:189-211.

37 Henry A G, Ungar P S, Passey B H, et al. The diet of *Australopithecus sediba*. Nature, 2012, 487(7 405): 90-93.

38 Power R C, Salazar-García D C, Wittig R M, et al. Dental calculus evidence of Taï Forest Chimpanzee plant consumption and life history transitions. Scientific Reports, 2015 (5): 15 161.

39 Hervé Bocherens, Dorothée G. Drucker, Billiou D, et al. Isotopic evidence for diet and subsistence pattern of the Saint-Césaire I Neanderthal: review and use of a multi-source mixing model. Journal of Human Evolution, 2005, 49(1): 71-87.

40 Hublin J J. Out of Africa: modern human origins special feature: the origin of Neandertals. Proceedings of the National Academy of Sciences, 2009, 106(38): 16 022-16 027.

41 Henry A G, Brooks A S, Piperno D R. Microfossils in calculus demonstrate consumption of plants and cooked foods in Neanderthal diets (Shanidar III, Iraq; Spy I and II, Belgium). Proceedings of the National Academy of Sciences , 2011, 108(2): 486-491.

42 Salazar-Garcia D C, Power R C, Serra A S, et al. Neanderthal diets in Central and Southeastern Mediterranean Iberia. Quaternary International, 2013, 318: 3-18.

43 Dudgeon J V, Tromp M. Diet, Geography and Drinking Water in Polynesia: Microfossil Research from Archaeological Human Dental Calculus, Rapa Nui (Easter Island). International Journal of Osteoarchaeology, 2014, 24(5): 634-648.

44 Lazzati A M B, Levrini L, Rampazzi L, et al. The Diet of Three Medieval Individuals from Caravate (Varese, Italy). Combined Results of ICP-MS Analysis of Trace Elements and Phytolith Analysis Conducted on Their Dental Calculus. International Journal of Osteoarchaeology, 2016，26(4): 670-681.

45 陈鹤. 临夏盆地晚中新世真犀科动物食物结构与环境背景——基于牙结石分析. 中国科学院大学硕士学位论文，2017.

46 Wu Y, Deng T, Hu Y, et al. A grazing Gomphotherium in Middle Miocene Central Asia, 10 million years prior to the origin of the Elephantidae. Scientific Reports, 2018, 8(1): 7 640.

47 Wu Y, You H L, Li X Q. Dinosaur-associated Poaceae epidermis and phytoliths from the Early Cretaceous of China. National Science Review, 2018 (5): 721-727.

48 Power R C, Salazar-García D C, Wittig R M, et al. Assessing use and suitability of scanning electron microscopy

in the analysis of micro remains in dental calculus. Journal of Archaeological Science, 2014, (49): 160-169.

49   Boyadjian C H, Eggers S, Reinhard K. Dental wash: a problematic method for extracting microfossils from teeth. Journal of Archaeological Science, 2007, 34(10): 1 622-1 628.

50   Henry A G, Piperno D R. Using plant microfossils from dental calculus to recover human diet: a case study from Tell al-Raqā'i, Syria. Journal of Archaeological Science, 2008, 35(7): 1 943-1 950.

51   朱思媚. 牙结石考古与古代人类食谱研究. 大众考古, 2014 (9): 74-77.

52   Ball T, Chandler-Ezell K, Duncan N, et al. Phytoliths As a Tool for Investigations of Agricultural Origins and Dispersals Around the World. Journal of Archaeological Science, 2016, 68: 32-45.

53   高桂在, 介冬梅, 刘利丹, 等. 植硅体形态的研究进展. 微体古生物学报, 2016, 33(2): 180-189.

ADVANCE IN PHYTOLITH ANALYSIS ON DENTAL CALCULUS IN VERTEBRATE PALEONTOLOGY

XIA Xiu-min [1]   CHEN He [2, 3, 4]   WU Yan [2, 4]

(1 *National Museum of China*, Beijing 100006;

2 *Key Laboratory of Vertebrate Evolution and Human Origins of Chinese Academy of Sciences, Institute of Vertebrate Paleontology and Paleoanthropology, Chinese Academy of Sciences*, Beijing 100044;

3 *Chinese Academy of Sciences*, Beijing 100049;

4 *CAS Center for Excellence in Life and Paleoenvironment*, Beijing 100044)

ABSTRACT

As a major reservoir of dietary information, dental calculus are widely found in the teeth of vertebrates including ancient humans. The study of paleodiet and paleoenvironment by using phytoliths trapped in calculus provides us with a new research perspective, and continuously revises the role and cognition of plants in the food structure of the population. In this article, according to the approximate time frame, we review the progress and discuss its existing problems using phytolith analysis of dental calculus in vertebrate paleontology. And we hope to provide theoretical and methodological support for the subsequent development and further research.

Key words   Dental calculus, Phytolith, palaeovertebrates, paleoanthropology, food structure

第十七届中国古脊椎动物学学术年会论文集. 董为, 张颖奇主编. 北京：海洋出版社, 2021. 273-280
Proceedings of the Seventeenth Annual Meeting of the Chinese Society of Vertebrate Paleontology
DONG Wei, ZHANG Ying-qi, eds. Beijing: China Ocean Press, 2021. 273-280

广东四会发现的恐龙化石*

林聪荣[1]　　邱立诚[2]　　梁灶群[1]

(1 四会市博物馆，广东　四会 526200；

2 广东省文物考古研究所，广东　广州 510075)

摘　要　1992 年以来，在三水盆地西北部的四会市大沙镇红岩地层发现大量古生物化石，包括恐龙、龟鳖、腹足类等 8 大类。其中 2010 年四会市大沙镇罗坑村北部芙蓉岗恐龙类化石的发现，丰富了该地区生物群，为地层划分、时代确定、沉积环境分析和恐龙绝灭提供了新的研究材料。大沙镇红岩地层属大塱山组，其地质年代属白垩世晚期。大沙镇发现的恐龙化石标本有恐龙牙齿、骨骼和恐龙蛋化石。从形态来看，初步判断属霸王龙、伤齿龙、窃蛋龙等。这是三水盆地又一重大发现。

关键词　三水盆地西北部；晚白垩世；恐龙化石

1　前言

四会市位于广东省中部偏西，珠江三角洲西北，地势西北高东南低，西南和西北为山地，东部和中部为丘陵，东南部为平原。1992 年广东省地矿局 719 地质队区调分队开展四会市区域地质调查时，张显球曾在四会大沙镇罗坑村东北约 500 m 处发现大量属于晚白垩纪介形类化石。2010 年随着四会市大沙镇罗坑村北部芙蓉岗工程的建设开发，有市民在当地采集到恐龙骨骼化石和恐龙蛋化石。2017 年，该地又陆续发现恐龙化石。2018 年和 2019 年，四会博物馆派出工作人员在大沙工地现场采集有恐龙化石标本和恐龙蛋壳标本。此外，四会市博物馆还征集到大沙工地产出的恐龙牙齿标本、恐龙骨骼化石及恐龙蛋化石。除了恐龙化石和恐龙蛋化石外，在四会大沙工地还发现有龟鳖类、鳄类、腹足类、双壳类、介形类及轮藻等化石，本文仅对四会大沙镇工地发现的恐龙化石作简单介绍。

2　地质背景

2.1　地质地理概况

三水盆地位于广东省中部，是一个面积约为 3 300 km² 近菱形的白垩纪-古近纪盆地。四会市的大沙镇则位于三水盆地西北部边缘。据研究，在三水盆地西北部清远石角、四会大沙、三水河口和宝月、南海丹灶地区以及东南部的广州、佛山一带分布着

---

*林聪荣：男，29 岁，八级职员，负责四会市博物馆藏品的管理.

白垩系地层[1]。三水盆地的白垩系地层可以划分为下白垩统白鹤洞组，上白垩统三水组和大塱山组。

2.2 化石地点

发现四会恐龙化石标本的地点位于大沙镇西部，距离罗坑村北部 800 m（图 1）。这一带建设工地原来是低矮的小山岗，从西向东，当地人称为茶亭岗、芙蓉岗、石仔岗及燕子岗，呈东西向分布，长约 1 400 m。根据张显球等对四会大沙罗坑村介形类化石的研究，该地区存在圆球形扣星介带（*Porpocypris globra* Zone）[2]，推断茶亭岗—燕子岗一带红层属于上白垩统地层。目前已知，大沙地区地表出露的红层，岩性相对较粗，砾岩、砂砾岩、含砂砺岩、砂岩、粉砂岩、泥岩、钙质泥岩等较发育，属于上白垩统大塱山组（K_{2d}），其时代属晚白垩世的最晚期。

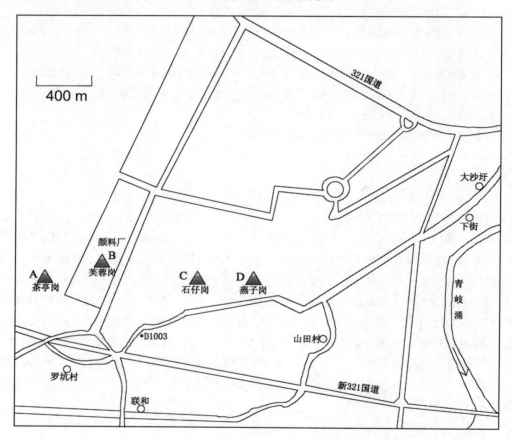

图 1   四会大沙镇恐龙化石地点地理位置

Fig. 1   Geographic location of Dinosaur fossil localities in Dasha Town, Sihui

3   恐龙牙齿及骨骼化石标本

3.1   恐龙牙齿

恐龙牙齿化石主要发现于 B 点，即芙蓉岗，现为颜料厂，发现恐龙牙齿化石标本 3 件。出土的岩性为浅灰色砂岩，含砾砂岩、泥质粉砂岩，上部夹钙质泥岩。标本发现时遭到严重损坏，未经修复，现藏于四会市博物馆。标本 SHS115 恐龙牙齿化石（图2：1），保存长度约为 8.2 cm，牙齿保存部分略微弯曲，釉质层较薄，一侧边缘有锯齿，牙齿齿尖、齿根缺失。拟为霸王龙[3]。标本 SHS114 恐龙牙齿化石（图2：2），保存长度约为 3.8 cm，牙齿保存部分略微弯曲，整体呈锥形，釉质层较薄，边缘锯齿状，齿尖、齿根缺失。标本 SHS113 恐龙牙齿化石（图2：3），保存长度约为 7 cm，牙齿保存部分略微弯曲，整体呈锥形，边缘锯齿状，齿尖锋利。牙齿中部、齿根缺失。后两枚牙齿化石，拟为伤齿龙类。

图 2　　大沙镇恐龙牙齿化石

Fig. 2　　Dinosaur teeth fossil

1. SHS115；2. SHS114；3. SHS113.

3.2　恐龙骨骼

恐龙骨骼化石主要在 B 点、C 点及 D 点发现。C 点位于石仔岗附近，D 点位于燕子岗附近。C 点在 B 点的东南方向，相距大约 500 m；D 点在 C 点的东部，相距大约 400 m。C 点及 D 点多处发现有恐龙骨骼化石，但未见恐龙蛋化石。C 点出产恐龙化石的岩性是深灰、灰绿色钙质泥岩。C 点发现的恐龙化石标本也未经修复，典型的标本有 4 件。标本 SHS3 恐龙股骨化石（图3：1），保存长度约为 31 cm，股骨体微内凹，下端一侧的外侧髁保存较好，有 3 个髁间，股骨上端缺失。标本 SHS4 恐龙胫骨化石（图3：2），保存长度约为 35.5 cm，胫骨体呈柱体，下端内外髁保存较好，有 1 个髁间，胫骨上段缺失。标本 SHS8 恐龙盆骨化石（图3：3），保存长度约为 37 cm，宽 21 cm，髂骨翼部分缺失。标本 SHS206 恐龙胫骨及椎骨化石（图3：4），其中胫骨化石保存长度约为 30 cm，胫骨体呈柱体微曲，下端内外髁保存完整，有 1 髁间；椎骨化石保存长度约为 9.7 cm，椎弓呈"C"形，一侧椎体外凸。D 点出产恐龙化石的岩性是暗红色粉砂质泥岩。该地点发现的恐龙化石较为散碎，少见较大块的恐龙骨骼化石。标本 SHS207 恐龙骨骼化石（图4：1），保存长度约为 31.4 cm，宽 6 cm，保留骨骼一节，上下端缺失。

3.3　层位不确定的恐龙骨骼

除上述有明确出产地层的恐龙化石标本外，四会市博物馆还征集一批大沙出产的恐龙化石，但层位不大明确。标本编号 SHS26 恐龙椎骨化石（图 4：2），保存长度约为 24 cm，椎骨结构保存较好，为脊柱上段，一侧下髁缺失。标本编号为 SHS21 的恐龙肋骨化石（图 4：3），保存长度约为 46.5 cm，整体保存较好。标本编号 SHS22 恐龙肢骨化石（图 4：4），共保存 5 条肢骨，均有部分缺失，最长一条保存长度约为 38 cm，最短一条长度约为 20 cm。标本编号 SHS74 恐龙肢骨化石（图 4：5），共保存有 2 种不同的骨骼化石，一种较为细小，另一种较为粗大；细小标本一条长 9 cm，另一条长 7.5 cm；粗大骨骼长 9 cm。两种骨骼化石均有部分缺失，可能属不同的个体。

图 3　　恐龙骨骼化石

Fig. 3　　Dinosaur skeleton fragments

1. 股骨（SHS3）；2. 胫骨（SHS4）；3. 盆骨（SHS8）；4. 胫骨及椎骨（SHS206）.

4　恐龙蛋化石

恐龙蛋化石发现于 A 点、B 点。A 点位于茶亭岗附近，即 B 点的西南方，两处地点相距大约 400 m。A 点产恐龙蛋化石标本的岩性是灰、褐红色钙质结核砂岩与黄绿色条带的泥质粉砂岩互层，夹灰、灰白色砾岩，含砾砂岩。A 点发现的多为恐龙蛋壳化石，少见完整的蛋化石。标本 HSBB10 长形蛋化石（图 5：1），长形，保存长度约为

8.1 cm，蛋壳表面具有小瘤状或者脊状纹饰；仅保存蛋壳部分，其他缺失。B 点发现的恐龙蛋化石主要包括蛋壳和蛋化石。标本 3 件。标本 SHS90 棱柱形蛋化石（图 5：2），长形，保存长度约为 6.6 cm，横径 4 cm，蛋化石一端尖圆，插在圆形蛋窝里，较钝一端缺失；蛋壳表面有细弱纹饰。标本 SHS100 长形蛋化石（图 5：3），长形，共有 2 枚恐龙蛋化石，较大的一枚长度为 13 cm，较小的一枚长度为 11 cm，蛋壳表面具有小瘤状或者脊状纹饰，标本一端均缺失。标本 SHS89 长形蛋化石（图 5：4），长形，保存长度为 6.5 cm，蛋壳表面有小瘤状纹饰，仅保留一端，其余缺失。经与广东河源所产的长形恐龙蛋化石比较[4]，可能属窃蛋龙类。而棱柱形蛋化石，可能属伤齿龙类[5]。

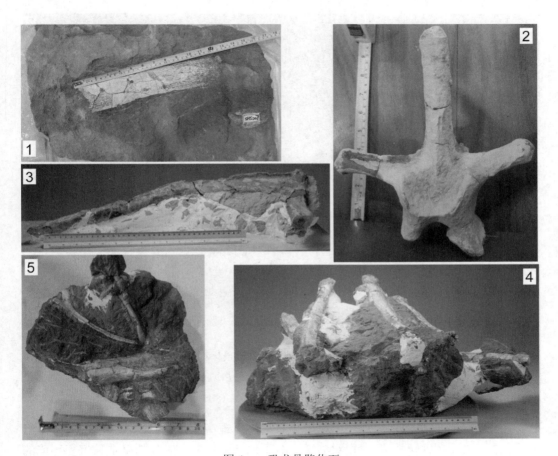

图 4　　恐龙骨骼化石

Fig. 4　　Dinosaur bone fossil

1. 骨骼（SHS207）；2. 椎骨（SHS26）；3. 肋骨（SHS21）；4. 肢骨化石（SHS22）；5. 肢骨化石（SHS74）.

5　初步认识

2006 年和 2007 年，同属三水盆地的佛山市三水区和清远市清新区石角已发现恐龙蛋类化石，其中三水大塘工业园首次发现恐龙骨骼化石①。四会大沙建设工地发现的恐龙化石是三水盆地白垩纪恐龙动物群的又一新发现。大沙建设工地发现的恐龙牙齿化石，从形态上看应该是属于霸王龙类和伤齿龙类牙齿化石。标本 SHS3 和 SHS4 很可能是属于大型植食性恐龙化石。从其他恐龙骨骼化石的形态上推断，可能还存在其他肉食性恐龙。蛋化石标本 SHS90 为棱柱形蛋化石，一般来说棱柱形蛋化石是伤齿龙类恐龙所产，推断曾经有伤齿龙类恐龙在此生活过。又根据张显球先生的分析，在四会大沙的长形蛋，分别属瑶屯巨型蛋、粗皮巨型蛋、安氏长形蛋及长形蛋未定种，其中巨型蛋是窃蛋龙所产，由此判断，四会可能也曾经有窃蛋龙生活。

图 5　　长形蛋和棱柱形蛋化石

Fig. 5　Dinosaur *Elongatoolithus* and *Prismatoolithus* eggs

1. 长形蛋（HSBB10）；2. 棱柱形蛋（SHS90）；3. 长形蛋（SHS100）；4. 长形蛋（SHS89）.

由于三水盆地大塱山组地层出露十分零星，较难深入研究。四会大沙的大塱山组地层出露良好，生物群化石也相对丰富，对于地层的划分、时代的确定、沉积环境的分析和恐龙绝灭研究增添了新的资料。同时对研究中生代末期 65 Ma～68 Ma 四会地区的古气候、古地理具有重大的意义。

致谢　四会大沙镇发现恐龙骨骼化石之后，得到了张显球高级工程师的指导和帮助，并提供了化石的出产地层资料。谨此表示衷心感谢。

---

①张显球，张晓军，林小燕. 等. 三水盆地脊椎动物化石新知. 见：中国古生物学会第十次全国会员代表大会暨第 25 届学术年会——纪念中国古生物学会成立 80 周年论文摘要集. 2009. 238-239.

参 考 文 献

1　张显球，周晓萍，陈修奕. 三水盆地白垩-第三纪钻井地层划分对比图集. 第 1 版. 北京: 海洋出版社, 1993. 15.

2　张显球，李罡，杨润林，等. 广东三水盆地晚白垩世的介形类动物群. 微体古生物学报, 2008 (2): 133-135.

3　吕君昌，刘艺，黄志青，等. 广东河源盆地晚白垩纪霸王龙类牙齿化石的发现及其意义. 地质通报, 2009, 28(6): 701-704.

4　邱立诚. 广东新发现的恐龙蛋化石地点，见: 王元青，邓涛主编. 第七届中国古脊椎动物学学术年会论文集. 北京: 海洋出版社, 1999. 105-108.

5　吕君昌，东洋一，黄东，等. 中国南方广东省河源盆地一新的伤齿龙类蛋化石. 见: 吕君昌等主编. 2005·河源国际恐龙学术研讨会论文集. 北京: 地质出版社, 2006. 11-18.

THE DISCOVERY OF DINOSAUR FOSSILS FROM SIHUI, GUANGDONG PROVINCE, CHINA

LIN Cong-rong[1]　　QIU Li-cheng [2]　　LIANG Zao-qun[1]

(1 *Sihui Municipal Museum*,　Sihui 526200, Guangdong;

2 *Institute of Relics and Archaeology of Guangdong Province*,　Guangzhou 510075, Guangdong)

ABSTRACT

Since 1992, a large number of animal fossils have been found in the red rock formations of Dasha Town, Sihui City, northwest of the Sanshui Basin. The collected specimens include dinosaurs, turtles, and gastropods etc., eight categories in total. Among them, the dinosaur fossils discovered from Furong hillock, north of Luokeng Village, Dasha Town, Sihui City in 2010 enriched new materials for the biota research in the area, for stratigraphic division, chronological determination, sedimentary environment analysis, and dinosaur extinction. The red rock formation of Dasha Town belongs to the dalangshan Formation, and its geological age belongs to the late Cretaceous. There are three kinds of dinosaur fossil specimens in Dasha Town, including dinosaur teeth, bones and dinosaur egg fossils. Based on the morphological characters, they were preliminarily identified as *Tyrannosaurus*, *Troodon*, *Oyiraptor*, etc. This is another paleontological advancement in Sanshui Basin.

Key words　　Sanshui Basin,　Upper Cretaceous,　Dinosaur fossil

第十七届中国古脊椎动物学学术年会论文集. 董为, 张颖奇主编. 北京: 海洋出版社, 2021. 281-294
Proceedings of the Seventeenth Annual Meeting of the Chinese Society of Vertebrate Paleontology
DONG Wei, ZHANG Ying-qi, eds. Beijing: China Ocean Press, 2021. 281-294

湖北省郧县大桥 1 号旧石器时代遗址发掘简报*

周天媛 [1]   谭 琛 [1]   李 泉 [1]   肖玉军 [2]   杜 杰 [3]

王凤竹 [3]   黄旭初 [4]   冯小波 [1]

(1 北京联合大学应用文理学院, 北京 100191; 2 湖北省荆州博物馆, 湖北 荆州 434020;

3 湖北省文物局, 湖北 武汉 430071; 4 湖北省十堰市博物馆, 湖北 十堰 442000)

摘 要 大桥 1 号旧石器时代遗址位于湖北省十堰市郧县安阳镇安阳村 3 组, 埋藏于汉水左岸第 II 级阶地上。石制品文化面貌有以下一些特点: 石制品的岩性大类中以沉积岩为多, 以硅质灰岩为主, 其次为砂岩, 其他岩性较少; 素材以河床中磨圆度较高的河卵石为主, 石器的素材以砾石 (石核) 为主, 且占绝对优势, 以石片为素材的石器处于次要地位; 石制品的剥片和加工方式均为硬锤锤击法, 没有发现砸击法等其他方法制造的产品; 剥片时对石核的台面不进行预先修理, 石核利用率不高; 石器类型以砍砸器为主, 其次为刮削器, 没有发现手斧; 石器的加工方式以单向加工的为多, 双向加工的石器较少。其文化面貌属中国南方旧石器时代文化传统, 时代相当于旧石器时代晚期。

关键词 大桥 1 号遗址; 石制品; 砍砸器; 旧石器时代晚期

1 前言

大桥 1 号旧石器时代遗址位于湖北省十堰市郧县安阳镇安阳村 3 组, 地理坐标为 $32°48'35.3''N$, $110°59'31.4''E$, 海拔高程 160 ~ 165 m, 遗址埋藏于汉水左岸第 II 级阶地上 (图 1) (丹江口水库未淹没时之地貌), 距郧县县城约 30 km。在南水北调中线工程湖北省地下文物保护工作中, 遗址于 1994 年调查时被发现 [1]。2012 年 6 月, 北京联合大学应用文理学院对该遗址进行了发掘, 规划发掘面积 200 m², 共布 5 m × 5 m 探方 8 个, 实际发掘面积 200 m² (图 2)。本文即是 2012 年该遗址发掘和调查的收获。

2 地质背景与地层堆积

大桥 1 号旧石器时代遗址所在的汉水左岸第 II 级阶地 (现为第 I 级阶地, 丹江口水库已将原来的第 I 级阶地淹没) 形成于新生代的新构造运动时期。这个区域在第四

---
* 基金项目: 国家社科基金项目 "湖北省郧县人遗址发掘研究报告" (项目编号: 12BKG002); 北京市属高等学校高层次人才引进与培养计划项目 (CIT&TCD20140312); 国家文物局文化遗产保护科学和技术研究课题 (课题编号: 20090105); 南水北调文物保护科研课题 (课题编号: NK04); 北京联合大学人才强校计划人才资助项目; 北京市哲学社会科学规划项目 (项目编号: 11LSB004); 北京联合大学 2012 年科研竞争性项目 "丹江口水库旧石器文化研究"; 北京联合大学 2017 年科研水平提高定额——面向特色学科的科研项目 (项目号: KYDE40201707).

周天媛: 女, 28 岁, 北京联合大学硕士研究生.

冯小波: 通信作者, 男, 53 岁, 研究员, 从事旧石器考古研究.

纪是河流发育的主要时期，由于构造运动和河流侵蚀作用使得河流两岸发育有多级河流阶地，在丹江口地区形成了 5 级层状地貌，同时也反映出该区有 5 次构造运动上升和稳定。新近纪是一个新构造运动相对稳定的时期，形成高度在 380 m 左右的分布较广的夷平面。新近纪末受喜马拉雅造山运动的影响，有一次较剧烈的新构造运动上升期，上升幅度达 200 m。在早更新世新构造运动又处于一个相对稳定时期，形成了Ⅳ级基座阶地，早更新世末又有一次新构造运动上升，上升幅度为 30 m 左右。在中更新世也有一次较长时期新构造运动稳定和下降时期，形成了分布较广的Ⅲ级冲积阶地[2]。

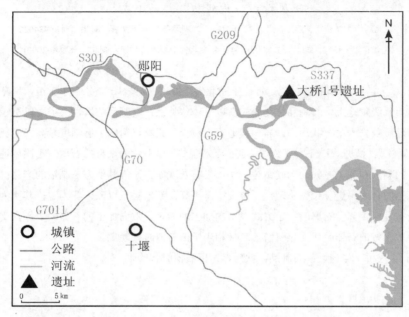

图 1   大桥 1 号旧石器时代遗址地理位置

Fig. 1   Geographic location of Daqiao 1 Paleolithic site

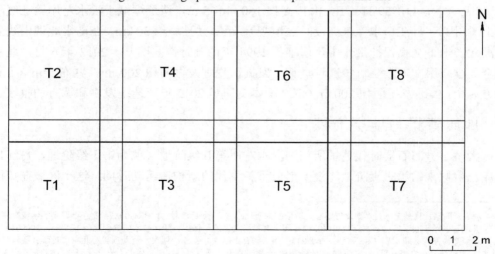

图 2   大桥 1 号旧石器时代遗址发掘探方分布

Fig. 2   Distribution of excavation squares at Daqiao 1 Paleolithic site

282

我们选取了层位较为清晰的探方 T1 来说明 2012 年大桥 1 号旧石器时代遗址的地层堆积状况。

T1 探方东、西壁地层堆积如下（图 3）。第①层为浅红褐色砂质土，含有少量钙质结核颗粒，厚 0.3 ~ 0.5 m，采集有石制品。第②层为黄褐色黏土，结构致密；含有少量钙质结核；厚 0.35 ~ 0.5 m，发现有石制品。第③层为红褐色黏土，钙质结核发育；结构致密，胶结坚硬，柱状节理发育；厚 0.4 ~ 0.5 m，发现有石制品。

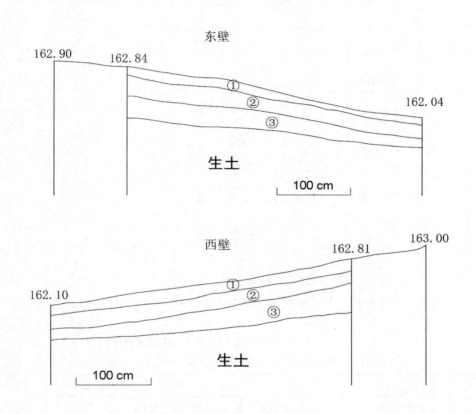

图 3　T1 探方东、西壁剖面

Fig. 3　Profiles of east and west excavation walls at T1

T1 探方南、北壁地层堆积如下（图 4）。第①层为灰褐色表土层，粉砂质黏土，结构疏松，厚 0.3 ~ 0.5 m，采集有石制品。第②层为黄褐色黏土，结构致密，含有少量钙质结核，厚 0.35 ~ 0.5 m，石制品较少。第③层为红褐色黏土，钙质结核发育，结构致密，胶结坚硬，柱状节理发育；钙质结核呈结核状和透镜状发育于节理中，垂直状分布；厚 0.4 ~ 0.5 m，发现有石制品。

3　文化遗物

3.1　概述

大桥 1 号旧石器时代遗址没有发现遗迹现象，所发现的均为遗物，由于这个遗址 3 个文化堆积的岩性相近，发掘出土及采集的石制品的埋藏环境也相同，因此我们将大桥 1 号遗址出土及采集的石制品视为同一个文化面貌来描述。

大桥 1 号旧石器时代遗址发掘出土及采集的石制品共计有 27 件，全部为打制石制品（表 1）。

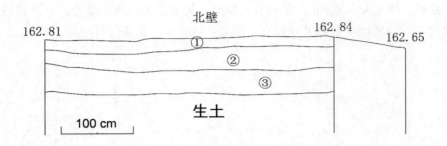

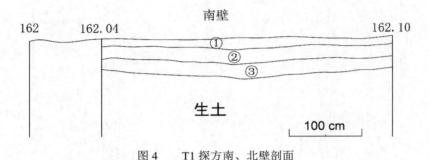

图 4　　T1 探方南、北壁剖面

Fig. 4　　Profiles of north and south excavation walls at T1

表 1　　大桥 1 号旧石器时代遗址石制品岩性统计

Table 1　　Raw material of stone artifacts at Daqiao 1 Paleolithic site

项目	沉积岩				火成岩		合计
	硅质灰岩	砂岩	硅质岩	白云岩	脉石英	闪长岩	
第③层	11	2	0	0	0	1	14
第②层	1	0	0	0	0	0	1
采集	3	4	1	1	3	0	12
小计	15	6	1	1	3	1	27
合计	23				4		27
百分比/%	55.6	22.2	3.7	3.7	11.1	3.7	100
	85.2				14.8		

3.2　岩性

从表 1 可以看出，在大桥 1 号旧石器时代遗址中发现的打制石制品中，从岩性大类看，以沉积岩标本最多，有 23 件，占石制品总数的 85.2%；其次为火成岩标本，有

4 件，占 14.8%；不见变质岩标本。从岩性小类上看，在 6 种岩性中，以硅质灰岩标本为最大宗，有 15 件，占 55%；其次为砂岩标本，有 6 件，占 22%；再次为脉石英标本，有 3 件，占 11%；其他是硅质岩、白云岩、闪长岩标本，各有 1 件，各占 4%。由此可见，大桥 1 号遗址的远古居民制作石器最喜好的岩石种类是硅质灰岩，其他的较少选用。

4 石制品类型

在本文中我们将打制石制品分为 3 大类：原料及素材、加工工具和石器。原料及素材主要指加工的对象，如砾石、石核、石片、碎片、碎块、断块等；加工工具主要是指石锤、石砧及其他用来加工石器的工具，目前在大桥 1 号旧石器时代遗址中没有发现加工工具；石器主要指各种经过加工后的原料及素材，依素材类型分为两个大类，砾石（石核）石器和石片石器。每大类又分为若干小的类型，如砾石石器又分为砍砸器、手镐、手斧等，石片石器分为刮削器、尖状器、端刮器等。

从表 2 中我们知道，大桥 1 号遗址的原料及素材中碎片（碎块）数量居多，石核、石片和砾石的数量稍少。全部 27 件石制品中，石核和以砾石或石核为素材的砾石石器有 9 件，石片、碎片（块）和以石片、碎片为素材的石片石器有 3 件。

表 2　　大桥 1 号旧石器时代遗址石制品类型统计

Table 2　　Classes and frequencies of stone artifacts at Daqiao 1 Paleolithic site

石制品大类	加工对象											合计
石制品类型	原料及素材					石器						
		砾石		石核		砾石石器				石片石器		
	碎（断）块（片）	断裂砾石	打击砾石	单台面石核	双台面石核	有孤立片疤的砾石	单向加工的砍砸器 普通 单刃	单向加工的砍砸器 普通 双刃	双向加工的砍砸器 普通 单刃	刮削器 单刃	刮削器 双刃	
第③层	6	1	1	1	0	2	1	1	0	1	0	14
第②层	0	0	0	0	1	0	0	0	0	0	0	1
采集	3	0	2	0	0	1	2	1	1	1	1	12
小计	9	1	3	1	1	3	3	2	1	2	1	27
合计	9	4		2		3	5		1	3		27
%	15	33		7		11	19		4	11		100

从表 3 中我们可以看到，在全部石制品中石器只有 12 件，占石制品总数的 44%。在石器大类中，砾石石器占大多数，有 9 件，占石器总数的 75%；石片石器有 3 件，占 25%。砾石石器的种类有孤立片疤的砾石、砍砸器等；石片石器的种类只有刮削器类。在石器小类中，砍砸器类有 9 件，占石器总数的 75%；其次是刮削器，有 3 件，占 25%。没有发现手斧。

类型	砍砸器	刮削器	小计
数量	9	3	12
百分比/%	75	25	100

4.1　原料和素材

有 15 件，分别为碎块（片）9 件、有打击痕迹的砾石 4 件、石核 2 件。

4.2　石器

石器有 12 件，分为有孤立凹下片疤的砾石、砍砸器、刮削器等。

2012YDIT5③:3，有孤立凹下片疤的砾石，似为特征不明显的单向加工的砍砸器。长 120 mm、宽 115 mm、厚 42 mm，重 911 g。岩性为硅质灰岩。孤立片疤在远端面，打击方向为反向，台面角为 56°。半锥体不明显，打击泡不发育，石片角为 140°（图 5）。

图 5   大桥 1 号遗址中有孤立凹下片疤的砾石（2012YDIT5③:3）

Fig. 5   Gravel with isolated concave scar (2012YDIT5③:3) at Daqiao 1 Paleolithic site

2012YDIC:8，普通单刃单向加工的砍砸器，长 144 mm、宽 115 mm、厚 39 mm，重 835 g。岩性为砂岩，素材是砾石，刃缘在远端边，由 2 块疤加工而成，均为正向加工。刃缘平面形状略呈"S"形刃，侧视呈弧刃。刃缘弧长、弦长、矢长分别为 60 mm、53 mm、3 mm，可测刃角分别为 67°和 62°（图 6）。

　　2012YDIT4③:1，普通双刃单向加工的砍砸器，长 113 mm、宽 93 mm、厚 40 mm，重 492 g。岩性为硅质灰岩，素材是砾石，刃缘分别在左侧边、远端边，由 3 块疤加工而成，均为正向加工。刃缘平面形状均呈凸刃，侧视均呈弧刃。两条刃缘弧长、弦长、矢长分别为 50 mm、48 mm、5 mm，50 mm、48 mm、2 mm，可测刃角分别为 70°、82°和 58°（图 7）。

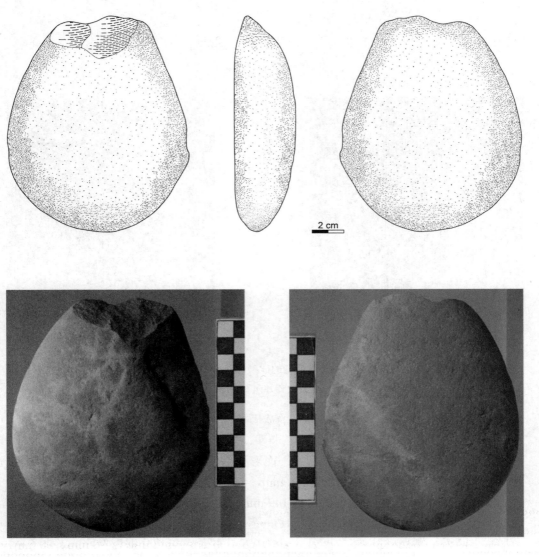

图 6　　大桥 1 号遗址的砍砸器（2012YDIC:8）

Fig. 6　　Chopper (2012YDIC:8) at Daqiao 1 Paleolithic site

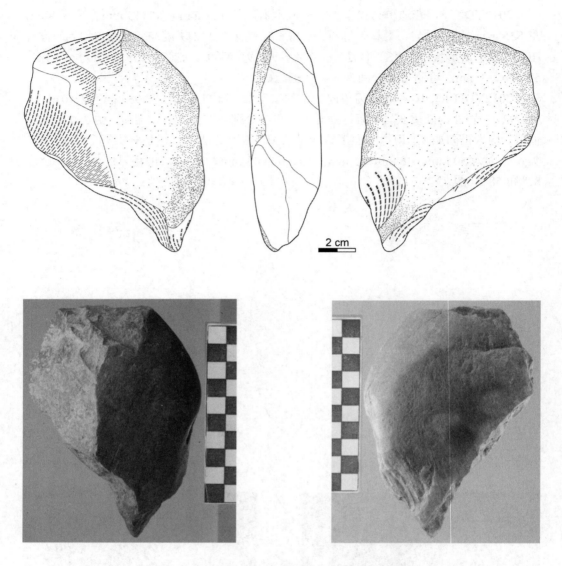

图 7　　大桥 1 号遗址的砍砸器（2012YDIT4③:1）

Fig. 7　　Chopper (2012YDIT4③:1) at Daqiao 1 Paleolithic site

2012YDIC:10，普通单刃双向加工的砍砸器，长 112 mm、宽 89 mm、厚 89 mm，重 1 070 g。岩性为脉石英，素材是砾石断块，刃缘在远端边，由 3 块疤加工而成，2 块为正向加工、1 块为反向加工。刃缘平面形状呈凸刃，侧视略呈"S"形刃。刃缘弧长、弦长、矢长分别为 65 mm、61 mm、2 mm，可测刃角分别为 79°、69° 和 66°（图 8）。

2012YDIT6③:1，单刃刮削器，长 149 mm、宽 125 mm、厚 28 mm，重 516 g。岩性为闪长岩，素材是石片，刃缘在右侧边—远端边，由 3 块疤正向加工而成。刃缘平面形状呈凸刃，侧视略呈"S"形刃。刃缘弧长、弦长、矢长分别为 90 mm、80 mm、16 mm，刃角分别为 63°、75° 和 43°（图 9）。

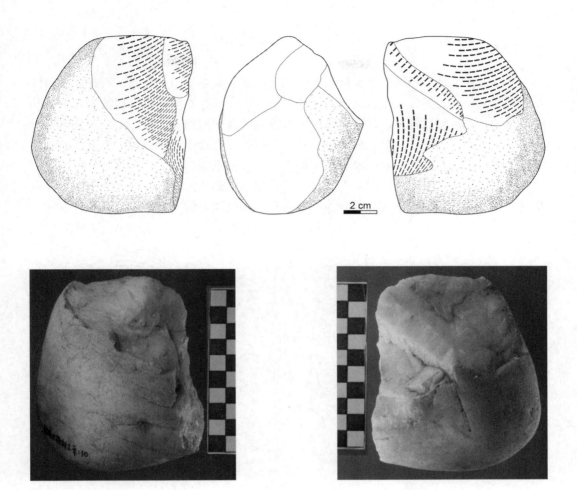

图 8　　大桥 1 号遗址的砍砸器（2012YDIC:10）

Fig. 8　　Chopper (2012YDIC:10) at Daqiao 1 Paleolithic site

2012YDIC:12，双刃刮削器，长 100 mm、宽 78 mm、厚 18 mm，重 192 g。岩性为硅质灰岩，素材是碎片，刃缘分别在左侧边、近端边，由 3 块疤正向加工而成。刃缘平面形状分别略呈"S"形刃、"<"状曲折形刃，侧视均呈弧形刃。两条刃缘的弧长、弦长、矢长分别为 57 mm、52 mm、3 mm，55 mm、52 mm、6 mm，刃角分别为 60°、72° 和 67°（图 10）。

5　时代

大桥 1 号遗址旧石器时代遗址没有做过年代测定工作，也没有发现更多的可以断定其相对年代的动物化石，所以根据汉水河流阶地的发育情况以及在丹江口水库库区已经发掘的其他类似遗址，我们推测其属于更新世晚期，相当于旧石器时代晚期，距今 100 ka ~ 50 ka。

6　讨论

　　大桥 1 号遗址旧石器时代遗址的石制品文化面貌有以下一些特点：石制品的岩性大类中以沉积岩为多，火成岩次之，变质岩较少；岩性有 6 种，以硅质灰岩为主，其次为砂岩，其他岩性较少；素材以河床中磨圆度较高的河卵石为主，石器的素材以砾石（石核）为主，且占绝对优势，以石片为素材的石器处于次要地位；石制品的剥片和加工方式均为硬锤锤击法，没有发现砸击法等其他方法的产品；剥片时对石核的台面不进行预先修理，石核利用率不高；石器类型以砍砸器为主，其次为刮削器，没有发现手斧；石器的加工方式以单向加工的为多，双向加工的石器较少。

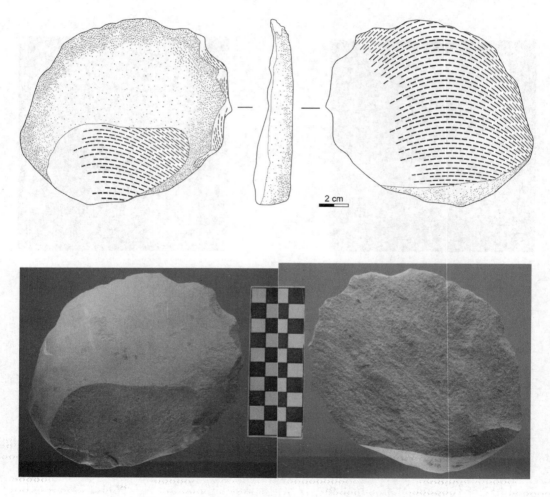

图 9　　大桥 1 号遗址的刮削器 （2012YDIT6③:1）

Fig. 9　　Scraper (2012YDIT6③:1) at Daqiao 1 Paleolithic site

大桥 1 号旧石器时代遗址所处的丹江口地区是中国南方旧石器时代早、中期文化分布的重要区域，以前没有发现旧石器时代中、晚期的遗址，近些年来，随着南水北调中线工程湖北库区文物保护工作的开展，发掘了大量和周家坡旧石器时代遗址埋藏环境相似、海拔高度相近的遗址，如双树、彭家河、北泰山庙、红石坎、刘湾等十余处旧石器时代遗址[3-28]。这些遗址的文化面貌都有一定的相似性，如均以大型工具为主，以砍砸器、手镐、手斧等大型石器为多；小型工具较少，以刮削器为主；所有遗址中都或多或少出土有手斧；均以硬锤锤击法为主的加工石器，有时也用砸击法等。

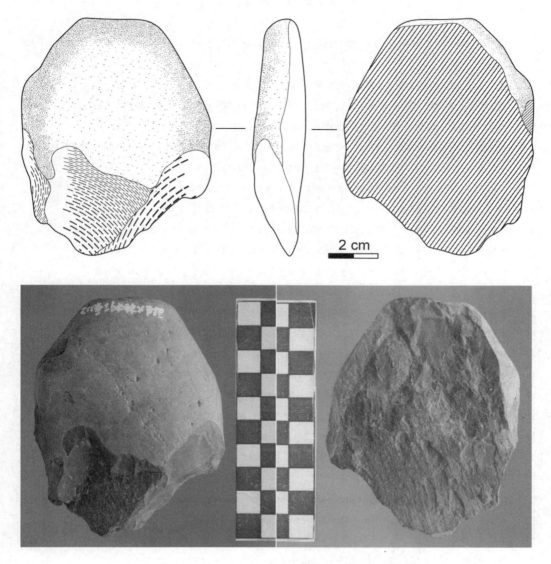

2 cm

图 10　　大桥 1 号遗址的刮削器（2012YDIC:12）

Fig. 10　　Scraper (2012YDIC:12) at Daqiao 1 Paleolithic site

大桥 1 号遗址旧石器时代遗址的发掘，为研究中国南方旧石器时代文化提供了非常重要的实物资料，从该遗址的石制品面貌看，和这个区域旧石器时代早、中期的一些遗址有着惊人的一致性，证明中国南方旧石器时代文化发展的连续性，南方砾石文化传统有着自己的发生、发展的演化谱系。

致谢 稿件中的插图由冯小波和周天媛绘制，照片由冯小波和李泉拍摄。

参 考 文 献

1 黄学诗, 郑绍华, 李超荣, 等. 丹江库区脊椎动物化石和旧石器的发现与意义. 古脊椎动物学报, 1996, 34 (3): 228-234.

2 沈玉昌. 汉水河谷的地貌及其发育史. 地理学报, 1956 (4): 295-271.

3 北京联合大学应用文理学院历史文博系, 等. 湖北郧县刘湾旧石器时代遗址发掘简报. 江汉考古, 2012 (6): 3-11.

4 方启, 陈全家, 高宵旭. 黄家湾旧石器遗址发掘简报. 考古与文物, 2011 (1): 29-35.

5 北京联合大学应用文理学院, 等. 湖北省郧县黄家窝旧石器时代遗址石制品初步研究. 中原文物, 2014 (5): 16-23.

6 李超荣. 丹江口库区发现的旧石器. 中国历史博物馆馆刊, 1998 (1): 4-12.

7 李超荣, 冯兴无, 李浩. 1994 年丹江口库区调查发现的石制品研究. 人类学学报, 2009, 28(4): 337-354.

8 李浩, 李超荣, 冯兴无. 2004 年丹江口库区调查发现的石制品. 人类学学报, 2012, 31(2): 113-126.

9 裴树文, 关莹, 高星. 丹江口库区彭家河旧石器遗址发掘简报. 人类学学报, 2008, 27(2): 95-110.

10 周振宇, 王春雪, 高星. 丹江口北泰山庙旧石器遗址发掘简报. 人类学学报, 2009, 28(3): 246-261.

11 牛东伟, 马宁, 裴树文, 等. 丹江口库区宋湾旧石器地点发掘简报. 人类学学报, 2012, 31(1): 11-23.

12 方启, 陈全家, 卢悦. 湖北丹江口北泰山庙 2 号旧石器地点发掘简报. 人类学学报, 2012, 31(4): 344-354.

13 李浩, 李超荣, Kuman K. 丹江口库区果茶场 II 旧石器遗址发掘简报. 人类学学报, 2013, 32(2): 144-155.

14 李超荣, 李锋, 李浩. 丹江口库区红石坎 I 旧石器地点发掘简报. 人类学学报, 2014, 33(1): 17-26.

15 陈全家, 陈晓颖, 方启. 丹江口库区水牛洼旧石器遗址发掘简报. 人类学学报, 2014, 33(1): 27-38.

16 陈胜前, 陈慧, 董哲, 等. 湖北郧县余嘴 2 号旧石器地点发掘简报. 人类学学报, 2014, 33(1): 39-50.

17 李意愿, 高成林, 向开旺. 丹江口库区舒家岭旧石器遗址发掘简报. 人类学学报, 2015, 34(2): 149-165.

18 李浩, 李超荣, Kuman K. 丹江口库区的薄刃斧. 人类学学报, 2014, 33(2): 162-176.

19 李天元, 王正华, 李文森, 等. 湖北省郧县曲远河口化石地点调查与试掘. 江汉考古, 1991 (2): 1-14.

20 李天元, 王正华, 李文森, 等. 湖北郧县曲远河口人类颅骨的形态特征及其在人类演化中的位置. 人类学学报, 1994, 13(2): 104-116.

21 Li T Y, Etler D A. New Middle Pleistocene hominid crania from Yunxian in China. Nature, 1992, 357(6 377): 404-407.

22 阎桂林. 湖北郧县人化石地点的磁性地层学初步研究. 地球科学-中国地质大学学报, 1993, 18(2): 221-226.

23 陈铁梅, 杨全, 胡艳秋, 等. 湖北郧县人化石地层的 ESR 测年研究. 人类学学报, 1996, 15(2): 114-118.

24 李炎贤, 计宏祥, 李天元, 等. 郧县人遗址发现的石制品. 人类学学报, 1998, 17(2): 94-120.

25 李天元, 冯小波. 郧县人, 武汉: 湖北科学技术出版社, 2001. 1-218.

26 陕西省考古研究院, 商洛地区文管会, 洛南县博物馆. 花石浪（I）—洛南盆地旷野类型旧石器地点群研究. 北京:

科学出版社, 2007. 48-49.

27　Pei SW, Niu DW, Guan Y, et al. Middle Pleistocene hominin occupation in the Danjiangkou Reservoir Region, central China: studies of formation processes and stone technology of Maling 2A site. Journal of Archaeological Science, 2015, 53: 391-407.

28　杜杰, 冯小波, 王凤竹, 等. 湖北省郧县肖家河发现的石制品. 华夏考古, 2015, (1): 26-33.

A PRELIMINARY REPORT ON THE EXCAVATION OF DAQIAO 1 PALEOLITHIC SITE, YUNXIAN COUNTY, HUBEI PROVINCE

ZHOU Tian-yuan[1]　　TAN Chen[1]　　LI Quan[1]　　XIAO Yu-jun[2]　　DU Jie[3]

WANG Feng-zhu[3]　　HUANG Xu-chu[4]　　FENG Xiao-bo[1]

(1 *College of Arts and Science of Beijing Union University*,　Beijing 100191;

2 *Hubei Provincial Bureau of cultural relics*,　Wuhan 430077, Hubei;

3 *Yunyang District Bureau of cultural relics*,　Yunyang 442500, Hubei; 4. *Shiyan Museum*,　Shiyan 442000, Hubei)

ABSTRACT

Daqiao 1 Paleolithic site is located in Anyang village, Anyang town, Yunxian County, Shiyan City, Hubei Province, China, buried in the second terrace of the Han River. The general features of the lithic assemblage are summarized as follow: the raw materials are dominated by sedimentary rock, firstly siliceous limestone and secondly sandstone, with a few other raw materials. The early human living at Daqiao 1 Paleolithic site selected cobbles from the Han River bank for making stone artifacts. The direct hammer percussion is used for flake knapping and retouching tools, without core preparation and bipolar technique. The use rate of core flaking is not too high. The lithic assemblage of Daqiao 1 Paleolithic site includes choppers, chopping-tools and scrapers, but with no handaxe. The early human used mostly unifacial direction for making stone tools and occasionally bifacial. The cultural aspect of Daqiao 1 Paleolithic site is characterized by choppers, chopping-tools. The stone assemblage is similar to the pebble tool industry in South China. The age of Daqiao 1 Paleolithic site is most likely in the Upper Paleolithic, about 30 ka ago.

Key words   Daqiao 1 Paleolithic site,   Stone artefacts,   Chopper,   Upper Paleolithic

第十七届中国古脊椎动物学学术年会论文集. 董为, 张颖奇主编. 北京: 海洋出版社, 2021. 295-312
Proceedings of the Seventeenth Annual Meeting of the Chinese Society of Vertebrate Paleontology
DONG Wei, ZHANG Ying-qi, eds. Beijing: China Ocean Press, 2021. 295-312

湖北省郧县崔家坪旧石器时代遗址发掘简报*

周天媛[1]　谭　琛[1]　李　泉[1]　肖玉军[2]　杜　杰[3]
王凤竹[3]　黄旭初[4]　冯小波[1]

(1 北京联合大学应用文理学院, 北京 100191; 2 湖北省荆州博物馆, 湖北　荆州 434020;

3 湖北省文物局, 湖北　武汉 430071; 4 湖北省十堰市博物馆, 湖北　十堰 442000)

摘　要　湖北省崔家坪旧石器时代遗址位于湖北省十堰市郧县安阳镇赵湾村 3 组, 埋藏于汉水右岸的 II 级阶地上, 为土状堆积, 基岩为碎屑灰岩。其文化面貌有以下一些特点: 石制品的岩性大类中以沉积岩为主, 其次为火成岩; 岩性小类中以硅质岩为主; 石器的素材以砾石 (石核) 为主, 且占相对优势; 以石片为素材的石器较少; 石制品的剥片和加工方式均为硬锤锤击法, 没有发现砸击法等其他方法的石制品; 石器类型以砍砸器为主, 其次为刮削器, 没有发现手斧和手镐; 石器的加工方式以单向加工的为主, 但双向加工的石器也有相当的比例。崔家坪旧石器时代遗址的埋藏环境属于第 II 级阶地, 相当于旧石器时代文化晚期, 因此其文化面貌具有中国南方旧石器时代文化晚期特征。

关键词　崔家坪; 石制品; 中国南方砾石石器; 旧石器时代晚期

1　遗址概况、地质地貌及地层堆积

崔家坪遗址位于湖北省十堰市郧县安阳镇赵湾村 3 组, 地处汉江右岸的 II 级阶地 (图 1)。经过调查, 崔家坪遗址分布地点的中心地理坐标为 32°48′14.6″N, 111°0′18.3″E, 海拔高程为 158 m。目前保存的面积为 3 000 m², 文化层厚度约 5 m (图 2 a)。

1994 年中国科学院古脊椎动物与古人类研究所调查时发现该地点[1]。2004 年, 中国科学院古脊椎动物与古人类研究所复查确认[2]。2012 年, 崔家坪地点进行第一次发掘, 以西南角的第一个探方开始编号, 布 5 m×5 m 探方共 4 个 (图 2 b), 发掘面积 100 m² (图 2 c)。

郧阳盆地位于湖北省北部, 被汉江一分为二, 汉江以北为秦岭余脉东段南麓, 汉江以南与武当山都属于大巴山系, 与武当山相距约 60 km。郧县被汉水分开, 分为郧北、郧南两部分[3]。郧阳盆地属于郧北地质构造, 秦岭纬向构造带东段南缘为次级构

* 基金项目: 国家社科基金项目 "湖北省郧县人遗址发掘研究报告" (项目编号: 12BKG002); 北京市属高等学校高层次人才引进与培养计划项目 (CIT&TCD20140312); 国家文物局文化遗产保护科学和技术研究课题 (课题编号: 20090105); 南水北调文物保护科研课题 (课题编号: NK04); 北京联合大学人才强校计划人才资助项目; 北京市哲学社会科学规划项目(项目编号: 11LSB004); 北京联合大学 2012 年科研竞争性项目 "丹江口水库旧石器文化研究"; 北京联合大学 2017 年科研水平提高定额——面向特色学科的科研项目 (项目编号: KYDE40201707).

周天媛: 女, 28 岁, 北京联合大学硕士研究生.

冯小波: 通信讯作者, 男, 53 岁, 研究员, 从事旧石器考古研究.

造。由于频繁的新构造运动，第四纪以来本区不断上升，河谷深切，"V"形谷和箱形谷交替出现；坡降达 1.2%，多急流险滩、断壁陡崖，蛇曲发育，属幼年期高弯度河流。这一地区地层有震旦系、寒武系和新生代第三系、第四系。其中，震旦系为本区主要出露地层，分为上下两统。寒武系，出露于南部杨家堡和乌峪向斜[4]。第三系，分布于本区东北部杨营、刘洞和淘河两侧。第四系，分布在各河流下游一带，为河床冲击、河漫滩及河床Ⅰ级阶地，为未胶结的沙砾组成，或为坡积、残积层黏土[5]。

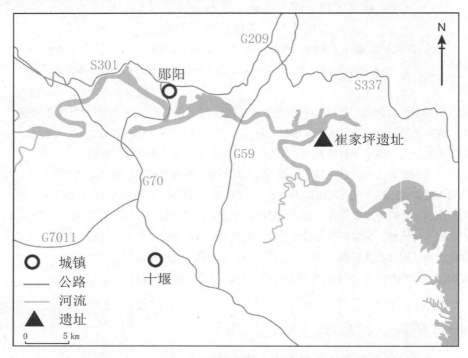

图 1 崔家坪旧石器时代遗址位置

Fig. 1 Geographic location of the Paleolithic site of Cuijiaping

从地貌上看，总的地势是西高东低，南部和北部隆起，中间为汉江谷地。汉江干流为本区最大的河流，西从陕西入境，沿秦岭、大巴山之间向东流，贯穿一系列盆地，形成峡谷和盆地相间出现的地貌。郧县盆地是其中较大的盆地。考古发现，在郧县柳陂镇辽瓦店子的Ⅲ级坡地上，分布一条大约 500 m 长、5 m 宽的远古贝壳化石带。由陷落盆地和贝壳化石共同证明，郧县在白垩纪早期曾是一片汪洋大海[6]。

此次崔家坪遗址发掘的地层堆积比较简单，共分 3 层。现以 T1 为例说明（图 3 和图 4）。

第①层，耕土层，浅灰色黏土，疏松，厚 15 ~ 30 cm，含有草茎和少量的钙质结核块，未发现石制品。

第②层，浅黄褐色黏土，分布全方，稍结硬，厚 20 ~ 55 cm，含有黄褐色黏土块、灰土块以及钙质结核块等物，未发现石制品。

第③层，黄色黏土，致密，分布全方，含有大量的黄砂岩以及少量的钙质结核块，厚 20 ~ 40 cm，发现石制品。

296

图 2　崔家坪旧石器时代遗址 2012 年发掘探方分布

Fig. 2　Distribution of excavation squares at the Cuijiaping Paleolithic site in 2012

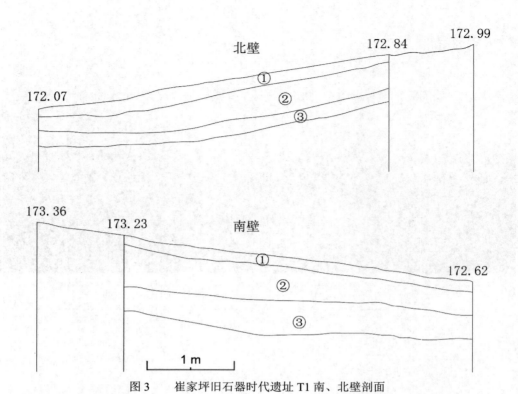

图 3　　崔家坪旧石器时代遗址 T1 南、北壁剖面

Fig. 3　　Profiles of north and south excavation walls of T1 at the Cuijiaping Paleolithic site

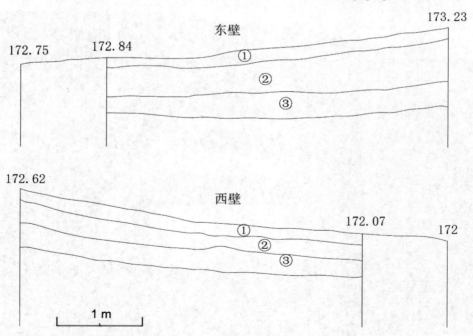

图 4　　崔家坪旧石器时代遗址 T1 东、西壁剖面

Fig. 4　　Profiles of east and west excavation walls of T1 at the Cuijiaping Paleolithic site

2 石制品概况

从崔家坪遗址发现的文化遗物均为打制石制品,其中发掘出土 17 件,采集 25 件,没有发现其他的骨制品或角制品等其他质地的文化遗物。

2.1 石制品岩性

从崔家坪遗址发现的石制品计有 42 件,其岩性大类属沉积岩的有 24 件,占石制品总数的 57.14%;属火成岩的有 18 件,占 42.86%;没有变质岩的标本(表 1)。岩性小类中以硅质岩为最多,有 21 件,占石制品总数的 50%;其次为脉石英标本,有 18 件,占 42.86%;砂岩的标本最少,只有 3 件,占 7.14%。

表 1　　崔家坪旧石器时代遗址石制品岩性统计

Table 1　　Raw material of stone artifacts at the Cuijiaping Paleolithic site

岩性大类	火成岩	沉积岩		小计
岩性小类	脉石英	硅质岩	砂岩	
数量/件	18	21	3	42
百分比/%	42.85	50	7.15	100
	42.85	57.15		100

2.2 石制品类型

崔家坪遗址发现的石制品类型有:碎(断)片(块)15 件、砾石 4 件、石核 6 件、单向加工的砍砸器 11 件、双向加工的砍砸器 3 件、刮削器 3 件(表 2)。

表 2　　崔家坪遗址石制品类型统计

Table 2　　Classes and frequencies of stone artifacts at the Cuijiaping Paleolithic site

	原料及素材				石器						合计
碎(断)片(块)	砾石		石核		砾石(石核)石器					石片石器	
					单向加工砍砸器			双向加工砍砸器			
					普通			普通		刮削器	
	断裂砾石	完整砾石	单台面石核	双台面石核	单刃	双刃	多刃	单刃	多刃	单刃	
小计　15	1	3	4	2	7	3	1	2	1	3	42
合计　15	4		6		11			3		3	42
百分比/%　35.71	9.53		14.29		26.19			7.14		7.14	100
					33.33					7.14	

3 石制品研究

崔家坪遗址石制品中没有发现加工工具,均为被加工的对象,包括原料(素材)、石器等。

原料及素材,包括碎(断)片(块)(15 件);砾石(4 件),类型有断裂砾石(1 件)、完整砾石（3件）两种；石核有6件。

3.1 石核

崔家坪遗址发现的石核有6件，类型有单台面和双台面两种。

崔家坪遗址发现的单台面石核有4件。

崔家坪遗址发现的台面在底面的单台面石核有2件，岩性均为脉石英。它们的平面形状分别为不规则四边形和近似椭圆形；横剖面形状均为近似椭圆形；纵剖面形状分别为近似椭圆形和不规则四边形。

崔家坪采:14，岩性为脉石英。长、宽、厚分别为87 mm、87 mm、70 mm，重量为643 g。素材为砾石。台面性质为砾石天然石皮，台面剥片使用率为44％。有3个剥片面，可见3块片疤，砾石天然石皮面积占标本总表面积的比率为73.08％。台面角其中1个为103°，另外两个不可测。

崔家坪采:18，岩性为脉石英。长、宽、厚分别为127 mm、93 mm、90 mm，重量为1 351 g。素材为砾石。台面性质为砾石天然石皮，台面剥片使用率为35.06％。有1个剥片面，可见5块片疤，砾石天然石皮面积占标本总表面积的比率为33.33％。台面角分别为88°、84°、107°、109°和84°。

崔家坪遗址发现的台面在近端面的单台面石核有2件。此类石核的岩性分别为脉石英和硅质岩。它们的平面、横剖面和纵剖面形状均为不规则四边形。

崔家坪采:8，岩性为脉石英。长、宽、厚分别为96 mm、92 mm、85 mm，重量为942 g。素材为砾石。台面性质为砾石的天然石皮，台面剥片使用率为33.33％。有1个剥片面，可见3块片疤，砾石天然石皮面积占标本总表面积的比率为80％。台面角其中1个为88°，另外两个不可测（图5）。

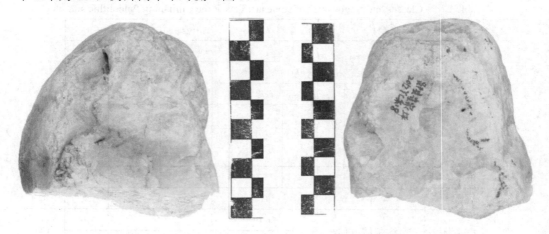

图5　崔家坪旧石器时代遗址采集石核（崔家坪采:8）

Fig. 5　Double-platform core at the Cuijiaping Paleolithic site(2012YC 采:8)

崔家坪采:13，岩性为硅质岩。长、宽、厚分别为150 mm、128 mm、106 mm，重量为2 582 g。素材为砾石。台面性质为砾石的天然石皮，台面剥片使用率为28.46％。有两个剥片面，可见2块片疤，砾石天然石皮面积占标本总表面积的比率为80％。台面角分别为107°和78°。

崔家坪遗址发现的双台面石核有2件，我们根据双台面石核的两个台面位置组合的不同将其分为两种：两个台面相连和两个台面不相连，没有发现两个台面不相连的标本。

近端面和底面两个台面相连的双台面石核有1件，其近台面和底台面相邻且相连。

崔家坪采:1，岩性为硅质岩。长、宽、厚分别为98 mm、89 mm、76 mm，重量为754 g。素材为砾石，两个台面性质分别为人工台面（平的片疤）和人工台面（略有起伏）。两个台面剥片使用率分别为48.51%和33.33%。剥片面有5个，可见7块片疤。砾石天然石皮面积占标本总表面积的比率为25%。台面角分别为34°、110°、19°、46°、30°、32°和74°（图6）。

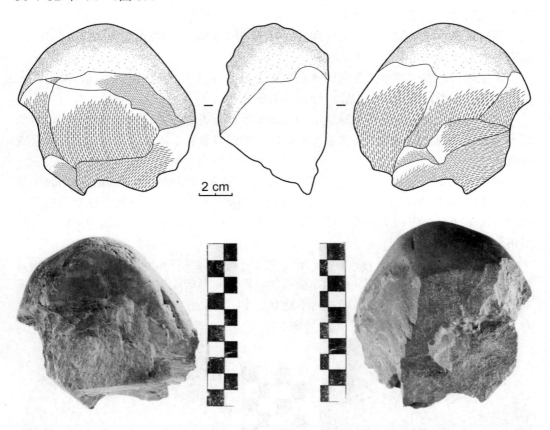

2 cm

图6　　崔家坪旧石器时代遗址采集石核（崔家坪采:1）

Fig. 6　　Double-platform core at the Cuijiaping Paleolithic site (2012YC 采:1)

顶面和近端面两个台面相连的标本有1件，其顶台面和近台面相邻且相连。

崔家坪采:16，岩性为脉石英。长、宽、厚分别为136 mm、153 mm、84 mm，重量为1 832 g。素材为砾石。平面形状为近似椭圆形、横剖面形状为不规则四边形、纵剖面形状为不规则三边形。两个台面性质分别为砾石天然石皮和人工台面（略有起伏）。两个台面剥片使用率分别为22.96%和11.08%。剥片面有两个，可见2块片疤。砾石天然石皮面积占标本总表面积的比率为80%。可测台面角为82°和108°。

3.2 石器

崔家坪遗址发现的石器有 17 件，依据其素材分为砾石（石核）石器和石片石器。其中，砾石（石核）石器有 14 件，占所有发现石器中的 82.4%；石片石器有 3 件，占所有发现石器的 17.6%。由此可看出，崔家坪旧石器时代遗址出土的砾石（石核）石器远远多于石片石器。

3.2.1 砾石石器

崔家坪遗址发现的砾石石器有 14 件，可分为单向加工的砍砸器（11 件）和双向加工的砍砸器（3 件）两类。其中，单向加工的砍砸器有 11 件，占所有砍砸器中的 78.57%；双向加工的砍砸器有 3 件，占所有砍砸器中的 21.43%。由此可以看出，以单向加工的石器占据了绝对优势。

崔家坪遗址发现的单向加工的砍砸器有 11 件。根据刃缘数量的多少可分为单刃、双刃和多刃 3 种类型。

崔家坪遗址发现的单刃单向的砍砸器有 7 件，根据其刃缘位置的不同，又可分为端刃和侧刃两类，没有发现刃缘在侧面的石制品。

崔家坪遗址发现的端刃单向加工的砍砸器可分为刃缘在近端和远端两种，没有发现刃缘在近端的其他石制品。崔家坪遗址发现的刃缘位置在远端边的单向加工的砍砸器有 7 件。

崔家坪采:25，岩性为硅质岩。长、宽、厚分别为 157 mm、117 mm、39 mm。重量为 739 g。素材为砾石。平面、横剖面形状均为不规则四边形；纵剖面形状为梯形。刃缘平视呈凹刃，侧视呈弧刃。第二步加工的小疤有 2 个，加工方向均为正向。可测刃角分别为 46°和 50°。

2012YCT2③:7，岩性为脉石英。长、宽、厚分别为 137 mm、112 mm、48 mm。重量为 1 125 g。素材为砾石。平面、横剖面、纵剖面形状均为近似椭圆形。刃缘平视呈凹刃，侧视呈弧刃。第二步加工的小疤有 3 个，加工方向均为正向。可测刃角分别为 59°和 57°，其中一个刃角不可测（图 7）。

图 7　崔家坪旧石器时代遗址采集砍砸器（2012YCT2③:7）

Fig. 7　Chopper at the Cuijiaping Paleolithic site (2012YCT2③:7)

崔家坪采:7，岩性为硅质岩。长、宽、厚分别为 126 mm、113 mm、35 mm。重量为 687 g。素材为砾石。平面、横剖面、纵剖面形状均为近似椭圆形。刃缘平视呈凹刃，侧视呈弧刃。第二步加工的小疤有 1 个，加工方向为正向。可测刃角为 47°（图 8）。

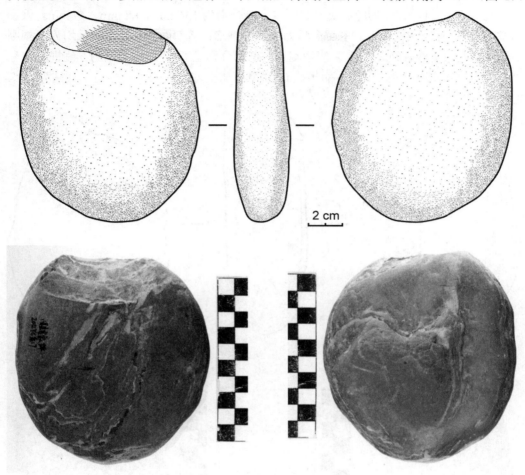

图 8　　崔家坪旧石器时代遗址采集砍砸器（崔家坪采:7）

Fig. 8　　Chopper at the Cuijiaping Paleolithic site (2012YC 采:7)

2012YCT3③:2，岩性为硅质岩。长、宽、厚分别为 148 mm、142 mm、48 mm。重量为 1 169 g。其素材为砾石。平面形状为不规则四边形，横剖面形状为近似椭圆形，纵剖面形状为不规则三边形。刃缘平视呈凸刃，侧视呈弧刃。第二步加工的小疤有 4 个，加工方向均为正向。可测刃角分别为 48° 和 35°，有两个刃角不可测。

崔家坪采:15，岩性为脉石英。长、宽、厚分别为 138 mm、133 mm、69 mm。重 1 921 g。素材为砾石。平面、横剖面、纵剖面形状均为不规则四边形。刃缘平视呈凸刃，侧视呈弧刃。第二步加工的小疤有 2 个，加工方向为正向。刃角分别为 76° 和 81°。

崔家坪遗址发现的双刃单向加工的砍砸器有 3 件，根据两条刃缘之间的关系可分为两条刃缘相连和不相连两类，崔家坪遗址发现的两条刃缘相连的标本有 2 件，两条刃缘不相连的标本有 1 件。依两条刃缘相连的状况可分为两条刃缘相连不成尖端和成尖端两种。

崔家坪遗址发现的两条刃缘相连不成尖端的双刃单向加工的砍砸器有 1 件。依据两条刃缘的位置的不同，此砍砸器属于远端边和右侧边相连的情况。

崔家坪采:11，岩性为脉石英。长、宽、厚分别为 136 mm、88 mm、47 mm。重量为 731 g。素材为完整砾石。平面形状为近似椭圆形；横剖面、纵剖面形状均为不规则四边形。两条刃缘在远端边和右侧边相连，平视分别呈"S"形刃和凸刃，侧视分别呈"S"形刃和弧刃。第二步加工的小疤有 3 个，加工方向均为正向。刃角分别为 72°、73° 和 83°（图 9）。

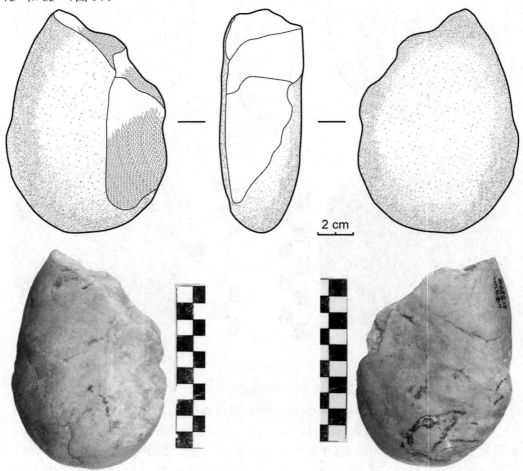

图 9　　崔家坪旧石器时代遗址采集砍砸器（崔家坪采:11）

Fig. 9　　Chopper at the Cuijiaping Paleolithic site (2012YC 采:11)

崔家坪遗址发现的两条刃缘相连成尖端的双刃单向加工的砍砸器有 1 件，编号 2012YCT2③:3，岩性为硅质岩。长、宽、厚分别为 220 mm、97 mm、40 mm。重量为 1 131 g。素材为完整砾石。平面以及横剖面、纵剖面形状均为不规则四边形。两条刃缘在远端边和右侧远端边相连略成尖端，平视分别呈凸刃和直刃，侧视分别呈弧刃和直刃。第二步加工的小疤有 3 个，加工方向均为正向。刃角分别为 27° 和 44°，其中一个不可测（图 10）。

304

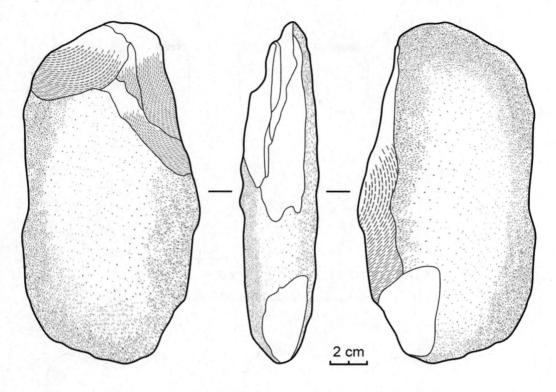

图 10   崔家坪旧石器时代遗址出土砍砸器（2012YCT2③:3）

Fig. 10   Chopper at the Cuijiaping Paleolithic site (2012YCT2③:3)

崔家坪遗址发现的两条刃缘不相连的双刃单向加工的砍砸器有 1 件。依据两条刃缘的位置的不同，此砍砸器属于近端边和远端边相对的情况。

崔家坪采:2，岩性为硅质岩。长、宽、厚分别为 161 mm、92 mm、40 mm。重量为 682 g。素材为完整砾石。平面形状为近似椭圆形，横剖面形状为梯形，纵剖面形状为近似椭圆形。两条刃缘在近端边和远端边相对，平视均呈凸刃，侧视均呈弧刃。第二步加工的小疤有 7 个，加工方向：2 个为正向、5 个为反向。刃角分别为 55°、43°、41°、39°、27°和 43°，其中 1 个不可测（图 11）。

崔家坪遗址发现的多刃单向加工的砍砸器有 1 件，刃缘数量为 3 条，刃缘在左侧边、远端边、右侧边，相邻相连呈梯形刃。

崔家坪采:24，岩性为脉石英。长、宽、厚分别为 106 mm、112 mm、34 mm。重量为 611 g。素材为完整砾石。平面、横剖面形状均为不规则四边形；纵剖面形状为不规则三边形。3 条刃缘平视形状分别呈"S"形刃、凹刃、凸刃，侧视形状呈"S"形刃、弧刃、弧刃。第二步加工的小疤有 5 个，加工方向：3 个正向、2 个反向。刃角分别为 78°、66°、125°、125°和 103°（图 12）。

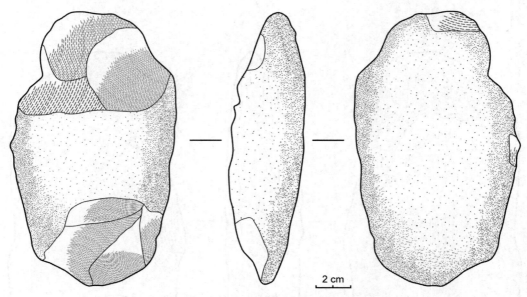

图 11　崔家坪旧石器时代遗址采集砍砸器（崔家坪采:2）

Fig. 11　Chopper at the Cuijiaping Paleolithic site (2012YC 采:2)

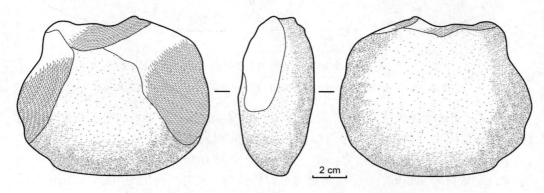

图 12　崔家坪旧石器时代遗址采集砍砸器（崔家坪采:24）

Fig. 12　Chopper at the Cuijiaping Paleolithic site (2012YC 采:24)

3.2.1.2　双向加工的砍砸器（chopping-tool）

　　崔家坪遗址发现的双向加工的砍砸器有 3 件。根据刃缘数量的多少可分为单刃、双刃和多刃 3 种类型，没有发现双刃的标本。

　　崔家坪遗址发现的单刃双向加工的砍砸器有 2 件，可分为端刃和侧边刃缘两类。

　　崔家坪遗址发现的端刃砍砸器有 1 件，可分为刃缘在远端和近端两种，没有发现刃缘在近端的标本。

　　崔家坪遗址发现的刃缘位置在远端边的双向加工的砍砸器有 1 件。崔家坪采:10，岩性为脉石英。长、宽、厚分别为 146 mm、96 mm、55 mm。重量为 1 013 g。素材为完整砾石。平面形状为不规则四边形；横剖面形状为近似椭圆形；纵剖面形状为不规则四边形。刃缘平视形状呈直刃，侧视形状呈直刃。第二步加工的小疤有 4 个，加工方向：3 个为正向、1 个为反向。可测刃角分别为 74°、76°、83°、64°。

　　崔家坪遗址发现的侧刃砍砸器有 1 件，可分为刃缘在左侧边和右侧边两种，没有发现刃缘在右侧边的标本。

　　崔家坪遗址发现的刃缘位置在左侧边的双向加工的砍砸器有 1 件。

　　崔家坪采:12，岩性为砂岩。长、宽、厚分别为 132 mm、115 mm、42 mm。重量为 616 g。素材为砾石。其平面、横剖面、纵剖面形状均为不规则四边形。刃缘平视形状呈凹刃，侧视形状呈弧刃。第二步加工的小疤有 5 个，加工方向：4 个为正向、1 个为反向。可测刃角分别为 41°、83°、48° 和 83°（图 13）。

图 13　　崔家坪旧石器时代遗址采集砍砸器（崔家坪采:12）

Fig. 13　　Chopper at the Cuijiaping Paleolithic site (2012YC 采:12)

　　崔家坪遗址发现的多刃双向加工的砍砸器有 1 件，有 3 条刃缘，这 3 条刃缘相邻、相连成梯形刃。崔家坪采:20，岩性为硅质岩。长、宽、厚分别为 197 mm、132 mm、47 mm。重量为 1 530 g。素材为砾石。平面形状为梯形；横剖面形状为梯形；纵剖面形状为不规则四边形。刃缘分别在近端边、左侧边和远端边，刃缘平视形状分别呈“S”形刃、凸刃、直刃，侧视形状呈“S”形刃、弧刃、直刃。第二步加工的小疤有 8 个，加工方向：7 个为正向、1 个为反向。可测刃角分别为 56°、51°、68°、87°、60° 和 73°（图 14）。

3.2.2　石片石器

　　崔家坪遗址发现的石片石器有 3 件，均为刮削器。根据其刃缘数量的多少可分为单刃、双刃和多刃 3 类，在遗址中只发现单刃，没有发现双刃和多刃[7]。

　　崔家坪遗址发现的单刃刮削器有 3 件，硅质岩的有 2 件，砂岩的有 1 件。

4　对比研究

4.1　与其他遗址文化面貌对比

　　湖北是我国早期原始人类繁衍的重要地区之一，自 20 世纪 70 年代以来，人们在湖北地区依次发现了郧县猿人[8]、郧西猿人和郧县人等 3 处古人类化石。进入 20 世纪八九十年代更是有大量发现，1994 年中国科学院古脊椎动物与古人类研究所组建南水北调水利工程库区文物考古队，在地方文化部门的配合下对丹江水库淹没区进行了旧石器、古人类和古脊椎动物化石的调查。这次调查中在汉水和丹江流域的第Ⅳ至第Ⅱ级阶地的 56 处地点发现了 624 件石制品[1]。2004 年，又开展了第二次补点调查；此次调查中共采集 367 件石制品和一些脊椎动物化石标本，其中 30 件石制品系地层露头处采集[2]。这些遗址的时代从早期到晚期都有，如：刘湾遗址[9]、余嘴Ⅱ号遗址[10]、黄家窝遗址[11]、郧县人遗址[12]等，这些调查和发掘使人们对该地区的古人类旧石器时代有了进一步的认识。

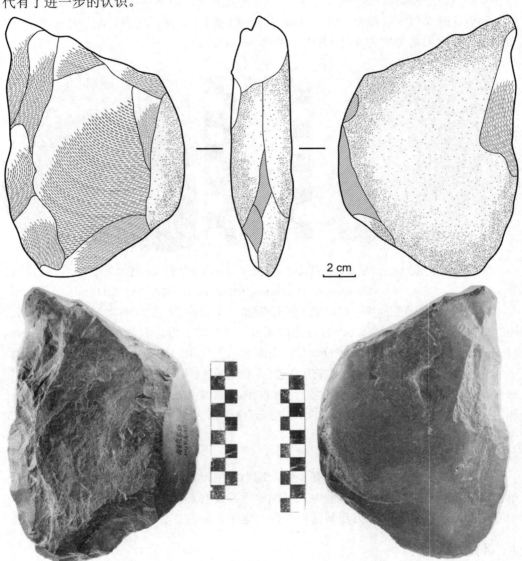

图 14   崔家坪旧石器时代遗址采集砍砸器（崔家坪采:20）

Fig. 14   Chopping-tool at the Cuijiaping Paleolithic site (2012YC 采:20)

4.1.1   刘湾遗址

刘湾旧石器时代遗址位于湖北省十堰市郧县杨溪铺镇刘湾村 4 组，埋藏于汉水左岸第Ⅲ级阶地上（现为第Ⅱ级阶地，丹江口水库已将原来的第Ⅰ级阶地淹没），该遗址于1994年调查时发现，2010年进行了正式发掘。

刘湾旧石器时代遗址石制品的岩性以火成岩标本为主，占石制品总数的77.5%；其次为沉积岩标本；变质岩标本最少。在岩性小类中，以脉石英标本为大宗；其次为砂岩标本；第三为硅质岩标本；最后是闪长岩标本。可见刘湾旧石器时代的远古居民制作石器最喜好的岩石种类分别脉石英、砂岩和硅质岩，其他的较少选用。

石器在全部石制品中只有66件，占总数的20.7%，成品率并不低。石器大类中，砾石石器占绝大多数，占94%；石片石器有4件，且只有刮削器1种。刘湾旧石器时代遗址石制品的剥片和加工方法均为硬锤锤击法，加工石器的方式以单向加工为主，占石制品总数的59%；双向加工的也有一定比例，占41%。

与刘湾遗址相比，崔家坪旧石器时代遗址的石制品的岩性类型较少，但是石器占全部石制品总数的40.47%，成品率较高。两者的石片石器都只有刮削器1种，且为单刃刮削器，没有发现其他类型的石片石器，说明在石器组合中，刮削器处于非常次要的地位。在打击方法上，两者都采用了硬锤锤击法，且加工方式均以单向加工为主。

4.1.2　余嘴Ⅱ号遗址

余嘴Ⅱ号旧石器地点位于湖北省郧县安阳镇余嘴村，地处汉江Ⅱ级阶地后部，海拔150～155 m。从石制品原料的构成上来看，余嘴Ⅱ号地点的原料以石英、砂岩与角页岩为主，还有石英砂岩、碎屑岩和页岩。这些原料在砾石条带中都能找到，没有外来原料，也就是说古人就近利用原料制作石器。

石制品的构成以断片、断块、碎屑、打片砾石为主，石器工具只占11%，石核与较完整的石片占10%，余嘴Ⅱ号地点的石制品组合体现出一种砍砸器与石片石器兼重的特点。石器工具组合中以砍砸器为主，兼有手镐、薄刃斧、刮削器与尖状器[13]。在石片石器中，刮削器有8件，可分为凹缺刮削器、直刃刮削器与端刃刮削器3种。打制技术以直接打击的锤击法为主，没有选择同样适用制作砍砸器的碰砧法。

与余嘴Ⅱ号遗址相比，崔家坪遗址原料选用种类并不丰富；在工具类型上，没有形成砍砸器与石片石器兼重的特点，没有发现手镐和手斧。在打击方法上，两者都采用了锤击法。

4.1.3　黄家窝遗址

黄家窝旧石器时代遗址位于湖北省十堰市郧县茶店镇黄家窝村七组，该遗址埋藏于汉江右岸二级阶地。黄家窝旧石器时代遗址所出的打制石制品，从岩性大类看，以火成岩标本最多，其次为沉积岩，变质岩标本最少；从岩性小类上看，以脉石英为主，其次为硅质岩，再次为闪长岩，除此以外，还有砂岩、花岗斑岩、石英岩等。

黄家窝遗址出土和采集的全部石制品中石器只有45件，占石制品总数的7.8%。在石器大类中，砾石石器占石器总数的78%；石片石器占22%。砾石石器的种类较多，有砍砸器、手镐、手斧等；石片石器的种类有刮削器和凹缺刮器。石器的素材以砾石（石核）为主，且占绝对优势，以石片为素材的石器较少；石制品的剥片和加工方式均为硬锤锤击法，没有发现砸击法等其他加工方法的产品；石器类型以砍砸器为主，其次为刮削器、手斧、手镐；石器的加工方式以单向加工的为多，但双向加工的石器也有一定的比例。

与黄家窝遗址相比，崔家坪遗址的石制品原料选用中的岩性大类和岩性小类虽然不是以火成岩和脉石英为主，但也占了相当大的比例，只是原料选用的种类没有黄家窝遗址丰富。两者都是砾石石器较多，但崔家坪遗址的石片石器种类较单一，也没有发现手镐和手斧。在打击方法方面，两者均采用了硬锤锤击法，且加工方式均以单向加工为主。

4.1.4　郧县人遗址

郧县曲远河口学堂梁子旧石器时代遗址位于湖北省郧县，隶属于郧县青曲镇弥陀寺村，学堂梁子是汉江左岸的第Ⅳ级阶地，海拔高程为 200 m，附近汉江水面高程为 105 m。使用古地磁法的研究结果表明，学堂梁子地质剖面所处的地质时代应是早更新世或中更新世早期。

郧县人遗址经过多次调查和发掘，采集和出土的石制品共有 400 多件，经过系统整理的有 291 件，其中发掘出土 207 件，扰土层中发现 14 件，地表采集 70 件。这些石制品中包括石核、砍砸器、手镐、刮削器、碎片（碎块）、尖状器等。打击方法为锤击法，同时也有砸击法。石器类型中，石核（砾石）石器多于石片石器；石器以砍砸器为主，其次是刮削器；石器以单刃石器为主，双刃和多刃的石器不多。石器原料种类较多，常见的有脉石英、石英岩、变质片岩等，其中脉石英占据总数的 50%。

与郧县人遗址相比，崔家坪遗址的石制品原料没有那么丰富，但是两者的脉石英制品都占据了主要地位。而且，崔家坪遗址的打击方法只有锤击法，郧县人遗址还有砸击法。两者均以石核（砾石）石器、砍砸器、单刃石器为主。

4.2　小结

通过对崔家坪遗址与汉水上游地区同时代的刘湾旧石器时代遗址、黄家窝旧石器时代遗址的横向比较，以及与余嘴Ⅱ号旧石器时代遗址、郧县人遗址的纵向比较使得我们发现，崔家坪遗址是中国南方砾石石器文化面貌的传承者[14]。尽管与汉水上游其他地区的一些遗址存在差异性，但是打击方法采用锤击法、加工技术较单一等特征始终占据主导地位，而这也是我国南方砾石石器文化面貌的主要特征。

通过和郧县人遗址的对比研究，我们发现两者在时代上存在早晚之别，海拔高度也有差距，但石制品的岩性和类型却比较接近。另外，崔家坪遗址埋藏于汉江右岸的Ⅱ级阶地，郧县人遗址埋藏于汉水的Ⅳ级阶地，可两者的文化面貌也较为接近。这些特征表明当时的人类对环境的适应性和对物质局限的适应能力较高，也表明文化存在一脉相承的特点。

5　结论

通过对湖北省郧县崔家坪旧石器时代遗址石制品的初步研究，我们可以得出以下结论。

（1）从岩性分类研究我们可以得知这批石制品覆盖了火成岩和沉积岩两大岩性，岩性大类中以沉积岩为多，其次为火成岩；3 种岩性小类中，以硅质岩为多，其次为脉石英，砂岩最少。

（2）从类型研究我们可以得知这批石制品中，石器的素材以砾石（石核）为主，且占有相对优势，占 82.35%；以石片为素材的石器较少，仅占 17.65%；石制品的剥片和加工方式以硬锤锤击法为主，没有发现砸击法加工的石器；石器类型以砍砸器为主，其次为刮削器；石器的加工方式以单向加工的居多，但双向加工的石器也有很大比例。

（3）崔家坪旧石器时代遗址所处的汉江上游地区是中国南方旧石器时代遗址分布的重要区域，近些年来，随着南水北调工程的开展，发掘并采集出了大量和崔家坪旧石器时代遗址打制石器面貌相似的石制品。这些遗址的海拔高度虽然有一定的差别，时代有早晚之分，但它们的文化面貌却有一定的相似性，如：以硬锤锤击法为主加工石器；以砍砸器等大型石器为多；小型工具较少，以刮削器为主；加工方式以单向加工为主等。

（4）截至现在，中国南方发现的旧石器时代遗址虽然不少，但是正式发表的发掘报告并不多，人们无法对中国南方旧石器时代的文化面貌得到一个客观、真实的认识。这一次我们对崔家坪旧石器时代遗址石制品的研究为这方面提供了客观资料，同时该遗址出土的石制品也为东西方文化的比较提供了珍贵材料。

致谢 稿件中的插图由冯小波和周天媛绘制，照片由冯小波和李泉拍摄。

参 考 文 献

1　李超荣, 冯兴无, 李浩. 1994 年丹江口库区调查发现的石制品研究. 人类学学报, 2009, 28(4): 337-354.

2　李浩, 李超荣, 冯兴无. 2004 年丹江口库区调查发现的石制品. 人类学学报, 2012, 31(2): 113-126.

3　常少文. 湖北郧阳盆地汉江河谷阶地沉积特征及曲流河段砂金富集规律. 地质与勘探, 1986 (9): 7-10.

4　魏国齐, 沈平, 杨威, 等. 四川盆地震旦系大气田形成条件与勘探远景区. 石油勘探与开发, 2013 (2): 129-139.

5　祝恒富. 湖北旧石器文化初步研究. 华夏考古, 2002 (3): 13-23.

6　沈玉昌. 汉水河谷的地貌及其发育史. 地理学报, 1956, 22(4): 295-321.

7　卫奇, 裴树文. 石片研究. 人类学学报, 2013, 32(4): 455-469.

8　湖北省十堰市博物馆. 湖北郧县两处旧石器地点调查. 南方文物, 2000 (3): 1-17.

9　北京联合大学应用文理学院历史文博系, 中国科学院古脊椎动物与古人类研究所. 湖北郧县刘湾旧石器时代遗址发掘简报. 江汉考古, 2012 (6): 3-11.

10　陈胜前, 陈慧, 董哲, 等. 湖北郧县余嘴 2 号旧石器地点发掘简报. 人类学学报, 2014, 33(1): 39-50.

11　北京联合大学应用文理学院, 中国科学院大学, 武汉市文物考古研究所. 湖北省郧县黄家窝旧石器时代遗址石制品初步研究. 中原文物, 2014 (5): 16-23.

12　李炎贤, 计宏祥, 李天元, 等. 郧县人遗址发现的石制品. 人类学学报, 1998, 17(2): 95-113.

13　高星. 中国旧石器时代手斧的特点和意义. 人类学学报, 2012, 31(2): 98-112.

14　张森水. 我国南方旧石器时代晚期文化的若干问题. 人类学学报, 1983, 2(3): 219-230.

A PRELIMINARY REPORT ON THE EXCAVATION OF CUIJIAPING PALEOLITHIC SITES, YUNXIAN COUNTY, HUBEI PROVINCE

ZHOU Tian-yuan[1]   TAN Chen[1]   LI Quan[1]   XIAO Yu-jun[2]   DU Jie[3]
WANG Feng-zhu[3]   HUANG Xu-chu[4]   FENG Xiao-bo[1]

(1 *College of Arts and Science of Beijing Union University*,   Beijing 100191;

2 *Hubei Provincial Bureau of cultural relics*,   Wuhan 430077, Hubei;

3 *Yunyang District Bureau of cultural relics*,   Yunyang 442500, Hubei; 4. *Shiyan Museum*,   Shiyan 442000, Hubei)

ABSTRACT

Cuijiaping paleolithic site is located in Shiyan, Hubei Province, Yunxian county of Anyang Zhaowan No.3 village. The site is buried in the right bank of the Hanjiang river secondary terrace, earthy accumulation. The bedrock is fragments of limestone. The site of Paleolithic Period has some cultural features: among lithology, if we classify according to main classes, a large quantity of block mass is sedimentary rock, then igneous rock. On the other hand, if we focus on subclass, the most type is siliceous rock. The materials of stoneware derive chiefly from gravels (cores) and occupy a relative advantage, partly from gallets; both of the ways of delaminating and processing of stone products are hammering method. No stone products using bipolar method have been found. The type of retouched tools are mainly chopping tools, then scraper. The hand-pick and hand-axe have not been found. The principal way of processing of stone products is mono directional. But, there also have some way of processing of stone products is two-way directional. The site of Paleolithic Period is buried in the II level terrace, which belongs to the late Paleolithic age. So, the Cuijiaping Paleolithic site has main features of pebble tools from south of China.

Key words   The Cuijiaping Site,   Stone artifacts,   Pebble tools in Southern China, The late paleolithic culture

第十七届中国古脊椎动物学学术年会论文集. 董为, 张颖奇主编. 北京: 海洋出版社, 2021. 313-322
Proceedings of the Seventeenth Annual Meeting of the Chinese Society of Vertebrate Paleontology
DONG Wei, ZHANG Ying-qi, eds. Beijing: China Ocean Press, 2021. 313-322

长春二道杂木村东两新地点发现的旧石器*

万晨晨[1]　陈全家[2]　王义学[3]

(1 江苏师范大学历史文化与旅游学院，江苏　徐州 221116；

2 吉林大学考古学院，吉林　长春 130012；3 长春市博物馆，吉林　长春 130000)

摘　要　黄家沟东山和池家糖坊北山地点位于吉林省长春市二道区四家乡杂木村东的石头口门水库西岸的 II 级阶地上。发现于 2018 年 4 月，在地表共获得石制品 22 件，包括石核、石片、工具、碎屑和断块。黄家沟东山地点发现石制品 4 件，原料种类有硅化木、流纹岩和玄武岩；池家糖坊北山地点发现石制品 18 件，原料种类有玄武岩、流纹岩、板岩、燧石和页岩等。黄家沟东山地点石制品类型较少，包括石核和工具。池家糖坊北山地点石制品类型有石核、石片、断块、碎屑和工具。两个地点的石制品均以工具为主，三类工具均采用锤击法修理或截断修理。两个地点工业类型均属石片工业，年代较晚，推测应为旧石器时代晚期。

关键词　石制品；黄家沟东山；池家糖坊北山；旧石器时代晚期

1　前言

2018 年 4 月 12 日和 17−19 日，吉林大学边疆考古研究中心和长春博物馆组成旧石器考古队，对长春境内进行了系统的旧石器考古专项调查工作。主要调查区域为饮马河西岸、石头口门水库沿岸和长春市北部松花江南岸。此次调查共发现旧石器地点 13 处（其中二道区石头口门水库西岸 7 处，饮马河双阳段 4 处，长春德惠松花江南岸两处），采集到石制品 180 余件。黄家沟东山地点发现石制品 4 件，池家糖坊北山地点发现石制品 18 件，均发现于该地 II 级阶地的耕土层中。本文仅对发现的石制品进行研究和讨论。

2　地理位置、地貌与地层

2.1　地理位置

黄家沟东山和池家糖坊北山地点位于吉林省长春市二道区四家乡杂木村东的石头口门水库西岸的 II 级阶地上。黄家沟东山地点地理坐标为 43°53′28.61″N，125°48′20.91″E，遗址面积约 40 000 m²，海拔 215 m。遗址东南距石头口门水库 280 m，

---

* 基金项目：教育部人文社会科学研究青年基金项目（项目编号：19YJC780004），江苏师范大学人文社会科学研究基金项目（项目编号：17XLW009）和长春博物馆资助.
万晨晨：女，31 岁，江苏师范大学历史文化与旅游学院讲师，旧石器考古专业. E-mail: 1125216605@qq.com

东距石头口门水库 450 m，北距石头口门水库 400 m。西距黄家沟 700 m。

池家糖坊北山地点地理坐标为 43°53′56.91″N，125°48′05.30″E，遗址面积约 25 000 m²，海拔 205 m。遗址东距石头口门水库 180 m，东北距池家糖坊约 320 m（图 1）。

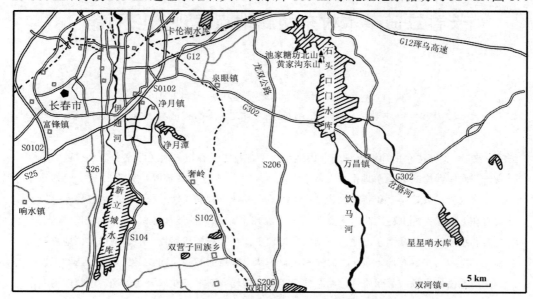

图 1　黄家沟东山、池家糖坊北山地点地理位置

Fig. 1　Geographic location of Huangjiagoudongshan and Chijiatangfangbeishan localities

2.2　地貌

黄家沟东山和池家糖坊北山地点所属的长春市地处中国东北平原腹地松辽平原，西北与松原市毗邻，西南和四平市相连，东南与吉林市相依，东北同黑龙江省哈尔滨市接壤，是东北地区天然地理中心。黄家沟东山和池家糖坊北山地点位于长春市二道区四家乡杂木村东的石头口门水库西岸的 II 级阶地上，地势较高，地面开阔平坦。黄家沟东山和池家糖坊北山地点位于石头口门水库的西岸。黄家沟东山和池家糖坊北山地点以半岛的形式向石头口门水库伸出。石头口门水库位于饮马河中游，沿岸为台地和平原，地表呈波状，冲沟发育，河口附近有沼泽及风成沙丘。

2.3　地层

黄家沟东山地点无文化层，石制品分布在石头口门水库西岸的 III 级侵蚀阶地上（图 2：a）。池家糖坊北山地点无文化层，石制品分布在石头口门水库西岸的 II 级侵蚀阶地上（图 2：b）。

3　石制品分类与描述

本次调查获得石制品 22 件。其中黄家沟东山地点 4 件，池家糖坊北山地点 18 件。包括石核、石片、断块、碎屑和工具。下面对石制品进行具体的分类描述。

3.1　黄家沟东山地点

3.1.1　石核

1 件。标本 18CHD:5，砸击石核。长 51.9 mm，宽 39.1 mm，厚 12.3 mm，重 28.5 g。

原料为硅化木。核体一面平坦，一面微鼓。两端较锐，均有反复砸击的崩裂疤痕。对向剥片，台面角 59°～62°。2 个剥片面，9 个明显的剥片疤。核体自然面比约为 50%（图 3：2）。

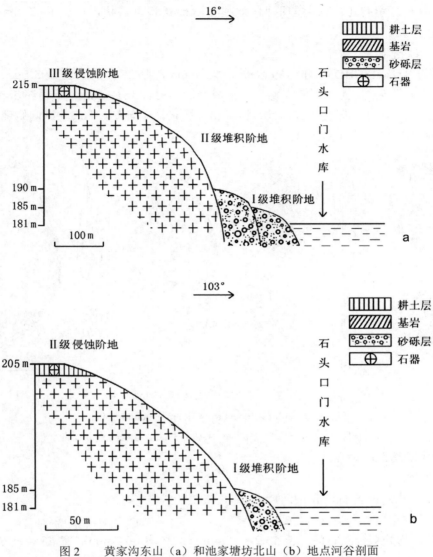

图 2　　黄家沟东山（a）和池家塘坊北山（b）地点河谷剖面

Fig. 2　　Profiles at Huangjiagoudongshan (a) and Chijiatangfangbeishan (b)

3.1.2　工具

3 件，均为三类工具[1]。包括刮削器、尖状器和砍砸器。

3.1.2.1　刮削器

1 件。标本 18CHD:3，复刃刮削器。长 55.3 mm，宽 48.9 mm，厚 16.6 mm，重 55 g。原料为流纹岩。片状毛坯。3 个刃分别为直刃、凸刃和直刃，刃缘分别长 39.6 mm、66.2 mm 和 34.2 mm，刃角分别为 46°、51°和 48°。在总体上对 3 个刃的有效边缘均做了大部分的加工，修理比较充分，标本刃缘仍可继续使用。

3.1.2.2 尖状器

1件。标本18CHD:2。长48.7 mm，宽68.4 mm，厚14.5 mm，重41.3 g。原料为玄武岩。毛坯为石片。尖刃A位于石片远端，刃角131°。凸刃B经正向修理在刃缘劈裂面一侧留有1~2层修理疤，疤痕呈阶梯状和鱼鳞状，刃长88.2 mm，刃角53°（图3：1）。

3.1.2.3 砍砸器

1件。标本18CHD:4。长159.1 mm，宽76 mm，厚25.1 mm，重293.1 g。原料为玄武岩。块状毛坯。A处经复向修理，形成凸刃，刃长181.2 mm，刃角约58°。修疤1~4层，大小不一，层叠连续，呈鱼鳞状和阶梯状。横向修理彻底，纵向修理程度为中等。修理比较细致（图3：3）。

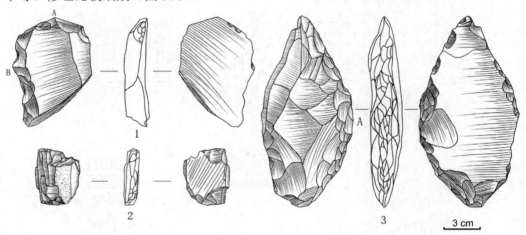

图 3 黄家沟东山地点石制品

Fig. 3 Lithic artifacts from Huangjiagoudongshan

1. 尖状器（18CHD:2）；2. 砸击石核（18CHD:5）；3. 砍砸器（18CHD:4）.

3.2 池家糖坊北山地点

3.2.1 石核

3件。分为锤击石核和细石叶石核。

3.2.1.1 锤击石核

2件。均为双台面石核。长54.2~78.4 mm，平均66.3 mm；宽48~91.6 mm，平均69.8 mm；厚18~31.8 mm，平均24.9 mm；重48.4~336.2 g，平均192.3 g。原料分别为玄武岩和石英岩。台面均为打制台面。均为对向剥片。

标本18CCB:2，长78.4 mm，宽91.6 mm，厚31.8 mm，重336.2 g。原料为玄武岩。A、B台面相对，A台面有6个明显的剥片疤，B台面有8个明显的剥片疤。片疤延伸程度为近，片疤深入核体深度为中等（图4：1）。

3.2.1.2 细石叶石核

1件。标本18CCB:10，船底形细石核。长26.2 mm，宽61.8 mm，厚17.9 mm，重34.3。原料为流纹岩。台面宽平，长16.2 mm，宽57 mm。底缘经两面修理形成钝棱，修疤大小不一，呈鱼鳞状和阶梯状。剥片面宽阔，有 3 条剥片疤（图 4：2）。

3.2.2　石片

2 件。均为锤击石片。根据完整程度分为完整石片和远端断片。

3.2.2.1　完整石片

标本 18CCB:3，长 26.5 mm，宽 19.8 mm，厚 6 mm，重 2.3 g。原料为碧玉。打制台面，台面长 3.4 mm，宽 8.7 mm，石片角 103°。劈裂面打击点集中，半锥体凸，放射线清晰，有锥疤，同心波明显。背面全疤，同向剥片。远端形态为尖灭（图 4：3）。

3.2.2.2　远端断片

标本 18CCB:4，长 18.5 mm，宽 22.8 mm，厚 3 mm，重 1.5 g。原料为板岩。

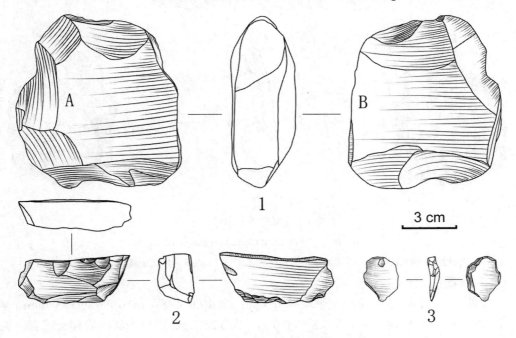

图 4　　池家糖坊北山地点石核、细石核和石片

Fig. 4　　Artifacts from Chijiatangfangbeishan

1. 双台面石核（18CCB:2）；2. 细石叶石核（18CCB:10）；3. 完整石片（18CCB:3）.

3.2.3　工具

11 件，包括二类工具和三类工具。

3.2.3.1　二类工具

1 件。标本 18CCB:5，单凹刃刮削器。长 29.4 mm，宽 23.8 mm，厚 8.6 mm，重 4.6 g。原料为流纹岩。毛坯为石片。凹刃 A 长 25.2 mm，刃角 40°，刃缘锋利，未经修理，可直接使用（图 5：3）。

3.2.3.2　三类工具

10 件。刮削器为主，尖状器次之。

刮削器

6 件。均为单凸刃刮削器。长 24～72.1 mm，平均 38.9 mm；宽 22.2～51.2 mm，

平均 35.5 mm；厚 6.2～15.9 mm，平均 11.9 mm；重 3.9～42.1 g，平均 16.9 g。原料以流纹岩为主，细砂岩、燧石和页岩少量。毛坯以片状毛坯为主，块状毛坯极少。均经硬锤修理。刃长 33.1～70.1 mm，平均 46.4 mm；刃角 27°～64°，平均 48.5°。

标本 18CCB:18。长 33.1 mm，宽 28.8 mm，厚 12.5 mm，重 8.6 g。毛坯为完整石片。石片一边经修理形成凸刃 A，刃长 48.1 mm，刃角 53°（图 5:1）。

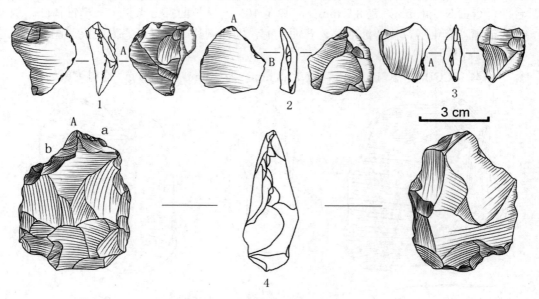

图 5　　池家糖坊北山地点工具

Fig. 5　　Tools from Chijiatangfangbeishan

1. 单凸刃刮削器（18CCB:18）；2. 尖状器（18CCB:14）；3. 单凹刃刮削器（18CCB:5）；4. 尖状器（18CCB:13）.

尖状器

4 件。长 31.6～63.2 mm，平均 42.1 mm；宽 19.6～48.1 mm，平均 35.9 mm；厚 7.8～22 mm，平均 14 mm；重 5.8～60.6 g，平均 25.1 g。原料为流纹岩和玄武岩。块状毛坯为主，片状毛坯少量。均经硬锤修理。

标本 18CCB:13，单尖尖状器。长 63.2 mm，宽 48.1 mm，厚 22 mm，重 60.6 g。块状毛坯。a 直边长 33.4 mm，b 凹边长 35.7 mm。a、b 两边交于一角形成尖刃 A，刃角 118°（图 5:4）。

标本 18CCB:14，双尖尖状器。长 31.6 mm，宽 29.7 mm，厚 7.8 mm，重 5.8 g。块状毛坯。尖刃 A 刃角 114°，尖刃 B 刃角 113°（图 5:2）。

4　结论与讨论

4.1　石制品工业特征

4.1.1　石制品的数量与大小

黄家沟东山地点和池家糖坊北山地点发现的石制品数量少，共 22 件。依据石制品的最大直径（D），可以将石制品分为微型（$D < 20$ mm）、小型（20 mm $\leq D <$ 50 mm）、中型（50 mm $\leq D <$ 100 mm）、大型（100 mm $\leq D <$ 200 mm）和巨型（$D \geq$ 200 mm）

5 个级别[2]。石制品的分类统计表明，两个地点的石制品以小型（$n=10$）和中型（$n=10$）为主，微型和大型各 1 件，不见巨型标本（表 1）。

表 1　黄家沟东山地点和池家糖坊北山地点石制品重量分类统计

Table 1　Statistics of lithic artifact weights from Huangjiadongshan and Chijiatangfangbeishan

最大直径　类型	微型	小型	中型	大型	巨型
	$D<20$ mm	20mm $\leqslant D<50$ mm	50 mm$\leqslant D<100$ mm	100 mm$\leqslant D<200$ mm	$D\geqslant200$ mm
	n	n	n	n	n
石核	0	0	4	0	0
石片	0	2	0	0	0
断块	0	0	1	0	0
碎屑	1	0	0	0	0
工具	0	8	5	1	0
总数	1	10	10	1	0

4.1.2　原料

两个地点的石制品原料种类较单一，有流纹岩、燧石和玄武岩等，但这些原料都属于较为优质的原料，因此虽然原料种类分散，说明两个地点的古人类在有效的范围内，已经合理利用开发了优质石材制作石制品，对于石制品原料选择有一定的考虑。

4.1.3　类型

两个地点的石制品类型比较单一，包括石核、石片、断块、碎屑和工具。工具数量最多，石核次之，再次为石片、碎屑和断块。工具包括二类和三类工具，且三类工具在工具中比重最大。

4.1.4　石核剥片技术

两个地点出现了多件锤击石核与锤击石片，1 件砸击石核和 1 件细石叶石核，未发现砸击石片、细石叶和石叶，也就是说从石片上（包括以石片为毛坯的工具）观察到的剥片方法和从石核上辨认出的剥片方法一致，说明锤击法剥片为最主要的剥片方式，但不排除砸击剥片技术和间接剥片技术存在的可能性。其中，绝大多数以石片为毛坯的工具厚度较大，半锥体凸而且其上修疤较深，因此，黄家沟东山地点和池家糖坊北山地点石制品剥片和修理的主要方法为硬锤锤击法。

4.1.5　工具修理技术

从工具组合来看，两个地点的工具类型比较单一，包括二类和三类工具。其中，以刮削器为主，尖状器为辅，砍砸器极少。在一定程度上体现出该地点古人类活动较为丰富；从工具毛坯来看，13 件 3 类工具中，5 件为块状毛坯，其余为片状毛坯；从三类工具的刃缘数量来看，单刃器所占比例极大，表明古人类倾向于生产新的工具而不是在 1 件工具上加工多个刃口，可能是由于生产工具的原料较易获取而造成的。刃缘形态多样，以便加工不同质料和形状的物体；从工具的修理方式来看，有反向、正向、复向 3 种。修理的部位主要为刃部，也有对工具形状和把手部位的修理，这是两个地点石制品工业的一大特点，另有修形、修刃和修理把手相结合者，反映了古人类灵活的应对策略；从工具的加工距离来看，加工距离以中等和较远为主，较近的较少。加工疤痕面积与标本总面积的比值较小，说明精细加工的程度不高，该地点精修类工具较少，多为简单修理的权宜工具。

4.2　与周边遗址的对比

有学者将我国东北地区的旧石器类型划分为3种。第一类是分布在东部山区的大石器工业类型，以庙后山地点[3]、抚松仙人洞遗址为代表；第二类是分布在东北中部丘陵地带的小石器工业类型，以金牛山地点[4]、小孤山遗址为代表；第三类是分布在东北西部草原地带的细石器工业类型，以大布苏遗址和大坎子遗址为代表。

以往吉林地区的旧石器主要集中在吉林东部的长白山地区，主要有3种工业类型。第一种是大石片工业类型，以下白龙遗址[5]和安图立新遗址[6]为代表；第二种是小石片工业类型，以西沟遗址[7]、辉南邵家店遗址[8]和岐新B、C[9]地点为代表；第三种是细石叶工业类型，在长白山地区分布广泛，代表遗址有沙金沟遗址[10]、北山遗址[11]、柳洞遗址[12]、大洞遗址[13]、石人沟遗址[14]、青头遗址[15]和枫林遗址[16]。除吉林东部地区外，20世纪80年代在吉林中部也有一些旧石器遗址被发现，如吉林榆树周家油坊遗址[17]、榆树大桥屯遗址[18]。

对比发现，黄家沟东山地点和池家糖坊北山地点应属小石片工业。它的突出特点是以石片直接使用，或以此为毛坯进行加工工具。整个石制品面貌均是以小型和中型为主，少见或不见大型或巨型石制品，与周家油坊遗址和榆树大桥屯遗址非常相似。而与吉林东部地区以细石叶工业类型为主的遗址区别鲜明。与岐新B、C地点、和龙西沟及邵家店相比，虽同属于小石片工业类型，但整个石制品面貌存在较大差异，因此应不属于同一文化系统。

与吉林东部地区遗址相比，石制品原料方面，黄家沟东山地点和池家糖坊北山地点石制品数量较少，原料种类比较单一，有流纹岩、玄武岩、页岩、板岩、硅化木和燧石等。原料显得更加分散，尤其与以黑曜岩为主要原料的典型细石叶工业类型遗址相比，差异明显。而与距离更近的周家油坊遗址和榆树大桥屯遗址相比，无论是原料类型还是主要原料都更为接近。

工具组合方面，黄家沟东山地点和池家糖坊北山地点典型器型为直接使用的石片或以此为毛坯加工的刮削器和尖状器。较少见块状毛坯制成的工具。与周家油坊和榆树大桥屯遗址相比非常相似，而与吉林东部地区遗址相比差异明显。

4.3　遗址性质

根据Binford的聚落组织论[19]、Kuhn的技术装备论[20]和Andrefsky的原料决定论[21]，结合黄家沟东山地点和池家糖坊北山地点的石制品工业特征，现对两个地点的性质作出推测：两个遗址原料种类分散，但品质较好，反映出该地古人类"择优取材"的原料利用方略；总观石制品的类型，以工具数量最多，石核、石片、碎屑和断块的数量较少；且石制品加工流程处于初级阶段，标本表面大都保留有大面积的砾石面，并没有对工具进行精细加工，推测当时的人们在此进行了短期的生产活动；而从地点周围环境看，两个地点位于石头口门水库西岸的II级阶地上，地势较高，地面开阔平坦，有一定的活动区域，较适合人类居住。但未发现其他居住遗迹和文化层。综上，推测两个地点应为当时人类狩猎、采集活动的临时性场所。

4.4　遗址年代

黄家沟东山地点和池家糖坊北山地点发现的石制品均采集自地表耕土层或风化壳，无确切断代依据。通过与周边旧石器遗址对比发现，在石制品剥片方式、打制技术、工具类型组合及石制品风化程度等方面与庙后山遗址有一定的相似性；部分石制品表面磨蚀和风化较为严重，多数石制品边缘仍显得比较新鲜和锋利，在石制品采集区未发现新石器时代以后的磨制石制品和陶片。由此推测，遗址的年代跨度较大，从旧石器时代中期到晚期，最晚不会超过旧石器时代晚期。

4.5　发现意义

此次对长春市境内的旧石器考古调查发现的黑曜岩、细石叶和细石叶石核等多种石制品类型皆为长春市首例，不仅填补了该地区旧石器考古工作的空白，为长春市旧石器考古研究提供了新的材料，而且结合以往东北地区的旧石器考古发现，为系统研究中国东北地区旧石器文化面貌提供了可能，随着后续研究工作的深入，将逐步深化对该地区在东北亚石制品技术发展和传播扩散过程中所起作用的认识。对古人类的分布、迁徙和适应方式和文化交流具有重要的研究意义和学术价值。

致谢　本文得到"教育部人文社会科学研究青年基金项目"（项目编号：19YJC780004）、"江苏师范大学人文社会科学研究基金项目"（项目编号：17XLW009）和长春博物馆的资助。在调查期间，得到吉林大学考古学院和长春博物馆领导的大力支持，在此一并致谢。

参 考 文 献

1　陈全家. 吉林镇赉丹岱大坎子发现的旧石器. 北方文物, 2001 (2): 1-7.

2　卫奇. 石制品观察格式探讨. 见：邓涛, 王原主编. 第八届中国古脊椎动物学学术年会论文集. 北京：海洋出版社, 2001. 209-218.

3　魏海波. 辽宁庙后山遗址研究的新进展. 人类学学报, 2009, 28(2): 154-161.

4　金牛山联合发掘队. 辽宁营口金牛山旧石器文化的研究. 古脊椎动物与古人类, 1978, 16(2): 129-136.

5　陈全家, 霍东峰, 赵海龙. 图们下白龙发现的旧石器. 边疆考古研究（第 2 辑）, 2004. 1-14.

6　陈全家, 张立新, 方启, 等. 延边安图立新发现砾石工业的旧石器. 人类学学报, 2008, 27(2): 45-50.

7　陈全家, 赵海龙, 方启, 等. 吉林省和龙西沟发现的旧石器. 北方文物, 2010 (2): 3-9.

8　陈全家, 李有骞, 赵海龙, 等. 吉林辉南邵家店发现的旧石器. 北方文物, 2006 (1): 3-9.

9　陈全家, 崔祚文. 吉林图们岐新 B、C 地点发现的旧石器. 北方文物, 2015 (4): 3-10.

10　陈全家, 李有骞, 方启, 等. 吉林安图沙金沟发现的旧石器. 华夏考古, 2008 (4): 51-58.

11　陈全家, 赵海龙, 刘雪山, 等. 吉林镇赉北山遗址发现的石制品研究. 北方文物 2008 (1): 3-10.

12　陈全家, 赵海龙, 霍东峰. 和龙柳洞旧石器地点发现的石制品研究. 华夏考古, 2005 (3): 50-59.

13　万晨晨, 陈全家, 王春雪, 等. 吉林和龙大洞遗址的调查与研究. 考古学报, 2017 (1): 1-24.

14　陈全家, 王春雪, 方启, 等. 延边地区和龙石人沟发现的旧石器. 人类学学报, 2006, 25(2): 106-114.

15 陈全家, 方启, 李霞, 等. 吉林和龙青头旧石器遗址的新发现及初步研究. 考古与文物, 2008 (2): 3-9.

16 李万博, 陈全家, 张福友. 吉林枫林旧石器遗址发现的石制品. 人类学学报, 2019, 38(2): 191-199.

17 孙建中, 王雨灼, 姜鹏. 吉林榆树周家油坊旧石器文化遗址. 古脊椎动物与古人类, 1981, 19(3): 281-291.

18 姜鹏. 吉林榆树大桥屯发现的旧石器. 人类学学报, 1990, 9(1): 9-15.

19 Binford L R. Willow smoke and dog's tails: hunter-gatherer settlement systems and archaeological site formation. American Antiquity, 1980 (1): 2-7.

20 Kuhn S L. Mousterian Lithic Technology: An Ecological Perspective. Princeton University Press, 1995. 18-36.

21 Andrefsky W. Raw material availability and organization of technology. American Antiquity, 1994, 59(1): 21-34.

RESEARCH ON THE PALEOLITHIC ARTIFACTS DISCOVERED IN THE EAST OF ERDAOZAMU VILLAGE, CHANGCHUN

WAN Chen-chen[1]   CHEN Quan-jia[2]   WANG Yi-xue[3]

(1 *College of Cultural History and Tourism, Jiangsu Normal University*,   Xuzhou 221116, Jiangsu;

2 *Collage of Archaeology, Changchun University*,   Changchun 130012, Jilin;

3 *Changchun Municipal Museum*,   Changchun 130000, Jilin)

ABSTRACT

The Huangjiagoudongshan and Chijiatangfangbeishan Paleolithic sites, which are located in Changchun, Jilin Province, were found in April, 2018. The localities are on the second Erosion terrace. There were 4 stone artifacts collected from Huangjiagoudongshan and 18 stone artifacts found from Chijiatangfangbeishan, including cores, flakes, fragments, tools and one chip. The raw materials were mainly flint, silicified wood, rhyolite, basalt, slate and so on. Most of the stone artifacts were tools. Preparation methods of the third tools were used hammer. The tools made by flakes were dominant. According to the characteristics of these artifacts, we suggest that the two sites are the types from Flake Industry, probably in the period of the late Paleolithic Age.

Key words   Stone artifacts,   Huangjiagoudongshan,   Chijiatangfangbeishan, Upper Paleolithic

第十七届中国古脊椎动物学学术年会论文集. 董为, 张颖奇主编. 北京：海洋出版社, 2021. 323-330
Proceedings of the Seventeenth Annual Meeting of the Chinese Society of Vertebrate Paleontology
DONG Wei, ZHANG Ying-qi, eds. Beijing: China Ocean Press, 2021. 323-330

湖北建始杨家坡洞晚更新世哺乳动物群之中国犀*

陆成秋　　董　兵　　高黄文

(湖北省文物考古研究所，湖北　武汉 430077)

摘　要　系统描述了湖北省建始杨家坡洞晚更新世哺乳动物群中的中国犀（*Rhinoceros sinensis*）；与附近建始龙骨洞的中国犀材料共同构成了本地区犀类在早更新世和晚更新世的演化系列，为研究南方更新世动物群提供了非常重要的材料。

关键词　中国犀；大熊猫-剑齿象动物群；杨家坡洞；建始；湖北；晚更新世

1　前言

2004 年 9 月初至 11 月底，为配合国家重点工程湖北宜昌至重庆万州铁路的开工建设，湖北省文物考古研究所组成考古队对湖北省建始县高坪镇的杨家坡洞化石点进行系统发掘，结果发现了较丰富的晚更新世动物群化石材料。经初步研究，发现动物群的动物组成达到 8 目 30 科 80 种，属于典型的晚更新世大熊猫-剑齿象哺乳动物群[1]。下面笔者将这一动物群基本成员之一的中国犀作一系统记述。

2　系统描述

哺乳动物纲 **Mammalia Linnaeus, 1758**

奇蹄目 **Perissodactyla Owen, 1848**

犀科 **Rhinocerotidae Owen, 1845**

犀属 *Rhinoceros* **Linnaeus, 1758**

中国犀 *Rhinoceros sinensis* **Owen, 1870**

（图 1；表 1 至表 4）

2.1　探方、层位及材料

$TS_2E_1$②:1 左 m1（$JJD_3$70.21）；

$TS_5W_3$②:1 右 m2（$JJD_3$70.22）；

$TS_6W_3$④:1 右 p3（$JJD_3$70.23）；

$TS_6W_3$②:1 左 dp3（$JJD_3$70.55）；

$TS_6W_8$②:1 右 m2（$JJD_3$70.24）、1 左 m1（$JJD_3$70.57）、1 右 p4（$JJD_3$70.25）、1 左 dp4（$JJD_3$70.56）；

---

*陆成秋：男，43 岁，主要从事旧石器时代考古学和第四纪哺乳动物研究.

$TS_6W_9$②:2 右 m3（$JJD_3$70.26、$JJD_3$70.27）；

$TS_7W_3$③:1 右 P3（$JJD_3$70.1）、1 右 DP4（$JJD_3$70.2）、1 左 M1（$JJD_3$70.3）,1 右 m2（$JJD_3$70.58）、1 左 dp4（$JJD_3$70.59）；

$TS_7W_4$④:1 右 m3（$JJD_3$70.60）；

$TS_7W_7$③:1 左 dp4（$JJD_3$70.28）、1 左 m2（$JJD_3$70.29）、2 左 m3（$JJD_3$70.30、$JJD_3$70.31）、1 左 p2（$JJD_3$70.61）；

$TS_7W_8$②:1 右 DP4（$JJD_3$70.4），1 左 m1（$JJD_3$70.32）、1 右 m2（$JJD_3$70.33）、1 左 m3（$JJD_3$70.34）、1 左 dp2（$JJD_3$70.62）、2 左 m1（$JJD_3$70.35、$JJD_3$70.63）；

$TS_7W_9$②:1 右 DP2（$JJD_3$70.5）、1 右 P2（$JJD_3$70.6）、1 左 P3（$JJD_3$70.7）、1 右 DP3（$JJD_3$70.8）、1 右 M2（$JJD_3$70.9），1 右 dp2（$JJD_3$70.36）、1 右 p2（$JJD_3$70.37）、1 右 p3（$JJD_3$70.38）、1 左 p4-m1（$JJD_3$70.39）、2 右 m3（$JJD_3$70.64、$JJD_3$70.68）、1 右 p4（$JJD_3$70.65）、1 右 dp4（$JJD_3$70.66）、1 左 p4（$JJD_3$70.67）；

TS_7W_{11}②:1 右 m1（$JJD_3$70.40）；

$TS_8W_4$③:1 右 P2（$JJD_3$70.10）、1 右 P3（$JJD_3$70.11）、1 左 DP4（$JJD_3$70.12）、1 右 DP4（$JJD_3$70.13）、1 右 P4（$JJD_3$70.14）、1 左 P4（$JJD_3$70.15）、1 右 M1（$JJD_3$70.16）、1 右 M2（$JJD_3$70.17），1 右 m1（$JJD_3$70.74）、2 左 m1（$JJD_3$70.44、$JJD_3$70.73）、3 右 m2（$JJD_3$70.41、$JJD_3$70.42、$JJD_3$70.43）、1 左 p2（$JJD_3$70.69）、1 左 p4（$JJD_3$70.70）、1 左 dp3（$JJD_3$70.71）、3 左 m2（$JJD_3$70.72、$JJD_3$70.75、$JJD_3$70.76）、1 左 p4（$JJD_3$70.67）；

$TS_8W_5$②:1 左 p4（$JJD_3$70.45）、1 左 m2（$JJD_3$70.77）；

$TS_8W_7$②:1 左 m2（$JJD_3$70.46）、1 左 m1（$JJD_3$70.78）；

TS_9W_{10}②:1 右 p4（$JJD_3$70.47）；

TS_9W_{11}②:1 左 dp1（$JJD_3$70.48）、1 左 p4（$JJD_3$70.49）、1 右 m1（$JJD_3$70.50）；

$TS_{11}W_{10}$②:1 右 DP4（$JJD_3$70.19）、1 左 P1（$JJD_3$70.20）；

$TS_{11}W_{11}$③:2 左 p4（$JJD_3$70.51、$JJD_3$70.79）；

$TS_{12}W_{11}$③:1 右 dp2（$JJD_3$70.52）；

$TS_{13}W_{12}$①:1 右 p2（$JJD_3$70.53）；

$TS_{13}W_{15}$①:1 右 p2（$JJD_3$70.54）；

2.2 描述与测量

建始杨家坡洞出土的均为单个牙齿。

DP2 冠面呈外宽内窄的四方形。外壁中附尖肋最强。具有强的前刺和小刺，并彼此相连成中凹。原脊和后脊均向前凸。在多数标本原尖舌侧有前原尖褶，后原尖缢很弱。标本中谷口有一小的齿瘤发育。前齿带从外向内逐渐降低，后齿带较高，仅稍矮于后脊，与后脊围成后凹。

DP3（图 1：C）基本形态如 DP2，中附尖肋最发育；前刺与小刺发育并形成中凹；中凹内还另发育副前刺和小刺，四周釉质褶皱十分复杂，后齿带较高仅稍矮于后脊，并与后脊围成后凹。舌侧中谷口有齿突呈齿带状发育。

DP4（图 1：B）冠面形态呈外宽内窄的四方形。所有标本前尖肋均很粗壮，后尖肋明显。外壁较起伏。标本前刺均很发育。小刺不发育，没有形成中凹。前原尖缢收

324

缩成一较深的沟，而后原尖绉则很弱，仅稍稍凹下。中谷口均没有齿突发育。前齿带舌侧端的位置是变化的，1件可达齿冠舌侧基部，其余高出 5~9 mm。牙根断失。

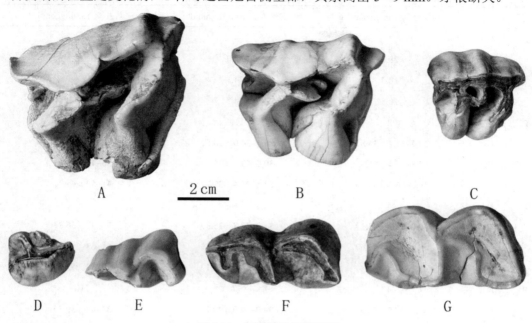

2 cm

A   B   C

D   E   F   G

图 1　　中国犀颊齿冠面视

Fig. 1　　Occlusal view of cheek teeth of *R. sinensis*

A. 右 M1（JJD₃70.16）；B. 右 DP4（JJD₃70.19）；C. 右 DP3（JJD₃70.8）；D. 左 P1（JJD₃70.20）；
E. 右 dp2（JJD₃70.52）；F. 右 dp4（JJD₃70.66）；G. 右 m2（JJD₃70.22）.

表 1　　中国犀上乳臼齿测量与比较

Table 1　　Measurements and comparison of the upper deciduous teeth of *R. sinensis*　　mm

		杨家坡洞 Yangjiapodong	建始人 Jianshi Hominid[2]	盐井沟 Yanjinggou[3]
DP2	N	1	9	9
	L	36.6	28.8~36.0（32.1）	28~37（32.3）
	Wa	37.8	27.6~37.2（32.6）	32~43（38.6）
	Wp	38.2	28.4~37.4（33.8）	36~46（40.9）
DP3	N	1	5	9
	L	44.5	36.5~40.0（38.7）	35~45（39.1）
	Wa	42.3	35.5~42.4（38.9）	45~57（51.0）
	Wp	40.2	33.3~41.4（38.3）	44~53（47.4）
DP4	N	3	7	7
	L	41.0~45.3（42.1）	43.3~53.2（47.5）	
	Wa	43.0~47.2（44.7）	45.0~53.0（48.1）	
	Wp	41.2~44.1（43.8）	42.5~50.0（45.8）	

注：N 为标本数，L 为长度，Wa 为前宽，Wp 为后宽，括号内为平均数.

表 2 　 中国犀上颊齿测量与比较

Table 2 　 Measurements and comparison of the upper cheek teeth of *R. sinensis* 　　　mm

		杨家坡洞 Yangjiapodong	建始人 Jianshi Hominid[2]	盐井沟 Yanjinggou[3]
P1	N	1	1	
	L	28.0	28.0	
	Wa	18.5	24.3	
	Wp	20.5	24.5	
P2	N	2	11	5
	L	36.5~37.2（36.8）	25.5~34.0（30.5）	26~33（29.4）
	Wa	34.8~35.4（35.1）	30.0~43.4（35.7）	36~45（41.4）
	Wp	36.0~36.5（36.2）	32.5~45.4（37.7）	41~50（45.0）
P3	N	4	8	8
	L	40.0~45.0（43.2）	31.3~37.8（35.3）	32~42（36.8）
	Wa	38.5~48.7（43.6）	46.0~55.5（49.8）	51~63（56.1）
	Wp	41.3~44.0（42.4）	43.0~54.0（47.1）	49~58（52.4）
P4	N	4	7	10
	L	53.4~55.7（54.3）	34.0~47.0（40.7）	35~48（39.6）
	Wa	50.0~55.7（51.3）	49.9~60.0（54.6）	57~70（62.2）
	Wp	47.2~49.6（48.4）	46.0~54.5（50.8）	52~61（56.8）
M1	N	2	7	9
	L	57.6~58.0（57.8）	54.8~54.3（49.3）	41~55（47.4）
	Wa	54.2~58.6（56.4）	53.0~69.5（61.8）	63~81（68.7）
	Wp	54.5~55.0（54.8）	49.5~60.7（54.4）	58~76（63.8）
M2	N	2	10	10
	L	56.4~61.4（58.9）	46.8~57.8（51.4）	45~60（57.8）
	Wa	61.4~66.8（64.1）	53.0~65.5（58.4）	63~82（72.4）
	Wp	56.4~59.1（57.8）	47.5~56.0（48.6）	56~75（63.6）

注：N 为标本数，L 为长度，Wa 为前宽，Wp 为后宽，括号内为平均数.

P1（图 1：D）外壁较凸，外肋发育极弱。原尖扁长而孤立。原脊不发育。无前刺和小刺发育。原尖前的附尖不发育。前齿带和原尖舌侧齿带不发育，后脊经磨蚀中间强烈下凹，致使次尖显著，后齿带与后脊形成一后凹。

P2 冠面形态呈外宽内窄的四方形。中附尖肋很粗壮，后尖肋明显。外壁较平直。前刺与小刺均很发育形成中凹。前原尖缢很弱，不存在后原尖缢。中谷口均没有齿突发育。前齿带舌侧端的位置是变化的，高出 3.1~9 mm。牙根断失。

P3 基本形态与 P2 相近，冠面形态呈外宽内窄的四方形。中附尖肋很粗壮，后尖肋明显。原脊跟后脊均向前凸，外壁较平直。前刺与小刺均发育形成中凹。后齿带发育，与后脊形成后凹。前原尖缢很弱，不存在后原尖缢。中谷口均没有齿突发育。牙根断失。

P4 冠面形态呈外宽内窄的四方形。前附尖肋、前尖肋和后尖肋均很显著。发育有极粗短的前刺，均无小刺发育，没有形成中凹。后齿带发育，与后脊形成后凹。前原尖缢收缩成一条纵沟，后原尖缢较弱，原脊褶皱均不明显。内谷口齿带有的很发育，有的弱，有的不发育。3牙根。

表3　中国犀下颊齿测量与比较

Table 3　Measurements and comparison of the lower cheek teeth of *R. sinensis*　　　　mm

		杨家坡洞 Yangjiapodong	建始人 Jianshi Hominid[2]	盐井沟 Yanjinggou[3]
p2	*N*	5	7	4
	L	30.5~34.7（32.1）	27.5~35.0（32.2）	30~34（31.8）
	W	15.7~25.3（19.7）	20.5~24.3（22.1）	15~22（19.3）
p3	*N*	2	5	3
	L	40.2~46.7（43.4）	34.8~42.3（38.1）	39
	W	21.0~26.2（24.3）	22.8~27.4（24.5）	26~28（26.7）
p4	*N*	10	13	2
	L	42.3~47.0（44.9）	34.8~46.3（40.0）	45~46（45.5）
	W	22.3~28.0（24.6）	23.5~31.5（28.3）	30
m1	*N*	11	18	7
	L	42.3~52.7（47.2）	36.5~52.3（45.3）	48~55（51.9）
	W	23.1~32.5（27.8）	26.0~31.8（29.0）	31~36（33.1）
m2	*N*	14	14	6
	L	46.9~56.9（47.7）	43.0~51.5（47.9）	49~61（55.3）
	W	24.9~35.0（30.2）	25.8~35.5（29.1）	29~37（33.0）
m3	*N*	8	3	2
	L	49.6~61.4（56.4）	48.5~51.0（49.9）	51~57（54）
	W	31.5~36.5（34）	29.3~33.2（31.3）	30~34（32）

注：*N*为标本数，*L*为长度，*W*为宽度，括号内为平均数.

M1（图1：A）冠面形态呈外宽内窄的四方形。前尖肋很发育，但中附尖肋、后尖肋不发育。前刺发育，小刺发育较弱，没有与前刺形成封闭的中凹。发育有前后齿带，后齿带与后脊形成后凹。原脊和后脊均向前凸，舌侧端向前弯。前原尖缢收缩成一条纵沟，后原尖缢不明显。4牙根。

M2 冠面形态呈外宽内窄的四方形。和 M1 一样，前尖肋很发育，但中附尖肋和后尖肋不发育。在后尖肋的位置上外壁通常表现为一凹面。前刺均很发育，但磨蚀后均不将中谷横向隔离。发育有前后齿带，后齿带与后脊形成后凹，但后凹只在牙齿中下部封闭。前原尖缢只在齿冠基部发育，后原尖缢很弱或不存在。

dp1 冠面呈三角形，前窄后宽。下前尖长而扁薄，和小的下原尖同处于牙纵轴上，其间舌侧由一很浅的纵沟分离。无下前脊，无下后尖发育。下次尖和下内尖前后延长并在跟座部分形成一封闭的釉圈。下次尖和下原尖之间唇侧由一浅的外沟分离。

dp2（图1：E）冠面呈三角形，前窄后宽。下前尖短小，有小的横向下后尖发育。

下原尖最高大。下前尖与下原尖之间的舌侧有一明显的纵沟分离。下次尖和 dpl 一样延长，但下内尖较孤立，两尖之间形成一个向舌侧开放或封闭的跟座凹。舌侧有很浅的前外沟和外沟。双牙根，都呈圆柱形，后面牙根较前面粗壮。

dp3 冠面呈长方形，前窄后宽。下后尖横向增宽，下前尖相对缩短，下前脊明显向舌侧发育成一附尖，它们之间形成一向舌侧开放的三角座凹。下后尖、下原尖、下次尖和下内尖相连成脊构成宽的跟座凹。下原尖和下前尖之间的前外沟不明显，下原尖与下次尖之间的外沟较深，把牙齿分成前后两部分。

dp4（图 1：F）基本形态如 dp3，但显著大，其三角凹和跟座凹更加宽且深，向舌侧敞开。下原尖与下次尖之间的外沟更加显著，而前外沟则更加弱化。

p2-m3（图 1：G）齿冠前部明显狭窄，三角凹较跟座凹狭小。齿脊已明显构成两叶，后叶比前叶低。从 p3 往后三角凹和下后尖较 p2 均逐渐加宽加大，后叶逐渐加宽。

表 4   中国犀下乳臼齿测量与比较

Table 4   Measurements and comparison of the lower deciduous teeth of *R. sinensis*   mm

		杨家坡洞 Yangjiapodong	建始人 Jianshi Hominid[2]	盐井沟 Yanjinggou[3]
dp1	N	1	3	1
	L	20.86	31.0~36.8（33.3）	20
	W	10.82	15.0~18.3（16.1）	10
dp2	N	3	4	4
	L	30.3~33.0（32.0）	28.0~31.0（29.5）	30~31（30.5）
	W	15.9~17.0（16.5）	15.0~15.6（15.3）	15~17（16.3）
dp3	N	2	6	4
	L	39.9	37.3~40.0（38.7）	42~45（43.5）
	W	20.5~21.0（20.8）	17.4~21.5（19.8）	22~24（22.5）
dp4	N	4	6	2
	L	43.0~51.2（47.0）	41.4~49.8（44.8）	43
	W	22.7~24.4（23.7）	21.0~26.0（24.3）	23

注：N 为标本数，L 为长度，W 为宽度，括号内为平均数.

2.3 比较与讨论

上述牙齿明显具有真犀属的特征：犀牛的下牙一般差异较小，与原始犀相比，真犀属的下前脊更发育，所以三角凹呈"U"形；而原始犀的下前脊发育较弱，其三角凹则呈"V"形。两者的上牙差异较相对明显，真犀属的前臼齿颊侧存在前尖肋和后尖肋，后尖肋有时较弱；而原始犀颊侧光滑，前尖肋和后尖肋几乎不存在。

一般在中国境内不太可能存在苏门犀，最有可能存在中国犀和印度犀，这两种都属于真犀属，中国犀是化石种，而印度犀则为现生种，两者的下牙几乎没有差异，只有通过上牙进行区分。中国犀的上臼齿前刺和小刺发育较弱，较少形成中凹，即便形成中凹，前刺和小刺接合也较弱；印度犀的上臼齿前刺和小刺极发育，两者接合形成中凹，印度犀的中凹特别发达。中国犀的前、后原尖缢收缩相对较弱；而印度犀前原尖缢和后原尖缢强烈收缩，能形成很深的沟。

在化石种中，杨家坡洞的标本与建始人遗址[2]、盐井沟[3]的中国犀具有很多相一致或相似的特征：上颊齿前尖肋和后尖肋只在 P1~P4 上双显著，在 M1~M2 上前尖肋突出，而后尖肋很弱或几乎不存在；小刺只在乳臼齿和个别恒前臼齿和臼齿上微弱发育，但通常不与前刺相连形成中凹；前刺较发育，但还不足以把内谷分为内外两部分；颊齿的反前刺都不见发育；上颊齿原脊和后脊虽有扭曲，但原尖和次尖收缩极弱或不收缩；恒上颊齿内谷较狭窄，谷口基本上不见齿突发育。杨家坡洞的标本与建始人遗址、盐井沟的中国犀不同之处在于，总体上个体相对较大，尤其与建始遗址相比明显偏大，虽然也比盐井沟大，但相差不太明显。基于以上原因，我们把杨家坡洞的标本归入 *Rhinoceros sinensis*。

3 小结

中国犀是华南地区许多第四纪洞穴和裂隙堆积中最常见的化石，是大熊猫-剑齿象动物群中最重要的成员之一。杨家坡洞中国犀标本的发现为探讨本地区更新世时期的犀科和南方动物群的演化提供了重要的实物资料。

参 考 文 献

1   陆成秋. 湖北建始杨家坡洞晚更新世哺乳动物群. 见: 董为主编. 第十二届中国古脊椎动物学学术年会论文集. 北京: 海洋出版社, 2010. 97-120.

2   郑绍华. 建始人遗址. 北京: 科学出版社, 2004. 226-233.

3   Colbert E A, Hooijer D A. Pleistocene mammals from the limestone fissures of Szechuan, China. Bull Amer Mus Nat Hist 1953, 102(1): 90-102.

THE LATE PLEISTOCENE RHINOCEROS FROM YANGJIAPO CAVE AT JIANSHI, HUBEI PROVINCE

LU Cheng-qiu   DONG Bing   GAO Huang-wen

(*Hubei Provincial Institute of Cultural Relics and Archaeology,* Wuhan 430077, Hubei)

ABSTRACT

The present paper systematically described new material of the Late Pleistocene *Rhinoceros sinensis* from Yangjiapo Cave at Jianshi, Hubei Province. It provides together with *Rhinoceros sinensis* from Longgudong the evolution evidence of rhinoceros from the Early Pleistocene to Late Pleistocene.

Key words　　Rhinoceros, *Ailuropoda-Stegodon* fauna, Yangjiapo Cave, Jianshi, Hubei, Late Pleistocene

第十七届中国古脊椎动物学学术年会论文集. 董为, 张颖奇主编. 北京: 海洋出版社, 2021. 331-338
Proceedings of the Seventeenth Annual Meeting of the Chinese Society of Vertebrate Paleontology
DONG Wei, ZHANG Ying-qi, eds. Beijing: China Ocean Press, 2021. 331-338

湖北郧阳乔家梁子旧石器地点石器研究[*]

高黄文[1]　　王玉杰[1]　　陆成秋[1]　　董兵[1]　　黄旭初[2]　　陈安宁[3]

(1 湖北省文物考古研究所, 湖北　武汉 430077; 2 十堰市博物馆, 湖北　十堰 442000;

3 十堰市郧阳区博物馆, 湖北　十堰 442500)

摘　要　　2019 年初, 湖北省文物考古研究所在对郧西-郧阳汉水大桥建设控制地带进行调查时, 在汉水右岸的Ⅲ级阶地之上的乔家梁子采集到石制品 16 件, 其中石核 9 件, 皆为单台面石核; 石片 3 件; 工具 2 件, 包括尖状器和砍砸器; 断块 2 件。石制品原料以凝灰岩、石英砂岩和脉石英为主。剥片方法和修理方法均为硬锤直接打击法。乔家梁子地点的石制品年代应属于旧石器时代早期。

关键词　　旧石器时代早期; 汉水上游; 乔家梁子; 石制品

1　前言

　　汉水流域是古人类演化的重要地区, 在汉水以及汉水支流两岸的多级阶地之上分布着众多的旧石器地点 (遗址)。汉水上游流域是旧石器时代南、北方古人类迁徙、技术扩散的走廊, 其丰富的古人类和动物化石资源以及旧石器文化遗存对研究早期人类迁徙与演化、环境适应、石器工业技术和南北旧石器文化交流具有十分重要的价值, 在我国旧石器考古研究中占据着极为重要的位置。

　　2019 年 3 月, 湖北省文物考古研究所在对郧西-郧阳汉水大桥建设控制地带进行调查时, 在乔家梁子上采集到 16 件石制品。该旧石器地点位于湖北省十堰市郧阳区五峰乡肖家河村, 东距郧阳城区约 40 km, 地理坐标为 32°51′20″N, 110°23′39″E, 海拔 206 m (图 1)。

2　地质地貌

　　汉水发源于陕西省西南部宁强县秦岭与米仓山之间的冢山, 向东南穿越秦巴山地, 流经陕南, 进入湖北省境内。河道蜿蜒曲折, 自古以来就有 "曲莫如汉" 之称。所处的河谷地带介于秦岭和大巴山东西褶皱带之间, 在地貌上属于石泉至丹江口峡谷盆地的交替带, 该段基本上是一个大峡谷, 但从上游到下游依次夹有石泉盆地、安康盆地、郧县盆地和均县盆地。这些盆地面积很小, 形状大致为东西长、南北窄, 长轴与河谷的走向一直。乔家梁子地点位于郧县盆地内, 地质构造主要是古生代的变质岩系, 在

---

* 高黄文: 男, 29 岁, 主要从事旧石器时代考古学研究.

郧县附近还有第三纪的红色岩系覆盖在变质岩系之上，形成宽坦的河谷。

　　汉水于第三纪后期开始形成，第四纪是河流发育的主要时期，地质构造运动和河流侵蚀作用使汉水两岸发育了四级阶地。第一级阶地为河漫滩相堆积，已被丹江口水库淹没，原高出河床 10 m 左右；第二级阶地砾石层比现代河道高出 25 m 左右，在汉水两岸分布较多，阶地上覆盖着厚达 2～10 m 的风尘堆积层，郧阳城区即坐落在此级阶地上；第三级阶地高出现代河床约 40 m，阶地较残缺，保留较少，风尘堆积层比较薄；第四级阶地砾石层比现代河道高出 50 m 左右[1]。

　　乔家梁子旧石器地点即位于郧阳区五峰乡肖家河村汉水右岸的Ⅲ级阶地之上（图2）。

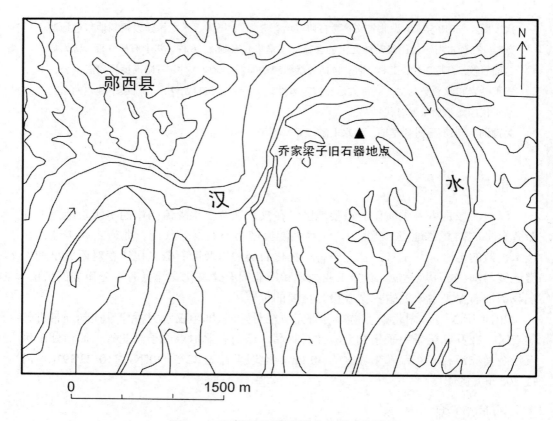

图 1　　乔家梁子旧石器地点的地理位置

Fig. 1　Geographic location of Qiaojialiangzi

3　石制品的分类与描述

　　此次调查，共采集到石制品 16 件。除少部分脉石英石制品外，大部分石制品表面棱脊不清晰，冲磨痕迹明显，风化明显，表面覆盖有钙质结合和铁锰结核。石制品可分为石核、石片、工具和断块 4 类。

3.1　石核

　　石核共 9 件，均为单台面石核。石核原料以凝灰岩为主，有 6 件；石英砂岩、千枚岩、脉石英各 1 件。石核长 53.8 ~ 106.1 mm，平均 77.1 mm；宽 84.8 ~ 146.9 mm，平均 122.7 mm；厚 42.1 ~ 112.5 mm，平均 96.5 mm；重 463 ~ 2 771 g，平均 1 169.5 g。台面均为自然台面，显示石核应未经过复杂预制。台面角 57°16′ ~ 98°24′，平均 73°13′。

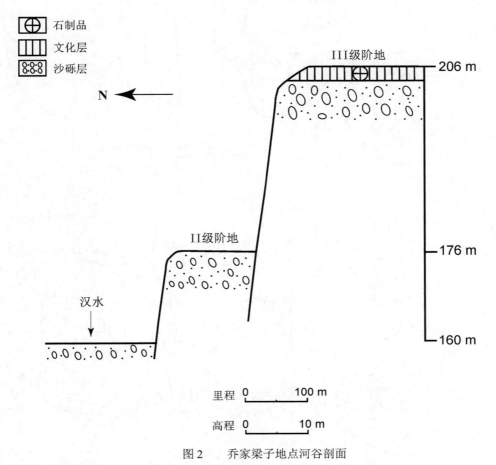

图 2　乔家梁子地点河谷剖面

Fig. 2　Geological section of Qiaojialiangzi locality

2019SYQCJ:02，长 67.1 mm，宽 146.9 mm，厚 106.1 mm，重 1 218 g。原料为凝灰岩。台面角 57°16′。有 1 个剥片面，4 个剥片疤。

2019SYQCJ:03，长 82.2 mm，宽 124.3 mm，厚 97.6 mm，重 958.9 g。原料为凝灰岩。台面角 80°50′。有 1 个剥片面，5 个剥片疤（图 3：3）。

2019SYQCJ:04，长 53.8 mm，宽 111.1 mm，厚 82.9 mm，重 666.3 g。原料为凝灰岩。台面角 67°26′。有 1 个剥片面，4 个剥片疤。

2019SYQCJ:05，长 72.5 mm，宽 113.6 mm，厚 68.7 mm，重 980.0 g。原料为凝灰岩。台面角 67°00′。有 1 个剥片面，3 个剥片疤（图 3：1）。

2019SYQCJ:06，长 55.1 mm，宽 98.4 mm，厚 113.3 mm，重 729.0 g。原料为凝灰岩。台面角 68°28′。有 1 个剥片面，3 个剥片疤。

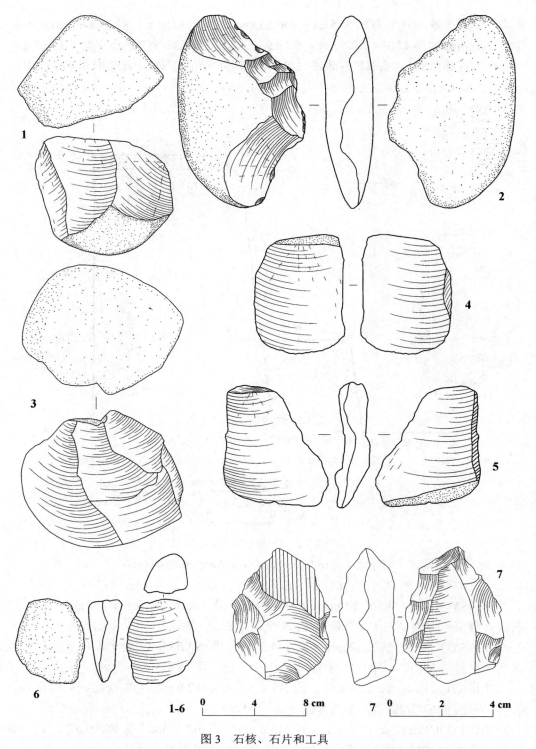

1-6 | 0   4   8 cm

7 | 0   2   4 cm

图 3　石核、石片和工具

Fig. 3　Core, flake and tools

2019SYQCJ:07，长 85.6 mm，宽 141.1 mm，厚 111.0 mm，重 1 501 g。原料为凝灰岩。台面角 67°58′。有 1 个剥片面，3 个剥片疤。

2019SYQCJ:10，长 76.9 mm，宽 138.8 mm，厚 112.5 m，重 1 239 g。原料为石英砂岩。台面角 61°08′。有 1 个剥片面，5 个剥片疤。

2019SYQCJ:12，长 94.6 mm，宽 84.8 mm，厚 42.1 mm，重 463.0 g。原料为千枚岩。台面角 98°24′。有 1 个剥片面，2 个剥片疤。

2019SYQCJ:16，长 106.1 mm，宽 145.6 mm，厚 134.4 mm，重 2 771 g。原料为脉石英。台面角 93°42′。有 2 个剥片面，5 个剥片疤。

3.2 石片

石片共 3 件，均为完整石片。2 件原料为石英砂岩，1 件为脉石英。长 70.6 ~ 101.1 mm，平均 89.6 mm；宽 57.5 ~ 91.8 mm，平均 74.1 mm；厚 28.2 ~ 34.2 mm，平均 30.9 mm；重 152.7 g ~ 338.0 g，平均 253.6 g。石片角 83°50′ ~ 126°30′，平均 109°50′。按 Toth 提出的分类方案[2]，1 件为Ⅲ型石片，1 件为Ⅳ型石片，1 件为Ⅵ型石片。

2019SYQCJ:15，长 70.6 mm，宽 57.5 mm，厚 30.2 mm，重 152.7 g，原料为脉石英，台面角 83°50′。人工台面，自然背面（图 3：6）。

2019SYQCJ:08，长 101.1 mm，宽 91.8 mm，厚 28.2 mm，重 270 g，原料为石英砂岩，台面角 120°18′。人工台面，人工背面（图 3：5）。

2019SYQCJ:09，长 97.1 mm，宽 73.1 mm，厚 34.2 mm，重 338 g，原料为石英砂岩，台面角 126°30′。自然台面，人工背面（图 3：4）。

3.3 工具

工具共 2 件。分为砍砸器和尖状器。

2019SYQCJ:01，单凸刃砍砸器，长 95.0 mm，宽 155.2 mm，厚 40.6 mm，重 688.5 g。原料为凝灰岩。毛坯为砾石，一侧面使用硬锤直接法单向修理，加工出带有弧度的刃缘，刃长 208.5 mm，刃角 51°32′，刃缘周延遗有使用所产生的细小使用疤。背面由石皮所覆盖（图 3：2）。

2019SYQCJ:13，尖状器长 54.9 mm，宽 37.7 mm，厚 28.7 mm，重 47.0 g。原料为脉石英。毛坯为石片，硬锤直接法复向加工。脉石英原料导致该石制品节理发育（图 3：7）。

3.4 断块

断块共 2 件。1 件为石英砂岩，1 件为脉石英。可能为剥片过程中崩落的部分。

4 结语

4.1 石制品工业特征

经研究，认为乔家梁子旧石器地点发现的石制品工业具有以下特点。

4.1.1 原料

乔家梁子旧石器地点原料选择应是受到本地石料条件限制，因就地取材，原料绝大多数为磨圆度较高的砾石，取自河床（古河床）。以凝灰岩为主，共 7 件，占总数的 43.75%；石英砂岩、脉石英各 4 件，此外还有千枚岩 1 件。凝灰岩硬度适中、各向同性较好，适宜进行石制品加工。石英砂岩和脉石英作为石制品原料较为劣质，特别是脉石英节理发育，各向同性差。

4.1.2 石制品的大小

根据最大直径将石制品划分为微型（＜20 mm）、小型（20～50 mm）、中型（50～100 mm）、大型（100～200 mm）和巨型（≥200 mm）等类型[3]，统计表明，乔家梁子旧石器地点的石制品以大型为主，占 68.75%；中型其次，占 31.25%。

4.1.3 剥片技术

乔家梁子旧石器地点石制品剥片技术为硬锤法直接剥片，剥片技术简单，石核共 9 件，从石核台面观察，全部为单台面石核，且台面全为自然砾石台面，显示石核未经过复杂预制及对台面的更新维护。其中 7 件石核有 1 个剥片面，仅 2 件有 2 个剥片面，可见剥片疤最多为 5 片，大多数石核台面和背面保留相当面积的自然砾石面，显示对石料的利用率较低。

4.1.4 工具加工技术

乔家梁子旧石器地点此次仅采集到 2 件工具，但都制作精美，具有典型性。2019SYQCJ:01，单凸刃砍砸器，此件工具以砾石为毛坯，在一侧使用硬锤单向加工出刃缘，其余部分则未经加工，保留砾石面。这件工具体现了"修型"的石器生产概念。2019SYQCJ:13，尖状器，此件工具以脉石英石核上剥离的石片为毛坯，在毛坯周缘使用硬锤直接打击法复向加工，对应了"剥坯"石器生产概念。

4.2 年代分析

乔家梁子旧石器地点位于汉水上游Ⅲ级阶地，此次调查未发现可供测年的哺乳动物化石和其他相关材料。因此本文主要根据前人对汉水上游阶地年代研究的成果，以及与临近地区石制品工业特征的对比，尝试对乔家梁子旧石器地点年代做推断。

根据以往学者的相关研究，汉水上游的河流两岸从下至上发育有四级阶地，每级阶地上均可见覆盖在基岩上、厚度不等的河流相砾石层、粗砂堆积层和风尘堆积层。乔家梁子旧石器地点海拔 206 m，与该地区其他Ⅲ级以上阶地相近。同时，乔家梁子旧石器地点采集的石制品粗大，剥片技术和修理技术均为硬锤直接打击法，石核利用率较低。原料绝大多数为凝灰岩、脉石英和石英砂岩，该地点旧石器石制品工业特征与临近地区的旧石器时代早期遗址，包括肖家河旧石器地点、郧县人旧石器遗址的石制品工业特征基本一致。

依据徐行华的最新研究，汉水上游地区，Ⅲ级阶地为中更新世，其上旧石器遗址年代在距今 200 ka～700 ka[①]。

所以根据对比，我们推测乔家梁子旧石器地点发现的石制品年代应该属于中更新世，相当于旧石器时代早期，年代为距今 200 ka～700 ka。

4.3 考古学意义

汉水上游地区位于我国南方过渡地带，是古人类迁徙、文化交流的重要走廊。

---

① 徐行华. 湖北长阳人遗址和柳陂酒厂旧石器遗址的铀系测年研究. 南京大学, 2019. 31-38.

在陕南地区和鄂西北地区发现有多处重要的旧石器时代早期遗址。乔家梁子旧石器地点的石制品，原料以凝灰岩、脉石英和石英砂岩为主，石制品制作技术较为原始、粗糙，体现了中国南方旧石器时代早期砾石工业的特征。该地点的发现，丰富了对汉水上游地区旧石器时代早期文化面貌的认识，也为进一步探讨旧石器时代早期直立人在中国南北方过渡地带的生存适应方式、技术扩散和人群迁徙提供了重要材料。

参 考 文 献

1　沈玉昌. 汉水河谷的地貌及其发育史. 地理学报, 1956 (4): 27-55.

2　Toth N. The Oldowan reassessed: a close look at early stone artifacts. Journal of Archaeological Science, 1985, 12(2): 101-120.

3　卫奇. 石制品观察格式. 见：董为主编. 第八届中国古脊椎动物学学术年会论文集. 北京：海洋出版社, 2001. 209-218.

RESEARCH ON THE PALEOLITHIC SITES IN

QIAOJIALIANGZI, YUNYANG, HUBEI

GAO Huang-wen[1]　　WANG Yu-jie[1]　　LU Cheng-qiu[1]　　DONG Bing[1]
HUANG Xu-chu[2]　　CHEN An-ning[3]

(1 *Hubei Provincial Institute of Cultural Relics and Archaeology*,　Wuhan 430077, Hubei;

2 *Shiyan City Museum, Chinese Academy of Sciences*,　Shiyan 442000, Hubei;

3 *Yunyang District Museum*,　Shiyan 442500, Hubei)

ABSTRACT

In the early 2019, when the Hubei Provincial Institute of Cultural Relics and Archaeology was investigating the Yunxi-Yunyang Hanshui Bridge construction control zone, it collected 16 stone products from Qiaojialiangzi from the third-level terrace on the right bank of the Hanshui River, including stone cores. 9 pieces, all of which are single-table stone cores; 3 pieces of flakes; 2 pieces of tools, including points and choppers; 2 pieces of fragments. The raw materials of stone products are mainly tuff, quartz sandstone and vein quartz. Both the stripping method and the repair method are direct hitting with a hard hammer. The stone products at Qiaojialiangzi site should belong to the early Paleolithic age.

Key words　　Early Paleolithic Age,　Upper reaches of Han River,　Qiaojialiangzi Site,　Lithic Products

第十七届中国古脊椎动物学学术年会论文集. 董为，张颖奇主编. 北京：海洋出版社，2021. 339-350
Proceedings of the Seventeenth Annual Meeting of the Chinese Society of Vertebrate Paleontology
DONG Wei, ZHANG Ying-qi, eds. Beijing: China Ocean Press, 2021. 339-350

黄骅坳陷北部南堡凹陷东营组孢粉化石组合*

袁德艳　　陈德辉　　孟令建　　王时林　　张永超

（冀东油田公司勘探开发研究院，河北　唐山　063004）

摘　要　本文系统研究了黄骅坳陷北部南堡凹陷滩海东营组孢粉化石，确定了其为榆粉属高含量组合，自下而上可以划分为 3 个孢粉亚组合：*Ulmipollenites undulosus* – *Piceaepollenites* – *Quercoidites microhenrici* 亚组合（东营组三段）；*Ulmipollenites undulosus* – *Piceaepollenites* – *Tsugaepollenites* 亚组合（东营组二段）；*Juglandaceae* – *Tiliaepollenites* – *Pinaceae* 亚组合（东营组一段）。根据孢粉组合特征及主要孢粉类型地质地理分布的分析，认为东营组时代应为晚 Rupelian – Chattian 期，对这一孢粉组合的研究，为南堡凹陷滩海地区东营组地质时代的进一步确定及南堡凹陷盆地演化等基础地质研究奠定了基础。

关键词　孢粉化石；东营组；南堡凹陷；晚渐新世；黄骅坳陷北部

1　前言

南堡凹陷是渤海湾盆地黄骅坳陷北部的小型断陷盆地（图 1）[1],其总面积为 1 932 km²,其中滩海区域面积约为 1 000 km²。滩海区包括林雀次凹和曹妃甸次凹以及南堡 1 号构造带、南堡 2 号构造带、南堡 3 号构造带、南堡 4 号构造带、南堡 5 号构造带。南堡凹陷自下而上发育有古近系的孔店组、沙河街组和东营组。东营组又分为东一段、东二段和东三段。由于海域古近系不整合发育、断层多、断裂系统复杂地层破碎，东营组内部分层与跨构造带的对比问题，东营组与沙河街组分界问题，东营组内部分层与邻区的对应关系等均不十分清楚。前人已从多方面对南堡凹陷东营组做过研究，但已发表的有关南堡凹陷滩海东营组孢粉的研究不多。由此，笔者根据南堡凹陷滩海钻井获得的孢粉资料，分析其孢粉组合特征；讨论其时代归属问题。因此，本次工作对搞清南堡凹陷滩海东营组孢粉生物地层的划分及油气勘探的预测具有十分重要的意义。

本文研究的材料源自南堡凹陷的滩海钻井 NP4-66 井（3 599～3 785 m）、NP3-80 井（4 450～4 540 m）、NP3-20 井（4 050～4 325 m）和 PG1 井（2 480～3 017 m），在这 4 口井（岩性为泥岩、粉砂岩）中发现了大量的保存完好的孢粉化石，对这些化石的研究，对于东营组地质时代的进一步确定等有重要意义。

---

* 基金项目：国家科技重大专项（编号：2016ZX05006-006）资助.
　袁德艳：女，54 岁，高级工程师，从事孢粉地层学研究.

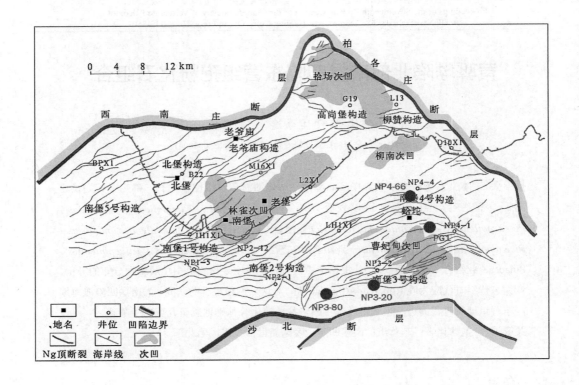

图 1　南堡凹陷样品井位分布[1]

Fig. 1　Geographic location of drillings in Nanpu Depression [1]

2　地层概况

东营组位于古近系沉积旋回上部，为一套砂岩、含砾砂岩与灰色泥岩互层，呈底粗中细上粗的岩性组合，根据岩电特征划分为东三段、东二段和东一段。

2.1　东三段（Ed₃）

南堡凹陷滩海东三段地层发育全，可分为东三上亚段和东三下亚段两套地层。发现的化石主要有介形类长刺华花介（*Chinocythere longispinata*）组合，与下伏沙一段整合接触。

2.1.1　东三下亚段（Ed₃下）

为一套灰色的砂砾岩层，间夹泥岩，电阻率曲线呈大锯齿状、高阻尖峰，为电阻基值最高的一套地层，厚 20～425 m。

2.1.2　东三上亚段（Ed₃上）

为一套灰色砂泥交互地层，电阻率曲线基值比东二段高，厚 0～448 m，与东三下亚段整合接触。

2.2　东二段（Ed₂）

为灰、深灰色泥岩，属湖泊扩张体系域沉积，电性上呈低阻、自然电位曲线平直，中部夹薄层细砂岩，使电阻率曲线基值升高呈鼓包状，分布稳定，岩性特征明显，是全区地层对比的二级标志层。厚 0～426 m，与下伏东三上亚段整合接触。发现的化石主要有介形类花瘤东营介（*Dongyingia florinodosa*）组合与弯脊东营介（*Dongyingia inflexicostata*）组合。

2.3　东一段（Ed₁）

以砂砾岩与泥岩频繁交互为特征，总体呈向上粒度变粗的特点，属湖泊萎缩体系域沉积。电性特征呈高阻锯齿状、高自然电位。厚 0～728 m，与下伏东二段整合接触。

3　孢粉组合（亚组合）特征

样品的孢粉鉴定结果统计表明，南堡凹陷东营组以榆粉属（*Ulmipollenites*）高含量为其共同特征，可划分组合为：榆粉属（*Ulmipollenites*）高含量组合。被子类植物花粉占绝对优势，其中以波形榆粉(*Ulmipollenites undulosus*)为主体的榆粉属居首要地位，明显多于栎粉属（*Quercoidites*），这是本组合的最重要特征，自下而上可以划分为 3 个孢粉亚组合。

3.1　*Ulmipollenites undulosus – Piceaepollenites – Quercoidites microhenrici* 亚组合（东三段）

本亚组合见于 NP4-66 井（3 599～3 785 m）和 NP3-80 井（4 450～4 540 m）中，其主要属种的百分含量见图 2，其亚组合特征如下。

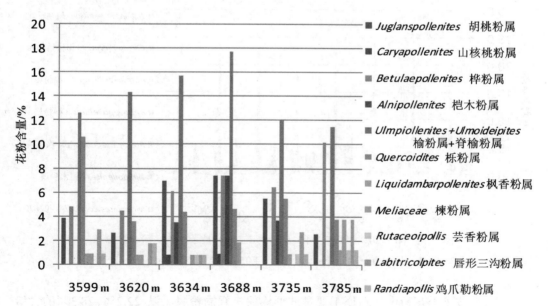

图 2　　NP4-66 井 3 599～3 785 m（东三段）被子植物花粉含量分布

Fig. 2　Angiosperm pollen contents from 3 599 m to 3 785 m at borehole NP4-66

（1）被子类花粉占 38.74%～81.3%，裸子类花粉占 16.4%～60.36%，蕨类孢子为 1.8%～11.8%。

（2）被子植物花粉仍以榆粉属和栎粉属为主，榆粉属的含量总是超过栎粉属，且以个体较大、脑纹较显著的波形榆粉为主。被子类花粉中榆粉属＋脊榆粉属（*Ulmoideipites*）以 11.4%～28%的含量领先于栎粉属（3.5%～16.7%），桦科（Betulaceae）主要是拟榛粉属（*Momipites*）、桦粉属（*Betulaepollenites*）等；胡桃科（Juglandaceae）主要是胡桃粉属（*Juglanspollenites*）、山核桃粉属（*Caryapollenites*）等分子占有相当分量，椴粉属（*Tiliaepollenites*）含量较上部地层有所减少，唇形三沟粉属（*Labitricolpites*）、枫香粉属（*Liquidambarpollenites*）等常可见及，含量稍有增长。

（3）裸子植物花粉主要为松科（Pinaceae），其中单束松粉属（*Abietineaepollenites*）、双束松粉属（*Pinuspollenites*）较多，云杉粉属（*Piceaepollenites*）、雪松粉属（*Cedripites*）、铁杉粉属（*Tsugaepollenites*）有一定数量，杉粉属（*Taxodiaceaepollenites*）含量不高，麻黄粉属（*Ephedripites*）很少。

（4）蕨类孢子中主要以水龙骨单缝孢属（*Polypodiaceaesporites*）含量稳定为特征。

3.2 *Ulmipollenites undulosus-Piceaepollenites-Tsugaepollenites* 亚组合（东二段）

本亚组合见于 NP3-20 井（4 050～4 325 m）中，其主要属种的百分含量见图 3，其亚组合特征如下。

（1）被子类花粉以 66.1%～70.8%的含量居 3 大类之首，裸子类花粉占 20.7%～27.1%列第二，蕨类孢子为 6.8%～10.3%排第三。

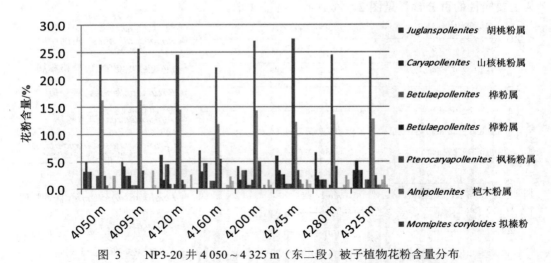

图 3　　NP3-20 井 4 050～4 325 m（东二段）被子植物花粉含量分布

Fig. 3　　Angiosperm pollen contents from 4 050 m to 4 325 m at borehole NP3-20

（2）被子类花粉中榆粉属主要是波形榆粉＋脊榆粉属，以 22.2%～28.3%的含量领先于栎粉属的 11.3%～16.4%；桦科主要是拟榛粉属、桦粉属等；胡桃科主要是胡桃粉属、山核桃粉属等分子占有相当分量，唇形三沟粉属、枫香粉属等常可见及。

（3）裸子类花粉中主要是具双气囊的松科组分，包括云杉粉属、单束松粉属、双束松粉属及雪松粉属（*Cedripites*）等，这些在该孢粉组合面貌中占有绝对优势，杉粉属较常见到，铁杉粉属、麻黄粉属偶有见及。

（4）蕨类孢子中有三角孢属（*Deltoidospora*）、水龙骨单缝孢属（*Polypodiaceaesporites*）、水藓孢属（*Sphagnumsporites*）。

3.3 Juglandaceae-*Tiliaepollenites*-Pinaceae 亚组合（东一段）

本亚组合见于 PG1 井（2480~3017 m）中，其主要属种的百分含量见表 1，其亚组合特征如下。

（1）被子类花粉以 61.9%~71.6% 的含量居 3 大类之首，裸子类花粉占 21.6%~27.8% 列第二，蕨类孢子为 5.9%~12.5% 排第三。

（2）蕨类孢子中水龙骨单缝孢属占优势；另有少量的三角孢属、拟蕨孢属（*Pteridiumsporites*）、槐叶萍孢属（*Salviniaspora*）、凤尾蕨孢属（*Pterisisporites*）等。

（3）裸子植物花粉中松科占优势，其中以单、双束松粉属（*Abietineaepollenites*、*Pinuspollenites*）为主，其次是云杉粉属、雪松粉属和铁杉粉属；罗汉松粉属（*Podocarpidites*）、杉粉属各占一定数量；麻黄粉属含量很低；银杏粉属（*Ginkgopites*）、苏铁粉属（*Cycadopites*）少量出现。

（4）被子植物花粉中胡桃科最为发育；其次是榆粉属和桦科，榆粉属含量高于栎粉属，波形榆粉仍为优势种；椴粉属占一定数量且连续出现；草本植物花粉种类较多但数量较少，主要有唇形三沟粉属、伏平粉属（*Fupingopollenites*）、毛茛粉属（*Ranunculacidites*）、藜粉属（*Chenopodipollis*）和百合粉属（*Liliacidites*）等。

4 地质时代分析

南堡凹陷滩海地区东营组孢粉组合同渤海湾沿岸地区的东营组孢粉组合特征基本一样，为榆粉属高含量带（图 4），以榆科（Ulmaceae）和山毛榉科（Fagaceae）为多，榆粉属总是超过栎粉属的数量，其中又以波形榆粉为主体，有时桤木粉属（*Alnipollenites*）、山核桃粉属、胡桃粉属等亦较丰富，草本植物花粉的唇形科（Labiaceae），毛茛科（Ranunculaceae），黑三棱粉属（*Sparhauiaceaepotlenites*）和眼子菜粉属（*Potamogetonacidites*）等常有存在。相似的孢粉组合，亦见于鲁西南地区拓沟组，山西的繁峙组等。

其中的波形榆粉遍布各地，目前都认为它在古近纪晚期和新近纪较为发育，其高峰段还是在古近纪晚期，即渐新世。

枫香粉属（*Liquidambarpollenites*）是我国古近纪常见分子，从始新世开始出现至新近纪逐渐形成繁盛趋势。枫香粉属和粗肋孢属（*Magnastriatites*）是我国北方中新世孢粉组合的优势分子和代表分子。黑三棱粉属（*Sparganiaceaepollenites*）分子在西亚和南美洲南部地区始现的时间都是在渐新世[2-3]。

禾本粉属（*Graminidites*）的分子在世界各地少量始现于渐新世，例如在印度孟加拉湾渐新世开始发育，在中国南海北部陆架始现于上渐新统[4-5]。广西合浦盆地渐新统的沙岗组禾本粉属个别出现[6]；河南卢氏盆地自中始新世开始出现了禾本粉属[7]；龙井构造带渐新统花港组、珠江口盆地的渐新统恩平组、柴达木盆地下干柴沟组下部（始新世晚期）等均见到禾本粉属[8]。

表1　堡古1井2 505～3 017 m（东一段）孢子花粉含量分布

Table 1　Sporopollen contents from 2 505 m to 3 017 m at borehole Pugu 1

	井深/m	2505	2593	2615	2755	2795	2872	2900	2945	2990	3000	3017
蕨类	水藓孢属	0.9		0.9	0.0		0.9			0.8		0.8
	海金砂孢属	0.0	1.0	0.9	0.9	1.7	0.9	1.7	1.7	0.8	1.6	1.7
	无突肋纹孢属	0.0	2.0	0.9	0.9	1.7	0.9	1.7	0.0	0.8	0.8	0.8
	凤尾蕨孢属	0.9	1.0	0.9	0.0	0.0	0.9	0.8	2.5	0.0	1.6	0.8
	拟蕨孢属	0.9	0.0	1.9	0.9	0.8	0.0	0.8	0.0	0.8	0.8	0.0
	金毛狗孢属	0.0	0.0	0.0	0.0	0.0	0.0	0.0	0.0	0.0	0.0	0.8
	三角孢属	0.0	0.0	0.0	0.9	1.7	0.0	0.8	1.7	0.0	0.8	0.0
	紫萁孢属	0.9	0.0	1.9	1.9	0.8	0.0	0.8	0.0	0.0	1.6	1.7
	水龙骨单缝孢属	1.8	1.0	2.8	1.9	1.7	1.8	2.5	3.3	1.7	2.3	1.7
	里白孢属	0.0	0.0	0.0	0.0	0.0	0.0	0.8	0.0	0.8	0.0	1.7
	槐叶萍孢属	0.9	1.0	0.0	0.0	1.7	3.6	2.5	2.5	0.8	1.6	1.7
	合　计	6.4	6.9	10.4	8.3	11.0	9.8	11.9	12.5	5.9	10.9	11.9
裸子类	苏铁粉属	0.9	1.0	1.9	0.0	0.8	0.0	1.7	1.7	0.0	0.8
	银杏粉属	0.0	1.0	0.9	0.0	0.8	0.9	1.7	0.8	0.8	0.8	0.8
	罗汉松粉属	2.7	0.0	0.0	0.0	0.0	1.8	1.7	0.8	0.8	0.8	3.4
	单束松粉属	2.7	3.9	4.7	7.4	4.2	5.4	2.5	2.5	2.5	3.1	3.4
	双束松粉属	8.2	2.9	4.7	5.6	4.2	4.5	5.1	5.8	5.9	5.5	5.1
	雪松粉属	2.7	2.0	3.8	1.9	1.7	1.8	1.7	3.3	3.4	1.6	2.5
	云杉粉属	2.7	2.9	3.8	5.6	5.1	2.7	3.4	1.7	2.5	3.1	2.5
	拟落叶松粉属	1.8	0.0	0.0	0.0	0.0	0.9	1.7	0.8	1.7	2.3	1.7
	油杉粉属	0.0	2.0	0.0	0.0	0.0	0.0	0.0	0.8	0.0	0.8	0.8
	铁杉粉属	0.9	1.0	1.9	0.9	1.7	0.9	0.8	1.7	0.8	1.6	0.8
	冷杉粉属	0.9	0.0	0.9	1.9	0.0	1.7	0.8	0.0	0.0	1.6	1.7
	杉粉属	1.8	3.9	1.9	2.8	1.7	2.7	2.5	1.7	2.5	1.6	1.7
	麻黄粉属	0.9	0.0	0.0	0.9	0.0	0.0	0.0	0.0	0.8	0.8	0.8
	合　计	26.4	21.6	24.5	27.8	22.0	23.2	22.9	21.7	25.4	23.4	26.3

	井深/m	2505	2593	2615	2755	2795	2872	2900	2945	2990	3000	3017
	山核桃粉属	0.0	2.0	0.0	1.9	0.8	0.9	1.7	1.7	1.7	1.6	1.7
	胡桃粉属	17.3	20.6	15.1	17.6	17.8	17.0	15.3	15.8	18.6	14.8	16.1
	枫杨粉属	0.9	0.0	1.9	0.0	0.8	1.8	0.8	0.8	0.0	1.6	0.0
	桤木粉属	1.8	1.0	2.8	0.9	0.8	2.7	1.7	0.8	0.8	2.3	0.8
	拟桦粉属	0.0	1.0	0.9	0.9	0.8	0.9	0.8	0.0	0.0	1.6	0.8
	桦粉属	5.5	4.9	5.7	2.8	1.7	5.4	5.9	3.3	5.1	6.3	4.2
	枥粉属	0.9	1.0	0.9	0.9	1.7	1.8	1.7	0.8	0.8	1.6	0.8
	拟榛粉属	1.8	2.0	1.9	1.9	0.8	0.9	0.8	1.7	0.8	3.1	0.8
	栗粉属	0.0	1.0	0.0	0.9	1.7	0.9	0.0	1.7	1.7	0.8	1.7
	山毛榉粉属	0.9	0.0	0.9	0.9	0.0	0.0	0.0	0.8	0.8	0.0	0.8
	栎粉属	5.5	5.9	3.8	4.6	5.1	6.3	6.8	4.2	5.1	6.3	5.9
	朴粉属	8.2	7.8	9.4	11.1	12.7	8.0	6.8	10.0	10.2	6.3	9.3
	榆粉属	10.0	10.8	12.3	7.4	10.2	9.8	11.0	12.5	10.2	8.6	11.0
被 子 类	枫香粉属	0.9	1.0	0.9	0.9	0.0	0.9	0.0	0.8	1.7	0.0	0.0
	芸香粉属	0.9	1.0	0.0	0.0	0.8	0.0	0.8	0.8	0.8	0.8	0.0
	楝粉属	0.9	2.0	0.9	1.9	1.7	0.9	1.7	0.8	1.7	0.8	1.7
	漆树粉属	0.0	1.0	0.9	0.9	0.8	0.0	0.0	0.8	0.8	0.8	0.0
	胡颓子粉属	0.9	1.0	0.9	0.0	0.0	0.9	0.8	0.0	0.0	0.8	0.0
	忍冬粉属	1.8	1.0	0.9	0.9	1.7	1.8	0.8	1.7	1.7	0.8	1.7
	椴粉属	0.9	0.0	0.9	0.9	0.8	0.0	0.8	0.0	0.0	0.8	0.0
	大戟粉属	0.0	1.0	0.0	0.9	0.0	0.0	0.8	0.0	0.0	0.8	0.0
	山矾粉属	0.9	0.0	0.9	0.0	0.0	0.0	0.0	0.0	0.0	0.0	0.0
	木兰粉属	0.9	2.0	0.9	0.9	0.8	0.9	0.8	1.7	1.7	0.8	0.8
	唇形三沟粉属	0.9	2.0	0.9	2.8	0.8	0.9	0.8	0.8	0.8	1.6	1.7
	毛茛粉属	0.0	0.0	0.9	0.0	0.8	0.9	0.0	0.0	0.0	0.0	0.0
	鸡爪勒粉属	0.9	0.0	0.0	0.0	0.0	0.0	0.8	0.0	0.8	0.8	0.0
	伏平粉属	1.8	1.0	0.0	0.9	0.0	0.9	0.0	0.8	0.0	0.0	0.0
	禾本粉属	0.9	1.0	0.0	0.0	0.8	0.0	0.0	0.8	0.0	0.0	0.0
	藜粉属	0.0	0.0	0.0	0.0	0.0	0.9	0.8	0.0	0.0	0.8	0.0
	眼子菜粉属	0.9	0.0	0.0	0.0	1.7	0.9	0.8	0.8	0.8	0.0	0.0
	百合粉属	0.9	0.0	0.0	0.9	0.0	0.9	0.8	0.8	0.8	1.6	1.7
	合计	67.3	71.6	65.1	63.9	66.9	67.0	65.3	65.8	68.6	65.6	61.9
	总孢粉数	100	100	100	100	100	100	100	100	100	100	100

345

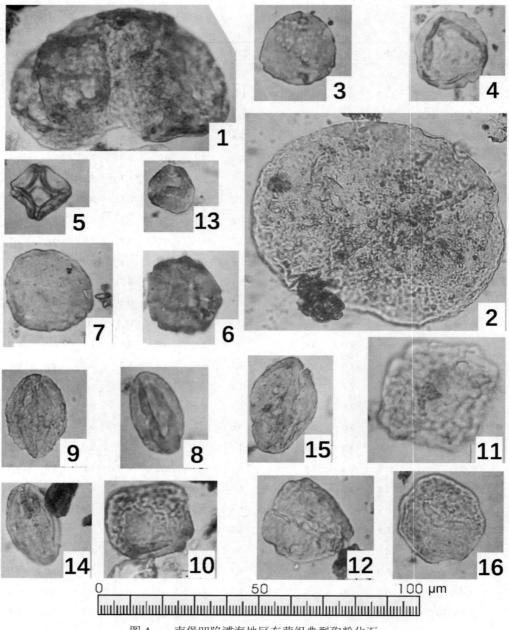

图 4   南堡凹陷滩海地区东营组典型孢粉化石

Fig. 4   Typical sporopollen specimens from Dongying Formation in Nanpu Depression

1. *Abietineaepollenites microalatus* 大型小囊单束松粉；2. *Piceaepollenites   tobolicus* 宽圆云杉粉；3. *Momipites coryloides* 拟榛粉；4. *Carpinipites orbicularis* 圆形枥粉属；5. *Alnipollenites metaplasmus* 变形桤木粉；6. *Juglanspollenites verus* 真胡桃粉；7. *Caryapollenites simplex* 光山核桃粉；8. *Quercoidites   microhenrici* 小亨氏栎粉；9. *Quercoidites   asper* 粗糙栎粉；10-11. *Ulmoideipites krempit* 克氏脊榆粉；12. *Ulmoideipites* 三孔脊榆粉；13. *Ulmipollenites   minor* 小榆粉；14. *Labitricolpites minor* 小唇形三沟粉；15. *Labitricolpites microgranulatus* 细粒唇形三沟粉；16. *Liquidambarpollenites stigmosus* 满点枫香粉.

346

黎粉属（*Chenopodipollis*）最早出现于我国北方古近纪中晚期,中新世开始繁盛。例如在唐古拉山地区（早、中）渐新世孢粉植物群见到黎粉属,其中一个样品的含量为3.5%[9]；河南卢氏盆地自中始新世开始出现黎粉属[7]；东昆仑渐新统万宝沟岩群见到黎粉属[10]。

草本植物是从新近纪才开始发育起来,本组中出现了一定数量的草本植物花粉,这说明本组应较接近于新近纪,但其草本植物花粉尚未达到发育时期,应归属于渐新世晚期。由上根据组内出现的化石的丰度和分异度在地质历史时期中的出现及繁盛的趋势推断东营组的地质年龄在渐新世晚期；又根据区内火成岩的测年,确定其绝对年龄在28.5Ma～23.8Ma[11],故本组应处于晚渐新世与新近纪之间,晚 Rupelian- Chattian为宜。

4 结论

（1）南堡凹陷滩海东营组为榆粉属高含量组合,自下而上可以划分为3个孢粉亚组合：东营组三段的波形榆粉-云杉粉属-小亨氏栎粉（*Quercoidites microhenrici*）亚组合；东营组二段的波形榆粉-云杉粉属-铁杉粉属亚组合；东营组一段的胡桃科-椴粉属-松科亚组合。

（2）通过南堡凹陷孢粉组合的对比,结果显示南堡凹陷滩海与陆上东营组孢粉组合特征整体一致[12],但又有不同,滩海物源稳定,化石组合单一。

（3）根据南堡凹陷滩海东营组裸子植物花粉、被子植物花粉组分的丰度和分异度在地质历史时期中出现及繁盛的趋势推断东营组的年龄在渐新世晚期,晚 Rupelian-Chattian 期。

参 考 文 献

1　高岗,董月霞,杨尚儒,等. 南堡凹陷天然气成因类型与勘探领域分析. 中国石油勘探, 2017, 22(6): 16-26.

2　Mehmet S A, Funda A. Palynology and age of the Early Oilgocene units in Cardak-Tokca Basin, Southwest Anatolia: Paleoecological implications. Geobios, 2005, 38(3): 283-299.

3　Macphail M, Cantrill D J. Age and implications of the Forest Bed, Falkland Islands, southwest Atlantic Ocean: Evidence from fossil pollen and spores. Palaeogeography, Palaeoclimatology, Palaeoecology, 2006, 240(3-4): 602-629.

4　郭宪璞,王乃文,王大宁,等. 东昆仑造山带纳赤台岩群基质地层发现中新世孢粉组合. 地质论评, 2007, 53(6): 824-831.

5　李建国,张一勇,蔡华伟,等. 西藏仲巴白垩纪—古近纪孢粉组合及其意义. 地质学报, 2008, 82(5): 584-593.

6　刘耕武. 我国北方晚第三纪孢粉序列. 古生物学报, 1988, 27(1): 75-90.

7　杨俊峰,卢书炜,刘伟,等. 河南卢氏盆地古近纪气候环境及地层时代探讨——以卢氏县三角沟、大峪沟剖面孢粉资料为据. 地质调查与研究, 2005, 28(3): 151-160.

8　高瑞琪,朱宗浩,郑国光,等. 中国含油气盆地孢粉学. 北京: 石油工业出版社, 2000. 1-244.

9　段其发,张克信,王建雄,等. 唐古拉山地区渐新世孢粉植物群及其古植被、古气候. 微体古生物学报, 2008, 25(2):

185-195.

10   郭宪璞, 王乃文, 丁孝忠, 等. 东昆仑万宝沟岩群古近纪孢粉化石的新发现. 地层学杂志, 2005, (增刊): 608- 611.

11   孙风涛, 郭铁恩, 田晓平. 南堡凹陷沉降史分析. 海洋石油, 2012, 32(3): 29-32.

12   张英芳, 姜均伟. 冀东南堡凹陷古近系东营组孢粉组合及其地层意义. 现代地质, 2010, 24(2): 205-213.

SPOROPOLLEN ASSEMBLAGES OF DONGYING FORMATION IN NANPU SAG, NORTHERN HUANGHUA DEPRESSION

YUAN De-yan   CHEN De-hui   MENG Ling-jian   WANG Shi-lin
ZHANG Yong-chao

(*Exploration and Development Research Institute of Jidong Oilfield Company*,   Tangshan 063004, Hebei)

ABSTRACT

This paper studies the sporopollen fossils of Dongying Formation in Nanpu Sag, northern Huanghua depression. According to the characteristics of sporopollen assemblage and the geological distribution of main sporopollen types, it is considered that the age of Dongying Formation should be late Rupelian - Chattian stage, the study of this sporopollen assemblage has laid a foundation for the further determination of the geological age of Dongying Formation in the beach area of Nanpu Sag and the basin evolution of Nanpu depression.

The Dongying Formation in the beach area of Nanpu Sag is a high content assemblage of *Ulmipollenites*, which can be divided into three sporopollen sub-assemblages from bottom to top: The *Ulmipollenites ululosus - Piceaepollenites - Quercoidites microhenrici* sub-assemblages in the third member of Dongying Formation, the *Ulmipollenites unulosus – Piceaepollenites - Tsugaepollenites* in the second member of Dongying Formation, and Juglandaceae – *Tiliaepollenites* - Pinaceae in the first member of Dongying Formation sub assemblage.

The sporopollen assemblages of Dongying Formation in the beach area of Nanpu depression are basically the same as those in the coastal area of Bohai Bay, which are the high

348

content zone of *Ulmipollenites*, with Ulmaceae and Fagaceae as the majority. *Ulmipollenites* always exceed the quantity of *Quercoidites*, among which *Ulmipollenites* are the most common. The main part is *Ulmipollenites undulosus*. Sometimes, *Alnipollenites*, *Caryapollenites* and *Juglanspollenites* are also abundant. Labiaceae, Ranunculaceae, *Sparhauiaceaepotlenites* and *Potamogetonacidites* are often found in the pollen grains of herbaceous plants. Similar sporopollen assemblages are also found in the Tuogou formation in Southwest Shandong and Fanshi Formation in Shanxi.

Among them, *Ulmipollenites undulosus* is found all over the world, and it is considered that it is relatively developed in the Late Paleogene and the Neogene, and its peak is still in the Late Paleogene, that is, the Oligocene.

Liquidambarpollenites is a common member of the Paleogene in China. It appeared from the Eocene to the Neogene and gradually became prosperous. *Liquidambarpollenites* and *Magnastriates* are the dominant and representative members of the Miocene sporopollenites in northern China. *Sparganiaceaepollenites* began to appear in the Oligocene in Western Asia and southern South America.

A small number of *Graminidites* began to appear in the Oligocene around the world. For example, in the bay of Bengal in India, it began to develop from Oligocene; in the northern shelf of the South China Sea, it appears in the upper Oligocene. *Graminidites* appear individually in the Oligocene Shagang Formation of Hepu basin in Guangxi Province; *Graminidites* appear in Lushi basin of Henan Province since the Middle Eocene; *Graminidites* are found in Huagang Formation of the Oligocene in Longjing structural belt, Enping formation of the Oligocene in Pearl River Mouth Basin, and lower part of lower Ganchaigou Formation in Qaidam Basin (Late Eocene).

Chenopodipollis first appeared in the middle and late Paleogene of northern China and flourished in the Miocene. For example, *Chenopodipollis* has been found in the Oligocene palynological flora of Tanggula Mountain Area (early and middle), and *Chenopodipollis* has been found in Lushi basin of Henan Province since the Middle Eocene, and chenopodipollis has been found in Wanbaogou group of the Oligocene in Eastern Kunlun. Herbaceous plants began to develop from the Neogene, and a certain amount of herbaceous pollen appeared in this formation, which indicates that this formation should be close to the Neogene, but its herbaceous pollen has not yet reached the development stage, which should belong to the late Oligocene. According to the abundance and diversity of the fossils in the formation, the age of the Dongying Formation is inferred to be in the late Oligocene; according to the dating of the igneous rocks in the area, the absolute age is between 28.5 Ma and 23.8 Ma, so the formation should be between the Late Oligocene and the Neogene, and equivalent to the late Rupelian-Chattian.

Based on the comparison of sporopollen assemblages in Nanpu depression, the results show that the characteristics of sporopollen assemblages in the beach and the onshore

Dongying Formation in Nanpu depression are consistent, but different, with stable provenance and single fossil assemblage.

According to the abundance and diversity of gymnosperms and angiosperms in Dongying Formation in Nanpu depression, it is inferred that the age of Dongying Formation is in the Late Oligocene and late Rupelian-Chattian.

Key words   sporopollen fossils,   Nanpu Sag,   Dongying Formation,   Late Oligocene, northern Huanghua depression

第十七届中国古脊椎动物学学术年会论文集. 董为, 张颖奇主编. 北京：海洋出版社, 2021. 351-360
Proceedings of the Seventeenth Annual Meeting of the Chinese Society of Vertebrate Paleontology
DONG Wei, ZHANG Ying-qi, eds. Beijing: China Ocean Press, 2021. 351-360

中生代离龙类（爬行纲：离龙目）爬行动物在
亚洲东北部的演化概述*

袁　梦 [1,2,3]　易鸿宇 [1,2]

(1 中国科学院古脊椎动物与古人类研究所，脊椎动物演化与人类起源重点实验室，北京 100044；
2 生物演化与环境卓越创新中心，北京 100044；3 中国科学院大学，北京 100049)

摘　要　离龙目（爬行纲：双孔亚纲）是一类水生-半水生爬行动物，生活在中侏罗世到中新世的劳亚大陆。近年来，在中国早白垩世辽西热河生物群中发现了丰富的离龙类化石，其中包括亚洲最早的离龙类化石记录——青龙（*Coeruleodraco*），也包括亚洲独有的一类完全水生的离龙类——潜龙（*Hyphalosaurus*）。分支系统学研究显示，亚洲的离龙类既包含较进步的新离龙类，也包含位置较基干的属种，然而亚洲各属种之间的系统关系，以及亚洲属种与欧洲、北美属种之间的演化关系仍不清楚。本文总结了中生代亚洲东北部离龙类主要支系的形态学特点；在此基础上，对比了相关的系统发育研究。结果显示，前人研究中使用的多个形态学矩阵中，对于某些属种的形态学特征编码有较大差异，如对中国早白垩世的伊克昭龙枕骨形态有不同的编码。这些问题的解决需要继续深入研究现有标本的解剖学特征，并完善离龙类的特征矩阵，增加有鉴定意义的特征。

关键词　离龙类；新离龙类；满洲鳄科；系统发育

1　前言

离龙目（Choristodera）是生活在中侏罗世至早中新世劳亚大陆的一类营水生-半水生的爬行动物[1-2]。自 1876 年建立离龙目至今[3]，已经在北美、欧亚大陆发现了 12 属 27 种离龙。其中体型较大，头骨具有长吻的一类统称新离龙类（Neochoristodera）[4]，主要发现于上白垩统至中新统。新离龙类大小与现生鳄类相近，身体全长约为 2~5 m[2]，包括 4 个属（表 1），分别为鳄龙[3]，西莫多龙[5]，伊克昭龙[6]与车尔龙[7]。新离龙类是分类位置较进步的离龙类，在离龙类演化早期的属种，体型较离龙类更小，身长约为 0.3~2 m[2,8]。这些小型离龙类地史分布为中侏罗世至中新世[9-10]，属种多样性比新离龙类高，包括 8 个属：栉颌鳄[9,11]，复活鳄[10,12]，满洲鳄[13-14]，嬉水龙[15]，庄川龙[16]，潜龙[17-18]，青龙[19]，黑山龙[20]，呼伦杜赫龙[21-22]（表 1）。

*基金项目：中国科学院"率先行动"百人 C 类基金.
　袁梦：女，26 岁，硕士研究生，研究晚中生代以来的爬行动物化石. E-mail: yuanmeng@ivpp.ac.cn

表 1　　离龙目主要类群

Table 1　　Major clades of Choristodera

离龙目	拉丁属名	中文属名
非新离龙类（分类位置较新离龙类更基干的类群）	*Pachystropheus*	厚椎龙
	Lazarussuchus	复活鳄
	Cteniogenys	栉颌龙
	Khurendukhosaurus	呼伦杜赫龙
	Shokawa	庄川龙
	Hyphalosaurus	潜龙
	Monjurosuchus	满洲鳄
	Philydrosaurus	嬉水龙
	Coeruleodraco	青龙
	Heishanosaurus	黑山龙
新离龙类	*Champsosaurus*	鳄龙
	Simoedosaurus	西莫多龙
	Tchoiria	车尔龙
	Ikechosaurus	伊克昭龙

　　离龙类在适应水生环境的过程中展现了明显的形态分化，可分为适应深水环境的长颈型、半水生短吻型及湖沼长吻型 3 大类型[2]。长颈型为亚洲独有的类群，包括潜龙属和庄川龙属，其中潜龙的颈椎数目超过 19 枚[18]。半水生短吻型包含大多数分类位置基干的属种，如满洲鳄[14]（图 1a）。湖沼长吻型则代表了较进步的新离龙类 4 个属（表 1）的生态型，这些属种均具有长吻，与现生恒河鳄（*Gavialis gangeticus*）相似（图 1b）。

　　系统发育研究显示，小体型短吻的离龙类分类位置基干，代表了该类群演化早期的形态，而大型长吻的离龙类代表演化位置较进步的一支，称新离龙亚目（Neochoristodera）。多个研究均支持新离龙亚目的单系性[15, 19, 22-24]，然而该亚目内部各属种之间的系统分类关系则尚未解决：中生代亚洲东北部分布有两种新离龙类，伊克昭龙与车尔龙，但亚洲的属种与欧洲、北美的新离龙类的系统关系仍需明确。新离龙亚目之外，中国辽西下白垩统出产的两种短吻的离龙类满洲鳄与嬉水龙是否互为姐妹群，也仍存有争议。

　　机构简称：

BMNHC，北京自然博物馆古脊椎动物标本

DR，大连自然历史博物馆馆藏标本

GMV，中国地质博物馆馆藏标本

IVPP，中国科学院古脊椎动物与古人类研究所馆藏标本

IGM，蒙古科学院地质研究所馆藏标本

LPMC，辽宁古生物博物馆馆藏标本

MNHN，法国自然历史博物馆馆藏标本

PKUP，北京大学古生物馆馆藏标本

RTMP，皇家泰瑞尔古生物博物馆馆藏标本

SMMP，明尼苏达科学博物馆馆藏标本

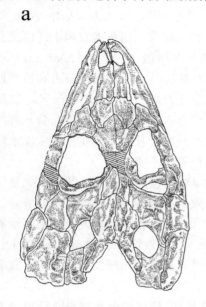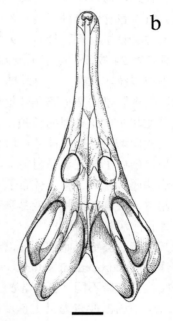

图1　中国出产的两种不同生态型的离龙类

Fig. 1　Choristoderes form China demonstrating two distinct types of ecomorphs

a. 短吻半水生的满洲鳄[14]；b. 长吻型的伊克昭龙（幼体）[6]；均按已发表的复原图重绘（比例尺：2 cm）

2　离龙类主要支系研究概述

离龙类最早的化石记录为中侏罗世的栉颌鳄[9, 11]。发现于英国南部上三叠统的厚椎龙可能属于离龙类[8]，但材料破碎，系统位置尚不明确[15]。栉颌鳄化石分布于中侏罗世至晚白垩世的欧洲[9, 11]与北美[25]，是1种小型离龙类（体长30～50 cm）。该种类中存在很多能与其余离龙类显著区分的原始特征，例如前颌骨与鼻骨无接触及散在分布的颚齿。系统发育分析显示，栉颌鳄在离龙类中分类地位最基干[10, 12, 19, 23]。

满洲鳄科（Monjurosuchidae）包括满洲鳄与嬉水龙两个属。满洲鳄属仅包含1个种，楔齿满洲鳄（*Monjurosuchus splendens*），最早发现于辽西热河生物群[13]。楔齿满洲鳄的正模标本在"二战"中遗失，新模标本[13]于近年发现于辽西凌源义县组。目前满洲鳄属的化石在中国辽西[13-14]和日本[26]均有发现。满洲鳄体型中等、短颈、短吻而且下颞孔封闭，这些性状在离龙中较为原始，与早期的栉颌鳄相似[14-15]。嬉水龙属也是单属单种；朝阳嬉水龙[15]发现于辽西下白垩统九佛堂组。嬉水龙与满洲鳄具有相似的体型与封闭的下颞孔；不同的是，嬉水龙头骨存在由后额骨、眶后骨以及上颞孔所组成的"上颞槽"[15, 27]。关于满洲鳄科的单系性，现有的系统学研究存在争议

（图 2: a, c）。满洲鳄和嬉水龙两个属在一些研究中互为姐妹群[15, 27]，但在另一些研究中却不构成单系[19, 26]。

潜龙科（Hyphalosauridae）包括两属：潜龙与庄川龙（表 1）。该科代表了离龙类在演化中为了适应水生环境而最为特化的支系[16, 28]。潜龙科成员拥有与体型不成比例的小头和长颈，拥有高耸的尾棘等一些离龙类中的独有衍征[18, 29]。潜龙属产自中国辽西下白垩统，包含两个种：凌源潜龙[17]与白台沟潜龙[18]。凌源潜龙标本 2000 年发现于辽西凌源义县组，该种拥有 19 枚颈椎；白台沟潜龙正型标本发现于辽西义县九佛堂组上部，以 24 枚颈椎区别于凌源潜龙[18]。庄川龙属包含一个种（*Shokawa ikoi*），产自日本下白垩统，拥有 16 枚颈椎，但缺乏头骨材料[16]。近年来在蒙古和俄罗斯西伯利亚地区发现了早白垩世离龙呼伦杜赫龙属的躯干及附肢骨骼化石[20, 22, 29]。该属可能具有与潜龙和庄川龙类似的长颈，目前认为其具有多于 13 枚的颈椎，背椎神经棘前后拉长且横向增厚，尾椎神经棘增高[29]，因此推断呼伦杜赫龙也属于适应深水环境的长颈类型，但由于缺乏头骨材料，其系统发育位置尚不明确。

复活鳄属包含两个种，分布于晚古新世到早中新世的欧洲大陆[10, 12, 30]。复活鳄体长 1 m 左右，最鲜明的特征就是鼻孔成对，位置远离吻端，并且鼻孔由前颌骨、上颌骨、鼻骨和前额骨共同组成[10, 30]。尽管生存时代晚于其他所有离龙类，但复活鳄具有多个比其他离龙类更原始的特征，例如双凹型锥体，脊索管（notochord canal）未封闭，髓弓锥体缝（neurocentral suture）未愈合[10, 12, 30]。在多个系统发育研究中，复活鳄的系统分类位置有所不同（图 2: a-c）。

发现于中国河北青龙县上侏罗统的侏罗青龙[19] 是亚洲东北部离龙类最早的化石代表。青龙属于小型离龙类，具有短吻，下颞孔开放、鼻骨缩短和泪孔开口于泪骨等原始特征，且与复活鳄一致的是，青龙的鼻孔边缘也由前颌骨、上颌骨、鼻骨和前额骨组成。地层时代与部分形态特征都支持侏罗青龙在离龙类系统树上处于基干位置[19]。产自辽宁黑山县下白垩统的侏儒黑山龙[20]，部分头骨结构与侏罗青龙形态相似，但因材料保存不全，很多关键特征无法判断，仍需更多材料明确其系统发育位置。

新离龙亚目包含 4 属：鳄龙属、西莫多龙属、伊克昭龙属与车尔龙属[28]。它们体长大于 1 m，具有与现生恒河鳄相似的长吻[2]。新离龙类的化石在北美、欧洲和亚洲的广泛区域均有发现，地史分布从中生代晚期延续到新生代[2-3, 6-7, 24, 28, 31-33]。新离龙类上下颞孔开放，并且颞孔远大于离龙类的基干类群，支序系统学的分析也显示新离龙类是一个单系群[4, 15, 19, 23]。鳄龙与西莫多龙分布在欧洲与北美的上白垩统至古新统，在中亚的古新统—始新统也有发现[28, 32, 33]。这两个属也是被最早发现的离龙类，在长达一个世纪的时间内，这两个属是离龙类的代表[2-3, 33-35]。新离龙类根据吻长与头骨长度的比例建立了两个科：鳄龙科（Champsosauridae）与西莫多龙科（Simoedosauridae）[28]，鳄龙科包括鳄龙一属，这一科吻长与头骨长度比例超过 1/2，头骨外形酷似恒河鳄，是一类凶猛的捕食者[33]。西莫多龙科包括西莫多龙属、伊克昭龙属与车尔龙属，这一科的所有种类吻长与头骨长度均小于 1/2[23-24]。其中伊克昭龙（图 1b）[6, 36] 与车尔龙 [7, 22] 产自中国和蒙古国的早白垩世地层。近年来，在辽西热河生物群及相邻区域发现了多件伊克昭龙标本[37-38]，但伊克昭龙与其他新离龙类的系统发育关系尚待明确。

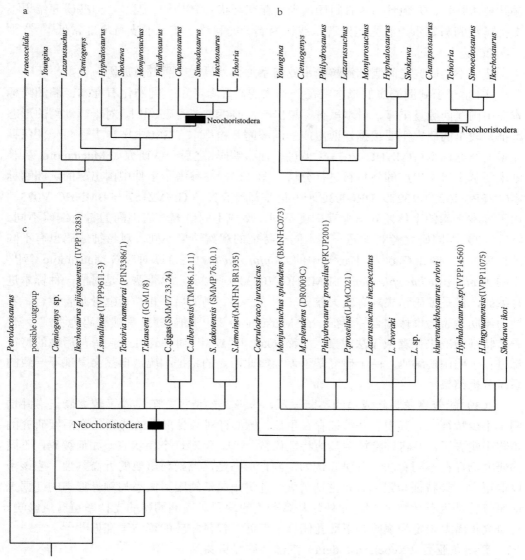

图 2　　多个研究中离龙类系统关系的对比

Fig. 2　　Multiple hypotheses of phylogenetic relationships among choristoderes

a. 离龙目各属之间的系统关系，其中满洲鳄与嬉水龙形成单系群[15]；b. 离龙目各属之间的系统关系，其中满洲鳄
与嬉水龙不形成单系群[27]；c. 离龙目系统关系，该研究以标本为单位进行分析，不支持满洲鳄科为单系群[19].

3　讨论

3.1　满洲鳄科单系性的争议

出产于辽西下白垩统的满洲鳄属与嬉水龙属体型大小与形态特征相似，通过系统发育分析结果显示两属为姐妹群（sister group），订立为满洲鳄科[15]。满洲鳄科成员的近裔共性包括：额骨狭窄呈沙漏型，泪骨伸长至前额骨与鼻骨连接处，上颞孔小，下颞孔被后眶骨、方轭骨与鳞骨封闭，坐骨存在刺状后突[15, 27]。但是，一些研究结果不支持满洲鳄与嬉水龙互为姐妹群，或认为满洲鳄科这一支系的支持率非常低[19, 20, 26]（图2c）。

造成不同研究之间满洲鳄与嬉水龙谱系关系差异主要有几点原因。

（1）对于满洲鳄属的形态特征，不同的研究参考了不同的化石标本。满洲鳄标本在中国辽西数量丰富，日本虽有零星出产，但标本较为破碎[26]。对于满洲鳄的形态特征，较早的研究主要根据辽西出产的满洲鳄新模标本（GMV2167）[13] 与一件保存完整的补充标本（BMNHC-V073）[14] 进行性状编码，之后一些研究如 Matsumoto 等 [26] 则主要基于日本出产的新材料进行分析（图 2c），并参考了多件中国出产的满洲鳄标本（IVPP V13273, 13279, DR0003C）[26]，但是却没有参考 GMV2167 与 BMNHC-V073。由于标本之间的个体差异与保存程度不同，造成不同研究对满洲鳄的特征编码不同。

（2）不同研究者对于同一标本同一特征的观察结果不同，对特征编码也有不同的处理方式。例如 Gao 和 Fox [15]中的 *Monjurosuchus*（图 2a）对应着 Matsumoto 等[19] 中的 *Monjurosuchus splendens*（BMNHC-V073）（图 2c），尽管两者是对同一件标本进行编码，但是编码结果却有较大差异（图 2a, c）。例如后额骨与后眶骨是否愈合、荐肋与尾肋是否与椎体愈合等特征，在 Matsumoto 等[19]的研究中都被编码为"?"，代表该特征状况未保存或无法观察。然而 Gao 和 Fox[15]对于这几个头骨与后肢的特征都进行了明确的编码。两个研究基于差异如此明显的特征编码，自然会呈现不一致的系统分析结果。

（3）随着离龙类新成员的不断发现，离龙类的特征矩阵也做了较大修正，并增删了不少特征[19]，其中有些特征存在争议。例如针对额骨形态的特征[15]在后续研究的矩阵中删去了，并将该特征用其他特征代替[19, 30]。但对这个性状应该如何编码，不同的研究仍存在不同看法。有研究认为，额骨形态是满洲鳄科重要的近裔共性，应该予以保留[26]。该特征与眼眶大小密切关联，并举出复活鳄眼眶大小与额骨形态的证据来证明该特征为有效特征[26]。此外，其余种类的编码对满洲鳄科的支持率也有所影响。有研究将潜龙未定种编码为下颞孔闭合，但并未提供相应的形态学证据[19, 27]。

3.2 新离龙亚目（Neochoristodera）内部系统发育关系

新离龙亚目的 4 个属在多个研究中都形成单系群（图 2: a-c），但新离龙类内部各属系统发育关系仍不明确。鳄龙属是离龙类中最早被发现的，该属成员标本数量多、保存完整，相关形态研究较为透彻[3, 33, 39-41]，多个系统发育研究中支持鳄龙属为包含多个种的单系群[9, 12, 19]。西莫多龙科包含的 3 个属（西莫多龙属，伊克昭龙属与车尔龙属）系统发育关系仍需进一步研究。西莫多龙属标本保存完好，对其解剖学特征已进行过详细的研究[35, 42]。伊克昭龙属包括孙氏伊克昭龙[6, 43]，皮家沟伊克昭龙[38]，高氏伊克昭龙[39] 3 个种，其共同问题是现有形态特征编码过少。孙氏伊克昭龙头部材料保存完整且头骨经过修理腹面完整暴露，但躯干与附肢骨骼覆于岩石中部分特征无法观察；高氏伊克昭龙标本头骨的脑颅部分十分破碎，多个有鉴定意义的特征难以观察；皮家沟伊克昭龙仅有一件板状化石保存，骨骼完整，但标本背面暴露，大部分腹面特征尚不清楚。

另外，西莫多龙属、伊克昭龙属与车尔龙属 3 属存在衍征过少的问题。在进行特征编码时，同属不同种之间可对比的性状少，同属的支持率降低，当系统发育逐渐深入到以种为单位进行研究时，这个问题尤其突出（图 2c）。最近发表的离龙类的分支系统学分析中[19]，西莫多龙属两个种的共有衍征有 3 个：前额骨与泪骨及上颌骨相接，并且前额骨与泪骨的缝合线长于前额骨与上颌骨的缝合线；泪骨与方骨仅在肋骨后缘相接或无接触；上枕骨有脊且顶骨覆盖上枕骨[13, 19]；伊克昭龙属两个种共有衍征仅 1 个：夹骨在下颌腹侧面暴露；而车尔龙属两种无共有衍征。实际上，Ksepka 等[24]曾总结，车尔龙有两个形态特征明确区别于伊克昭龙和西莫多龙：方骨背突中等长度；上枕骨缺失中脊。但在最新的形态学矩阵中[19]，针对方骨背突和上枕骨中脊这两个特征，车尔龙与伊克昭龙采取了一样的形态编码。尽管该文章[19]中没有说明为何采取与前人[24]不同的编码方式，但是后续研究如果能厘清这两个特征的正确编码，则有望确认车尔龙属的近裔共性。

4 总结

随着离龙类新成员的不断发现，在增加了离龙类的形态多样性的同时，也逐渐暴露出离龙类分支系统学研究中形态特征矩阵的一些不足。特征矩阵是系统发育研究前提，而系统发育研究是追溯演化历史的核心。后续对于离龙类系统发育的研究，应采用包括 CT 扫描在内的多种方法描述已有标本的解剖学特征，并逐渐增加特征矩阵中的有效特征。另外，离龙类成员的生存时代与地理分布范围跨度大，不同时代不同地点埋藏情况千差万别，导致某些地质时代离龙类材料相对缺乏，解决这个问题还需要继续进行积极的野外挖掘，充实研究材料，填补演化缺失环节。

致谢　感谢中科院古脊椎所刘俊提供了皮家沟伊克昭龙的标本照片，郭睿提供了离龙类头骨素描图。

参 考 文 献

1　Efimov M, Storrs G. Choristodera from the Lower Cretaceous of northern Asia. In: Michael J. Benton,Mikhail A Shishkin, David M. Unwin, Evgenii N. Kurochkin eds. The Age of Dinosaurs in Russia and Mongolia. Cambridge: Cambridge University Press, 2000. 402-419.

2　Matsumoto R, Evans S. Choristoderes and the freshwater assemblages of Laurasia. Journal of Iberian Geology, 2010, 36: 253-274.

3　Cope E D. On some extinct reptiles and Batrachia from the Judith River and Fox Hills beds of Montana. Proceedings of the Academy of Natural Sciences of Philadelphia, 1876, 28: 40-59.

4　Evans S E, Hecht M K. A history of an extinct reptilian clade, the Choristodera: longevity, Lazarus-taxa, and the fossil record. Evolutionary Biology, 1993, 27(5): 323-338.

5　Gervais P. Enumeration de quelques ossements d'animaux vertebres recueillis aux environs de Reims par M. Lemoine. Journal de Zoologie, 1877 (6): 74-79.

6　　Brinkman D B, Dong Z M. New material of *Ikechosaurus sunailinae* (Reptilia: Choristodira) from the Early Cretaceous Laohongdong Formation, Ordos Basin, Inner Mongolia, and the interrelationships of the genus. Canadian Journal of Earth Sciences, 1993, 30: 2153-2162.

7　　Efimov M B. *Champsosaurs* from the Lower Cretaceous of Mongolia. Trudy Sovmestnoi Sovetsko-Mongol'skoi Paleontologicheskoi Ekspeditsii, 1975 (2): 84–93.

8　　Storrs G, Gower D. The earliest possible choristodere (Diapsida) and gaps in the fossil record of semi-aquatic Reptiles. Journal of the Geological Society, 1993, 150: 1103-1107.

9　　Evans S E. New material of *Cteniogenys* (Reptilia: Diapsida; Jurassic) and a reassessment of the phylogenetic position of the genus. Neues Jahrbuch für Geologie und Paläontologie-Monatshefte, 1989, 181: 577-589.

10　　Evans S E, Klembara J A. Choristoderan reptile (Reptilia: Diapsida) from the Lower Miocene of Northwest Bohemia (Czech Republic). Journal of Vertebrate Paleontology, 2005, 25(2): 171-184.

11　　Evans S E. The postcranial skeleton of the choristodere *Cteniogenys* (Reptilia: Diapsida) from the Middle Jurassic of England: Geobios, 1991, 24(3): 187-199.

12　　Hecht M K. A new choristodere (Reptilia, Diapsida) from the Oligocene of France: an example of the Lazarus effect. Geobios, 1992, 25(2): 115-131.

13　　Gao K, Evans S, Qiang J, et al. Exceptional fossil material of a semi-aquatic reptile from China: the resolution of an enigma. Journal of Vertebrate Paleontology, 2000, 20(4): 417-421.

14　　Gao K-Q, Ksepka D, Lianhai H, et al. Cranial morphology of an Early Cretaceous *Monjurosuchid* (Reptilia: Diapsida) from Lioning Province of China and evolution of the choristoderan palate. Historical Biology, 2007, 19(2): 215-224.

15　　Gao K-Q, Fox R C. A new choristodere (Reptilia: Diapsida) from the Lower Cretaceous of western Liaoning Province, China, and phylogenetic relationships of Monjurosuchidae. Zoological Journal of the Linnean Society, 2005, 145: 427-444.

16　　Evans S E, Manabe M. A. Choristoderan reptile from the Lower Cretaceous of Japan. Special Papers in Palaeontology, 1999, 60(2): 101-119.

17　　Gao K-Q, Tang Z-L, Wang X-L. A long-necked diapsid reptile from the Upper Jurassic/Lower Cretaceous of Liaoning Province, Northeastern China. Vertebrata PalAsiatica, 1999, 37(1): 1-8.

18　　Gao K-Q, Ksepka D. Osteology and taxonomic revision of *Hyphalosaurus* (Diapsida: Choristodera) from the Lower Cretaceous of Liaoning, China. Journal of Anatomy, 2008, 212(7): 747-768.

19　　Matsumoto R, Dong L, Wang Y, et al. The first record of a nearly complete choristodere (Reptilia: Diapsida) from the Upper Jurassic of Hebei Province, People's Republic of China. Journal of Systematic Palaeontology, 2019, 17: 1031-1048.

20　　Dong L, Matsumoto R, Kusuhashi N, et al. A new choristodere (Reptilia: Choristodera) from an Aptian–Albian coal deposit in China. Journal of Systematic Palaeontology, 2020 (1): 1-20.

21　　Sigogneau-Russell D, Efimov M. Un Choristodera (Eosuchia?) insolite du Crétacé Inférieur de Mongolie. Palaeontologische Zeitschrift, 1984, 58(3): 279–294.

22　　Skutschas P P, Vitenko D D. Early Cretaceous choristoderes (Diapsida, Choristodera) from Siberia, Russia. Cretaceous Research, 2017, 77(1): 79-92.

23　　Gao K, Fox R. New choristoderes (Reptilia: Diapsida) from the Upper Cretaceous and Palaeocene, Alberta and

Saskatchewan, Canada, and phylogenetic relationships of Choristodera. Zoological Journal of the Linnean Society, 1998, 124(3): 303-353.

24   Ksepka D T, Gao K-Q, Norell M A. A new choristodere from the Cretaceous of Mongolia. American Museum Novitates, 2005, 3468(1): 1-22.

25   Gilmore C W. Fossil lizards of North America. Memoirs of National Academy of Sciences, 1928, 22 (3rd memoir): 1-201.

26   Matsumoto R, Evans S, Manabe M, et al. The choristoderan reptile *Monjurosuchus* from the Early Cretaceous of Japan. Acta Palaeontologica Polonica, 2007, 52(3): 329-350

27   Gao K-Q, Zhou C F, Hou L, et al. Osteology and ontogeny of Early Cretaceous *Philydrosaurus* (Diapsida: Choristodera) based on new specimens from Liaoning Province, China. Cretaceous Research, 2013, 45(1): 91-102.

28   高克勤. 双弓爬行动物离龙类的系统分支、生态-形态多样性及生物地理演化. 古地理学报. 2007, 9(4): 541-550.

29   Matsumoto R, Suzuki S, Tsogtbaatar K, et al. New material of the enigmatic reptile *Khurendukhosaurus* (Diapsida: Choristodera) from Mongolia. Naturwissenschaften, 2009, 24(1): 2-32.

30   Matsumoto R, Buffetaut E, Escuillie F, et al. New material of the choristodere *Lazarussuchus* (Diapsida, Choristodera) from the Paleocene of France. Journal of Vertebrate Paleontology, 2013, 33(3): 319-339

31   Matsumoto R, Manabe M, Evans S E. The first record of a long-snouted choristodere (Reptilia, Diapsida) from the Early Cretaceous of Ishikawa Prefecture, Japan. Historical Biology, 2015, 27(1): 83-94.

32   Averianov A. The first choristoderes (Diapsida, Choristodera) from the Paleogene of Asia. Paleontological Journal, 2005, 39(1): 79-84.

33   Brown B. The osteology of *Champsosaurus*, Cope. Memoirs of the American Museum of Natural History, 1905, 9(1): 1-26 .

34   Fox R C. Studies of Late Cretaceous vertebrates I: The braincase of *Champsosaurus* Cope (Reptilia: Eosuchia). Copeia, 1968, 1(1): 100-109.

35   Erickson B R. *Simoedosaurus dakotensis*, new species, a diapsid reptile (Archosauromorpha; Choristodera) from the Paleocene of North America. Journal of Vertebrate Paleontology, 1987, 7(1): 37-51.

36   杨钟健. 中国新发现的鳄类化石. 古脊椎动物与古人类, 1964, 8(2): 189-210.

37   LÜ J, Kobayashi Y, Li Z G. A new species of *Ikechosaurus* (Reptilia: Choristodera) from the Jiufutang Formation (Early Cretaceous) of Chifeng City, Inner Mongolia. Bulletin de l'institut royal des sciences naturelles de belgique, sciences de la terre, 1999, 69-supp. B: 37-47.

38   Liu J. A nearly complete skeleton of *Ikechosaurus pijiagouensis* sp. nov. (Reptilia: Choristodera) from the Jiufotang Formation (Lower Cretaceous) of Liaoning, China. Vertebrata PalAsiatica, 2004, 42(2): 120-129.

39   Erickson B R. The lepidosaurian reptile *Champsosaurus* in North America. Science Museum of Minnesota, 1972 (1): 9-54.

40   Erickson B R. Aspects of Some Anatomical structures of *Champsosaurus* (Reptilia: Eosuchia). Journal of Vertebrate Paleontology, 1985, 5(1): 111-127.

41   Dudgeon T, Maddin H, Evans D, et al. Computed tomography analysis of the cranium of *Champsosaurus lindoei* and implications for choristoderan neomorphic ossification. Journal of Anatomy, 2020, 236(1): 1-19.

42   Sigogneau-Russell D, Russell D E. Etude osteologique du reptile *Simoedosaurus* (Choristodera). Annales de Paléontologie, 1978, 65(1): 7-62.

43   Sigogneau-Russell D. Présence d'un nouveau Champsosauridé dans le Cretace supérieur de Chine. Comptes Rendus Académie des Sciences, 1981, 292(1): 1-4.

EVOLUTION AND PHYLOGENY OF CHORISTODERA (REPTILIA: DIAPSIDA) IN THE MESOZOIC OF NORTHEAST ASIA

YUAN Meng [1, 2, 3]   YI Hong-yu[1, 2]

(1 *Key Laboratory of Vertebrate Evolution and Human Origins of Chinese Academy of Sciences, Institute of Vertebrate Paleontology and Paleoanthropology, Chinese Academy of Science*,   Beijing 100044;

2 *CAS center for Excellence in Life and Paleoenvironment*,   Beijing 100044;

3 *University of Chinese Academy of Science*,   Beijing 100049)

ABSTRACT

Choristodera (Reptilian: Diapsida) were a group of semi-aquatic to aquatic reptiles distributed in Laurasia from the Middle Jurassic to the Miocene. Abundant fossils have been discovered from the Early Cretaceous of Jehol biota, China, including the earliest record of Choristodera in China, *Coeruleodraco*, as well as the fully aquatic *Hyphalosaurus* endemic to Asia. Phylogenetic studies show that choristoderes in Northeast Asia include advanced and basal clades, yet their phylogenetic relationships remain unresolved. In addition, phylogenetic relationships are unclear among Asian, European, and North American taxa. This study summarizes morphological characteristics of choristoderes from the Mesozoic era in Northeast Asia and compared multiple phylogenetic studies incorporating Asian taxa. The results show that previous phylogenetic analyses used different coding schemes for morphology of the same taxon; for instance, morphology of the supraoccipital bone was coded differently in multiple studies. To solve these problems, it is necessary to obtain accurate anatomical information of choristoderes and to update morphological matrices of choristoderes by adding diagnostic characters of more clades.

Key words   Choristodera, Neochoristodera, Monjurosuchidae, phylogeny

第十七届中国古脊椎动物学学术年会论文集. 董为, 张颖奇主编. 北京: 海洋出版社, 2021. 361-372
Proceedings of the Seventeenth Annual Meeting of the Chinese Society of Vertebrate Paleontology
DONG Wei, ZHANG Ying-qi, eds. Beijing: China Ocean Press, 2021. 361-372

新疆维吾尔自治区古代儿童头骨侧面观

投影面积的年龄间比较*

张海龙[1]　郝双帆[2]　陈慧敏[3]　李海军[3,4]　王　龙[1]

(1 新疆吐鲁番学研究院, 吐鲁番 838000; 2 长治学院历史文化与旅游管理系, 长治 046011;

3 中央民族大学民族学与社会学学院, 北京 100081; 4 中国科学院脊椎动物演化与人类起源重点实验室, 北京 100044)

摘　要　关于中国古代儿童头骨年龄变化的研究较少。本文采用方差分析、多重比较及年龄间变化率方法, 分析了新疆维吾尔自治区扎滚鲁克墓地古代儿童头骨(2~15 岁)侧面观投影面积的年龄变化特点: 侧面观投影面积及顶骨投影面积(除 6~9 岁和 12~15 岁年龄组)连续增大, 无突增期; 额骨、蝶骨投影面积的突增期分别为 9~11 岁、6~9 岁; 枕骨、颞骨投影面积的突增期均为 6~9 岁、12~15 岁; 颧骨投影面积的突增期为 9~11 岁、12~15 岁。洋海墓地与扎滚鲁克墓地儿童头骨年龄变化特点, 都反映出儿童生长发育过程中的头骨体质特征发育不平衡现象。洋海墓地的儿童头骨相关研究, 提示营养健康、古病理状况等会对头骨生长发育产生影响, 未来将结合考古背景、饮食结构、疾病考古等进行综合分析。

关键词　古代儿童; 头骨侧面观; 投影面积; 生长发育

1　前言

儿童头面部形态的生长发育是儿童身体形态发育非常重要的一部分。从出生到7 岁是颅骨的生长期, 这个阶段颅骨生长最快, 因牙齿萌出和鼻旁窦相继出现, 使面颅迅速扩大, 从 7 岁到性成熟期是相对静止期, 颅骨生长缓慢, 但逐渐出现性别差异等。儿童颅骨发育迅速, 形态改变明显。国内外已有不少学者针对现生儿童头颅的生长发育规律做了一些研究, 而目前中国考古遗址出土的儿童头骨数量较少, 且保存状况不理想, 多呈碎片状, 故基于考古遗址出土儿童头骨的古代儿童头骨生长发育研究较少。新疆维吾尔自治区洋海墓地、扎滚鲁克墓地都出土有不少儿童遗骸, 其中很多儿童头骨保存状况完好, 很多头骨甚至还残留着皮肤和头发, 其中还包含一些前囟未闭合的婴幼儿头骨。本文以新疆且末扎滚鲁克墓地出土的儿童头骨为研究对象, 尝试通过测量儿童头骨侧面观的投影面积来探讨古代儿童头颅生长发育的年龄变化。探讨

* 基金项目: 国家社会科学基金一般项目(19BKG039).

张海龙: 男, 34 岁, 吐鲁番学研究院助理研究员, 主要从事田野考古工作.

通信作者: 郝双帆, E-mail: 1548063959@qq.com.

该人群儿童头颅的生长发育模式，对了解古代儿童头骨的生长发育、健康状况等具有十分重要的意义。

2 材料与及方法

2.1 研究与对比材料

扎滚鲁克古墓群位于新疆维吾尔族自治区且末县托格拉克勒克乡扎滚鲁克村，是昆仑山北麓发现的最大墓葬群之一。本研究的材料来自扎滚鲁克墓地第二期文化墓葬，年代为春秋-西汉，属于且末国文化时期，距今约 2600~1900 年，且末国是古代丝绸之路、两汉西域 36 国塔里木盆地南缘的一个绿洲城邦小国[1]。研究材料现保存于新疆维吾尔自治区博物馆，包括 41 例儿童头骨（2~15 岁），大多保存完好。

新疆洋海墓地位于新疆鄯善县吐峪沟乡洋海夏村，吐鲁番盆地火焰山南麓的荒漠戈壁地带，墓地主要分布在相对独立并毗邻的 3 块略高出周围地面的台地上。时代为公元前 13 至公元前 3 世纪。该墓地出土的古人头骨中，包含 422 例成人头骨，67 例儿童头骨，大多保存良好。

2.2 研究方法

2.2.1 儿童年龄鉴定

参考《人体测量手册》[2]和《人骨手册》[3]，根据前囟闭合与否、乳牙恒牙萌出状况、牙齿磨耗情况等，对儿童头骨进行综合年龄鉴定。为了便于比较，根据年龄鉴定结果，将样本分为 5 个年龄组：2~3 岁组（4 例），3~6 岁组（6 例），6~9 岁组（7 例），9~11 岁组（9 例），12~15 岁组（15 例），共 41 例。

2.2.2 拍照与面积测量

把头骨置于法兰克福平面（或称眼耳平面，它是由左右侧耳门上点和左侧眶下缘点 3 点所确定的一个平面，当左侧眶下缘点破损时以右侧眶下缘点代替）上进行拍摄，并放置比例尺，拍照时为使比例尺与所拍摄平面基本处于同一水平面，将比例尺放置在头骨表面，对 41 例儿童头骨侧面观进行拍摄。拍摄时，相机要与法兰克福平面保持垂直。

运用 CAD 分别计算头骨侧面观面积及各部分面积（包括额骨、顶骨、枕骨、颞骨、蝶骨和颧骨的面积）（图 1 和图 2）。

2.2.3 数据处理与分析

采用 SPSS 统计软件，对不同年龄组测量值进行方差分析及多重比较（选用 LSD 方法）。并计算其年龄间变化率，计算公式如下：

$$年龄间变化率(\%)=100\%\times(X_2-X_1)/X_1$$

X_1 和 X_2 分别代表年龄较早和较晚的两个年龄组同项测量值的平均值。

3 结果

3.1 侧面观整体投影面积的年龄变化

扎滚鲁克墓地 2~3 岁（4 例）、3~6 岁（6 例）、6~9 岁（7 例）、9~11 岁（9 例）、12~15 岁（15 例）5 个年龄组头骨侧面观平均投影面积分别为：112.67 cm²、115.53 cm²、

122.61 cm², 128.56 cm² 和 134.76 cm², 儿童头骨侧面观投影面积随年龄增长而逐渐增大（图3）。根据方差分析可知，儿童不同年龄组间头骨侧面观投影面积存在显著差异（$P=0.001$）。LSD 多重比较显示，2~3 岁组与 3~6 岁组差异不显著（$P=0.684$），3~6 岁组与 6~9 岁组差异不显著（$P=0.248$），6~9 岁组与 9~11 岁组差异不显著（$P=0.283$），9~11 岁组与 12~15 岁组差异不显著（$P=0.183$）。年龄间变化率分析显示，各年龄组间头骨侧面观投影面积的变化率较小，增长不显著（表1）。

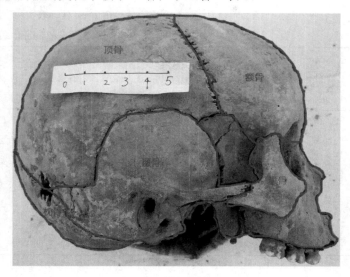

图 1 头骨侧面观

Fig. 1 Lateral view of the skull

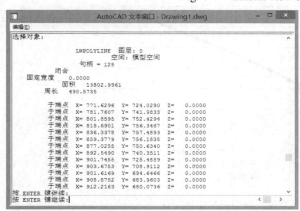
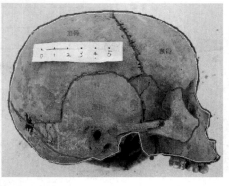

图 2 运用 CAD 计算侧面观面积

Fig. 2 Using CAD software to calculate the projection area of the lateral view of the skull

3.2 侧面观各部分投影面积的年龄变化

3.2.1 额骨投影面积的年龄变化

扎滚鲁克墓地 2~3 岁（4 例）、3~6 岁（6 例）、6~9 岁（7 例）、9~11 岁（9 例）、12~15 岁（15 例）5 个年龄组额骨平均投影面积分别为：18.88 cm²、19.89 cm²、18.94 cm²、22.06 cm²、21.45 cm²，儿童额骨投影面积随年龄变化先增大再减小又增大最后减小

363

（图4）。根据方差分析可知，儿童不同年龄组间额骨投影面积差异接近显著（$P=0.105$）。LSD多重比较显示，2~3岁组与3~6岁组差异不显著（$P=0.574$），3~6岁组与6~9岁组差异不显著（$P=0.541$），6~9岁组与9~11岁组差异显著（$P=0.032$），9~11岁组与12~15岁组差异不显著（$P=0.608$）。根据年龄间变化率分析，儿童额骨投影面积的增长主要发生在9~11岁（16.47%）（表1），反映了额骨投影面积在9~11岁年龄段发生了显著增长。

表1 　儿童头骨侧面观

Table 1 　Comparison between lateral view of the skull

面积	2~3岁		3~6岁		6~9岁		9~11岁		12~15岁		方差分析
	例数 /N	均值 /cm²	例数 /N	均值 /cm²	例数 /N	均值 /cm²	例数 /N	均值 /cm²	例数 /N	均值 /cm²	P
侧面观面积	4	112.67	6	115.53	7	122.61	9	128.56	15	134.76	0.001
额骨面积	4	18.88	6	19.89	7	18.94	9	22.06	15	21.45	0.105
顶骨面积	4	42.36	6	43.90	7	41.53	9	44.35	15	43.25	0.856
枕骨面积	4	6.18	6	4.55	7	5.54	9	5.34	15	6.28	0.267
颞骨面积	4	24.82	6	26.75	7	30.34	9	29.18	15	34.00	0.000
蝶骨面积	4	4.75	6	4.73	7	5.57	9	5.90	15	5.57	0.250
颧骨面积	4	5.33	6	5.92	7	6.63	9	7.42	15	8.19	0.000

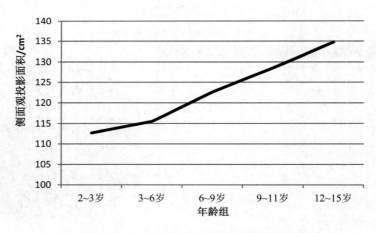

图3 　头骨侧面观投影面积的年龄变化

Fig. 3 　Age change of the projection area of the lateral view of the skull

3.2.2　顶骨投影面积的年龄变化

扎滚鲁克墓地2~3岁（4例）、3~6岁（6例）、6~9岁（7例）、9~11岁（9例）、12~15岁（15例）5个年龄组顶骨平均投影面积分别为：42.36 cm²、43.90 cm²、41.53 cm²、44.35 cm²和43.25 cm²，儿童顶骨投影面积随年龄变化先增大再减小又增大最后减小（图5）。根据方差分析可知，儿童不同年龄组间顶骨投影面积无显著差异（$P=0.856$）。

年龄间变化率分析显示,各年龄组间顶骨投影面积的变化率较小,变化不明显(表1)。

3.2.3 枕骨投影面积的年龄变化

扎滚鲁克墓地 2~3 岁(4 例)、3~6 岁(6 例)、6~9 岁(7 例)、9~11 岁(9 例)和 12~15 岁(15 例)5 个年龄组枕骨平均投影面积分别为:6.18 cm²、4.55 cm²、5.54 cm²、5.34 cm² 和 6.28 cm²,儿童枕骨投影面积随年龄变化先减小再增大又减小最后增大(图 6)。根据方差分析可知,儿童不同年龄组间枕骨投影面积无显著差异(P=0.267)。

投影面积的年龄间比较

projection areas of child skulls with different ages

多重比较				变化率/%			
2~3 岁与 3~6 岁	3~6 岁与 6~9 岁	6~9 岁与 9~11 岁	9~11 岁与 12~15 岁	2~3 岁与 3~6 岁	3~6 岁与 6~9 岁	6~9 岁与 9~11 岁	9~11 岁与 12~15 岁
0.684	0.248	0.283	0.183	2.54	6.13	4.85	4.82
0.574	0.541	0.032	0.608	5.35	-4.78	16.47	-2.77
0.656	0.428	0.299	0.628	3.64	-5.40	6.79	-2.48
0.139	0.297	0.817	0.192	-26.38	21.76	-3.61	17.60
0.315	0.034	0.439	0.000	7.78	13.42	-3.82	16.52
0.973	0.190	0.564	0.496	-0.42	17.76	5.92	-5.59
0.280	0.133	0.066	0.036	11.07	11.99	11.92	10.38

年龄间变化率分析显示,儿童枕骨投影面积的增长主要发生在 6~9 岁(21.76%)和 12~15 岁(17.60%),3~6 岁则发生了显著的负增长(-26.38%)(表 1),反映了枕骨投影面积在 6~9 岁和 12~15 岁两个年龄段发生了显著的正增长,而在 3~6 岁则发生了显著的负增长。

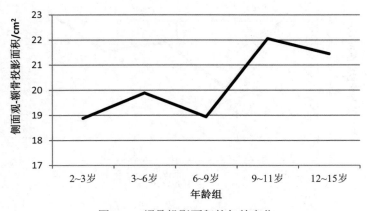

图 4　额骨投影面积的年龄变化

Fig. 4　Age change of the projection area of the frontal bone in the lateral view of the skull

3.2.4 颞骨投影面积的年龄变化

扎滚鲁克墓地 2~3 岁(4 例)、3~6 岁(6 例)、6~9 岁(7 例)、9~11 岁(9 例)和 12~15 岁(15 例)5 个年龄组颞骨平均投影面积分别为:24.82 cm²、26.75 cm²、30.34 cm²、

29.18 cm² 和 34.00 cm²，除 9~11 岁年龄组以外，儿童颞骨投影面积随年龄变化有增大趋势（图 7）。根据方差分析可知，儿童不同年龄组间颞骨投影面积差异显著（P=0.000）。LSD 多重比较显示，2~3 岁组与 3~6 岁组差异不显著（P=0.315），3~6 岁组与 6~9 岁组差异显著（P=0.034），6~9 岁组与 9~11 岁组差异不显著（P=0.439），9~11 岁组与 12~15 岁组差异显著（P=0.000）。根据年龄间变化率分析，儿童颞骨投影面积的增长主要发生在 6~9 岁（13.42%）和 12~15 岁（16.52%）（表 1），反映了颞骨投影面积在 6~9 岁和 12~15 岁两个年龄段发生了显著增长。

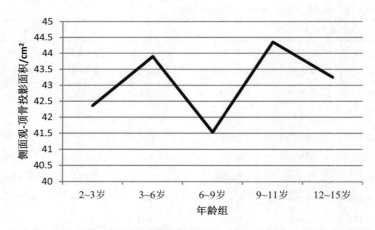

图 5　　顶骨投影面积的年龄变化

Fig. 5　　Age change of the projection area of the parietal bone in the lateral view of the skull

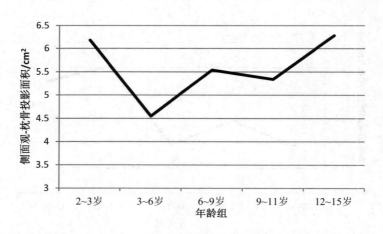

图 6　　枕骨投影面积的年龄变化

Fig. 6　　Age change of the projection area of the occipital bone in the lateral view of the skull

3.2.5　蝶骨投影面积的年龄变化

扎滚鲁克墓地 2~3 岁（4 例）、3~6 岁（6 例）、6~9 岁（7 例）、9~11 岁（9 例）和 12~15 岁（15 例）5 个年龄组蝶骨平均投影面积分别为：4.75 cm²、4.73 cm²、5.57 cm²、

5.90 cm² 和 5.57 cm²,除 3~6 岁和 12~15 岁年龄组以外，儿童颞骨投影面积随年龄变化有增大的趋势（图 8）。根据方差分析可知，儿童不同年龄组间蝶骨投影面积无显著差异（$P=0.250$）。年龄间变化率分析显示，儿童蝶骨投影面积的增长主要发生在 6~9 岁（17.76%）（表 1），反映了蝶骨投影面积在 6~9 岁年龄段发生了显著增长。

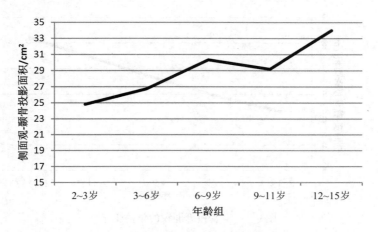

图 7　颞骨投影面积的年龄变化

Fig. 7　Age change of the projection area of the temporal bone in the lateral view of the skull

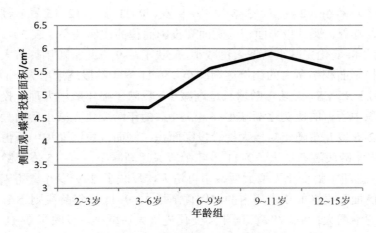

图 8　蝶骨投影面积的年龄变化

Fig. 8　Age change of the projection area of the sphenoid bone in the lateral view of the skull

3.2.6　颧骨投影面积的年龄变化

扎滚鲁克墓地 2~3 岁（4 例）、3~6 岁（6 例）、6~9 岁（7 例）、9~11 岁（9 例）和 12~15 岁（15 例）5 个年龄组颧骨平均投影面积分别为：5.33 cm²、5.92 cm²、6.63 cm²、7.42 cm² 和 8.19 cm²，儿童颧骨投影面积随年龄变化逐渐增大（图 9）。根据方差分析可知，儿童不同年龄组间颧骨投影面积差异显著（$P=0.000$）。LSD 多重比较显示，2~3 岁组与 3~6 岁组差异不显著（$P=0.280$），3~6 岁组与 6~9 岁组差异不显著（$P=0.133$），6~9 岁组与 9~11 岁组差异接近显著（$P=0.066$），9~11 岁组与 12~15 岁组差异显著

（*P*=0.036）。根据年龄间变化率分析，儿童颧骨投影面积的增长主要发生在 3~6 岁（11.07%）、6~9 岁（11.99%）、9~11 岁（11.92%）和 12~15 岁（10.38%）（表 1），反映了颧骨投影面积在 3~6 岁、6~9 岁、9~11 岁以及 12~15 岁 4 个年龄段均发生了显著增长。

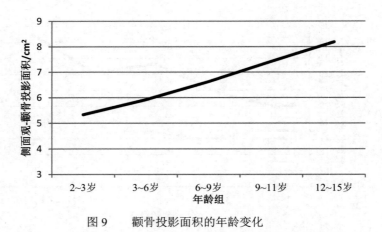

图 9　　颧骨投影面积的年龄变化

Fig. 9　　Age change of the projection area of the zygomatic bone in the lateral view of the skull

3.2.7　额、顶、枕、颞、蝶和颧骨投影面积与侧面观投影面积的比例

计算 5 个年龄组（2~3 岁、3~6 岁、6~9 岁、9~11 岁和 12~15 岁）额骨、顶骨、枕骨、颞骨、蝶骨、颧骨投影面积与侧面观投影面积的比例关系（表 2），可以观察到 $S_{额骨}/S_{侧面观}$ 随年龄变化先减小后增大再减小，反映了 2~9 岁儿童随年龄增大额骨投影面积在侧面观投影面积中所占的比例逐渐减小，9~11 岁年龄段逐渐增大，11~15 岁年龄段又逐渐减小；$S_{顶骨}/S_{侧面观}$ 随年龄增长逐渐减小，反映了随年龄增大顶骨投影面积在侧面观投影面积中所占的比例逐渐减小；$S_{枕骨}/S_{侧面观}$ 随年龄变化先减小后增大再减小再增大，反映了 2~6 岁儿童随年龄增大枕骨投影面积在侧面观投影面积中所占的比例逐渐减小，6~9 岁年龄段逐渐增大，9~11 岁年龄段又逐渐减小，11~15 岁年龄段再逐渐增大；$S_{颞骨}/S_{侧面观}$ 随年龄变化先增大后减小再增大，反映了 2~9 岁儿童随年龄增大颞骨投影面积在侧面观投影面积中所占的比例逐渐增大，9~11 岁年龄段则逐渐减小，11~15 岁年龄段又逐渐增大；$S_{蝶骨}/S_{侧面观}$ 随年龄变化先增大后减小，反映了 2~11 岁儿童随年龄增大蝶骨投影面积在侧面观投影面积中所占的比例逐渐增大，11~15 岁年龄段则逐渐减小；$S_{颧骨}/S_{侧面观}$ 随年龄增大逐渐增大，反映了随年龄增大颧骨投影面积在侧面观投影面积中所占的比例逐渐增大（图 10）。这与上述统计分析结果显示的额骨、枕骨、颞骨、蝶骨、颧骨投影面积随年龄的变化趋势基本一致（除顶骨投影面积外）。

4　讨论

4.1　古今儿童头骨生长发育的年龄变化规律

很多学者分析了儿童头骨生长发育的规律。Okazaki[4]认为日本现代儿童的头颅指数出生后到 6~9 岁快速下降，青春期后下降的速度变缓，而中世纪儿童的头部指数似乎从 2 岁开始就不随年龄改变。儿童面部形状随年龄趋于高窄化，下面部高度的增长幅度大于上面部，同时眼眶形状随年龄增长趋向于低和宽，梨状孔趋向于高窄化。上颌骨额突的角度（the angle of the frontal process of the maxilla）从儿童早期就停止变化，这种不随年龄变化的特征可以作为不同人群对比的关键性状。

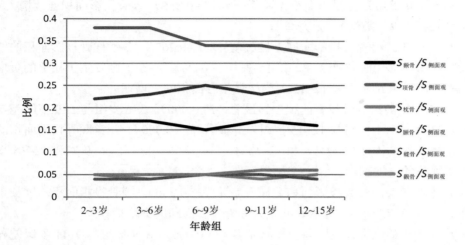

图 10　$S_{额骨}/S_{侧面观}$、$S_{顶骨}/S_{侧面观}$、$S_{枕骨}/S_{侧面观}$、$S_{颞骨}/S_{侧面观}$、$S_{蝶骨}/S_{侧面观}$和 $S_{颧骨}/S_{侧面观}$ 比例的年龄变化

Fig. 10　Age change of $S_{额骨}/S_{侧面观}$, $S_{顶骨}/S_{侧面观}$, $S_{枕骨}/S_{侧面观}$, $S_{颞骨}/S_{侧面观}$, $S_{蝶骨}/S_{侧面观}$ and $S_{颧骨}/S_{侧面观}$

表 2　　额、顶、枕、颞、蝶、颧骨投影面积与侧面观投影面积的比例

Table 2　Relationship of lateral views of projection area of crania bones in the lateral view of the skull

年龄组	$S_{额骨}/S_{侧面观}$	$S_{顶骨}/S_{侧面观}$	$S_{枕骨}/S_{侧面观}$	$S_{颞骨}/S_{侧面观}$	$S_{蝶骨}/S_{侧面观}$	$S_{颧骨}/S_{侧面观}$
2~3 岁	0.17	0.38	0.05	0.22	0.04	0.05
3~6 岁	0.17	0.38	0.04	0.23	0.04	0.05
6~9 岁	0.15	0.34	0.05	0.25	0.05	0.05
9~11 岁	0.17	0.34	0.04	0.23	0.05	0.06
12~15 岁	0.16	0.32	0.05	0.25	0.04	0.06

Waitzman 等[5]通过 15 个测量项目分析头颅的正常变异和生长模式，认为婴儿上面部生长较慢，但可持续到青春期；头盖骨在出生后 1 年内生长迅速但很快停滞；5 岁儿童的"头盖骨-眼眶上面部"区域的总体尺寸为成人的 85%。

在儿童生长发育的过程中，头面部尺寸的生长发育存在突增期[6-7]。Caino 等[8]认为婴儿的头围尺寸都经历了急剧变化期、持续生长期和停滞期。Hou 等[9]认为 1 岁内头围增长最快，2~3 岁内头围仍快速增长，3 岁以上儿童头围的增长速度大大减慢。包月昭等[10]基于头面部的测量，认为头宽在 4~13 岁变化不大，而头长变化明显。

4.2　扎滚鲁克墓地儿童侧面观投影面积的年龄变化特点

根据方差分析、多重比较及年龄间变化率分析，古代儿童侧面观相应面积的年龄变化有如下特点。

（1）5 个年龄组（2~3 岁、3~6 岁、6~9 岁、9~11 岁和 12~15 岁）的头骨侧面观

投影面积存在显著差异（P=0.001）。儿童头骨侧面观投影面积连续增大，无突增期。

（2）5个年龄组额骨投影面积差异接近显著（P=0.105）。6~9岁组与9~11岁组差异显著（P=0.032）。儿童额骨投影面积的增长主要发生在9~11岁（16.47%）。这提示9~11岁为额骨投影面积的突增期。

（3）5个年龄组顶骨投影面积无显著差异（P=0.856）。顶骨投影面积连续增大（除6~9岁和12~15岁年龄组），无突增期。

（4）5个年龄组枕骨投影面积无显著差异（P=0.267）。儿童枕骨投影面积的增长主要发生在6~9岁（21.76%）和12~15岁（17.60%），3~6岁则发生了显著的负增长（-26.38%），提示6~9岁和12~15岁为枕骨投影面积的突增期。

（5）5个年龄组颞骨投影面积差异显著（P=0.000）。3~6岁组与6~9岁组差异显著（P=0.034），9~11岁组与12~15岁组差异显著（P=0.000）。儿童颞骨投影面积的增长主要发生在6~9岁（13.42%）和12~15岁（16.52%）。这提示6~9岁和12~15岁为颞骨投影面积的突增期。

（6）5个年龄组蝶骨投影面积无显著差异（P=0.250）。蝶骨投影面积的增长主要发生在6~9岁（17.76%），提示6~9岁为颞骨投影面积的突增期。

（7）5个年龄组颧骨投影面积差异显著（P=0.000）。6~9岁组与9~11岁组差异接近显著（P=0.066），9~11岁组与12~15岁组差异显著（P=0.036）。儿童颧骨投影面积的增长主要发生在3~6岁（11.07%）、6~9岁（11.99%）、9~11岁（11.92%）、12~15岁（10.38%），提示3~6岁、6~9岁、9~11岁和12~15岁为颧骨投影面积的突增期。

（8）5个年龄组额骨、顶骨、枕骨、颞骨、蝶骨、颧骨投影面积与侧面观投影面积的比例分析显示，2~9岁儿童随年龄增大，额骨投影面积在侧面观投影面积中所占的比例逐渐减小，9~11岁年龄段逐渐增大，11~15岁年龄段又逐渐减小；随着年龄增大，顶骨投影面积在侧面观投影面积中所占的比例逐渐减小；2~6岁儿童随年龄增大，枕骨投影面积在侧面观投影面积中所占的比例逐渐减小，6~9岁年龄段逐渐增大，9~11岁年龄段又逐渐减小，11~15岁年龄段再逐渐增大；2~9岁儿童随年龄增大，颞骨投影面积在侧面观投影面积中所占的比例逐渐增大，9~11岁年龄段则逐渐减小，11~15岁年龄段又逐渐增大；2~11岁儿童随年龄增大，蝶骨投影面积在侧面观投影面积中所占的比例逐渐增大，11~15岁年龄段则逐渐减小；随着年龄增大，颧骨投影面积在侧面观投影面积中所占的比例逐渐增大。这与上述统计分析结果显示的额骨、枕骨、颞骨、蝶骨和颧骨投影面积随年龄的变化趋势基本一致。

4.3 与洋海墓地头骨材料的对比及相应启示

洋海墓地出土了67具儿童头骨，其中幼儿期和童年期占全部儿童的88.9%，少年期（13~15岁）占11.1%。韩康信等[11]对洋海墓地儿童头骨进行了初步研究，认为少年时期（8~14岁）的洋海头骨便体现出种族鉴定相关的体质特点，相比开城和上孙家的头骨，洋海墓地鼻骨横截面明显更加隆起，鼻骨更上仰，眶形较矮化，颧骨更低狭，颧宽更窄，面部扁平度明显弱化，颅形更长化等。洋海人群脑颅和面颅尺寸从儿童向成年的生长中并不匀速，脑颅大于面颅的生长速度。洋海、开城、上孙家各组中，儿童脑颅粗壮度都大于面颅粗壮度。在整个儿童阶段，脑颅的生长幅度、速度大于面颅。

洋海墓地的数据显示[11]，在不同年龄组间，随年龄变化的生长速度不是匀速的，这些从不同角度，都反映出儿童生长发育过程中的头骨体质特征发育不平衡现象，也为进一步描绘古代儿童头骨生长发育图像提供了重要参考。但基于材料的稀缺性，目前总体而言，古代儿童头骨的生长发育特点迄今还鲜有学者涉及。在洋海墓地儿童头骨中，有不少筛状眶病变案例，这是由于营养不良或缺铁性贫血引起的。洋海人群中有脑积水症病例（舟状颅病例IIM166），这种疾病更会影响头骨的形态及尺寸。一些儿童头骨上有暴力打击的痕迹（如洋海IIM93，IIM44）。营养状况、古病理状况等也可能对本文所探讨的年龄变化特点产生影响，这也是我们未来拟重点探讨的内容之一。本文研究的这些儿童材料死于疾病、饥饿还是某种意外还不得而知，一定程度影响了本文结论的确定性。未来将在进一步收集儿童头骨材料的基础上，结合考古背景、饮食结构、疾病考古等进行综合分析。

参 考 文 献

1 新疆博物馆文物队. 且末县扎滚鲁克五座墓葬发掘简报. 新疆文物, 1998 (3): 2-19.

2 邵象清. 人体测量手册. 上海: 上海辞书出版社, 1985. 1-492.

3 White TD, Folkens, 著, 杨天潼译. 人骨手册. 北京: 北京科学技术出版社, 2018. 1-488.

4 Okazaki K. A morphological study on the growth patterns of ancient people in the northern Kyushu-Yamaguchi region, Japan. Anthropological Science, 2004, 112(3): 219-234.

5 Waitzman A A, Posnick J C, Armstrong D C, et al. Craniofacial skeletal measurements based on computed tomography: part 2. Normal values and growth trends. Cleft Palate-Craniofacial Journal, 1992, 29(2): 118-128.

6 Milan D. Growth of the main head dimensions from birth up to twenty years of age in Czechs. Human Biology, 1959, 31(1): 90-109.

7 Eichorn D H, Bayley N. Growth in Head Circumference from Birth Through Young Adulthood. Child Development, 1962, 33(2): 257-271.

8 Caino S, Kelmansky D, Adamo P, et al. Short-term growth in head circumference and its relationship with supine length in healthy infants. Annals of Human Biology, 2009, 37(1): 108-116.

9 Hou H D, Liu M , Gong K R , et al. Growth of the skull in young children in Baotou, China. Child's nervous system, 2014, 30(9): 1511-1515.

10 包月昭, 张文学, 张顺利, 等. 河南新乡地区儿童头面部测量. 人类学学报, 1995, 14(1): 63-70.

11 韩康信, 谭婧泽, 李肖. 洋海墓地头骨研究报告. 见: 吐鲁番市文物局, 新疆文物考古研究所, 吐鲁番学研究院, 吐鲁番博物馆. 新疆洋海墓地. 北京: 文物出版社, 2019. 1-1026.

COMPARISON OF THE PROJECTION AREA OF SKULL LATERAL VIEW FROM DIFFERENT AGES IN XINJIANG UYGUR AUTONOMOUS REGION

ZHANG Hai-long[1]   HAO Shuang-fan[2]   CHEN Hui-min[2]
LI Hai-jun[2]   WANG Long[1]

(1 *Academy of Turfanology*,   Turfan 838000, Xinjiang; 2 *Department of Historical Culture and Tourism Management,*
Changzhi Colleage, Changzhi 046011, Shanxi; 3 *School of Ethnology and Sociology, Minzu University of China*, Beijing 100081;
4 *Key Laboratory of Vertebrate Evolution and Human Origins of Chinese Academy of Sciences,* Beijing 100044)

ABSTRACT

There are few studies on the age changes of children's skulls in ancient China. By means of analysis of variance, multiple comparison and age-related change rate, this paper analyzes the characteristics of age-related changes of the lateral projection area of the skull (2-15 years old) of the ancient children in Zaghunluq cemetery in Xinjiang Uygur Autonomous Region: the projected area of the lateral view and parietal bone (except the age groups of 6-9 and 12-15 years) increased continuously without sudden increase; the projection area of frontal bone and sphenoid bone increased abruptly at the age of 9-11 and 6-9 years respectively; The projection area of occipital bone and temporal bone were 6-9 years old and 12-15 years old; the projection area of zygomatic bone was 9-11 years old and 12-15 years old. The age changes of children's skulls in Yanghai cemetery and Zaghunluq cemetery reflect the unbalanced development of physical characteristics of skulls in children's growth and development. The research on children's skulls from Yanghai cemetery indicates that nutritional health and ancient pathological conditions will affect the growth and development of skulls. In the future, comprehensive analyses will be carried out in combination with archaeological background, diet structure and disease archaeology.

Key words   Ancient children,   lateral view of the skull, Projection area, Growth

第十七届中国古脊椎动物学学术年会论文集. 董为, 张颖奇主编. 北京：海洋出版社, 2021. 373-386
Proceedings of the Seventeenth Annual Meeting of the Chinese Society of Vertebrate Paleontology
DONG Wei, ZHANG Ying-qi, eds. Beijing: China Ocean Press, 2021. 373-386

中国科学院古脊椎动物与古人类研究所

云南人骨来源考证*

李东升　　马　宁　　娄玉山

(中国科学院古脊椎动物与古人类研究所，北京 100044)

摘　要　现代人骨骼标本是古人类学、体质人类学、考古学及相关研究的重要基础。详实和准确的骨骼标本信息（如生存时代、人群属性、生存环境、个体信息等）对于研究材料的应用具有重要的影响。中国科学院古脊椎动物与古人类研究所标本中心收藏有若干批现代人群骨骼标本，其中包括 328 例民国时期云南现代人头骨及头后骨骼标本。多年来，这批标本的确切来源信息一直模糊不清。本文通过查阅文献、档案及走访知情人士，对这批云南人骨骼标本来源等信息进行了调查和考证。通过查获的若干关键性档案资料，结合有关文献可以确认：这批现代云南人骨骼标本为中央研究院历史语言研究所于 1939 年从云南大学北门外墓地采集，人骨来自无主墓地。墓地因该校扩址而于 1938 年 4 月起陆续被迁移，入葬者主要为晚清和民国时期生活在当地的穷苦百姓；这批标本后经由四川、南京而运至北京保存至今。然而仍有部分细节需要今后进一步找寻和核实。本文一方面对标本的来源信息进行了补充和确认；另一方面对相关工作的开展提供思路和借鉴。

关键词　云南；现代人骨骼标本；历史语言研究所；吴定良；云南大学

1　前言

　　现代人骨骼标本是从事古人类学、体质人类学、考古学及相关研究的重要基础信息来源。这些信息涉及多个层面，既包括个体的年龄、性别、健康状况等信息，又包括由个体组成的人群属性，如年龄结构、性别比例、人种及来源等，还包括他们所生存的时代及环境等，这些信息的详细及准确程度，对于相关材料的应用具有非常重要的作用。

　　如今现代人骨的获取难度极大，早期获得的人骨标本显得尤为珍贵；但早期标本经常因年代久远而导致保留的原始信息较少，给相关研究带来极大不便。例如，中国科学院古脊椎动物与古人类研究所（以下简称古脊椎所）现生标本库保藏有若干批早期获得的、原始信息不完整的现代人群骨骼标本，其中包括 328 例（例如编号为 IVPP

---

* 基金项目：中国科学院化石发掘与修理特别支持费项目和"国家科技基础条件平台-国家岩矿化石标本资源共享平台"项目共同资助.

李东升：男，36 岁，中国科学院古脊椎动物与古人类研究所标本中心馆员，E-mail：lidongsheng@ivpp.ac.cn.

yno77/119；下文的编号将略去 IVPP）据说是民国时期采集自云南的现代人头骨和头后骨骼，即由于社会动荡、多次搬迁造成标本的来源信息较为模糊，仅口口相传该批人骨标本是吴定良教授于中华人民共和国成立前从云南墓葬中采集，但一直未发现更为确凿的文献或档案资料予以证实。这种情况存在已久，鉴于这批标本经常被用来对比研究[1-4]，但因缺乏较为详细的来源信息而使其的科学性大打折扣，同时也给科学研究的严谨性带来一定程度的影响。

本文旨在努力搜寻该批标本的产地、时代、来历等信息，并对此进行多方分析和考证。一方面为科学研究提供更为可靠的信息；另一方面为馆藏的其他现代人标本来源信息的考证提供经验。

2 馆藏现代云南人骨骼标本情况

馆藏现代人骨骼标本均将头骨单独放入标本盒后集中存放，而头后骨骼则按照不同的解剖部位集中堆放在一起，云南人骨骼标本也不例外。这样存放的目的应是便于做测量，但由于多次搬迁及原始记录本未保存或丢失等原因，为标本来源的确定及同一个体的恢复等需求带来极大阻力。

2.1 标本来源信息

云南人骨骼标本的来源信息很少，除部分标签外，其余均为口口相传或推断。如现代人头骨来自云南墓地的判断依据主要有 3 方面。

（1）历代研究人员和标本管理员的口口相传。

（2）部分云南人头骨的标本盒中写有产地为"云南"的标签。同时这些标本上均分别有类似钢笔字体和毛笔字体写着两种标本编号，一种为介于 1~500 中的一个整数，另一种为"yno 整数"，该部分的整数介于 1~400 之间，且同一件头骨上两种编号中的整数部分并不相同。虽然部分应写有"云南"的标签丢失，但根据编号特征可以认为标本来源应该相同。

（3）墓葬产出的特点，该特点不同于其他通过传统剥制方法制作的骨骼标本，如脱脂完全，骨骼表面极度粗糙，骨骼末端呈海绵状等。

现代人头后骨骼来自云南墓地的判断主要是根据墓葬产出特点（如上文所述）及与头骨相似的毛笔字体写的介于 200~500 中一个整数的编号（这些特征单独或组合起来都明显不同于其他标本，而与云南人头骨相似；这种方法肯定会有遗漏或错误，但是目前最便捷的方法，后期可通过技术鉴定进行判断）。

2.2 标本整体情况

云南人骨骼标本除来源信息很少外，头骨还保留部分性别信息（应为研究人员通过形态特征鉴别得到），头后骨骼则无该部分信息（表 1）。从表 1 可以看出，通过上文头后骨骼鉴定为云南产出的方法来看，个体的完整情况距离理想状态相差较大。

标本为墓葬产出，头骨因单独保存，状况相对较好；而头后骨骼则因集中堆放，磨损破损情况较为普遍。

2.3 存在的问题

现代云南人骨骼标本主要存在以下问题。

（1）标本信息不确切：如时间、地点、采集人、数量、获得途径、生存时代等信息几乎均为较宽的范围或缺失。

（2）标本编号：如上文所述，每例云南人头骨上均写有两种不同编号的标本号，如"119"和"yno77"。关于这两种编号产生的原因，编号时间等信息均未知；但由于头骨仅有328例，而第一种编号的范围较第二种大，所以第一种编号的连续性较第二种差，因此推测第二种编号产生时间较第一种要晚，产生的原因可能是因为第一种编号现缺失较多，同时为了区别其他地点产出的标本，其中"y"可能为"云南"的简写，"no"为"number"的缩写，但也可能"yn"是代表"云南"的意思，"o"是"ossature"的缩写，尚需要证据证明。

除此之外，还存在同一个体的鉴定及保存条件的改善等问题。这些信息的更新补充是准确高效地为研究提供服务的基础。

表 1　　　现代云南人骨标本数量及信息汇总

Table 1　　　Quantity and information of Yunnan specimens

解剖部位	男性	女性	未成年	未知	总计
头骨（无下颌）	72	34	6	19	131
头骨附下颌	108	77	1	11	197
骶骨	0	0	0	149	149
腓骨	0	0	0	2	2
股骨	0	0	0	362	362
寰椎	0	0	0	20	20
胫骨	0	0	0	4	4
髋骨	0	0	0	345	345
桡骨	0	0	0	1	1
枢椎	0	0	0	24	24
胸骨	0	0	0	3	3
总计	180	111	7	940	1238

3　云南人标本来源考证方法

来源信息的搜集主要通过搜索相关人员发表的文章及撰写的书籍、走访可能了解情况的人员和查阅历史档案 3 种方法（表 2）。并将所获得的信息相互验证，从而确认云南人骨骼标本的确切来源和获得过程。

4　线索与推论

假设前期掌握的该批标本的来源都是正确的（因为口口相传的信息也应是有依据的，只是时间洗刷掉了细节信息及相关证据，而只保留了最核心的信息），即由吴定良教授于中华人民共和国成立前从云南墓葬中采集，然后以此为基础推断找寻资料，假如找到的资料都相互呼应且无矛盾之处，那大概率可以证明事情应是这样发生发展的，因为同时满足多种条件的另一种可能性发生的概率非常小。

下文将以该假设为基础，以事件发生时间为顺序，根据所获得的线索进行推论。

表 2 方法、对象及内容

Table 2 Methods, objects and contents

方法	对象	内容
文献	国家图书馆、网络	吴定良、历史语言研究所
档案	中国第二历史档案馆、南京地质古生物研究所、云南省档案馆、云南省图书馆、云南大学、浙江大学	历史语言研究所、吴定良、云南大学、墓地
走访	吴新智 [a]、刘武 [a]、吴茂霖 [ac]、董兴仁 [ac]、胥岩 [b]、韩康信 [ac]、张银运 [ac]、周国兴 [ac]、吴融西 [ac]、吴小庄 [c]、谭婧泽 [a]、万雪娇 [a]、刘增 [b]、赵雪 [b]、邱中郎 [abc]	标本来源

注：a 人类学研究人员；b 标本管理人员；c 吴定良亲友或学生.

4.1 云南大学北扩征集墓地

1938 年 4 月 14 日，《云南日报》《社会新报》等报纸刊登了云南大学委托昆明市政府征收北门外墓地以扩充校址的新闻[5]（原始档案中，文字均为繁体字，且无标点符号，为方便阅读，均转化为简体字，且根据原意添加标点断句；下同）。

"展期登记北门外征用墓地

昆明市政府前奉省府令饬：代省立云大收买北门外坟墓耕地以作校址一案，当经该府布告被征用业主等迅到第三区公所分别登记，以凭办嗣。准云大函称北门外向西一部分及莲华村向西一部所有耕地坟地，横宽各地工十中丈，现拟建临时教职员宿舍，请归入第一步内，提前收用，以便早日动工。前来复，经派员会同校方查勘钉棒俾易识别，凡在此范围内，不论耕地或坟墓及墓地，一律收用，亦经布告，饬到该区登记。兹恐业主远在外县，未尽周知，该府昨特酌予展限自本月十日起至二十日为登记期间，其未登记者迅到区公所登记，听候给价，倘逾期不登记者，即代为丛葬，无论耕地一概不给价云。"

以上为《社会新报》刊登的新闻。后经查，云南大学应于更早时间向省政府请示以征集北门外的墓地扩充校址，并于 1938 年 1 月 14 日得到省政府的答复，大意为如无田地便可征用①。后由昆明市政府代办此事。昆明市政府对墓地的情况进行调查，将墓地分为有主墓地和无主墓地，并对有主墓地进行了登记，以便补偿后自行迁移；将无主墓地进行统计，共计 13 921 冢，并于 12 月起陆续集中迁移至西北破荷叶山西面山顶上（当地也称莲花村）。

征地位于原国立云南大学北门外（图 1），档案中记载了该地块的四至，但因地处郊区而未见任何历史地图详细记录该区域，且因地名变动或原本存在的建筑物未保留下来而无从考证确切位置，特别是西侧边界，但大致区域如图中阴影所示；该区域现为云南大学校本部北院。

4.2 墓地形成时间

颜阎文中对墓地的形成时间有明确记录[6]：

---

① 北门外校址征用情形及价值清册. 1016-001-00663. 云南大学档案馆藏.

"The place has been used as a public burial ground since the year 1820 (or in the reign of the 25th year of Emperor Chia Ch'ing), It was originally contributed by the local philanthropists and sanctioned then by the magistrate to be used as burial ground of the poor people."

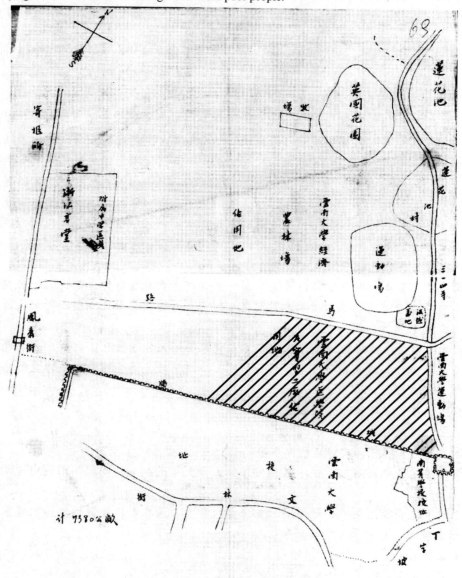

图 1 云南大学征地区域示意图①（阴影区域为笔者标注）

Fig. 1 Sketch map of Yunnan University expanding school site (shaded area marked by authors)①

另据《五华区志》记载[7]：

"【莲花池公园】位于市区北部……吴三桂割据云南期间，除在五华山、翠湖西畔营造王宫别墅外，还霸占此处大片土地和山林营造安阜园，俗称野园。置陈圆圆等

①北门外校址征用情形及价值清册. 1016-001-00663. 云南大学档案馆藏.

妃妾于其中。平灭吴周反叛时野园遭火焚,渐废,清光绪年间已成荒郊和坟地。"

因云南大学征地区域与莲花池公园紧邻,据此推测,征地中的坟墓、耕地应与该记录中的荒郊和坟地一致,故而光绪年间(1875-1908),此处已经为公共墓地。又因该墓地规模很大,达到这种规模耗时应较长,再结合颜阆的文章来看,所以推断墓地初步形成的时间应该是比光绪更早的嘉庆末年时期。

综合推断该片墓地应于清朝晚期形成,埋葬人群主要生活在晚清及民国时期,距今约 100~200 a。

4.3 吴定良在云南大学采集标本

吴定良应出生于 1900 年[①②](根据档案的填写时间及年龄综合推算而来,并以其他填表人年龄进行核对,如吴汝康、谈家桢、杨希枚等,因均比较吻合,故笔者认为吴定良出生于 1900 年而不是 1894 年[8]),于 1934 年 7 月受聘于中央研究院历史语言研究所(以下简称史语所)[③],任第四组(人类学组)主任。1937 年 12 月 18 日起,因日军侵华,史语所开始陆续西迁至昆明[④]。随后获悉云南大学征地中有墓地并有无主人骨,于 1939 年 1 月 12 日撰写公函(图 2),拟派人前去检取部分骨骼用以研究,并得到云南大学准许[⑤]:

"拟派员前往贵校兴工地点检取骨骼俾资研究由

迳启者:查本所人类学组为研究中国人头骨与体骨之形态构造与特征,曾在各省收集此项头骨与体骨。兹为便于比较起见,拟在此间搜集男女头骨各四百余具及男女体骨各二百余具。据闻:

贵大学最近添建校舍地址,其地多无主荒冢……又闻该处兴工之后,曾发现头骨体骨多具,本所拟派员前往检取,俾资研究。一俟完竣,即当将该项头体骨骼觅地妥为掩埋。相应函达。即希

查照,并予方便为荷。此致

国立云南大学

国立中央研究院历史语言研究所启"

该公函递送至云南大学后,14 日便得到云南大学的同意并向昆明市政府说明情况的公函[⑤]:

"函市政府准国立中央研究院历史语言研究所公函在本校新属地段检取荒冢头骨体骨一案特为证明并予方便请查照

案准

国立中央研究院历史语言研究所滇字第零零四零号公函:

查本所人类学组为研究中国人头骨与体骨之形态构造与特征,曾在各省收集此项

①中央研究所院一九四四年度工作成绩考察报告、体质人类学研究所筹备处工作报告、计划、政绩比较表. 三九三-2502. 中国第二历史档案馆藏.

②国民政府各院科员以上职员录、中央研究院一九四四至一九四六年度各处所姓名册及工友登记薄. 三九三-1651. 中国第二历史档案馆藏.

③中央研究院历史语言研究所人员聘任的有关文书. 三九三-421(3). 中国第二历史档案馆藏.

④中央研究院大事记草稿(第七至十二册). 三九三(2)-8(2). 中国第二历史档案馆藏.

⑤北门外校址征用情形及价值清册. 1016-001-00663. 云南大学档案馆藏.

头骨与体骨……（抄录原函）又闻该处兴工之后，曾发现头骨体骨多具，本所拟派员前往检取，俾资研究。一俟完竣，即当将该项头体骨骼觅地妥为掩埋。

　　……等由，准此，查该研究所以研究历史语言，收取头骨体骨，作为研究材料，自属需要。惟查北门外划归本校地段，迁移荒冢事宜，系由贵政府办理，顷准前由，相应备函证明，即希查照予以方便为何。

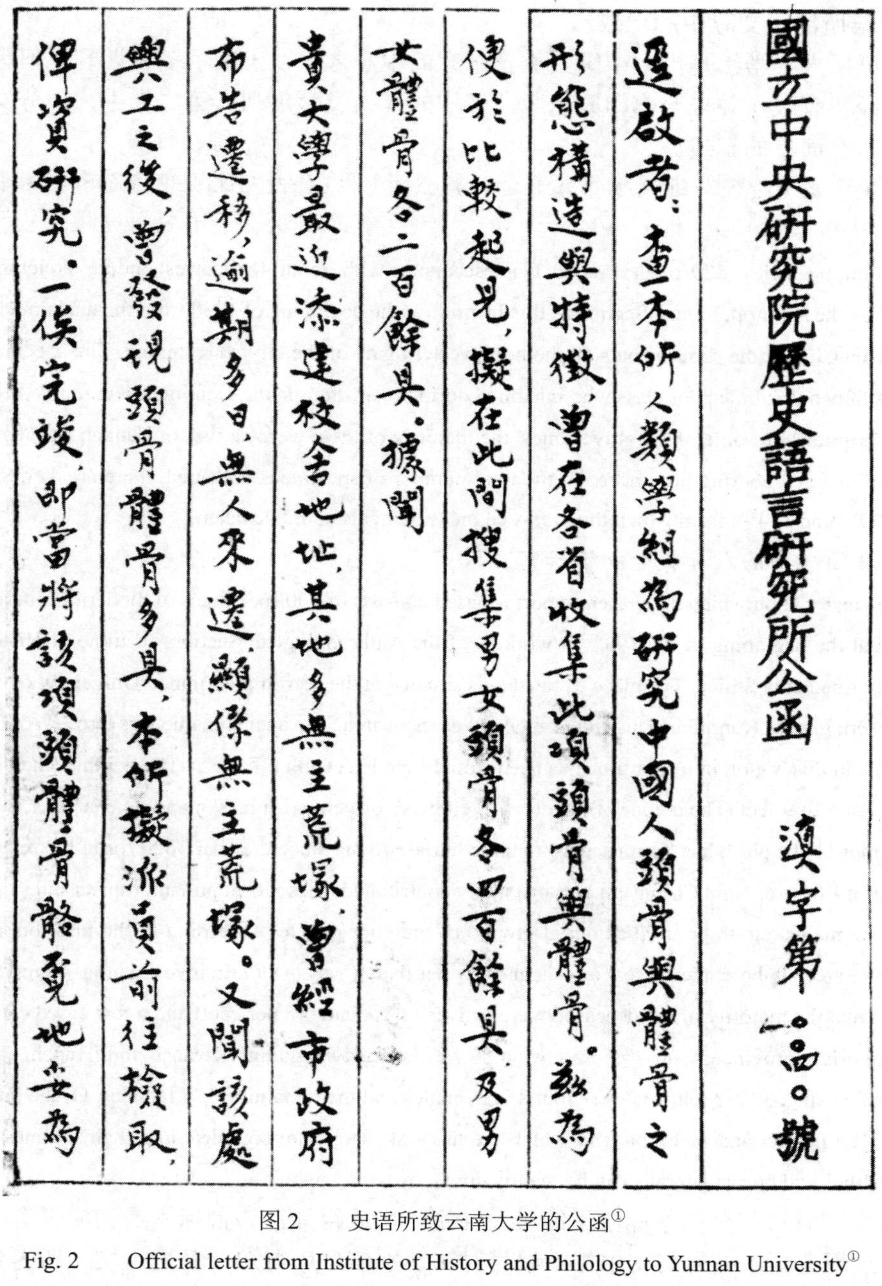

國立中央研究院歷史語言研究所公函　滇字第一〇四〇號

逕啟者，查本所人類學組為研究中國人頭骨與體骨之形態構造與特徵，曾在各省收集此項頭骨與體骨。茲為便於比較起見，擬在此間搜集男女頭骨各四百餘具，及男女體骨各二百餘具。據聞

貴大學最近添建校舍地址，其地多無主荒塚，曾經市政府布告遷移，逾期多日，無人來遷，顯係無主荒塚。又聞該處興工之後，曾發現頭骨體骨多具，本所擬派員前往檢取，俾資研究。一俟完竣，即當將該項頭體骨骼覓地妥為

图2　　史语所致云南大学的公函[①]

Fig. 2　　Official letter from Institute of History and Philology to Yunnan University[①]

①北门外校址征用情形及价值清册. 1016-001-00663. 云南大学档案馆藏.

此致

昆明市政府”

由此函得知云南大学同意史语所派人前往捡取部分人骨用以研究，虽然未找到史语所的文件记载该事件，但这份档案说明了史语所确实向云南大学征集过人骨，并且应该采集到了人骨，因为在此后出版的文献中多次提到了该批标本。

4.4 史语所出版文献中的记载

史语所人类学组是当时中国人类学研究的中心之一，出版了多种期刊，但因时局动乱，经费有限，并未全部印刷出版。印刷的《人类学集刊》第二卷中，部分文章对该批标本有简单的记述。

4.4.1 吴定良《殷代与近代颅骨容量之计算公式》[9]（修改了部分明显的拼写错误；下同）”

"Kunming series. 500 modern adult Chinese crania with about 180 corresponding skeletons were collected by the Anthropological Section of this Institute at the beginning of 1938 from the unclaimed graves at Leau Hua Chih in the suburbs outside the northwestern gate of the city of Kunming. The specimens are the heads of people of the poor class who inhabited during their lifetime the vicinity of Kunming. According to the inscriptions on some of the gravestones, the majority of them were natives of Yunnan although a few came from the neighboring provinces. Of the total number of specimens collected, there are 421 complete skulls (277♂ and 144♀) from which the proposed measurements could be taken."

4.4.2 颜誾《中国人鼻骨之初步研究》[6]

"The material on which the present report is based consists of 500 specimens of modern Chinese crania collected at the beginning of the 1938 by workers of the Anthropological Section, Institute of History and Philology, Academia Sinica. The place excavated is situated at the rear of the Yunnan University outside the northwestern gate of Kunming. This site is about 14 acres in area. The ancient name was termed An Fu Yuan (安阜园) and this region in recent time has been called Lien Hua Chih (莲花池). The depth of the burial pit ranges from 5 to 9 feet. The colour of the clay is yellowish or yellowish brown and its character is slightly wet and moist. The place has been used as a public burial ground since the year 1820 (or in the reign of the 25th year of Emperor Chia Ch'ing), It was originally contributed by the local philanthropists and sanctioned then by the magistrate to be used as burial ground of the poor people. According to the inscription of the stone tablet erected there, the present area is much wider than it was *in situ*. In investigating 72 gravestones, we found that the majority of the deceased were natives of Yunnan (78 per cent) and a few cased came from its neighboring provinces such as Szechwan, Kweichow, Kwangtung, Kwansi and Hupeh. After an anatomical sexing, 325 specimens were found to be males and the remaining 175 females. Of the total there are only 109 perfect and intact ones in which the nasal skeletons are complete and their outlines in both norma faciles and norma lateralis can be readily drawn by a diagraph."

该文同时对部分标本标注了编号及性别，由此得知，该批标本最初应仅有一个编号，通过现有标本编号与文中标本编号对比性别信息后得知（表3），文中所提到的标本应该与馆藏的云南人骨骼是同一批标本。

4.4.3 吴汝康《中国人之寰椎与枢椎骨》[10]

"The main part of the material dealt with here was collected in 1938 from L'ea Hua Ch'ib, Kunming. The specimens of the atlas include 72 males and 40 females and those of the axis 82 males and 37 females."

表 3　　标本编号与性别关系比对

Table 3　　Catalogue number and gender comparison of specimens

序号	颜闿文中编号与性别	现有编号 1 与性别	现有编号 2 与性别
1	NO.456/男	456/男	无
2	NO.445/男	445/男	无
3	NO.244/男	244/男	yno244/男
4	NO.156/男	156/男	yno156/?
5	NO.441/男	441/男	无
6	NO.166/女	166/女	yno166/男
7	NO.46/男	46/?	yno46/女
8	NO.61/女	61/女	yno61/?
9	NO.8/男	8/男	yno8/男
10	NO.346/男	346/男	无
11	NO.304/男	304/男	yno304/女
12	NO.239/男	239/男	yno239/女
13	NO.282/女	无	yno282/男
14	NO.345/女	345/女	yno345/女
15	NO.296/男	296/女	yno296/男
16	NO.299/男	299/男	yno299/女
17	NO.218/女	218/女	yno218/男
18	NO.371/男	371/男	无
19	NO.257/女	257/男	yno257/男
20	NO.224/男	无	yno224/男
21	NO.111/女	111/?	yno111/?
22	NO.219/女	无	yno219/男
23	NO.449/男	无	无
24	NO.135/女	135/?	yno135/男
与文献标本吻合数量及比例		15/62.5%	5/20.8%

4.4.4　吴定良《中国人额骨中缝及与颅骨测量之关系》[11]

"The material dealt with consists of 358 modern Chinese crania of both sexes obtained four years ago in the public graveyards of Lien Hua Ch'ih near the northwestern gate of Kunming. They are all of adult specimens, those of which the third molars are not fully erupted or the basilar sutures still open were entirely excluded. Out of the total, 237 are males and the remaining 121 females."

综合以上文献得知，史语所人类学组的这 500 件人头骨及 180 件头后骨骼是来自于 1938 年昆明市西北门外莲花池附近的无主墓地，其中男性较多。墓地最早形成年代约为 1820 年，埋葬的主要为云南当地的穷苦百姓。

4.5 史语所迁台湾的标本记录

中国第二历史档案馆"中央"研究院的全部档案中，未曾找到任何有关该院迁至台湾的资料，或是这些资料已被带去台湾，或是这些资料还未公开，亦或是这些资料已被销毁，总之，未曾找到直接的证据记录相关事件，只能从侧面去印证。

通过与台湾中央研究院历史语言研究所邮件沟通，咨询对方是否收藏有吴定良收集的云南人标本或记录后，得知该所"藏人骨资料主要为考古组于 1930 年代于大陆地区的考古发掘工作所得，主要为殷墟人头骨，少数为隋唐时期，并无吴定良院士挖掘之标本资料"（张秀芬，现中国台湾"中央"研究院历史语言研究所秘书室），并且"经查中原库房目前收藏的记录本，没有相关的标本，也无收藏记录"（李匡悌，现中国台湾"中央"研究院历史语言研究所考古学门学术与行政负责人）。所以，从对方的回复可以得知，当年史语所迁至台湾时，带走的基本为比较重要的殷墟人骨，而无云南人骨。

在翻阅殷墟资料的过程中，发现多处记载都只提到迁至台湾时，带走了 34 木箱的人骨标本，经整理统计得到 4 580 件头后骨骼（多为隋唐墓葬出土）和 413 例头骨（多为殷商墓葬出土）[12-13]。

所以，从收集到的相关记录来看，史语所于云南收集的这批标本最终留在了大陆而未去台湾。从云南标本在史语所的地位来看，这批标本也应该留在了大陆。因为，史语所主要是研究历史及考古的机构，因在殷墟发掘出了大量人骨，而单独成立人类学组，邀请吴定良回国，专门从事该批人骨研究；而吴定良入职后，并未全身心投入该批标本的研究，更多时间用于自己的兴趣，即体质人类学的研究及推动中国体质人类学的发展，从而才有了云南标本的收集，对于吴定良来说，这批标本很重要，而对于史语所来说，这批标本可有可无。处于当时较为动荡且紧迫的时局来看，史语所没有理由将这批可有可无的标本带去台湾而占用其他更加有用物品的空间。

4.6 吴定良收集的标本及下落

上文提到吴定良于 1934 年 7 月受聘于中研院史语所，并于 10 月正式入职①。

1936 年 2—3 月，组织发掘了南京绣球山墓地，得到 236 例人骨②。

1937 年 8 月起，因日军侵华，史语所开始陆续西迁。1938 年 1 月，抵达昆明，先后在拓东路、靛花巷办公；9 月正式在城北龙泉镇恢复工作③。

1939 年，史语所在云南大学采集人骨标本④。

1940 年 6 月起，史语所开始陆续迁往四川南溪李庄，于 1941 年 1 月恢复工作⑤。

---

① 中央研究所院一九四四年度工作成绩考察报告、体质人类学研究所筹备处工作报告、计划、政绩比较表. 三九三-2502. 中国第二历史档案馆藏.
② 历史语言研究所发掘南京下关绣球山人骨纪录. 三九三-2448. 中国第二历史档案馆藏.
③ 中央研究院大事记草稿（第七至十二册）. 三九三（2）-8（2）. 中国第二历史档案馆藏.
④ 北门外校址征用情形及价值清册. 1016-001-00663. 云南大学档案馆藏.
⑤ 中央研究院及物理所工程所历史语言所心理所等研究所工作报告. 三九三-1013. 中国第二历史档案馆藏.

1944 年 7 月起，雇工十余人在李庄附近从事发掘，共采得体骨 300 余例，颅骨 500 余例，完整者占多数[①]。

1946 年 8 月，吴定良从史语所离职[②]，入职浙江大学[③]。

1946 年 10~12 月，史语所迁回南京[④]。

从历史记录来看，吴定良在史语所工作期间，主要有 3 次人骨骼标本收集工作，分别为 1936 年的南京人骨，1939 年的云南人骨和 1944 年的四川人骨，其中南京人骨和四川人骨随吴定良去了浙江大学，后于 1952 年院系调整而去了复旦大学[⑤]。

由此可以得知，吴定良离开史语所时，并未带走云南人骨，而这批人骨应随史语所迁至南京史语所办公地点（今中国科学院南京地质古生物研究所，以下简称南古所），因为在解放后，南京军管会对史语所办公地点的财产进行了清点[⑥]，记录到"主要财产计有楼房一幢（共四七间），平房一幢（共十一间），标本三二九箱另 2 534 件，水电设备 16 种……"，虽未有标本的详细清单，但从数量来推断，云南标本应在其中。而南古所的档案并未记录解放后这批标本的去向，且相关知情人员均已离世，仅可从古脊椎所档案室的记载侧面反映[⑦⑧⑨]：

"我们是如此估计的：现在我们拥挤不堪的现象下，尚占有面积五四一.一四方公尺，南京尚有标本三百箱，兰州尚有标本八十箱及本年度采集之标本一百二十三箱，这三项标本需占面积一八〇.〇〇方公尺（以十四间中式房屋计算）合计为七二一.一四方公尺。"

"我们的情况，由贾公到南京去了一趟。旧标本没有怎么整理，新的标本又来了，非常的乱，这样下去不了，这是我室标本的基本情况。请贾公负责订出整理标本的计划。"

"四、标本整理问题，现在炉子快拆了，南京运来的标本要在四月份开箱整理。"

以上档案分别是 1951 年、1954 年和 1955 年的档案记录，提及南京还有 300 箱标本待运回北京，同样未提及该批标本的内容，但根据研究所的历史，这批标本应主要为化石，可能包含存放在南古所的云南人骨骼标本。因此推测标本可能于 1954~1955 年初运回北京，并于 1955 年开始陆续整理。

4.7 吴汝康和吴新智文献记录的云南标本

1965 年吴汝康与吴新智编著的《人体骨骼测量方法》出版，该书使用了部分云南人骨作为图版进行说明[14]。通过对比（图 3），得知该批标本于 1965 年之前就已在古脊椎所。

[①]中央研究院体质人类学研究所关于经费报销、生活补助费出差旅费与总办事处的来往之书. 三九三-2504. 中国第二历史档案馆藏.

[②]中央研究院一九四八年下半年工作计划. 三九三-819. 中国第二历史档案馆藏.

[③]1949 到 1952 年（离校）教职员登记表. ZD-1952-XZ-0022-11. 浙江大学档案馆藏.

[④]中央研究院概况（一九二八年六月至一九四八年六月）. 三九三（2）-24. 中国第二历史档案馆藏.

[⑤]本校人类学系调整至复旦大学之仪器、签书、物资等清册方案报告. ZD-1951-XZ-0033. 浙江大学档案馆藏.

[⑥]南京军官会文教会中央研究院接管工作组清点工作总结报告（解放后文件）. 三九三-3098. 中国第二历史档案馆藏.

[⑦]古生物研究所新生代及脊椎古生物研究室意见书. 1951-01-001-03. 中国科学院古脊椎动物与古人类研究所档案室藏.

[⑧]研究人员会议. 1954-02-001-02. 中国科学院古脊椎动物与古人类研究所档案室藏.

[⑨]第三次室务会议记录. 1955-01-001-01. 中国科学院古脊椎动物与古人类研究所档案室藏.

5 结论及意义

基于以上历史资料，复原古脊椎所馆藏云南人骨骼标本来源如下。

1939 年，吴定良所在的史语所从云南大学采集了该批标本，数量约为 500 例，包含头骨及头后骨骼，标本产地为云南大学北门外无主墓地，该墓地初步形成于晚清时期，主要埋葬生活在当地的穷苦百姓；因云南大学向北扩充校址，该墓地于 1938 年 4 月起被昆明市政府迁移。1940 年，该批标本随史语所迁至四川李庄，又于 1946 年迁至南京；1954 年或 1955 年初该批标本达到古脊椎所至今。其中，一些时间节点和搬迁经过还有待今后进一步查找资料予以补充完善。标本编号中"yno 整数"的编号应为后期添加，产生原因应为后期头骨数量少于 500 件，且编号不连续，所以重新编号且便于与其他来源的标本进行区分。

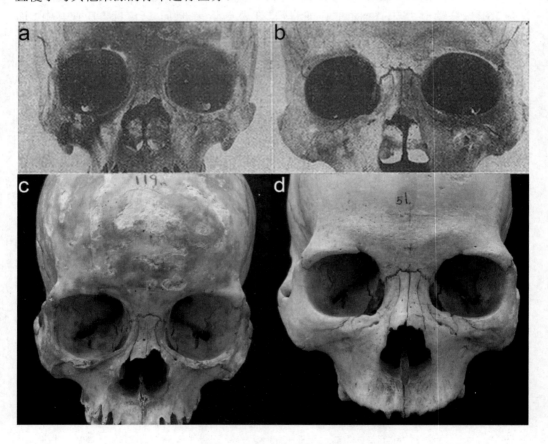

图 3   云南人头骨照片

Fig. 3   Skulls of Yunnan specimens

a 和 b 均来自《人体骨骼测量方法》[14]，分别编号为云 119 和云 51；c 和 d 分别是 119

和 51 号标本，头骨右侧面分别另有编号 yno77 和 yno32

此外，这批标本的头骨和头后骨骼是长期分开存放的，目前要确定头骨和头后骨骼的对应关系（即是否属于同一个体）暂有难度，但可根据编号相同这一重要信息，尝试建立对应关系，再进行技术鉴定，以确定该方法的可行性；标本的年龄和性别信息因来自无主墓葬，故无证可考，但吴定良采集这批标本后，对年龄和性别进行了鉴定，寻找这些资料以补充该类信息也是未来工作的一个方向；另外，现有馆藏的数量小于档案及文献记录①[6, 9, 11]的采集数量，根据走访得知另外部分标本可能在上海自然博物馆库房，寻找这批标本及相关信息也是下一步工作的方向。关于其可能藏于上海自然博物馆库房，笔者最早是从韩康信口中得知，他隐约记得吴定良说从史语所带走一批标本去浙江大学，后随院系调整转入复旦大学；在走访吴融西、谭婧泽、万雪娇等人后得知，吴定良从史语所带走的标本几经辗转，现保存于上海自然博物馆库房，但因多种原因不能确定是否有该批云南标本。笔者又从"中国嘉德 2017 年春季拍卖会"的一件编号为"LOT 2549"，名称为"傅斯年、董作宾、吴定良等中研院体质人类所分离卷"的拍品介绍中得知，该卷档案资料主要提及"1946 年 5 月，史语所内传吴定良潜运公物十二箱，由此引发对吴定良任内所存公物的调查，吴定良苦心孤诣筹备多年的体质人类学研究所也终成泡影。"该拍品现已被私人拍走，如若有机会接触该档案，也许将能解开其余云南人骨标本去向之谜。

标本历史信息的缺失是标本管理中一个较为常见的现象，特别是在历史悠久的单位，但将该现象作为一个问题进行立项研究，并将相关结果撰写文章进行发表的则并不多见[15]，即使类似的文章也较少[16]。本文对馆藏标本历史信息进行了补充，一方面为研究提供更加准确的信息，同时也可能为相关研究提供思路和借鉴。

致谢　感谢中国科学院古脊椎动物与古人类研究所刘武研究员、刘金毅研究员在项目申请、执行及文章撰写给予的各种帮助，感谢张伟馆员在南京查询档案给予的帮助；感谢各位受访者所提供的宝贵资料；感谢中国第二历史档案馆、云南大学档案馆、浙江大学档案馆、云南省图书馆、云南省档案馆、中国科学院古脊椎动物与古人类研究所档案室在查询及复制资料中给予的帮助，特别感谢云南大学档案馆在档案复制时给予的便利；感谢审稿人提出的修改意见。

参 考 文 献

1　张银运, 吴秀杰, 刘武. 华北和云南现代人头骨的欧亚人种特征. 人类学学报, 2014, 33(3): 401-404.

2　张银运, 吴秀杰, 刘武. 中国古代人群头骨的若干赤道人种特征检测. 人类学学报, 2016, 35(1): 36-42.

3　张亚盟, 魏偏偏, 吴秀杰. 现代人头骨断面轮廓的性别鉴定——基于几何形体测量的研究. 人类学学报, 2016, 35(2): 172-180.

4　贺乐天, 刘武. 现代中国人颞骨乳突后部的形态变异. 人类学学报, 2017, 36(1): 74-86.

5　无名氏. 展期登记北门外征用墓地. 社会新报, 1938-4-14. （云南省图书馆藏.）

6　颜阎. 中国人鼻骨之初步研究. 人类学集刊, 1941 (2): 21-39.

7　昆明市五华区志编纂委员会编. 五华区志. 成都：四川辞书出版社, 1995. 1-944.

---

① 北门外校址征用情形及价值清册. 1016-001-00663. 云南大学档案馆藏.

8   杜靖. 中国体质人类学史研究. 北京：知识产权出版社, 2013. 1-362.

9   吴定良. 殷代与近代颅骨容量之计算公式. 人类学集刊, 1941 (2): 1-14.

10   吴汝康. 中国人之寰椎与枢椎骨. 人类学集刊, 1941 (2): 45-55.

11   吴定良. 中国人额骨中缝及与颅骨测量之关系. 人类学集刊, 1941 (2): 83-89.

12   中国社会科学院历史研究所, 中国社会科学院考古研究所. 安阳殷墟头骨研究. 北京：文物出版社, 1985. 1-377.

13   李济. 安阳. 石家庄：河北教育出版社, 2000. 1-637.

14   吴汝康, 吴新智编著. 人体骨骼测量方法. 北京：科学出版社, 1965. 1-91.

15   杨胜利, 俞美星, 吴相祝, 等. 长叶榧树模式标本采集地的考证与研究. 林业勘察设计, 2006 (1): 129-130.

16   张多勇, 马悦宁, 张建香. 中国第一件旧石器出土地点调查. 人类学学报, 2011, 30(3): 73-82.

TEXTUAL RESEARCH ON THE ORIGIN OF MODERN HUMAN SKELETONS IN IVPP FROM YUNNAN PROVINCE, CHINA

LI Dong-sheng   MA Ning   LOU Yu-shan

(*Institute of Vertebrate Paleontology and Paleoanthropology, Chinese Academy of Science*,   Beijing 100044)

ABSTRACT

328 human skulls and numerous postcranial skeletons, lacking precise original details except those collected by Woo Ting-liang before 1949 from Yunnan Province, are in the collection of extant specimens at the Institute of Vertebrate Paleontology and Paleoanthropology (IVPP). By looking through literatures, archives and asking related peoples, some conclusions could be drawn with confidence that they were collected in 1939 by the Institute of History and Philology, Academia Sinica from unclaimed graves, outsides the north gate of Yunnan University, which were removed by Kunming government of that time due to school site growth of Yunnan University from April 1938. The human specimens were mainly from the poor class who lived nearby during the period of the late Qing dynasty and Republic of China. They were transported to IVPP in 1954-1955 via Sichuan Province in 1940, Nanjing City in 1946. More details based on solid documents such as when and how they were transported to IVPP from Nanjing are needed to look for and checked up in the future.

Key words   Yunnan Province,   Modern human skeleton,   Institute of history and philology,   Woo Ting-liang,   Yunnan University

386

编 后 记

POSTSCRIPT

中国古脊椎动物学会原定于 2020 年 8 月在新疆维吾尔自治区昌吉市召开中国古脊椎动物学第十七届学术年会。突如其来的新冠疫情将年会日期推迟到 2021 年 8 月。年会组委会在 2019 年起向全体会员发出了通知，征集古脊椎动物学、古人类学、旧石器考古学、地层学、第四纪地质学及古环境学等方面的论文。通知发出后得到了广大会员的积极响应。编者非常荣幸地受到学会理事会与年会组织者的委托主编这届学术年会的论文集，为学会的学术活动服务。这是学会继前十届学术年会圆满完成论文集的编辑出版工作之后第十一次组织编辑出版学术年会的论文集。在此衷心感谢中国古脊椎动物学分会理事会及本届学术年会组织者对编者的信任。特别感谢本届年会论文集全体撰稿人对本届学术年会的积极支持，还要感谢海洋出版社对本学会的论文集出版工作一如既往的支持。

本届学术年会论文集的编排顺序仍然按惯例，即在论文内容的基础上按照脊椎动物的进化序列从低等脊椎动物起到哺乳动物、古人类，然后按旧、新石器考古、第四纪地质、古环境、博物馆学、理论与方法的顺序，同时兼顾时代上由远到近等的顺序进行编排。论文集的编辑排版工作从截稿日期开始，所以截稿日期后收到的稿件按收稿日期的顺序编排。由于本届年会受到新冠疫情的影响，所以多数稿件是在截稿日期之后收到的。编者根据论文集的风格及出版社对版面质量等技术上的要求对所有稿件做了不同程度的修改编辑。所有稿件在做了修改编辑后都与作者进行了沟通校对。衷心感谢各位作者和各位会员对学会工作的支持，相信大家在来年的工作中会取得更多、更好的业绩。

最后，尽管编者尽了最大努力，但因水平有限，加上工作繁多、时间紧迫，难免存在一些错误和遗漏，希望读者原谅并欢迎提出宝贵意见，同时也希望广大会员继续支持学会的工作。

编者

2021 年 7 月